国际焊接学会（IIW）2019 研究进展

中国机械工程学会焊接分会
北京工业大学

李晓延　编

机械工业出版社

本书对国际焊接学会（IIW）2019年年会交流的学术文献进行了介绍与评述，反映了国际焊接学术领域在电弧焊与填充金属，压焊，高能束流加工，焊接结构的无损检测与质量保证，微纳连接，金属焊接性，焊接接头性能与断裂预防，压力容器、锅炉及管道焊接，弧焊工艺与生产系统，焊接构件和结构的疲劳，焊接教育与培训，焊接结构的设计、分析与制造，钎焊与扩散焊技术，焊接物理，焊接标准，焊接培训及资格认证等方面的最新进展，还介绍了国际焊接学会2019年年会的整体进程与综合活动，以及欧洲焊接协会（EWF）及IIW在焊接教育、培训、认证等方面的最新进展。

　　本书可供焊接及相关领域科学研究、工程应用、认证与培训、学会建设等方面的技术人员和管理人员参考，还可供焊接及相关学科高年级研究生参考。

图书在版编目（CIP）数据

国际焊接学会（IIW）2019研究进展/李晓延编. —北京：机械工业出版社，2020.2

ISBN 978-7-111-64728-7

Ⅰ.①国…　Ⅱ.①李…　Ⅲ.①焊接工艺　Ⅳ.①TG44

中国版本图书馆CIP数据核字（2020）第024108号

机械工业出版社（北京市百万庄大街22号　邮政编码100037）

策划编辑：冯春生　责任编辑：冯春生　丁昕祯

责任校对：潘　蕊　封面设计：张砚铭

责任印制：张　博

北京宝隆世纪印刷有限公司印刷

2020年4月第1版第1次印刷

210mm×297mm · 19.25印张 · 493千字

标准书号：ISBN 978-7-111-64728-7

定价：148.00元

电话服务	网络服务
客服电话：010-88361066	机 工 官 网：www.cmpbook.com
010-88379833	机 工 官 博：weibo.com/cmp1952
010-68326294	金 书 网：www.golden-book.com
封底无防伪标均为盗版	机工教育服务网：www.cmpedu.com

序

改革开放以来，我国的焊接基础研究取得了很大进展，部分研究方向已经在国际上处于并跑地位。在关键技术攻关方面，汽车制造、能源、航空航天、机车车辆、桥梁、建筑、石油化工及家用电器等行业取得了一批具有自主知识产权的高水平成果，促进了我国各行各业的发展，为国民经济建设和国防建设做出了应有的贡献。

积极开展国际交流是促进基础理论研究、提升我国焊接技术不断提高的一个有效途径，也是焊接创新不可缺少的过程。国际焊接学会（International Institute of Welding，IIW）每年组织的学术年会是世界焊接领域的学术盛会，来自全球的焊接专家学者齐聚一堂，共同研讨焊接领域学术前沿问题，推动焊接领域的技术发展与革新，代表着国际焊接领域的最高水平。注重国际交流及加强国际合作，是老一辈焊接学者一直倡导、几代焊接人一直付诸实践的优良传统，多年来一直受到中国机械工程学会焊接分会及焊接工作者的高度重视。

为了便于国内焊接领域的专家学者深入了解国际焊接技术的最新动态，中国机械工程学会焊接分会自2017年开始组织参加IIW年会的资深专家，将IIW各个相关领域的最新成果总结分析，撰写成"国际焊接学会研究进展"年度系列丛书，呈现给焊接行业的科技工作者，起到了很好的效果，得到了国内焊接行业的广泛好评。

2019年国际焊接学会第72届年会在斯洛伐克首都布拉迪斯拉发召开，83名我国焊接代表参加了此次学术盛会。会后，焊接分会副理事长李晓延教授组织了几十位国内专家，并邀请国外专家共同完成了本书的编写工作。本书详细介绍了本年度国际焊接领域的研究热点与前沿技术，相信本书将对提升我国焊接技术人员的知识水平、推动我国焊接创新事业的发展起到很好的作用。

中国机械工程学会焊接分会理事长
现代焊接与连接国家重点实验室主任
哈尔滨工业大学教授
2019年12月

前　　言

国际焊接学会（International Institute of Welding，IIW）自 1948 年成立以来，一直是全球最有影响力的国际焊接学术组织。在每年一次的学术年会上，来自全球主要工业国家焊接领域的专家学者在 IIW 各专业学术委员会上交流焊接研究和应用、焊接培训和资格认证、焊接标准的制定和推广等方面的最新进展，其学术活动代表着国际焊接科学与技术领域的最高水平。将 IIW 年度学术会议的最新成果介绍到国内来，对于促进我国焊接科学与技术的发展是十分重要的。

在中国机械工程学会的支持下，焊接分会 2016 年 12 月 19 日在北京召开的第九届十次执委会会议上将 IIW 研究进展的编撰作为学会需长期坚持的年度重点专项工作列入了决议。焊接分会自 2017 年起持续开展 IIW 研究进展的专项工作，组织业内专家学者对 IIW 年会所报道的学术研究与应用的最新进展进行全面的跟踪、报道与评述。

经过 IIW2017 研究进展编审委员会、IIW 2018 研究进展编审委员会各位同仁的辛苦工作，《国际焊接学会（IIW）2017 研究进展》《国际焊接学会（IIW）2018 研究进展》、IIW2017 年会的技术文件和 IIW2018 年会的技术文件 U 盘已免费发放给了国内焊接科技工作者。这一工作在国内焊接领域反响热烈、积极，这无疑是对学会工作和编审委员会各位专家工作的认可和鼓励。

IIW 2019 学术年会于 7 月 7—12 日在斯洛伐克首都布拉迪斯拉发召开，来自 45 个国家的 789 位焊接领域的专家学者参加了会议。会议围绕增材制造、表面工程、固相焊接、高能束流焊接、无损检测与评价、微纳连接、焊接健康与环境、金属焊接性、焊接结构断裂、压力容器与管道、电弧焊方法、焊接结构疲劳、焊接教育与培训、焊接名词术语、焊接结构设计与制造、高分子材料连接、钎焊、焊接和相关工艺的质量管理、焊接物理、焊接标准化、焊接培训与资格认证等进行了广泛深入的学术交流。

为了编好《国际焊接学会（IIW）2019 研究进展》，中国机械工程学会焊接分会于 2019 年 6 月 10 日在成都召开了《国际焊接学会（IIW）2019 研究进展》编写启动会。会议成立了编审委员会，制定了编写计划，落实了编写任务，并向国际焊接学会各专业委员会选派了 2019 年度的成员国代表。

根据 IIW 2019 学术年会交流的内容，结合焊接分会的实际情况，《国际焊接学会（IIW）2019 研究进展》的主要内容及编写分工为：电弧焊与填充金属（IIW C-Ⅱ）研究进展由邸新杰教授等编写，压焊（IIW C-Ⅲ）研究进展由王敏教授等编写，高能束流加工（IIW C-Ⅳ）研究进展由陈俐研究员等编写，焊接结构的无损检测与质量保证（IIW C-Ⅴ）研究进展由常保华副教授编写，微纳连接（IIW C-Ⅶ）研究进展由邹贵生教授等编写，金属焊接性（IIW C-Ⅸ）研究进展由吴爱萍教授编写，焊接接头性能与断裂预防（IIW C-Ⅹ）研究进展由徐连勇教授编写，压力容器、锅炉及管道焊接（IIW C-Ⅺ）研究进展由徐连勇教授编写，弧焊工艺与生产系统（IIW C-Ⅻ）研究进展由华学明教授等编写，焊接构件和结构的疲劳（IIW C-ⅩⅢ）研究进展由邓德安教授等编写，焊接教育与培训（IIW C-ⅩⅣ）研究进展由胡绳荪教授等编写，焊接结构设计、分析和制造（IIW C-ⅩⅤ）研究进展由张建勋教授编写，钎焊与扩散焊技术（IIW C-ⅩⅦ）研究进展由熊华平研究员等编写，焊接物理（IIW SG-212）研究进展由武传松教授等编写，焊接标准（IIW WG-STAND）研究进展由朴东光研究员等编写，焊接培训与资格认证（IIW IAB）研究进展由解应龙教授编写，国际焊接学会（IIW）第 72 届年会综述由黄彩艳副秘书长编写。应李晓延教授的邀请，欧洲焊接协会（EWF）培训体系经理、IIW ETQ&C 主管、葡萄牙焊接与质量研究所 Italo Fernandes 先生也为本书撰写了 EWF 及 IIW 在焊接教育、培训、认证等方面的最新进展。吴素君教授、陈怀宁研究员、樊丁教授、李铸国教授、李永兵教授、张中武教授、李明雨教授、陈辉教授和刘霞高工等分别对本书的内容进行了评审。全书由李晓延教授主持编写。

值得特别指出的是，IIW2019 学术年会决定，IIW 秘书处将于 2020 年 1 月 1 日起由意大利焊接研究所（IIS）承接，IIW 与欧洲焊接协会（EWF）联合开展的 IIW 培训与资格认证将于 2020 年 1 月 1 日起进入新一轮合同期。这些新的变化将在 IIW 研究进展的后续编纂中及时反映。

《国际焊接学会（IIW）2019 研究进展》的编写是在中国机械工程学会及焊接分会的领导下，在潘际銮院士、关桥院士、徐滨士院士、林尚扬院士、张彦敏研究员的关心和指导下，全体编审专家共同努力完成的。各位编审专家在较短的时间内投入了大量的精力，体现了编写的学术水平，在此对他们的辛勤工作表示衷心感谢！

虽然编审委员会各位专家工作尽力，但是书中难免存在疏漏甚至差错，真诚希望广大读者批评指正，以便在后续编写工作中引以为鉴。

本书由机械工业出版社出版发行，对机械工业出版社编辑的辛勤工作表示衷心的感谢！

衷心希望焊接学会的这一年度重点专项工作成果能为我国焊接事业的发展贡献微薄之力。

中国机械工程学会焊接分会副理事长（2018—2022）
国际焊接学会执委会（IIW-BOD）委员（2018—2021）
国际焊接学会技术委员会（IIW-TMB）委员（2016—2019）
北京工业大学教授（1998—　　）
2019 年 11 月

目　　录

序

前言

电弧焊与填充金属（IIW C-Ⅱ）研究进展 ·· 邱新杰　利成宁　1

压焊（IIW C-Ⅲ）研究进展 ·· 王敏　李文亚　29

高能束流加工（IIW C-Ⅳ）研究进展 ······································· 陈俐　黄彩艳　巩水利　46

焊接结构的无损检测与质量保证（IIW C-Ⅴ）研究进展 ···························· 常保华　61

微纳连接（IIW C-Ⅶ）研究进展 ··· 邹贵生　刘磊　闫剑锋　80

金属焊接性（IIW C-Ⅸ）研究进展 ··· 吴爱萍　101

焊接接头性能与断裂预防（IIW C-Ⅹ）研究进展 ····································· 徐连勇　126

压力容器、锅炉与管道焊接（IIW C-Ⅺ）研究进展 ································· 徐连勇　145

弧焊工艺与生产系统（IIW C-Ⅻ）研究进展 ······················· 华学明　沈忱　黄晔　157

焊接构件和结构的疲劳（IIW-C-ⅩⅢ）研究进展 ··················· 邓德安　冯广杰　176

焊接教育与培训（IIW C-ⅩⅣ）研究进展 ···························· 胡绳荪　申俊琦　193

焊接结构设计、分析和制造（IIW C-ⅩⅤ）研究进展 ································ 张建勋　205

钎焊与扩散焊技术（IIW C-ⅩⅦ）研究进展 ························· 熊华平　裴冲　李能　221

焊接物理（IIW SG-212）研究进展 ································· 武传松　陈姬　贾传宝　240

焊接标准（IIW WG-STAND）研究进展 ································ 朴东光　苏金花　258

焊接培训与资格认证（IIW IAB）研究进展 ··· 解应龙　264

国际焊接学会（IIW）第 72 届年会综述 ·· 黄彩艳　274

State of the art of the International Qualification & Cert ification Systems in Welding and

　　Joining Technologies ··· I. Fernandes　284

电弧焊与填充金属（IIW C-Ⅱ）研究进展

邸新杰　利成宁

（天津大学材料科学与工程学院，天津　300354）

摘　要：在斯洛伐克首都布拉迪斯拉发举行的第 72 届国际焊接学会（International Institute of Welding，IIW）年会上，电弧焊与填充金属委员会（Commission Ⅱ-Arc Welding and Filler Metals，C-Ⅱ）共宣读学术论文 15 篇，主要涉及焊缝熔深对氢的影响、含 V 耐热钢和镍基合金等的再热裂纹、裂纹试验方法、高强钢焊接材料及开发等方面的内容。此外，焊缝金属的分类与标准化分委会对多项 ISO 标准进行了审核。

关键词：焊接材料；焊接冶金；高强钢；增材制造；检测标准

0　序言

国际焊接学会（International Institute of Welding，IIW）电弧焊与填充金属委员会（Commission Ⅱ-Arc Welding and Filler Metals，C-Ⅱ）下设三个分委会，即 C-Ⅱ-A 焊缝金属冶金（Metallurgy of Weld Metal）、C-Ⅱ-C 焊缝金属测试与测量（Testing and Measurement of Weld Metal）和 C-Ⅱ-E 焊缝金属的分类与标准化（Standardization and Classification of Weld Filler Metals）。2019 年 7 月 7~12 日，IIW 第 72 届年会在斯洛伐克首都布拉迪斯拉发召开。在本届年会上，C-Ⅱ共收到学术论文 15 篇。从各个国家投稿情况来看（以第一作者为准），德国投稿论文最多，为 6 篇，荷兰、奥地利和伊朗各 2 篇，中国、韩国各 1 篇，此外林肯电气欧洲公司投稿 1 篇。从研究领域来看，焊缝金属冶金分委会收录 8 篇，其中 6 篇来自德国，结合近几年投稿情况来看，德国科技工作者对焊缝金属冶金领域的研究较为活跃；焊缝金属测试与测量分委会收录 7 篇，主要作者来自奥地利、荷兰和中国等。下面将按照各分委会的不同研究领域对其研究进展进行简要述评。

1　焊缝金属冶金

焊缝金属冶金分委会的研究领域主要包括焊缝金属中的氢、显微组织、裂纹以及增材制造构件冶金和高强钢焊接材料开发等内容，现结合本次年会宣读论文的内容，简要述评如下。

1.1　焊缝熔深对高强钢氢致开裂的影响

近年来，高强钢（HSS）在焊接钢结构中得到了越来越多的应用，特别是在风电、工程机械等领域，其强度级别已达 960MPa 级。钢材强度的提高必然会对焊接工艺提出更高的要求。因此，为了保证母材和焊接接头的力学性能，在焊接制造过程中需要采用更为严格的工艺制度。因为不当的焊接工艺将会导致高强钢在生产和服役过程中产生较大的安全隐患。氢致开裂（Hydrogen-Assisted Cracking，HAC）是危害高强钢焊接接头服役性能的重要因素之一，而且随着强度的提高，HAC 的倾向增大。显微组织、局部应力/应变和局部氢浓度是影响焊接接头性能的重要因素。除此之外，焊接接头的性能还与焊接工艺密切相关，特别是当开发和应用新的电弧焊工艺时，其对接头性能的影响更是不可忽略。

在过去，高强钢的焊接主要采用传统的熔滴过渡工艺（Conventional Transitional Arc Process，Conv. A）来焊接。但是近十年来，改进的喷射过渡工艺（Modified Spray Arc Process，Mod. SA）也被用于高强钢的焊接。与 Conv. A

相比，采用 Mod. SA 时坡口角度较小，通过减少焊缝金属（焊接道数），提高焊接熔敷速度，进而可大幅减少焊接时间和成本。但是，在上一届（71 届）年会上，德国联邦材料研究所（BAM）Schaupp 等人的报告指出[1]，采用 Mod. SA 方式焊接 S960QL 高强钢时，焊缝金属中氢的含量更高。这表明，采用 Mod. SA 获得的高强钢焊接接头可能存在较高的 HAC 敏感性。

研究表明，与 60° 坡口 Conv. A 工艺相比，采用 30° 坡口的 Mod. SA 工艺焊接低合金高强钢时（图 1），焊缝金属的氢含量更高，导致焊缝

中存在明显的微裂纹（图 1b、c）。采用 Mod. SA 焊时，熔敷速度较高且电弧较短，导致焊缝的熔深较大，使氢在焊接过程中得不到充分的扩散。针对这个问题，德国的 Schaupp 等人在本届年会上做了关于熔深对高强度结构钢氢致裂纹影响的研究报告[2]。

研究者采用相同的焊接材料和焊接热输入，在不同的熔敷速度下焊接 S960QL 低合金高强钢，研究这两种焊接工艺对 HAC 敏感性的影响。HAC 的敏感性主要采用插销试验来评估，试验装置示意图如图 2 所示，插销试验结果见表 1。

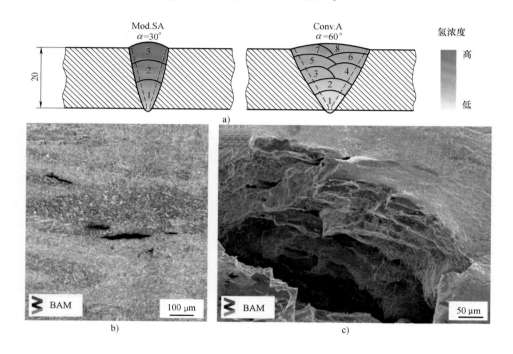

图 1 两种焊接工艺下 V 形坡口接头氢分布示意图、30° 坡口焊缝中的微裂纹和张开的冷裂纹 SEM 形貌

a）两种焊接工艺下 V 形坡口接头氢分布示意图　b）30° 坡口焊缝中的微裂纹　c）张开的冷裂纹 SEM 形貌

表 1　插销试验结果

焊接工艺	CGHAZ 最高硬度 HV10	CGHAZ 抗拉强度① /MPa	下临界应力（LCS） /MPa	临界插销应力 σ_{crit} /MPa	临界应力比（NCSR）②	脆化指数（EI）③	LCS 失效时间 /min
Conv. A	411	1323	550	280	0.52	0.21	571
Mod. SA	423	1360	500	280	0.47	0.21	1188

① 根据 ISO 18265 通过 CGHAZ 的最高硬度估算。
② LCS 与母材屈服强度的比值。
③ 临界插销应力与 CGHAZ 抗拉强度的比值。

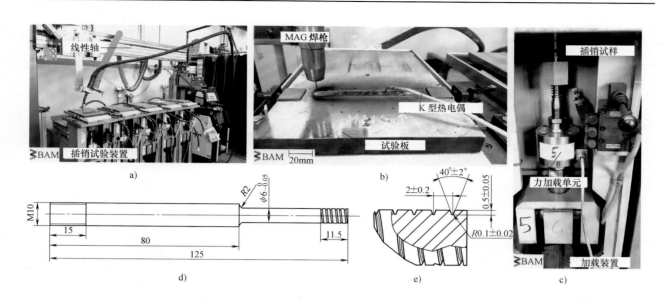

图2 试验装置示意图

a）插销试验装置 b）带焊缝的钢板试件 c）处于加载单元中的插销试样 d）插销试样尺寸 e）螺纹示意图

可见，两种工艺条件下的临界插销应力都约为280MPa，大小与母材屈服强度的26%相当。低于该值时，均会发生延迟断裂。采用Mod.SA工艺时，焊缝金属的氢含量达1.6 mL/100g（图3），比Conv.A工艺高23%，这主要是因为Mod.SA工艺送丝速度较高且有效的氢含量较高。图4所示为插销应力与失效时间的关系图。由图可见，随着插销应力的降低，失效时间显著延长。对于Covn.A工艺，当插销应力达550MPa时，将发生失效，但采用Mod.SA后，失效对应的应力降低至500MPa。这50MPa的下临界应力差值主要与Mod.SA工艺下高的氢含量和较短的冷却时间有关。试验结果表明，断裂主要发生在热影响区或焊缝。由数值模拟的研究结果可知，对于S690QL和S1100QL高强钢，插销试样缺口处的应力和应变最大，微裂纹容易在这个区域形成，然后在高于400MPa的应力作用下扩展至焊缝金属（图5a），并终止于低应力处的熔合线处（图5b）。

图6所示为两种工艺条件下插销应力与失效时间的关系曲线。由图可知，在1000MPa的高应力水平下，两种工艺条件下失效时间一样。

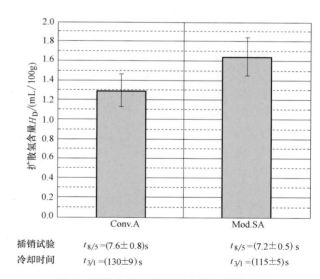

| 插销试验 | $t_{8/5}=(7.6\pm0.8)$ s | $t_{8/5}=(7.2\pm0.5)$ s |
| 冷却时间 | $t_{3/1}=(130\pm9)$ s | $t_{3/1}=(115\pm5)$ s |

**图3 焊缝金属的扩散氢含量和插销试验
实测的平均冷却时间**

但是，当应力降低至550MPa时，两者的差值为6h。这表明，采用Mod.SA焊接的试样具有延迟断裂特征，这主要与两种工艺的熔深差异密切相关。由焊缝的截面图（图7）可以看出，采用Mod.SA获得的焊缝，其熔深较大。因为Mod.SA工艺的电弧更短，熔敷速度更高。Mod.SA工艺的大熔深导致氢扩散至临界裂纹区的路径较长。

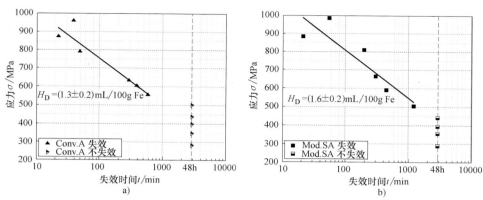

图4 插销应力与失效时间的关系图

a）Conv. A b）Mod. SA

图5 加载48h后在插销试样粗晶热影响区和焊缝的初始裂纹

a）Conv. A σ=437MPa b）Mod. SA σ=392MPa

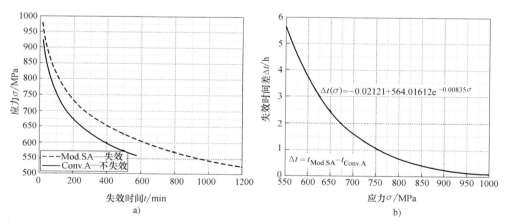

图6 两种工艺条件下插销应力与失效时间的关系曲线

a）两种工艺条件下插销应力与失效时间关系的对比曲线 b）两种工艺条件下失效时间差值与应力的关系

该项研究工作指出了 Mod. SA 工艺对焊接接头熔深和焊缝金属 HAC 敏感性的影响，强调在采用 Mod. SA 工艺焊接低合金高强钢时，虽然焊接效率和焊接成本可有效降低，但不可忽略该工艺大熔深导致的焊缝氢含量高和延迟断裂等问题。

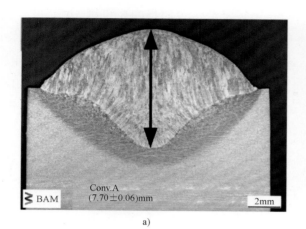 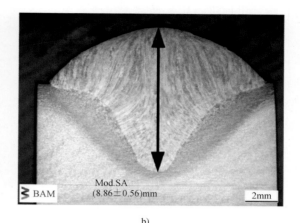

a)   b)

图7　焊缝截面图和对应的熔深

a）Conv. A　b）Mod. SA

1.2　焊接裂纹

1.2.1　耐热钢再热裂纹

因具有高温强度高、耐氢压性能好、蠕变寿命长等特点，低合金贝氏体 Cr-Mo-（V）钢被用于加氢裂化装置、临氢厚壁高温压力容器等石化装备上。近年来，经济和环境问题对石化装备的效率和操作弹性提出了更高的要求，因此对石化装备用材料也提出了更大的挑战。例如，生产现代合成燃料的工艺温度已高达482℃、氢压可高达34.5MPa，所以需要通过在钢中添加 V 元素来提高钢材的服役性能。13CrMoV9-10 钢就是一种在低合金 2.25Cr-1Mo 钢基础上添加了质量分数为0.25%钒的耐热钢。由于这种改良的耐热钢具有更好的抗蠕变性能、更高的耐高温氢腐蚀能力和抗覆层脱落能力，自 20 世纪 90 年代中期以来，一直用于石化反应器的建造。

焊态下的含 V 耐热钢焊缝金属韧性低、硬度高、强度高，焊后需要经过严格的焊后热处理（PWHT）方可使用。一般情况下焊后热处理可以改善焊缝和热影响区的力学性能，降低焊接结构的残余应力。含 V 耐热钢对再热裂纹（SRC）非常敏感，因此与传统的耐热钢相比，其焊接面临更大的挑战。近十年来，研究人员对 SRC 的冶金和热力学机理进行了大量的研究。一般认为，SRC 往往是沿晶断裂，裂纹在焊接方向的横向和纵向上都可以沿着原奥氏体晶界

扩展，是热力学、冶金因素和机械因素共同作用的结果。但是，之前关于 SRC 开裂敏感性的研究，多数采用单道焊接并以小试样为研究对象，忽略了焊接拘束的影响，而焊接拘束是大厚度构件焊接过程中不可忽视的因素。

针对以上问题，德国联邦材料研究所（BAM）的 Kromm 等人在实验室采用多轴加载试验装置模拟了石油化工反应塔建造过程中的焊接和焊后热处理工艺，试验装置如图 8 所示[3,4]。焊接过程中的构件载荷（如拘束应力和力矩）可通过六个独立的液压缸施加和记录。采用该试验装置，可以参考实际制造条件或工艺条件，在实验室条件下进行简化的模拟试验，在线观察与评估工艺参数对试件载荷或应力松

图8　多轴加载试验装置

弛的影响，进而进行定量研究。该研究中，为了接近实际制造工艺条件，模拟了定位焊、预热、焊接、消氢处理和焊后热处理等工艺制度，如图9所示。试验用母材为13CrMoV9-12，采用双面埋弧焊焊接，使用的焊丝牌号为 Union S 1CrMo2V2、焊剂牌号为 UV 430 TTR-W1。

图10给出了不同热输入和预热/层间温度对焊接接头宏观形貌的影响。由图10可知，小热输入条件下，焊缝由很多窄焊道组成，显微组织中含有大量的退火区和少量的非再结晶组织。当热输入提高时，焊道变宽；提高至45kJ/cm时，粗大组织的比例提高；热输入提高至50 kJ/cm后，前一焊道的组织几乎全部被回火，焊缝的底部组织由大量细小的晶粒构成。

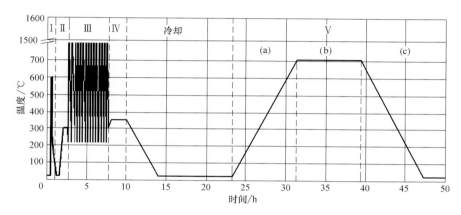

图9　模拟制造过程中的温度制度图示

Ⅰ—定位焊　Ⅱ—预热　Ⅲ—焊接　Ⅳ—消氢处理　Ⅴ—焊后热处理　（a）—加热　（b）—保温　（c）—冷却

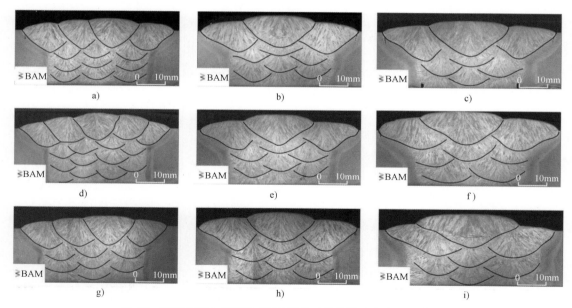

图10　不同热输入和预热/层间温度对焊接接头宏观形貌的影响

a）240℃/25kJ/cm（19道）　b）260℃/35kJ/cm（15道）　c）240℃/45kJ/cm（12道）　d）220℃/20kJ/cm（24道）　e）220℃/35kJ/cm（15道）

f）220℃/50kJ/cm（12道）　g）200℃/25kJ/cm（19道）　h）180℃/35kJ/cm（15道）　i）200℃/45kJ/cm（12道）

图11和图12分别是模拟制造流程过程中的拘束应力和力矩图示。由图11可知，拘束应力发生拉-压的交替变化，这是高强度钢焊接的典型特征，主要是由焊接热输入和消氢处理导致的。最终冷却至室温后，均受到拉应力的作用。在多层焊接中，焊缝金属的不均匀收缩产生偏

心力，会导致非拘束收缩试样发生变形。在该研究中，拘束导致产生沿着焊缝纵向的弯矩。

如图 12 所示，与拘束应力相类似，拘束力矩的特征曲线也与热输入有关。

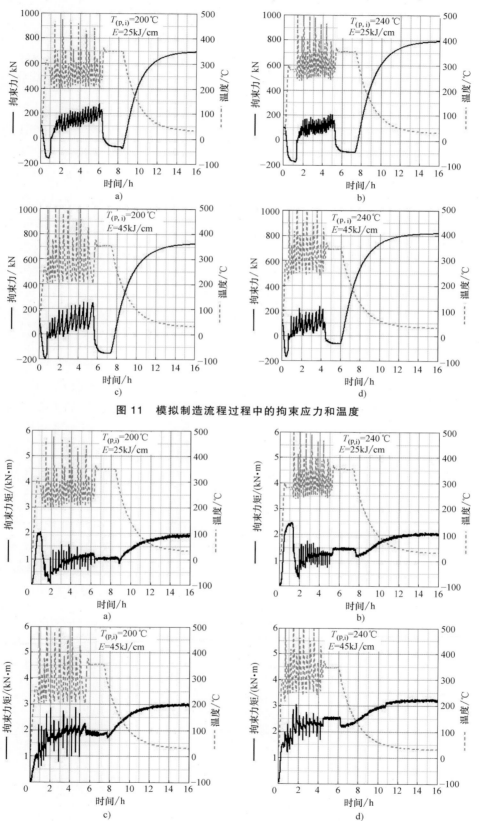

图 11　模拟制造流程过程中的拘束应力和温度

图 12　模拟制造流程过程中的拘束力矩和温度

作者认为，在一定的拘束条件下，热输入对焊接过程及焊后的拘束应力和弯矩具有显著影响。高的预热温度和层间温度导致横向应力的大幅增加。拘束应力是横向和弯曲应力之和，主要受热输入的影响。在所研究的参数范围内，因为拘束应力大部分为弯曲应力，因此热输入的影响超过了预热和层间温度的影响。随着焊后热处理的完成，在冷却至室温之后，横向应力和弯曲应力的水平相当，而与焊接引起的应力无关。

该研究通过累积裂纹长度来评估热输入对应力消除及裂纹形成的影响，结果如图13所示。由图13可知，热输入和预热/层间温度的增加都会导致累积裂纹长度（$l_{R,cum}$）的增加。值得注意的是，热输入达到40kJ/cm以上后，裂纹长度随着热输入而逐渐增加。该研究认为，焊接

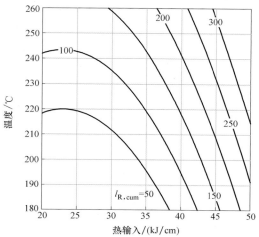

图13 焊接热输入和预热/层间温度对焊后热处理后裂纹长度的影响

过程中的热输入和与之相关应力会影响焊后热处理过程中的SRC形成。

在焊接和焊后热处理过程中，必须考虑结构的收缩，因为它会影响焊接接头的力学性能。如图14所示，随着热输入的增加，焊接热影响区的韧脆转变温度向高温区间移动，这表明热输入对热影响区的冲击性能具有显著的影响。由图15的焊缝截面图可知，SRC扩展路径主要是沿着粗晶区的原奥氏体晶界扩展，并终止于细晶区或母材。通过元素分析发现，在原奥氏体晶界上出现C、Cr、Mo元素的偏聚。同时，在晶粒内可观察到大量的碳化物析出相。作者通过SAED和EDS分析发现（图15），该析出相主要为M_6C。但是，大量研究表明，M_6C析出相在该类钢中很少能观察到，只有进行长时间的高温时效才可能形成。该类钢材在无拘束条件下形成的主要碳化物为$M_{23}C_6$，$M_{23}C_6$经过进一步时效才能形成M_6C。所以，该研究证实焊接拘束促进了13CrMoV9-10耐热钢的时效，诱导M_6C在晶界的析出，这也是SRC形成的重要原因。其可能原因是，由拘束产生的应力或微塑性变形为析出相的形成提供了更大的驱动力，从而加速了析出相的形成，在较短时效时间或相对低的温度下也可形成M_6C碳化物（图16）。

近年来，拘束对焊接接头组织转变行为及析出行为的影响作用越来越受到关注。例如，近期笔者的研究结果表明，焊接拘束因提高了低相变点（LTT）焊接材料焊接过程中马氏体相

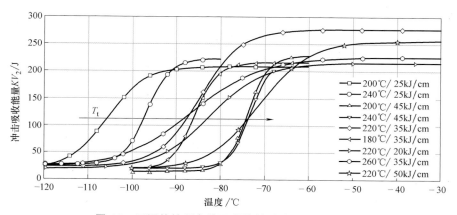

图14 不同热控制条件下焊接热影响区的冲击性能

变的吉布斯自由能，从而导致马氏体点（M_s）和马氏体相变温度区间均增加。因此，在特定的应用条件下，焊接材料及焊接工艺的设计还需考虑拘束对微观组织演变行为的影响。Kromm等人的这项研究，对后续 SRC 机理的进一步研究具有重要的参考价值。一方面，他们的研究明确了 SRC 敏感性实际上是受到机械作用、热控制和材料属性的综合影响；另一方面，也为采用该试验方法模拟大壁厚接头的冶金条件及所受的机械载荷、大壁厚焊接接头的 SRC 敏感性测试提供了一种新的思路。

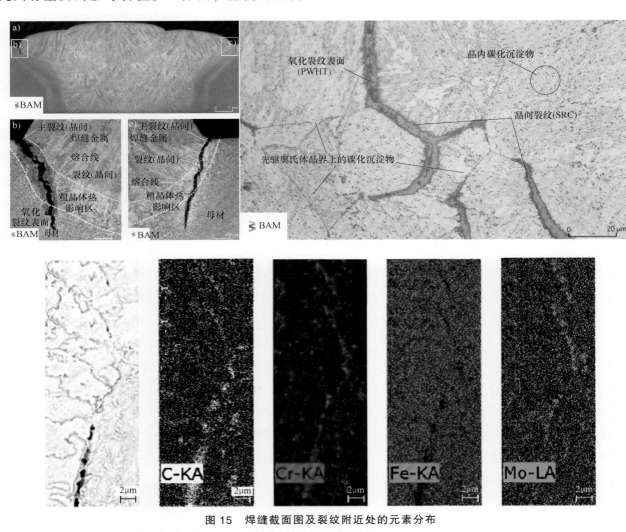

图 15　焊缝截面图及裂纹附近处的元素分布

图 16　M_6C 碳化物 SAED 选区衍射及 EDS 能谱图

1.2.2 镍基合金的热裂纹

镍基合金由于具有良好的力学性能和耐蚀性，在电力、化工和石油等工业领域具有重要的应用价值。常用的焊接镍基合金的方法主要有钨极氩弧焊（TIG）、焊条电弧焊（SMAW）、惰性气体保护焊（MIG）和活性气体保护焊（MAG）等，因此在有关镍基合金焊接材料的最新标准 DINEN ISO 12153：2012 中，很少提及药芯焊丝。与实心焊丝相比，药芯焊丝具有熔透性好和焊接缺陷少的技术优势。此外，通过合理的熔渣设计，药芯焊丝可具有全位置焊接性好、力学性能优异的特点。

德国的 Burger 等人对熔化极气体保护焊用金红石型和碱性镍基合金药芯焊丝热裂倾向进行了相关研究[5]。介绍了关于碱性、金红石和金红石-碱性-熔渣镍基药芯焊丝（Ni6625、Ni6082、Ni6276）进行气体保护焊的研究结果，主要讨论了熔渣特性对焊接冶金过程的影响，如合金元素的损失或添加，特别是热裂倾向的结果，并将该结果与实心焊丝脉冲熔化极电弧焊（MIG）的结果进行了对比分析。

1.2.3 液化裂纹的敏感性

100多年来，液态金属对固态金属具有损害作用已经被充分认识。在英美的一些相关文献中，这种现象常被称为液态金属脆化（Liquid Metal Embrittlement，LME）或液态金属致裂（Liquid Metal Assisted Cracking，LMAC）。LME 属于液态金属诱导应力腐蚀开裂，其开裂机制是固态金属在受到拉应力作用的同时还受到液态金属的腐蚀作用，与阳极应力腐蚀开裂损坏机制类似。

会上，来自德国的 Dieckmann 做了关于如何确定 LME 敏感性的报告，重点研究了弧焊在涂层钢中的应用，目的是开发一种尽可能接近实际应用的测试方法来评估 LME 敏感性[6]。该测试方法基于平面拉伸试验法，采用 ISO 17641-1 和 ISO/TR 17641-3 标准进行的电弧焊工艺热裂纹试验，也称为 PVR 试验。该试验方法假定 LME 产生的条件与热裂纹产生的条件相似，也是根据脆性温度区间来确定，包括热裂纹发生的温度区间、临界伸长率和临界伸长速率。研究结果认为所谓的 PVR 试验法可创造出产生 LME 所需的条件，对于有无附加材料的涂层材料均可适用。该种试验方法和热裂纹试验类似，也可以测试出临界变形速率。

关于液化裂纹的研究在很早之前就已经展开，Bruscato 在 1992 年 *Welding Journal* 上也发表了关于奥氏体不锈钢与镀锌钢板 LME 的论文。现行的焊接冶金理论主要是在 20 世纪 40~80 年代期间所形成的，实际上都是借鉴了当时的钢铁冶金理论，其进展已经落后于现代钢铁冶金理论的进展。采用现代工艺及新理念开发的洁净钢、中/高锰钢及高铝低密度钢等现代钢铁材料，由于其杂质元素或合金元素含量较 20 世纪 80 年代前的钢铁材料差异甚大，其晶界液化行为及凝固行为也将明显区别于传统钢铁材料。因此，原有的热裂纹形成机制不一定适合当代的金属材料，液化裂纹形成机理仍有待进一步完善或修正。

1.2.4 可调拘束裂纹试验

应用低相变点（Low Transformation Temperature，LTT）焊接材料是降低高强钢焊接接头拉应力、改善疲劳性能的有效途径。其中，在焊接材料中添加 Cr、Ni、Mn 等元素可以明显降低马氏体的相变温度。但是，这些元素的添加又会使凝固裂纹的倾向增大。材料对凝固裂纹的敏感性可以采用许多不同的测试方法来确定，其中的一个方法就是（横向）可调拘束试验（MVT）。该方法于 1982 年由 BAM 开发，并已成为一个国际标准。几十年来，该试验方法已被广泛用于表征许多不同材料抵抗凝固开裂的性能。基于此，BAM 的 Thomas 等人利用 LTT 焊接材料研究了（横向）可调拘束凝固裂纹试验标准分析方法[7]，旨在进一步探讨标准化 MVT 测试参数及评估方法对结果的影响。该研究中，作者采用几种不同的 Cr-Ni 型和 Cr-Mn 型的高合金 LTT 焊接材料作为填充材料（表2），来研究这些合金的凝固裂纹行为。

表2 所研究的LTT合金的化学成分（质量分数，%）

类型		C	Cr	Ni	Mn	Fe	Cr_{eq}/Ni_{eq}①	Ms/℃
Cr8Ni6	A	0.05	7.48	6.05	0.47	其他	0.98	297
Cr8Ni6	B	0.07	7.41	6.08	0.49	其他	0.90	275
Cr6Ni8	C	0.07	6.30	7.90	0.56	其他	0.61	268②
Cr6Ni8	D	0.09	7.10	8.20	0.60	其他	0.64	238②
Cr6Ni8	E	0.10	6.80	7.70	0.60	其他	0.63	247②
Cr6Ni8	F	0.11	6.50	7.90	0.59	其他	0.56	245②
Cr11Mn5	G	0.07	11.90	0.02	5.40	其他	2.47	164
Cr11Mn5	H	0.03	11.40	0.02	5.00	其他	3.28	176

① $Cr_{eq} = Cr$，$Ni_{eq} = Ni+30C+0.5Mn$。
② 计算值。

在该研究中，他们采用标准的试样表面显微分析法分析了工艺参数及铬镍当量比（Cr_{eq}/Ni_{eq}）对凝固裂纹的影响。结果表明，各试样存在明显的亚表面开裂，但开裂的程度不同。一般认为，高的热输入对凝固裂纹产生不利的影响。但是，图17的MVT结果显示，Cr11Mn5（合金H）的规律却完全相反。如图18所示，Cr-Ni型合金A的表面下可观察到大量的裂纹，但是Cr-Mn型合金G的裂纹主要是在表面。同时，他们也对MVT试样进行了X射线计算机断层扫描（μCT）来分析凝固裂纹的特征，并对比了两种方法获得的试验结果的差异。由图19a可知，μCT检测的裂纹体积是Cr_{eq}/Ni_{eq}的函数，即随着Cr_{eq}/Ni_{eq}的增加而降低，当Cr_{eq}/Ni_{eq}大于3时，基本无裂纹产生；当Cr_{eq}/Ni_{eq}介于0.55~0.62之间时，裂纹体积达到峰值，约为$3.3mm^3$。其可能的原因是，当Cr_{eq}/Ni_{eq}小于1.2时，主要以奥氏体为先凝固相，裂纹可沿

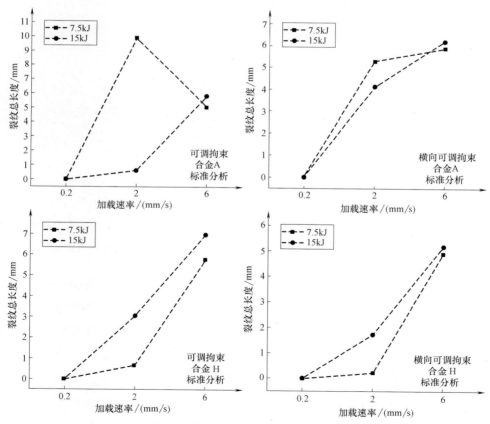

图17 合金A和合金H的MVT结果

着奥氏体晶界扩展，如图 19b 所示。因此，分析认为，凝固类型的差异是 Cr-Ni 型和 Cr-Mn 型材料及其开裂特性差异的主要原因。另外，由图 19a 可以看出，μCT 的测试结果与 MVT 标准分析的趋势并不一致，前者更符合裂纹对 Cr_{eq}/Ni_{eq} 变化的响应关系。这主要是因为 Cr-Ni 型合金试样中存在大量的非表面裂纹。

从该研究结果上看，对于某些材料，传统的标准可调拘束试验或许不能非常准确地测试其实际的裂纹敏感性，尤其是对于试样内部可产生大量裂纹的材料（例如，LTT 填充金属），其准确性有待考究。这种情况下，为了准确评估其凝固裂纹的敏感性，基于体积检测的试样方法的应用是有必要的。

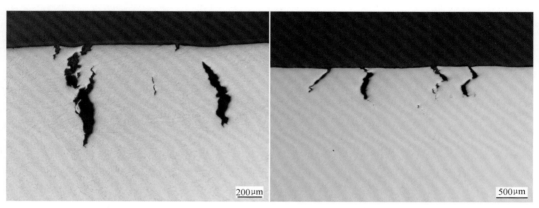

图 18　Cr-Ni 型合金 A（左）和 Cr-Mn 型合金 B（右）的裂纹形貌

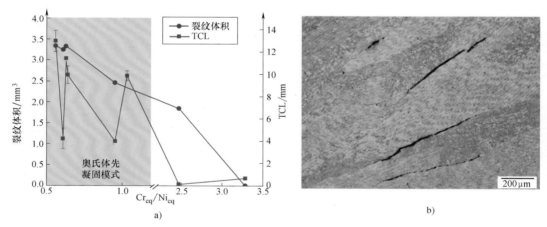

图 19　a）μCT 检测的裂纹体积和标准 MVT 测得的裂纹总长度 TCL 与 Cr_{eq}/Ni_{eq} 的函数关系，当 $Cr_{eq}/Ni_{eq}<1.2$、$E=7.5kJ/cm$ 时，奥氏体为初生相的凝固模式导致裂纹敏感性增加；b）Cr10Ni10 LTT 焊缝金属中，裂纹沿原奥氏体晶界扩展

1.3　高强钢焊接材料的开发

近年来，现代金属材料尤其是钢铁材料的组织性能调控理论及生产技术得到快速发展，多种新型的钢铁材料已被提出或开发出来。但是，与现代钢铁材料的发展相比，与之匹配的焊缝金属成分设计、强韧化机理及新型钢铁材料的配套焊接材料的研究与开发明显滞后。针

状铁素体具有良好的强韧性匹配，是焊接低合金高强钢希望获得的理想组织。因此，针状铁素体也是高强钢焊接材料开发与焊缝金属组织控制的理想组织。

伊朗的 Hosseinioun 与其德国的合作者对低合金高强钢焊缝金属中针状铁素体的形核机理进行了研究，认为针状铁素体的形核是扩散控

制的固态相变过程[8]。作者采用 E7018LT 和 E8018C3-H4 焊条在不同焊接条件下对不同的 HSLA 钢板进行了焊接，并在光学显微镜、透射电镜、扫描电镜和电子探针等实验条件下对焊缝组织进行了研究。

平焊时，由于热输入较低，所以冷却速度较高，焊缝金属在奥氏体区间存在时间短，获得了伴随有少量典型的先共析铁素体的针状铁素体的显微组织（图 20）。EPMA 研究表明，Mn 和 Si 元素从新形成的先共析铁素体中扩散出来，并在先共析铁素体-初始奥氏体晶界面上形成扩散轮廓。据此，根据经典的形核和晶粒长大理论，针状铁素体在具备热力学条件的奥氏体晶粒内形成，这是扩散控制的固相转变。因此，作者认为夹杂物不是晶间针状铁素体的成核位置。

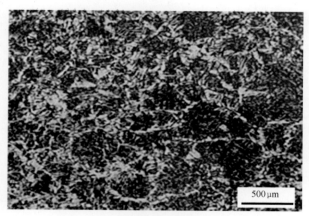

图 20　平焊位置获得的焊缝显微组织

立焊时，热输入较高，所以冷却速率较低，焊缝金属在奥氏体区间存在时间较长，获得的焊缝组织：①合金元素在原奥氏体内固溶；②其析出相存在最佳析出时间。当原奥氏体晶粒达到新的动力学条件时，将分解为铁素体组织和腐蚀条件下弥散的暗色组织。铁素体表现为分散的片状结构和细小的非均匀初生铁素体，它们之间没有清晰的晶界，晶界之间可能存在碳化物。此外，在这种奥氏体分解过程中，没有出现针状铁素体组织（图 21）。EPMA 研究表明，Mn 和 Si 在基体中弥散分布，而不是像平焊

那样在先共析铁素体-初始奥氏体晶粒界面上形成扩散轮廓。

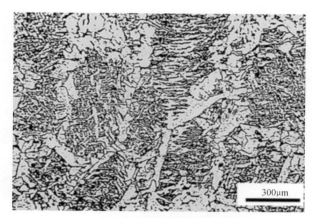

图 21　立焊位置获得的焊缝显微组织

目前，很多研究人员将针状铁素体的形核机制归因于非金属夹杂的诱导形核作用。这篇论文再一次验证了焊缝金属中针状铁素体形成机制的复杂性，其形成与焊接工艺密切相关，并发现焊缝金属中针状铁素体不是在夹杂物处形核，而是在晶界中形核。由此可见，只有当焊缝金属中的非金属夹杂的化学构成、尺寸、形态及与基体的错配度满足一定条件时，才可能成为针状铁素体的形核质点。因此，在进行焊接材料冶金设计及焊缝金属组织调控时，仅仅简单地引入非金属夹杂物难以很好地调控针状铁素体的形成，还需重点关注焊接工艺、化学成分对夹杂物的构成、尺寸、形态及结构等特征参数的影响。

2　焊缝金属测试及量度

焊缝金属测试分委会主要关注高合金焊缝金属中的铁素体、焊缝金属中的热裂纹、焊缝金属的腐蚀、高强钢焊缝金属测试、耐热钢蠕变试验以及奥氏体和双相不锈钢焊缝金属中的 δ 铁素体等问题。

2.1　高合金焊缝金属中的铁素体

双相不锈钢（DSS）综合了铁素体和奥氏体不锈钢的优点，其主要合金元素为 Cr、Ni、Mo 和 N 等，由于其耐蚀性良好，已被广泛用于海

水淡化厂、化学和石化工业或海洋工程结构等领域。但是如果经过多道焊或焊后热处理不当，再次加热会改变焊缝中铁素体和奥氏体的比值，并可能形成金属间相、氮化物和/或二次奥氏体等二次相。这不仅会影响其力学性能，还可能导致脆化和耐蚀性的降低。为了研究 DSS 焊缝中析出相的演变过程，奥地利格拉茨技术大学的 Andrea Putz 等人采用一种新的热处理技术研究了热过程对 DSS 焊缝显微组织的影响[9]。

作者采用静态电弧，在单个试样中建立了一个温度范围由液态至室温的空间稳态温度场（图22），并利用 COMSOL5.3 多物理场分析软件计算了试样的温度分布（图23），获得了具有梯度分布的显微组织（图24）。

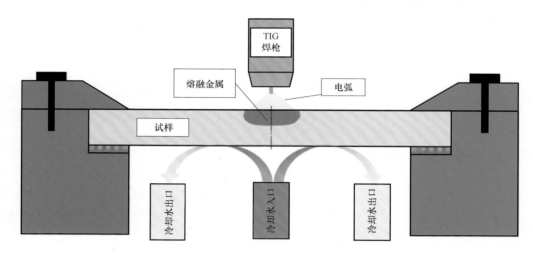

图 22   热处理装置示意图

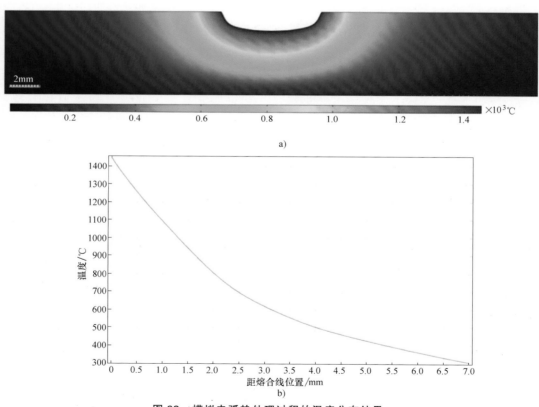

a)

b)

图 23   模拟电弧热处理过程的温度分布结果

a）试件截面的温度分布   b）试件上表面的温度分布

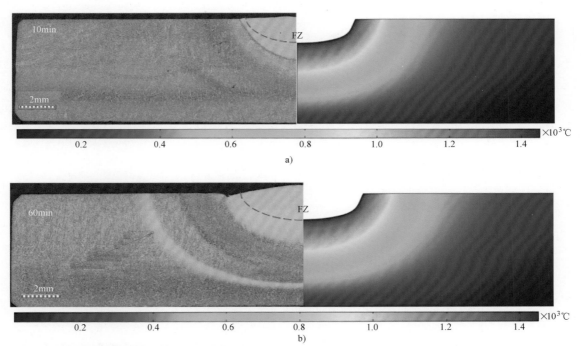

图 24　NaOH 腐蚀后的焊接试样截面和模拟温度场分布（×10³℃）的对比（红色虚线表示试样的熔合线）

a）电弧加热 10min　b）电弧加热 60min

结合热力学计算和金相分析，发现在试样不同的加热区域均形成了第二相，如图 25 所示。对于 10min 的电弧热处理试样，在 730～1000℃的温度范围内观察到 σ 相的形成，并且在 700℃以上发现了 χ 相。对于 60min 的试样，σ 相在 675～1025℃范围内形成，而 χ 相在 600℃以上形成。在上述两个试样中，均观察到 χ 相转变为 σ 相以及在 575～1100℃形成二次奥氏体。随后作者采用硬度测量的方法确定

了 DSS 焊接接头中的脆性区域，认为脆化与该区域富含 σ 相和铁素体分解有关。与初始显微组织相比，具有第二相的区域对局部腐蚀更敏感。

该论文提出的静态电弧热处理方法可以利用单个试样建立不同热输入条件下的空间稳态温度场，对于模拟焊接或电弧增材制造的热过程，研究其组织和性能的关系，具有一定的借鉴意义。

图 25　在不同温度下 10min 试样（左）和 60min 试样（右）的 SEM 像

a）1000℃　b）1025℃

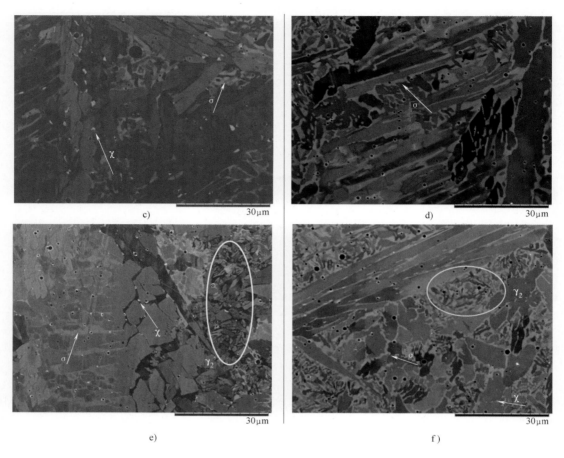

图 25　在不同温度下 10min 试样（左）和 60min 试样（右）的 SEM 像（续）

c）890℃　d）870℃　e）770℃　f）770℃

2.2　焊缝金属的热裂纹及微裂纹

2.2.1　奥氏体不锈钢药芯焊丝

近年来，由于镍的价格波动，使大型能源储存工程［如液态乙烯气体（LEG）和液化天然气（LNG）等］中焊接材料的成本很难预测。为此，奥地利奥钢联伯乐焊接有限公司的 Hannes Pahr 等人开发了 17Cr-15Ni-Mn 型奥氏体不锈钢药芯焊丝，对液化气储罐用的 $w_{Ni} = 5\%$ 和 $w_{Ni} = 9\%$ 钢进行焊接，并与商业化的 Ni6625/NiCrMo3-T1 金红石型药芯焊丝进行了对比研究[10]。

试验用钢材分别为 15mm 厚的 X12Ni5 和 14mm 厚的 X7Ni9，采用 Fronius TransPuls Synergic 4000 电源，Ar + 18% CO_2 混合气体作为保护气，进行立焊位置（3G）的焊接。接头形式及焊接顺序如图 26 所示，全焊缝金属的化学成分见表 3。随后对接头进行了无损检测、金相分析和力学性能测试。

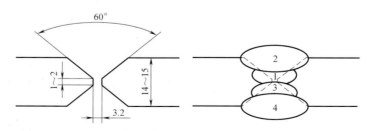

图 26　接头形式及焊接顺序

表 3　全焊缝金属的化学成分（质量分数，%）

焊丝	C	Si	Mn	Cr	Ni	W	Mo	Nb
17/15-T1	0.20	0.4	10.5	17.5	14.0	3.5	—	—
625-T1	0.20	0.5	0.3	20.7	Bal.	—	8.5	3.3

研究结果表明：焊缝成形良好，无损检测未发现弧坑裂纹等焊接缺陷，所有试样均具有正常的焊缝形状和良好的侧壁熔合（图27）。图28是焊缝横截面的显微组织照片，可见各组焊缝金属的显微组织形态均匀，是典型的树枝状凝固组织。在图27中没有发现大的焊渣或未熔药粉颗粒等夹杂物。但在更高的放大倍数下，在用新开发的17Cr-15Ni-Mn型奥氏体不锈钢药芯焊丝（17/15-T1）焊接的焊缝中可见细小的枝晶间析出物，由于该焊丝碳的质量分数为0.2%，因此它们可能是碳化物。

在力学性能方面，新开发的17Cr-15Ni-Mn

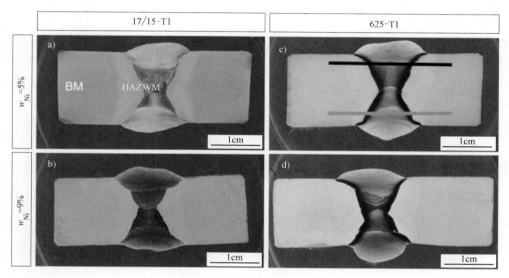

图 27　焊接接头截面的宏观照片

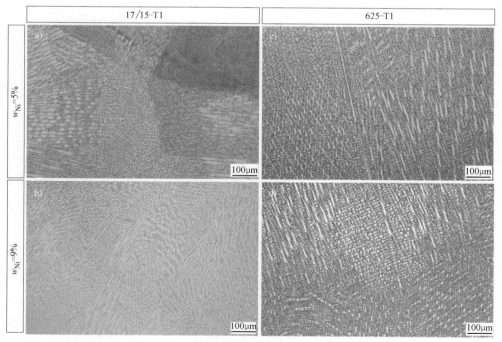

图 28　焊缝横截面的显微组织照片

型奥氏体不锈钢药芯焊丝焊接 $w_{Ni}=5\%$ 钢时，拉伸性能可以满足 EN 10028-4 和 ASME BPVC.Ⅱ.A 的要求，但是在焊缝处断裂；在焊接 $w_{Ni}=9\%$ 钢时，其抗拉性能和冲击吸收能量不能满足 EN 10028-4 的要求。而 Ni6625 焊丝（625-T1）无论焊接 $w_{Ni}=5\%$ 钢还是 $w_{Ni}=9\%$ 钢，其力学性能都可以满足上述标准的要求。

通过上述试验，作者认为新开发的 17Cr-15Ni-Mn 型奥氏体不锈钢药芯焊丝有望用于 $w_{Ni}=5\%$ 钢的焊接，以降低生产成本；而对于 $w_{Ni}=9\%$ 钢，必须采用 Ni6625 焊丝才能满足相关标准的要求。

2.2.2 高硬度装甲钢的焊接工艺优化

来自韩国昌原国立大学的 Y.Jeong 等人在本次年会上发表了高硬度装甲钢（HHA）焊接的

相关内容[11]。由于 HHA 焊接时会在其热影响区（HAZ）部位产生软化等严重缺陷，导致防弹性能降低，因此需要对焊接工艺进行优化。在该研究中，作者使用 12mm 厚 HHA 制备了 V 形坡口，采用熔化极气体保护焊方法，选用 ER 120S-G 焊接材料，根据不同的 CO_2 保护气含量和热输入条件制备了多道焊焊接试样。并通过拉伸、硬度、冲击、弯曲测试和横截面金相分析等试验确定了获得良好力学性能的最佳条件，通过飞溅分析的方法确认焊缝表面成形良好。在体积分数为 5% 的 CO_2 和低热输入条件下，焊缝表面成形良好，但在弯曲试验时焊缝中有裂纹产生，作者认为这是由母材和焊缝之间的硬度差异引起的，如图29所示。

图29　体积分数为 5% 的 CO_2+低热输入条件下的弯曲试验结果

随后，作者研究了使用纳米颗粒改善焊接接头表面硬度的可行性。通过添加不同数量的

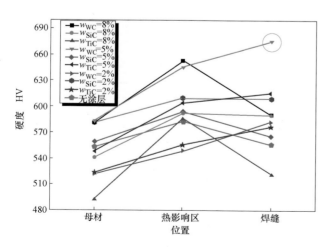

图30　添加纳米粒子后的硬度测试结果汇总

WC、SiC 和 TiC 纳米颗粒，研究了纳米粒子对焊缝形状和硬度的影响，并得出添加质量分数为 5% 的 WC 可以显著增加焊缝金属强度的结论，如图30所示。

2.3 高强焊缝金属测试

2.3.1 960MPa 级高强钢焊接材料的研发

来自荷兰 Lincoln Smitweld 公司研发部门的 A.Ramasamy 等人介绍了高强钢焊接材料（屈服强度 960MPa 以上）的研发情况[12]。他们采用 Ni、Cr、Mo 等元素为主的合金成分，设计了五组金属粉芯焊丝，见表4。熔敷金属的屈服强度最高达到了 1100MPa 以上，其中 2~4 三组均取得了较好的强韧性匹配。通过对熔敷金属显微组织的研究，发现随着合金含量的增加，柱状的原始奥氏体晶粒变薄，夹杂物含量增加。在合金含量比较低的第 1 组（图 31a），贝氏体中的铁素体板条比较明显且呈随机分布。随着合金元素的增加，这些铁素体板条通过有序化聚集成束（图 31b～d），在图 31d 中甚至出现了马氏体（图中明亮的区域）。

表 4　试验焊丝熔敷金属的化学成分和力学性能

焊丝 No.	化学成分(质量分数,%)						力学性能			冲击吸收能量/J		
	C	Si	Mn	Mo+Ni+Cr	Ti	V	$R_{p0.2}$/MPa	R_m/MPa	A_5(%)	−20℃	−40℃	−60℃
1	0.11	0.58	1.45	2.54	0.024	—	849	891	18	—	78/81	60/63
2	0.11	0.61	1.70	2.87	0.025	—	960	1000	17		61/62	47/49
3	0.12	0.60	1.69	3.28	0.023	—	988	1030	14	58/59	53/55	—
4	0.10	0.68	1.84	4.76	0.025	0.08	1090	1120	15	39/41	33/34	
5	0.10	0.62	1.78	4.44	0.038	0.14	1170	1190	13	21/24	17/19	—

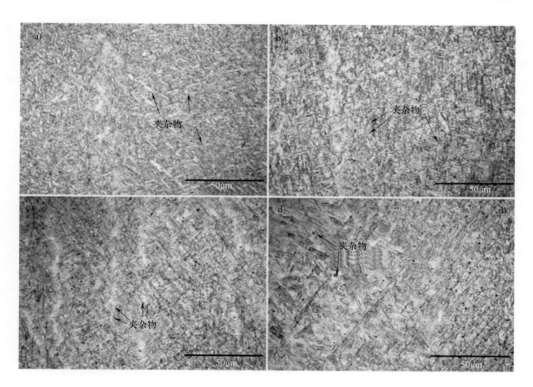

图 31　熔敷金属的显微组织像

a) 焊丝 1　b) 焊丝 2　c) 焊丝 3　d) 焊丝 4

此外，他们还研究了焊接材料对传统熔化极气体保护焊（GMAW）和激光电弧复合焊接（LAHW）的适应性问题。发现在熔敷金属力学性能满足 ISO 16834 标准要求的条件下，分别采用 GMAW 和 LAHW 焊接 X100 和 S960QL 钢时，

由于 LAHW 焊接的冷却速度快，稀释率高，所以其低温韧性偏低，如图 32 所示。

2.3.2　焊接热循环过程中 Nb 的行为

由于 Nb 元素具有特殊的物理冶金特性，已被广泛应用于多种先进钢材中。然而，研究发

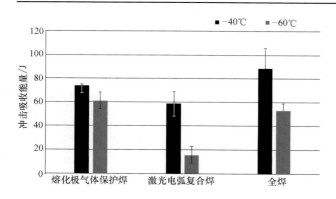

图 32　不同焊接条件下 X100 焊缝金属及
熔敷金属的冲击吸收能量

现，即使 Nb 的添加量非常少，也可能导致钢材焊接性变差。为阐明 Nb 元素对焊接热影响区力学性能的影响，来自中国武汉科技大学的 H. H. Wang 等人对焊接热循环作用下低合金高强钢（HSLA）中 Nb 的行为进行了研究[13]。

作者通过透射电镜（TEM）观察发现，Nb（C，N）在焊接热循环的加热阶段粗化、溶解。

由于 Nb（C，N）的钉扎作用，在加热的第一阶段奥氏体的生长速度相对较慢（图 33）；在加热温度高于 Ac_3 时，Nb（C，N）开始向奥氏体中溶解，并在达到焊接热循环的峰值温度时完全溶解，如图 34 和图 35 所示；在随后的冷却过程中没发现有沉淀粒子出现。

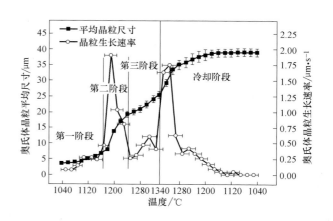

图 33　热循环过程中奥氏体的晶粒尺寸和生长速率

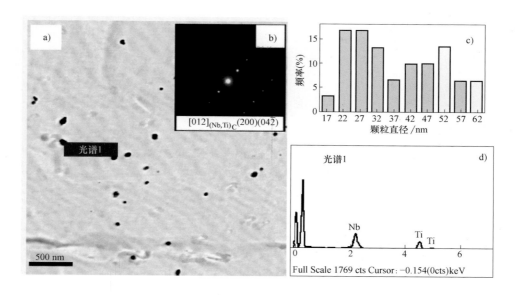

图 34　细晶热影响区中的粒子

利用原子探针断层扫描（APT）技术，作者还分析了 Nb 在焊接热循环冷却阶段的偏析情况，发现 Nb 在原始奥氏体晶界（PAGB）处形成强烈的 Nb 偏析，但没有观察到 Nb 的碳化物存在（图 36）。此外，还使用 APT 研究了 Nb 和 C 在铁素体/M-A 组元界面（FMAI）上的分布（图 37），发现 FMAI 处 Nb 的偏析比在 PAGB 处更严重。

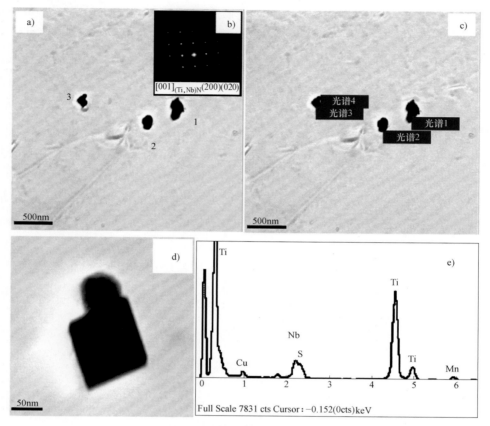

图 35　粗晶热影响区中的粒子

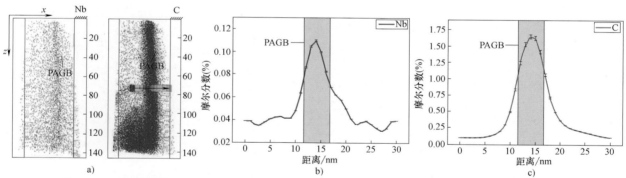

图 36　a）Nb 原子图；b）和 c）分别为沿 a）中所示选定框内箭头所示方向穿过 PAGB 界面的
Nb 和 C 的成分剖面；图中的灰色区域表示晶界位置

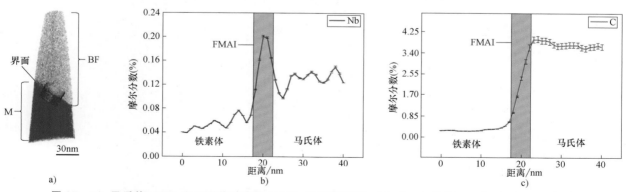

图 37　a）马氏体（M）和贝氏体铁素体（BF）的碳原子图；b）和 c）为图 a）中 Nb 和 C 元素的
成分剖面曲线，b）和 c）中的灰色区域代表界面的位置

2.4 抗蠕变及耐热钢焊缝金属测试

2.4.1 马氏体耐热钢的焊接

林肯电气欧洲公司焊接材料研发部门的Stefano Sorrentino对熔化极气体保护焊（GMAW）在Cr. 91（X10CrMoVNb9-1）马氏体耐热钢焊接中的应用进行了系统性的研究[14]。

为了测量不同焊接条件下Gr. 91钢GMAW焊缝金属的化学成分和力学性能，研究者使用符合ISO 21952标准CrMo91分类的1.2mm的实心焊丝按照AWS A5.28标准制备了全焊缝金属。分别使用Ar-18%CO_2、Ar-8%CO_2和纯CO_2等不同保护气来测试主要合金元素在电弧中的过渡效率。

焊缝金属中主要元素的吸收/烧损趋势如图38所示。由于Mo、Ni等主要合金元素和P、S、Cu、Co、As、Sn等杂质元素具有较高的氧化物形成自由能，它们焊缝金属中的含量和实心焊丝中的含量基本一致。此外，焊缝金属中C的含量和焊丝也在同一水平；V和Nb的烧损率与保护气氧化势的增加有很好的相关性；Cr的烧损非常轻微，而Mn和Si的烧损较为明显；除纯CO_2保护以外，N含量始终非常接近焊丝含量（质量分数约0.05%）。总之，焊缝金属中合金元素的含量始终在相关规范内，能够形成适当的显微组织。从化学成分的角度来看，Ar+18%CO_2作为保护气可以获得合理的焊缝金属成分，无须采用更昂贵的Ar+8%CO_2，但作者不推荐使用纯CO_2作为保护气。另外，研究发现，与钨极惰性气体保护焊（GTAW）相比，使用GMAW获得的焊缝金属中更不易形成有害的δ-铁素体。

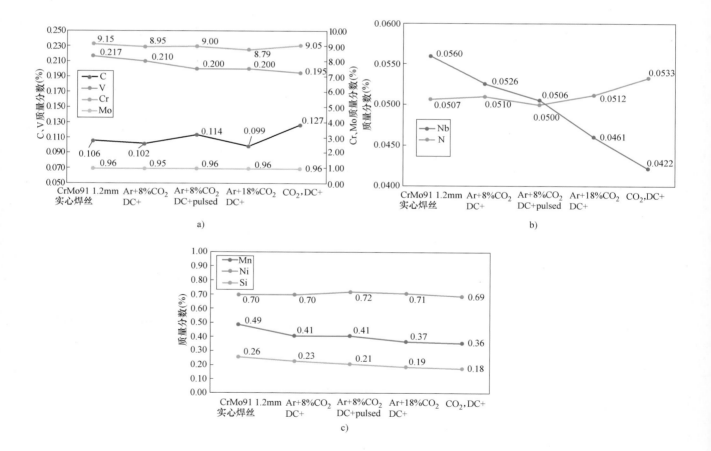

图38 焊缝金属中主要元素的吸收/烧损趋势

a）过渡到焊缝金属中的C、V、Cr、Mo元素　b）过渡到焊缝金属中的Nb、N元素

c）过渡到焊缝金属中的Mn、Ni、Si元素

不同保护气氛下焊缝金属的显微组织如图39所示。整个焊缝金属中回火马氏体组织占主导地位，从微观结构的特征来看，明显没有有害的δ铁素体相。非金属夹杂的数量随保护气氧化势的增加而增加，它会影响焊缝金属的冲击韧性。

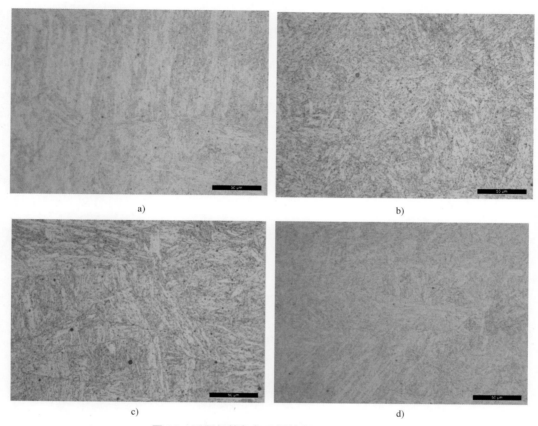

图39　不同保护气氛下焊缝金属的显微组织

a）Ar+8%CO₂　b）Ar+8%CO₂，脉冲　c）Ar+18%CO₂　d）100%CO₂

在室温下对全焊缝金属试件进行了拉伸和冲击测试，发现保护气对焊缝金属的硬度、屈服强度和抗拉强度几乎没有影响。但纯 CO_2 保护气的全焊缝金属伸长率明显降低，这可能与焊缝金属中较高的夹杂物含量和由于 C 含量高导致的碳化物含量高有关（图39d）。综上所述，GMAW 焊缝金属的力学性能可以满足当前相关适用准则或推荐标准的要求，采用 GMAW 焊接 Gr.91 钢级的承压构件是可行的。

2.4.2　CB2 钢焊接热影响区的显微组织

在耐热钢服役过程中，由于蠕变作用，焊接接头的细晶热影响区（FGHAZ）容易出现Ⅳ型裂纹，严重限制了耐热钢的使用寿命。CB2 耐热钢是在 9Cr-1Mo 钢成分的基础上，通过添加 Co 和 B 进行改性后开发的一种新型马氏体/铁素体钢，主要用于制造大型发电机组的关键部件。通常认为在 9Cr-1Mo 钢中加入 B 元素，可以抑制 FGHAZ 的形成；加入 Co 元素通过抑制位错胞的形成和交滑移，可提高低碳铁素体的韧脆转变温度（DBTT）。荷兰的 Stan T. Mandziej 等人对 CB2 钢焊接热影响区的显微组织进行了详细的研究，旨在确定在 625℃下进行 10kh 和 30kh 的不同时效处理后，CB2 钢延展性的变化[15]。

试验用 CB2 钢及焊缝金属的化学成分见表5，表6所示为不同状态下母材和热影响区的冲击韧度。退火导致母材的缺口韧性明显下降，作者认为这是由于在 625℃×10kh 退火过程中再结晶以及晶界处第二相粒子的析出和长大所导致，进一步延长退火时间至 30kh，其韧性略有提升，但一直保持在非常低的水平。

表5　试验用CB2钢及焊缝金属的化学成分（质量分数，%）

	C	Si	Mn	Cr	Ni	Mo	V	Ti	Al	Co	Nb	B	N
母材	0.12	0.29	0.86	9.14	0.22	1.5	0.19	0.002	0.006	0.95	0.06	0.000122	0.0202
焊缝金属	0.11	0.45	0.65	9.1	0.7	1.3	0.24	0.01	0.01	1.09	0.06	0.00003	0.0280

表6　不同状态下母材和热影响区的冲击韧度　　　（单位：J·cm^{-2}）

状态 缺口位置	AR/RT	10kh/RT	30kh/RT	30kh/100℃
母材	48	18,18,17	24,24,23	63,55,54
热影响区	—	17,21,18	18,17.5	25,34

注：AR—供货态；RT—室温。

在光学显微镜下即可观察到原马氏体板条边界的析出相和沿着原奥氏体晶界出现的连续的链状析出物，如图40a所示。在热影响区的显微组织具有球状特征，难以用光学显微镜区分晶界，在熔合线附近可以观察到小的δ-铁素体白色区域，如图40b所示。

通过碳萃取复型的方法，在TEM下可以更好地观察到供货态AR和退火状态之间析出颗粒的密度、分布和尺寸的差异，如图41所示。对萃取颗粒进行了EDXS显微分析，其化学成分见表7。不同状态下CB2钢中析出相的形貌如图42所示，图42c中的白色块状为Laves相。

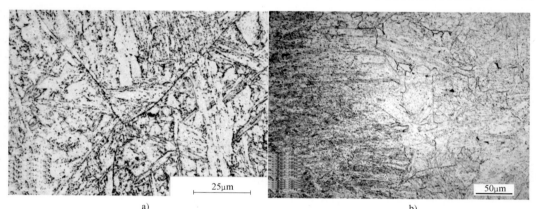

a)　　　　　　　　　　　　　　　b)

图40　a）CB2钢在供货状态下沿原马氏体板条析出的碳化物；

b）CB2钢焊缝附近热影响区的组织，包括微量的δ-铁素体

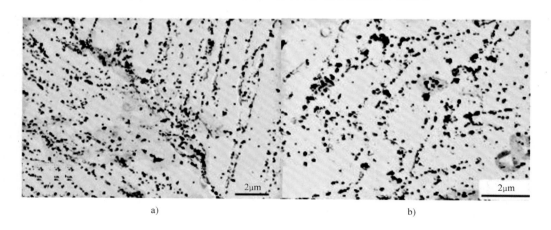

a)　　　　　　　　　　　　　　　b)

图41　析出相在TEM下的形貌（碳萃取复型）

a）供货态下　b）30kh退火状态

表 7　析出相的化学成分（质量分数，%）

状态	相	母材					焊缝金属				
		V	Cr	Fe	Nb	Mo	V	Cr	Fe	Nb	Mo
供货态	MX	61	17	5	14	2	60	15	1	22	2
	M₂₃C₆	3	65	23	1	8	2	63	27	1	7
	Z-phase	46	31	9	12	3					
625℃× 30kh	MX	64	14	8	12	2	65	15	3	15	2
	M₂₃C₆	2	67	23	1	7	2	69	21	1	7
	Laves	1	14	50	2	33	1	18	46	2	33
	Z-phase	39	33	13	11	4	39	40	10	6	5
	MC	22	18	3	53	4					
625℃, 计算值	M₂₃C₆	3	74	17	0	6					
	Laves	0	16.5	48.5	0	34					
	Z-phase	35.5	42.8	6.3	16.4	0					
	MC	10.5	0	0	89	0.5					

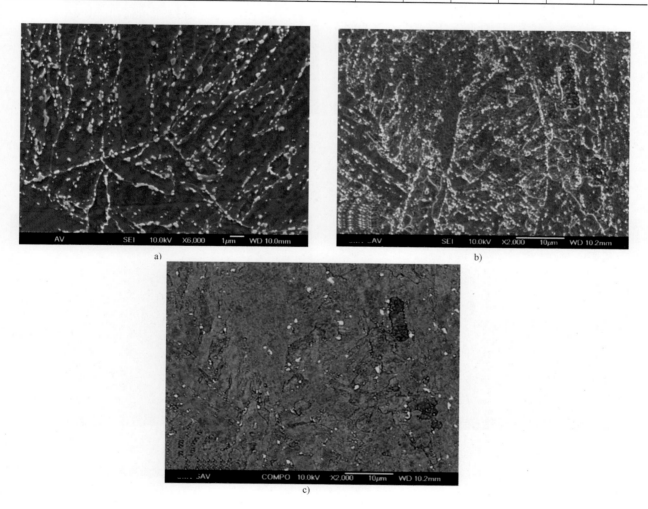

a)   b)

c)

图 42　不同状态下 CB2 钢中析出相的形貌

a）供货态下母材中细小的 MX 粒子和较大的椭圆形 M23C6 粒子　　b）625℃×30kh 退火后 CB2 钢中析出相在 SEM 下的形貌（SE 模式）

c）625℃×30kh 退火后 CB2 钢中析出相在 SEM 下的形貌（BSE 模式）

供货态下，母材的断裂主要为穿晶解理断裂模式，在625℃下进行10kh退火后，断裂模式几乎保持不变，仍然主要是通过长条状亚晶粒束的穿晶解理模式，唯一显著的差异是在解理面之间有细韧窝的窄的延性隆起带，如图43a所示。然而，经过长时间退火后，等轴解理面成为断裂表面的主要形式，其尺寸与这些状态下的等轴再结晶晶粒相匹配，如图43b所示。虽然晶界是最常见解理面的形核位置，但在这些位置没有发现大颗粒析出物。

长时间退火后，穿过临界热影响区的夏比V型缺口冲击韧性断裂路径偏离了热影响区中心的伪双相微观结构区间。在SEM下，从偏离HAZ到A_1区域中部的夏比V型缺口冲击韧性试样的断面具有"阶梯"特征，如图44所示。在"阶梯"的两侧为非常细的解理面。在TEM下观察发现，这些细晶粒和亚晶粒团块正好在A_1温度以上形成，它们的尺寸与"阶梯"的宽度很好匹配（图45）。

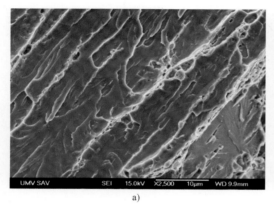
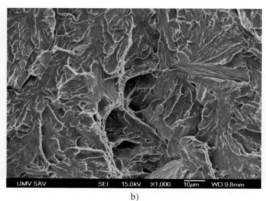

图43　母材在625℃×10kh退火后的典型断口

a）拉长的解理面　b）穿晶解理

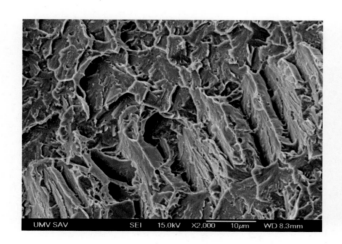

图44　CB2钢HAZ在10kh退火后的SEM照片，断口为"阶梯"状解理面阵列，两侧为细小晶粒

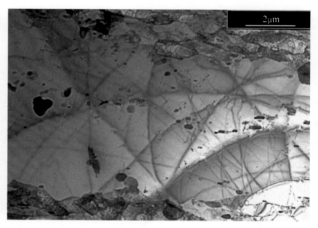

图45　625℃×30kh退火后CB2钢A_1温度附近的HAZ中细晶与亚晶之间的宽长铁素体带

该论文详细研究了CB2钢焊接热影响区的显微组织及其对冲击韧性的影响，这对于相关钢热影响区显微组织的识别具有一定的参考价值。

3　相关标准

在此次年会上，标准分委会（Sub-C-ⅡE）

的主席 Fink 主持了本次会议。2018—2019 年度，该分委会组织对有关焊接材料国际标准进行了系统的评审。

2019 年路线 Ⅰ 系统评审的标准包括：《ISO 2560：2009，焊接材料-非合金钢和细晶粒钢的手工金属电弧焊用涂敷焊条-分类》《ISO 14341：2010，焊接材料-非合金钢和细晶粒钢气体保护焊实心焊丝和熔敷金属-分类》《ISO 15792-1：2000，焊接材料-试验方法-第 1 部分：钢、镍和镍合金全焊金属试样的试验方法》《ISO 15792-1：2000+ Amd 1：2011，焊接材料-试验方法-第 1 部分：钢、镍和镍合金全焊金属试样的试验方法》《ISO 15792-2：2000，焊接材料-试验方法-第 2 部分：钢的单道和双道焊接技术试样的制备》《ISO 18274：2010，焊接材料-镍及镍合金电弧焊用丝状和带状焊条、线材和棒材-分类》《ISO 24034：2010，焊接材料-钛和钛合金熔焊用实心焊丝和棒材》《TR 13393：2009，焊接材料-堆焊分类-显微组织》。

2019 年路线 Ⅱ 系统评审的标准包括：2017 年开始系统评审《ISO 6847：2013，焊接材料-化学分析用焊接金属的熔敷》；按照 2019 年 3 月会议约定的整理意见系统审查 ISO 6847：2013；2019 年，审查 ISO 6847 修订草案。

2020 年将对如下标准进行系统评审：《ISO 18273：2015，焊接材料-铝及铝合金焊接用焊条、焊丝和焊棒-分类》《ISO 17634：2015，焊接材料-抗蠕变钢气体保护焊用管状药芯焊丝-分类》《ISO 17632：2015，焊接材料-非合金钢和细晶粒钢气体保护焊和非气体保护焊用管状药芯焊丝-分类》《ISO 14172：2015，焊接材料-镍及镍合金焊条电弧焊用焊条-分类》《ISO 6848：2015，弧焊及切割-非消耗性钨极-分类》《ISO 1071：2015，焊接材料-铸铁熔焊用焊条、焊丝、焊棒和管状药芯焊条-分类》等。

近十年，我国焊接材料总产量一直维持在 400 万 t 以上。2018 年我国焊接材料表观消费量约为 354.8 万 t[16]，焊接材料出口量约为 66.4 万 t，整体均价在 1077 美元/t，进口焊接材料约为 6.2 万 t，整体均价为 4350 美元/t，是名副其实的焊接材料大国，但还不是焊接材料强国。在焊接材料国际标准制定方面也没有取得相匹配的地位。我国焊接材料及相关企业应及时关注这些标准的变化，更重要的是要积极参与相关标准的修订，推进由焊接材料大国向焊接材料强国的转变。

4 结论

IIW 电弧焊与填充金属委员会主要关注焊缝金属冶金和焊缝金属的测试以及焊接材料相关标准等领域。从研究现状来看，焊缝中的扩散氢和焊缝显微组织与性能的关系持续受到焊接工作者的关注，但研究方法较为传统，尚没有全新的方法和手段来解决焊缝中氢的行为机理问题；此外，高强钢焊接材料一直是工业发达国家焊接材料生产厂家研究和开发的方向，耐热钢的焊接问题也越来越受到重视。焊接标准方面，ISO 组织的活动非常频繁，但主要是工业发达国家参与，在本次年会上我国焊接工作者仍未涉及标准等相关领域。

参考文献

[1] SCHAUPP T, RHODE M, HAMZA Y, et al. Influence of heat control on hydrogen distribution in high-strength multi-layer welds with narrow groove [Z]//IIW-II-2096-18.

[2] SCHAUPP T, YAHYAOUI H, RHODE M, et al. Effect of weld penetration depth on hydrogen-assisted cracking of high-strength structural steels [Z]//IIW-II-2114-19.

[3] KROMM A, LAUSCH T, SCHROEPFER D, et al. Influence of welding stresses on relief cracking during heat treatment of a creep-resistant 13CrMoV steel Part Ⅰ：Effect of heat control on welding stresses and stress relief cracking [Z]// IIW-II-2117-19.

[4] KROMM A, LAUSCH T, SCHROEPFER D,

et al. Influence of welding stresses on relief cracking during heat treatment of a creep-resistant 13CrMoV steel Part II: Mechanisms of stress relief cracking during post weld heat treatment ［Z］// IIW-II-2118-19.

［5］ BURGER S, ZINKE M, JUTTNER S. Hot cracking tendency of rutile and basic flux-cored wires for gas metal arc welding of nickel-based alloys ［Z］// IIW-II-2116-19.

［6］ DIECKMANN M, ZINKE M, JUTTNER S. Determination of the LME sensitivity based on the programmed defomation crack test ［Z］// IIW-II-2119-19.

［7］ THOMAS M, VOLLERT F, WEIDEMANN J, et al. On the accuracy of standard analysis methods for （trans-） varestraint solidification cracking testing ［Z］// IIW-II-2120-19.

［8］ HOSSEINIOUN M M, MOEINI G, KONKE C. Acicular ferrite nucleation is diffusion controlled solid phase transformation in HSLA steel weld metal ［Z］// IIW-II-2121-19.

［9］ PUTZ A, HOSSEINI V A, WESTIN E M, et al. Microstructure investigation of duplex stainless steel welds using a novel arc heat treatment technique ［Z］//IIW-II- 2126-19.

［10］ PAHR H, WESTIN E M, POSCH G. Evaluation of austenitic flux-cored wires for welding of ferritic 5-9%Ni steels for low temperature service ［Z］//IIW-II- 2127-19.

［11］ JEONG Y, LEE S J, JUNG Y M, et al. Analysis of the hardness-increasing mechanism for welded high-hardness-armor steel and optimization of heat input and shielding gas conditions ［Z］//IIW-II-2128-19.

［12］ RAMASAMY A, KALFSBEEK B, MEE VVD. Development of welding consumable for high strength steels （ Rp0. 2 ≥ 960MPa） ［Z］// IIW- II- 2129-19.

［13］ WANG H H, CAI H. Niobium behavior by during welding thermal cycle for niobium mciro-alloyed HSLA steels［Z］//IIW-II- 2130-19.

［14］ SORRENTINO S. Gas metal arc （MIG） welding of Gr. 91 （X10CrMoVNb9-1） martensitic steel - AWM characteristics, metallurgy, influence of the shielding gas mix and weld position ［Z］//IIW-II- 2131-19.

［15］ MANDZIEJ S T, VYROSTKOVA A. HAZ microstructures in CB2 steel ［Z］//IIW-II-2134-19.

［16］ 李连胜. 我国焊接材料行业近期发展概况及下一步工作和未来发展思考 ［J］. 焊接材料信息, 2019 （2）: 2-12.

作者简介：邸新杰，天津大学材料科学与工程学院教授，博士生导师。主要从事焊接冶金、金属焊接性及电弧增材制造等方面的教学和科研工作。发表论文 60 余篇。

压焊（IIW C-Ⅲ）研究进展

王敏[1]　李文亚[2]

（1. 上海交通大学材料科学与工程学院　上海市激光制造与材料改性重点实验室，上海　200240；
2. 西北工业大学材料学院　陕西省摩擦焊接工程技术重点实验室，西安　710072）

摘　要： 第 72 届 IIW 国际焊接年会 C-Ⅲ 专委会（Resistance Welding, Solid State Welding and Allied Joining Processes）学术交流会于 2019 年 7 月 8 日~10 日在斯洛伐克首都布拉迪斯拉发召开，本次会议共提交了来自德国、奥地利、日本、中国等 10 多个国家的 40 余篇报告，报告内容涉及压焊的各个领域。本文基于 IIW2019 C-Ⅲ 专委会现场报告，从电阻焊、摩擦焊和其他压焊方法三方面对其研究进展进行评述。电阻焊部分涉及各种高强钢、铝合金、异种材料点焊工艺，电阻焊接头中的液态金属脆裂纹，电极磨损等研究。摩擦焊部分涉及搅拌摩擦焊、搅拌摩擦点焊、线性摩擦焊等研究。此外，还介绍了其他几种压焊及固相连接，如超声波焊接、自冲铆接、热熔自攻丝连接等的研究进展。

关键词： 电阻焊；摩擦焊；高强钢；铝合金；异种材料

0　序言

压焊是对焊件施加压力（加热或不加热），使接合面紧密地接触产生一定的塑性变形或局部熔化而完成连接的方法，常见的压焊有电阻焊和摩擦焊，近年来随着轻质材料的应用需求，一些薄板机械连接方法也暂时纳入压焊领域讨论。

作为压焊的一个重要分支，电阻焊以其生产率高、成本低、热量集中、加热时间短、焊接变形小、适用性强等特点，成为薄板连接，尤其是汽车板连接的主要工艺方法。然而，随着汽车轻量化的推进，各种先进高强钢、带镀层高强钢以及铝合金、镁合金等轻量化材料开始大量应用于车身及零部件生产中，这些新材料的应用给电阻点焊工艺带来了新的挑战。例如，高强钢电阻焊接头脆性、焊接过程中出现的液态金属脆裂纹、电极寿命缩短等问题，引起了各国学者的广泛关注。

摩擦焊作为压焊的另一个重要分支，是一种先进的固态连接工艺，靠相对运动部件间的摩擦热、被焊工件的塑性变形热来实现界面结合，在轻质高强合金、异种材料等关键金属结构件的连接中也具有潜在的应用价值和广阔的应用前景。摩擦焊主要包括旋转摩擦焊（Rotary Friction Welding, RFW）、线性摩擦焊（Linear Friction Welding, LFW）和搅拌摩擦焊（Friction Stir Welding, FSW）。而搅拌摩擦焊又衍生出很多变体，如搅拌摩擦点焊（Friction Stir Spot Welding, FSSW）、双轴肩搅拌摩擦焊（Bobbin Tool Friction Stir Welding, BTFSW）与静止轴肩搅拌摩擦焊（Stationary Shoulder Friction Stir Welding, SSFSW）。在所有正在使用的摩擦焊中，搅拌摩擦焊因其在连接轻合金薄板方面的独特优势而引起了世界范围内的广泛关注，一直是会议的焦点。近年来，线性摩擦焊的研究也取得了新的进展。

本文根据 IIW2019 C-Ⅲ 专委会现场报告及部分素材，对压焊的发展现状进行了分别评述。

1　电阻焊

1.1　高强钢电阻焊

奥地利莱奥本矿业大学的 Stadler 等人[1] 研

究了后热电流对1200MPa级别相变诱导塑性贝氏体铁素体钢（TBF）电阻点焊接头组织的影响，焊接工艺如图1所示。研究表明，对于主焊接电流较小的试样，熔核可分为内部和外部两个区域，在后热电流的作用下，内部的熔核经历了部分重结晶过程，由铁素体和马氏体组成，而外部的熔核由回火马氏体组成；对于主焊接电流较大的试样，由于热输入大，电极压入较深，熔核与水冷铜电极的距离近，受到了更强烈的冷却作用，因此，在后热电流的作用下，整个熔核区域未经历重结晶过程，均由回火马氏体组成。由于超高强钢含有大量的合金元素，因此点焊接头存在硬脆问题。焊后施加后热电流对焊接区域进行回火处理是降低接头脆性的一个有效手段，然而该报告只针对施加后热电流的点焊接头组织特征进行了观察，并未进一步验证后热电流对接头性能的影响。

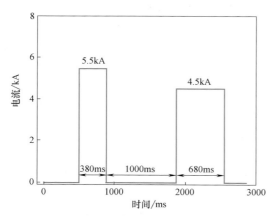

图1　Stadler等人使用的点焊工艺

关于点焊接头回火处理对接头性能的影响，也有学者进行了报道。日本大阪工业大学的Sato等人[2]使用回火以及冷作加工对高强钢点焊接头进行了处理，并研究了不同状态下接头的疲劳性能。研究首先发现接头中的残余拉应力会促使疲劳断裂模式由部分纽扣断裂向纽扣断裂发生转变。回火处理能降低接头硬度，但无法消除残余拉应力，硬度的降低能够提高疲劳强度。在回火处理后对接头进行一定的冷作加工，能够使接头中的残余拉应力转变为残余压应力，从而进一步

提高接头的疲劳强度。匈牙利多瑙新城大学的Palotás等人[3]通过使用Czoboly-Radon方法测量DP高强钢电阻点焊接头的韧性，发现点焊接头回火处理能够提高其塑性及变形能力。

德国帕德柏恩大学的Tümkaya等人[4]研究了1.5mm厚DP1000和CP1200两种高强钢电阻点焊接头的疲劳寿命，测试采用了该实验室提出的LWF-KS-II试验方法，如图2所示，并使用了90°和0°两种不同的加载方向。其中使用90°加载时焊点受到法向的正应力，使用0°加载时焊点受到切向的剪应力。在进行疲劳测试前，首先依据SEP 1220-2标准得到了DP1000和CP1200电阻点焊的可焊电流区间，分别为6.4~7.6kA以及6.4~7.8kA。随后选取了该电流区间中的最小电流及最大电流试样进行疲劳测试，并将试验结果绘制成Woehler线图。结果表明，最小电流试样及最大电流试样在两种加载方向下的疲劳寿命基本一致，如图3所示，这说明熔核直径对接头的疲劳寿命影响不大。从图3还可以看出在0°加载方向上接头的疲劳寿命显著高于90°加载方向。试验还比较了载荷比R为0.1和-1时接头的疲劳寿命，发现R为-1时接头的疲劳寿命高于R为0.1时的疲劳寿命。该报告虽然并未对疲劳断裂的机理进行探讨，但考虑到电阻点焊接头疲劳强度的测试是一项较为耗时的工作，使用LWF-KS-II方法得到不同钢种电阻点焊接头的疲劳寿命Woehler线图后，可以为受到循环载荷构件的安全设计提供一定的参考，因此具有较大的工程价值。

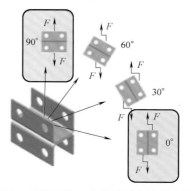

图2　LWF-KS-II疲劳测试方法示意图

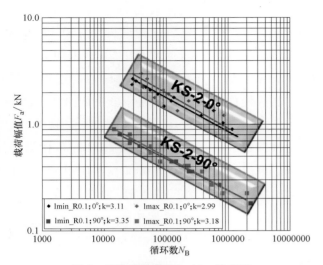

图3 疲劳测试的Woehler结果图

为了提高高强钢电阻点焊接头的性能，仅仅依靠优化焊接参数所能起到的效果是有限的，因此有学者提出了一些其他的改进手段。

日本大阪工业大学的Iyota等人[5]提出了一种加中间垫片法来调控980MPa级别高强钢电阻点焊熔核组织，进而提高点焊接头力学性能的方法。研究中使用了钒和镍两种垫片，将垫片置于两块高强钢之间，随后进行电阻点焊。研究发现，当使用钒垫片时，由于钒元素的晶粒细化作用，熔核组织得到细化，点焊接头强度得到提高，但当钒元素添加过量时，强度会出现下降，因此存在一个最佳的钒元素添加量。当使用镍垫片时，由于镍是强烈的奥氏体稳定化元素，使熔核组织由不加垫片时的马氏体变为奥氏体，熔核硬度大大降低。熔核硬度的降低提高了接头塑性，因此接头的十字拉伸性能得到了提升。

上海交通大学的Ling等人[6]提出了一种使用双面垫板来提高镀锌超高强钢电阻点焊焊接性的方法，该方法如图4所示。即在电极和镀锌超高强钢之间加入一块低碳钢薄板，然后进行电阻点焊。试验中使用了1.2mm厚的镀锌Q&P980钢，采用0.2mm和0.3mm两种不同厚度的SPCC冷轧低碳钢作为垫板进行试验，并与无垫板焊接结果对比。试验结果表明，焊点的

熔核直径随着焊接电流的升高而增加，但是当飞溅出现后熔核直径会显著减小，如图5所示。点焊接头的剪切拉伸性能与熔核直径的变化趋势一致。当不使用垫板时，在较小的电流下即会发生飞溅，所有的点焊接头均呈现界面断裂的形式；而使用垫板后，在更高的电流下才会发生飞溅，而在更高的焊接电流下可以得到更大的熔核直径，接头的剪切拉伸性能也大大增加，且界面断裂可以得到避免。

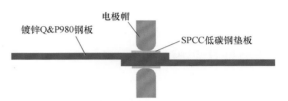

图4 双面垫板法点焊工艺示意图

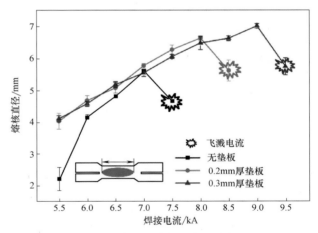

图5 熔核直径随焊接电流的变化

由于电阻点焊的熔核位于试板界面，无法从外部直接观察到，因此对电阻点焊接头的质量评估通常需要通过破坏性方法来进行，如对焊点进行剥离或是截取焊点横截面来得到熔核尺寸，这些方法往往非常耗费时间。德国德累斯顿工业大学的Mathiszik等人[7]针对汽车钢板的典型点焊接头组合，提出了一种检测焊点残余磁通量密度对电阻点焊焊点进行无损检测的方法。他们发现点焊接头的熔核边缘残余磁通量密度显著提高，因此，通过检测残余磁通量密度，可以勾勒出熔核边缘，进而获得熔核尺寸。使用该方法测量得到的熔核尺寸结果与使

用破坏性方法测得的熔核尺寸十分接近，因此是一种效率很高的点焊接头无损检测手段。

近年来，镀锌高强钢在电阻点焊过程中容易产生液态金属脆（Liquid Metal Embrittlement，LME）裂纹的问题得到了业内人员的广泛关注。液态金属脆是基材在液态金属和拉伸应力的共同作用下所发生的一种脆化现象，其产生的条件在镀锌高强钢的电阻点焊过程中易于得到满足。本次会议有多篇报告聚焦于这一热点问题。

德国弗劳恩霍夫研究所的 Frei 等人[8] 研究了镀锌双相钢在电阻点焊过程中发生的 LME 现象，试验材料为 HCT780X+Z110 钢，进行电阻点焊的同时对钢板施加轴向载荷。他们发现对于试验钢种，只有当外加载荷达到钢板屈服强度的60%时，焊点表面才会出现 LME 裂纹，并且裂纹均出现在电极压入的边缘位置。通过采用顺序耦合方法对施加外载的电阻点焊过程进行数值模拟，研究人员发现出现裂纹位置的温度大大超过了 Zn 的熔点，且出现了很大的应力及塑性应变。塑性应变最为集中的区域与裂纹出现位置完全吻合，因此可以用塑性应变值作为 LME 裂纹是否出现的一个简单判据。

安塞乐米塔尔全球研发中心的 Benlatreche 等人[9] 分享了企业内部的一种评价钢种 LME 裂纹敏感性的方法。报告列举了 1.4mm 厚 DP1180、1.6mm 厚 TRIP780、1.6mm 厚 1180HF CFB（无碳化物贝氏体）三种不同的高强钢种，对这三种钢进行电阻点焊试验并进行 LME 敏感性评价。电阻点焊试验分为两层板点焊和三层板点焊两种，两层板点焊是将待评价钢种与 DP980 钢进行焊接，三层板点焊是将待评价钢种与两块低碳钢进行焊接。焊接时电流取上限值，即刚好不产生焊接飞溅的电流值，以获得尽可能大的热输入，每种组合焊接10个焊点。焊接完成后，首先使用渗透检测方法检测焊点表面裂纹，并在发现裂纹的位置截取金相试样进行观察，将裂纹深度归类为5个等级来进行评价，如图6所示。其中红色代表裂纹深度大于1/2板

厚，黄色代表裂纹深度处于200μm和1/2板厚范围内，浅绿色代表裂纹深度处于100~200μm范围内，深绿色代表裂纹深度小于100μm，蓝色代表无裂纹。三种待评价钢板的两层板焊接和三层板焊接接头的裂纹统计结果如图7和图8所示。由于不同颜色代表了不同的裂纹情况，因此根据统计图可以直观地对裂纹敏感性做出评价。可以看出，TRIP780和1180HF CFB相比于DP1180钢具有更高的LME裂纹敏感性，并且各钢种在三层板的焊接中都表现出了比两层板焊接更高的LME裂纹敏感性。这种分类为报

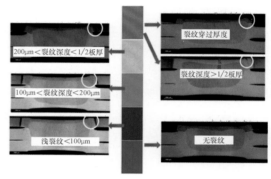

图6　LME裂纹颜色等级示意图

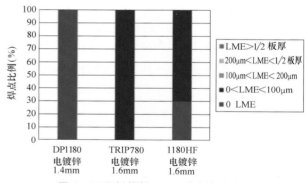

图7　两层板焊接LME裂纹统计结果

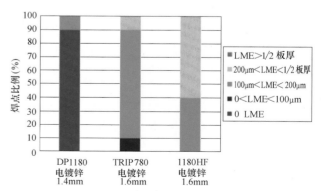

图8　三层板焊接LME裂纹统计结果

告人员企业内部自行定义的，为了使其具有普遍意义，应将不同类别的裂纹与对接头性能的影响进行关联，但这部分工作并未开展。

加拿大滑铁卢大学的 DiGiovanni 等人[10] 提出了一种施加斜坡电流的方法来降低 TRIP1100 钢电阻点焊过程中的 LME 裂纹敏感性，工艺方法如图 9 所示。与传统的双脉冲电流方法相比，斜坡工艺使用了非常大的初始焊接电流，且电流随着时间线性下降一直到通电结束。由于缓降电流工艺的电流曲线包络面积与传统的双脉冲工艺基本一致，因此可以近似认为两种工艺方法的总热输入基本一致。研究人员发现，使用了斜坡电流工艺方法后，接头中 LME 裂纹的严重程度大大降低了，如图 10 所示。研究人员认为 LME 裂纹的出现需要接头表面温度超过锌的熔点并且存在拉伸应力，他们使用了 Abaqus 软件对点焊过程进行了数值模拟，发现当使用传统点焊工艺时，在电极压痕位置及轴肩位置均存在温度及应力同时满足条件的时刻，因此在这些位置均出现了 LME 裂纹。而使用了斜坡电流焊接工艺后，在电极压痕位置几乎不存在温度及应力同时满足条件的时刻，因此在该位置未出现 LME 裂纹。而轴肩位置虽然存在温度及应力同时满足条件的时刻，该时刻的持续时间相较于传统点焊工艺来说更短，因此在轴肩位置处虽然存在 LME 裂纹，但其数量及深度均低于传统点焊工艺的接头。

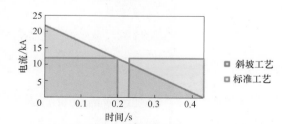

图 9 DiGiovanni 等人使用的电阻点焊工艺

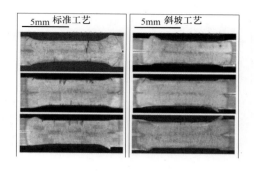

图 10 工艺改进前后的 LME 裂纹情况对比

此外，上海交通大学的 Ling 等人[6] 发现，使用双面垫板电阻点焊工艺后，镀锌高强钢焊点表面的 LME 裂纹情况得到了改善，这是因为垫板的存在改变了焊点表面的温度及应力分布。

1.2 铝合金电阻焊

来自匈牙利米什科尔茨大学的 Marcell 等人[11] 研究了 7075 铝合金的电阻点焊工艺，他们发现铝合金的表面状态与热处理状态对点焊接头性能有非常重要的影响。试验采用了两种铝合金表面处理方法，如表 1 所示，以及三种不同的试验路线，如表 2 所示。试验结果表明，相比于简单的酒精清洗，使用酸洗法对铝合金进行表面处理后，由于表面氧化层得到清除，焊点熔核尺寸增大，点焊接头的性能能够提高 20%~30%，电极磨损程度也会下降。虽然酸洗步骤提高了焊接质量，但是如果将其整合到实际的生产线中，会增加生产时间与成本，因此还需进行进一步的经济性评估。此外，通过对比三种不同的试验路线，研究人员发现在焊前或是焊后对铝合金进行人工时效均有助于提高接头强度，这是由于人工时效处理提高了热影响区的硬度，在焊后进行人工时效能够获得最高的接头强度。

表 1 铝合金表面处理方法

清洗方法	溶液成分	加热温度/℃	浸泡时间/s
C1	冲洗+酒精清洗		
C2	1st(预酸洗):20g NaOH	80~90	10
	2nd(酸洗):50% HNO_3 +2% HF	30	10~30

表2　三种不同的试验路线

试验路线	试验步骤		
R1	热处理（485℃×2min）	—	电阻点焊
R2	热处理（485℃×2min）	人工时效（120℃×24h）	电阻点焊
R3	热处理（485℃×2min）	电阻点焊	人工时效（120℃×24h）

德国亚琛工业大学的 Gintrowski 等人[12] 研究了 7075 铝合金在 T4 和 T7 两种不同热处理状态下的电阻点焊焊接性，发现使用电阻点焊对这种高强铝合金的连接来说是可行的，使用 CuAg0.1 电极能够获得最好的焊接质量。相比于 T4 热处理态来说，T7 热处理态的电阻点焊焊接性更优。此外，使用大的电极压力能够延长电极寿命。

在进行铝合金电阻点焊时，导致电极寿命较短的一个重要原因是铝合金表面氧化膜的绝缘效应。氧化膜的电阻极高，使得电极与铝合金界面产热速度加快，局部温度的升高使得电极磨损加剧。德国德累斯顿工业大学的 Heilmann 等人[13] 提出了一种创新的电阻点焊方法来减少铝合金电阻点焊过程中的电极磨损，即在电阻点焊的同时振荡电极，通过电极的振荡，可以达到机械去除铝合金表面氧化膜的目的，从而减少电极磨损，延长铝合金点焊的电极寿命。

由于铝合金具有非常高的热导率和电导率，因此在工业生产中，电阻凸焊很少被用于连接铝合金构件。德国德累斯顿工业大学的 Vinz 等人[14] 提出使用电容储能凸焊的方法来对铝合金构件进行连接，电容储能凸焊是将电能储存在电容器中，然后迅速释放电能进行加热完成焊接的方法，该过程的电流峰值可达 1000kA，而焊接时间可短至 10ms。由于电容储能凸焊能够在极短的时间内给待焊工件施加极高的电流，因此非常适合用来进行铝合金的连接。然而，由于焊接时间极短，金属在焊接过程中快速软化，对电极的随动性提出了很高的要求。此外，极短的焊接时间也导致其连接机理难以被理解。因此，研究人员使用了 ANSYS 软件对铝合金的电容储能凸焊进行了数值模拟，通过建立热-电-力三场迭代耦合的数值模型，能够成功再现铝合金电容储能凸焊的焊接过程，对于焊接过程的工艺优化具有很强的指导作用。

1.3　异种材料电阻焊

来自德国马格德堡大学的 Zvorykina 等人[15] 提出了一种连接铝-钢异种金属的新型电阻焊技术，该技术的工艺过程分为两个步骤，如图 11 所示。第一步，通过电阻凸焊将一个嵌入单元焊在铝板上；第二步，在嵌入单元的位置进行铝板和钢板的电阻点焊。嵌入单元为圆柱形，由铜基或者铁基两种不同的焊丝制成。焊后的接头形貌如图 12 所示。研究表明，使用该方法

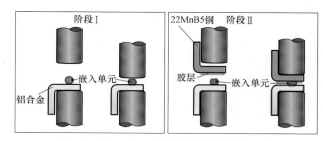

图 11　Zvorykina 提出的新型电阻焊工艺

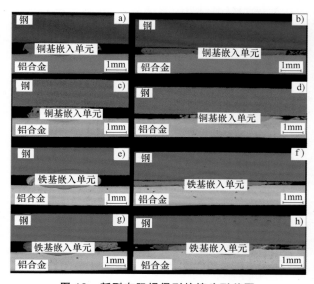

图 12　新型电阻焊得到的接头形貌图

能够实现铝-钢异种金属的连接，且可焊电流区间较宽，有一定的工业应用前景。嵌入单元的材料选择对可焊电流区间影响较大，对于试验选择的两种材料来说，使用铜基嵌入单元时需要更大的焊接电流，这是因为其电阻率较低。在实际应用中，可以根据需要选择不同成分的焊丝来制作嵌入单元，且嵌入单元的形状也可以自由调整，因此该方法具有较大的灵活性。

众所周知，在铝-钢异种金属连接中，界面处形成的金属间化合物层的厚度是决定接头强度的一个最为关键的因素，通常认为当金属间化合物层厚度超过 $10\mu m$ 时会对接头强度造成不利影响。德国哈雷焊接研究所的 Broda 等人[16]研究了点焊接头强度与金属间化合物层厚度的关系，为了保证铝-钢界面化合物的良好生长，试验中首先使用超声波焊机将一个圆形的钢片焊接在铝板上，因为超声波有清洁界面的作用，研究人员认为使用该方法能够获得比较干净的铝-钢界面，从而有利于熔化的铝在钢表面的润湿铺展。将钢片焊接上后，再使用电阻点焊机将钢板与钢片进行焊接。由于电阻热的作用，原先超声波焊接的铝-钢表面金属间化合物层会生长，随着电阻点焊时间的增加，金属间化合物层的厚度会不断增加。通过此方法能够得到具有不同厚度金属间化合物层的接头，接头形貌如图 13 所示，铝-钢界面的金属间化合物层如图 14 所示。通过对这些接头进行力学性

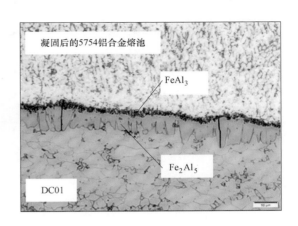

图 14　铝-钢界面的金属间化合物层

能测试，研究人员发现靠近钢侧的 Fe_2Al_5 是接头中的薄弱环节，断裂容易在此发生。当金属间化合物层较薄时，接头呈现纽扣断裂的方式，而随着金属间化合物层厚度的增加，裂纹会沿着 Fe_2Al_5 进行扩展，从而使接头呈现界面断裂的形式。

德国帕德博恩大学的 Schmal 等人[17]介绍了一种由 Volkswagen AG 发明的电阻单元焊（Resistance Element Welding）的方法来焊接 22MnB5 热成形钢以及 LITECOR® 三明治板，三明治板两侧为较薄的钢板，中间为较厚的聚合物板。由于聚合物板几乎不导电，因此无法直接使用传统的电阻点焊来焊接该三明治板。新型电阻单元焊的工艺过程示意图如图 15 所示，首先使用被称为电阻单元的特制钢铆钉在三明治板上冲孔，随后将铆钉置于孔内，最后在铆钉位置进行三明治板与热成形钢的电阻点焊，通过铆钉与热成形钢的连接，实现三明治板与热成形钢的连接。研究人员对比了电阻单元焊接头与自冲铆接头的力学性能，发现电阻单元焊接头具有更高的抗拉强度。该方法存在的问题是，在较大的焊接电流下，三明治板中的聚合物容易受热损坏，当电极中轴线与铆钉中轴线存在一定程度的错位时，这种现象更为严重，因此该工艺的可焊电流区间较小。

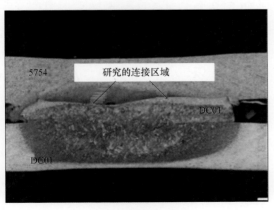

图 13　接头形貌图

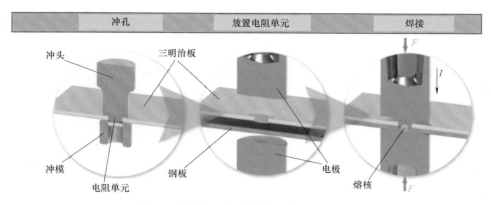

图 15 新型电阻单元焊的工艺过程示意图

2 摩擦焊

2.1 搅拌摩擦焊

铝合金在所有导电材料中具有最有效的电导率与密度比，同时具有较高的比强度，因此在航空航天领域的应用中扮演着重要的角色。FSW 作为铝合金连接最有效的手段之一，近年来一直被国内外学者们广泛关注。然而，现阶段对于铝合金 FSW 的认知还存在不足，焊接温度对接头各区域的影响以及接头的不均匀性研究成了本次会议的一个研究热点，其焊接原理示意图如图 16 所示。

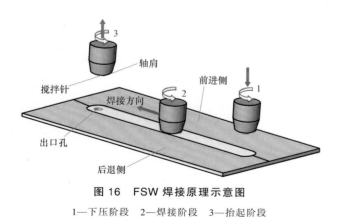

图 16 FSW 焊接原理示意图

1—下压阶段 2—焊接阶段 3—抬起阶段

俄罗斯圣彼得堡国立技术大学的 Naumov 等人[18]针对 2mm 厚的 5065-O、2024-T6 和 6082-T6 铝合金，研究了在 FSW 过程中温度对组织演变和显微硬度的影响。作者在 Gleeble-3800 上对焊缝不同区域的热循环进行了物理模拟，已实现了连续热轧、高速循环变形等多阶段变形过程的物理模拟，包括热轧各阶段温度-应变和速度模式的模拟。在热模拟试验后，对所选区域的显微组织与显微硬度进行了研究，并将结果与搅拌摩擦焊接头的结果进行了比较。结果表明，铝合金的显微组织和显微硬度不仅受到了温度的影响，而且变形程度也会对其造成严重影响。对于 5065-O 铝合金，HAZ 的边界与 TMAZ 的边界重合，在不发生变形的情况下温度对显微组织没有明显的影响。只有变形和高温的共同作用才能影响显微组织的演化，因此，在这种情况下将 HAZ 从热力影响区（TMAZ）中分离出来是不正确的。对于 2024-T6 铝合金，与搅拌摩擦焊的接头相比，在热模拟试验机上处理的试样硬度略有增加，这是由于试样在热循环后经历了自然时效，大量的 Al_2CuMg 强化相粒子析出，对试样产生了强化作用。对于 6082-T6 铝合金，搅拌摩擦焊过程中温度变化曲线如图 17 所示。搅拌摩擦焊接头与热模拟试验后的试样相比，其不同区域硬度略有增加。搅拌区经历了充分的动态再结晶，晶粒较为细小，产生了细晶强化的作用。此外，由于焊接过程中焊缝区发生剧烈的变形，该区域变形储能较大，因此析出相沿焊缝析出更快。

日本大阪大学焊接研究所的 Serizawa 等人[19]采用了一种新的运动粒子半隐式法与有限元相结合的方法（MPS-FEM）对铝合金 FSW 中

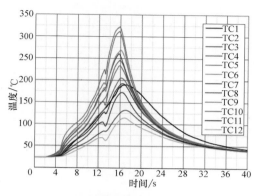

图 17　搅拌摩擦焊 6082-T6 铝合金接头的
温度变化曲线（转速为 710r/min）

的非均匀性行为进行了数值分析。作者对于建模过程中搅拌头加力与搅拌头的本构关系并未做出详细的论述。计算结果表明，FSW 工具附近的纵向塑性应变不仅受温度分布的控制，还应考虑塑性流动的影响。然而，由于有限元热分析用的体积热源模型的热输入密度是由 MPS 计算的产热区平均温度得到的，MPS 计算结果中的详细信息可能会丢失。因此，作者提出了一种新的 MPS-FEM 耦合方法，直接将 MPS 得到的非均匀热密度分布作为热源进行热分析，并检验了这种耦合方法的适用性。该种耦合方法采用与传统焊接热弹塑性有限元中退火温度相同的边界温度概念，可以预测搅拌头附近的纵向塑性应变分布。

德国亚琛工业大学焊接与连接研究所的 Reisgen 等人[20] 采用试验与计算的方法评估了 FSW 过程中合金的动态黏度。FSW 过程中搅拌区数值模拟所用的材料模型代表了其本构关系。这些本构关系是通过各种标准力学实验（包括热压缩、拉力、扭转等）数据得到的。标准力学实验只能确定连续介质的应力-应变关系。搅拌区材料的流动并不服从连续介质的变形规律。作者并未对如何处理搅拌区材料变形进行详细论述。搅拌区金属的实际应力应变情况是处于整体多轴高应变率变形的状态。据此，作者提出了一种利用现场直接搅拌摩擦试验测定合金动态黏度的方法。该方法是基于现场搅拌试验

中无针搅拌头顶锻力和扭矩以及搅拌区厚度的测量，然后利用计算程序对测量结果进行处理，再现了基于扭矩数据和顶锻力的工件温度场。搅拌区应变速率与搅拌层厚度有关，动态黏度根据应变速率和温度而定。该方法可以根据搅拌区边界不同位置的温度和应变速率，计算出 5083 铝合金动态黏度的离散值。最后对这些离散数据进行了近似处理，得到了相应的温度应变率相关函数。

本次会议中，欧洲焊接、连接和切割联合会还对搅拌摩擦焊技术人员的培训指南进行了介绍[21]。希望 FSW 操作员具有 FSW 实际和理论知识，知晓专业生产过程中的自我管理和简单的标准应用。同时负责日常 FSW 任务及相关人员的督导，以及具有基础工作的决策能力。FSW 工程师需具备高度专业化和最前沿的知识，包括对 FSW 相关技术的理论、原理和适用性的原创思维、研究和批判性评估。同时负责管理和改造复杂环境下的焊接工艺及相关技术，全面负责 FSW 及相关人员任务的定义和修订。

2.2　搅拌摩擦点焊

搅拌摩擦点焊（FSSW）是在 FSW 的基础上演变而来的，用于实现点连接，能有效代替电阻点焊、铆接等点连接方法。该方法目前主要应用于铝合金、异种合金等的搭接，主要包括直插式、回填式、摆动式和无针式等几种形式。

美国密歇根大学的 Liu 等人[22] 设计了一种新的连接方法，用于消除直插式搅拌摩擦点焊的接头存在的匙孔，其原理如图 18 所示。第一步与直插式搅拌摩擦点焊相同；而第二步是将搅拌头移动到一个远离匙孔的位置，然后以较浅的插入量再次插入母材中，并以预定的半径和行进速度沿匙孔周围的圆形路径行进。原来的匙孔被重新填充，最终在焊点边缘得到一个

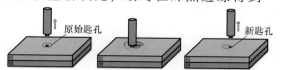

图 18　填充搅拌摩擦点焊接头的匙孔形成示意图

更小的匙孔，接头截面如图19所示。作者利用这种方法对 6061-T6 铝合金-相变诱导塑性钢（TRIP 780 steel）的搭接接头进行了焊接，并与直插式搅拌摩擦点焊接头进行了对比。结果表明，该方法获得的接头比直插式搅拌摩擦点焊接头强度提高了 56.33%（图20）。作者认为原始匙孔的填充、铝-钢结合界面的增加以及焊接过程形成的 Hook 缺陷均对接头强度有一定贡献。

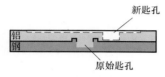

图 19　接头截面示意图

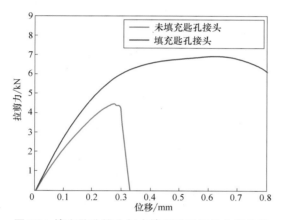

图 20　填充匙孔接头与未填充匙孔接头力学性能

回填式搅拌摩擦点焊仍然是本次会议的热点研究内容，西北工业大学申志康等人[23] 对 2mm 厚的 7075-T6 铝合金开展了回填式搅拌摩擦点焊试验，研究了回填式搅拌摩擦点焊套筒穿透下板深度（Sleeve Penetration Depth，SPD）对接头组织性能的影响。结果表明，晶粒尺寸、界面结合质量和搭接剪切强度均受套筒穿透深度影响，当 SPD 达到至少 1.8mm 才能获得令人满意的性能，如图21所示。当 SPD ≤ 1.8mm 时，搭接接头剪切破坏模式是界面破坏；当 SPD ≥ 2.0mm 时，接头破坏形式表现为焊核拔出型。此外，对试样进行了疲劳试验，采用正弦波的加载方式，应变速率为 0.1，频率为 10Hz。在高

的疲劳载荷条件下，接头断裂模式表现为焊核拔出，而在中等及较低的疲劳载荷下，接头断裂均发生在母材位置（图22）。

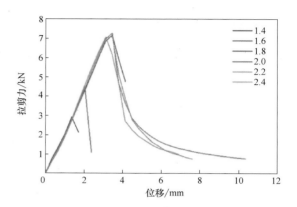

图 21　不同套筒穿透深度条件
下接头的位移-拉剪力曲线

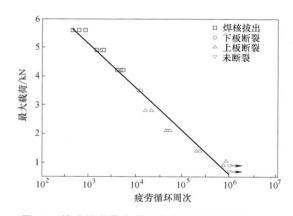

图 22　接头疲劳最大载荷与疲劳循环周次的关系

德国帕德博恩大学的 Schmal[24] 对回填式搅拌摩擦点焊连接多层铝合金板的可能性开展了研究。作者尝试将 2.8mm 厚的 5083-O、1.5mm 厚的 5182、2.0mm 厚的 6082-T6 和 3.0mm 厚的 6082-T4-T6 铝合金板进行焊接。结果表明，由于焊接变形的存在，回填式搅拌摩擦点焊多层铝合金板接头两侧母材层间会存在一定的间隙（图23），多层板的布置方式和焊接参数均会影响间隙的大小，间隙越大，接头翘曲越严重，其力学性能就越低，如图24所示。

聚合物和金属之间的连接最近也引起了较大的关注，该过程主要通过摩擦产热并在压力的作用下使原始界面形成粘合层，从而实现接

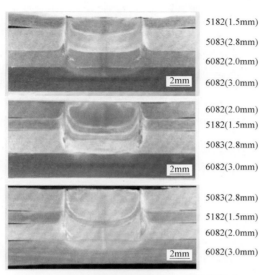

图23 不同布置方式的回填式搅拌摩擦点
焊多层铝合金接头

5182(1.5mm)
5083(2.8mm)
6082(2.0mm)
6082(3.0mm)

6082(2.0mm)
5182(1.5mm)
5083(2.8mm)
6082(3.0mm)

5083(2.8mm)
5182(1.5mm)
6082(2.0mm)
6082(3.0mm)

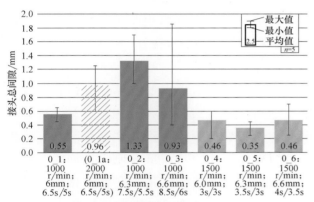

图24 焊接参数对回填式搅拌摩擦点焊多层
铝合金板接头层间间隙的影响

头的有效连接。因为它具有减重和优异的综合
物理/化学性能，在汽车、航空航天和生物医学
工业中对高质量金属-聚合物混合结构的需求日
益增加。北京工业大学李红等人[25]采用回填式
搅拌摩擦点焊对6061铝合金与碳纤维增强聚苯
硫醚（CF-PPS）进行了焊接。研究了转速对接
头的硬度、拉伸剪切强度和粘合层厚度的影响。
结果表明，在1200r/min可以获得最佳的结合性
能。接头的主要缺陷是黏附区的孔隙和铝侧的
搅拌区断裂。断口形态显示聚合物基体仍然附
着在铝上，并且在CF-PPS上发生了撕裂。

上海交通大学陈科等人[26]继续2018年的

研究工作，采用无针搅拌摩擦焊对多孔TC4钛
合金板和超高分子聚乙烯聚合物（UHMWPE）
进行了连接。通过对焊接过程中TC4/UHM-
WPE界面附近的Z轴负载和焊接温度进行测量，
发现两者与焊接参数存在着一定的联系。通过
调整焊接参数（如焊接时间和插入速度）来控
制轴向压力和界面温度，实现了UHMWPE到
TC4多孔结构的良好宏观填充（图25）与高拉
剪力（≈3000N）。

图25 TC4/UHMWPE搅拌摩擦点焊接头截面

2.3 其他摩擦焊

本届会议上，除了搅拌摩擦焊及搅拌摩擦
点焊外，也报道了少量其他的摩擦焊接方法。
LFW在发动机钛合金整体叶盘制造中是关键核
心技术，不需要使用任何工具，焊接时将两种
材料压在一起，以往复直线运动产热实现工件
焊接。日本大阪大学焊接研究所的Fujii等人[27]
研究了钢的低温LFW，其相对熔焊与传统LFW
的区别如图26所示。研究发现，在低温LFW过
程中，焊接温度随施加压力的增大而降低。同
时发现，在A1温度以下也可以实现钢的良好焊
接。而且任何碳钢，甚至包括过共析钢，都可以
不经过任何热处理而实现良好的焊接，不受碳
含量的影响。此外，LFW也可以实现2mm薄钢

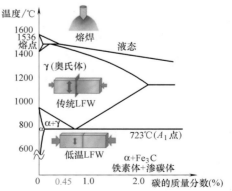

图26 各种焊接工艺表示在Fe-C相图中的焊接温度

板的连接，焊后接头各区域微观组织如图27所示，接头连接良好，没有明显缺陷，只是焊接过程需要特殊的方法保证板不扭曲变形。接头焊缝区发生了充分的动态再结晶，组织晶粒比较细小；热力影响区受到热力耦合的作用，晶粒沿剪切摩擦方向变形；热影响区组织相对母材变化不大。

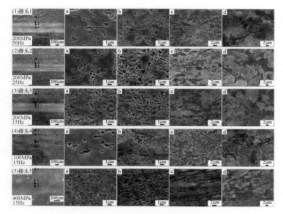

图27 不同LFW钢接头焊缝中心到母材的微观组织演变

摩擦铆接也是一种基于摩擦的连接技术，能够快速、相对简单地连接多个不同的重叠材料。铆接通常是利用轴向力将铆钉孔的内钉杆镦粗，并形成钉头使多个零件相连接的方法。奥地利格拉茨技术大学的Cipriano等人[28]探讨了在无增强热塑性塑料上进行单相摩擦铆接的可能性。通过在整个过程中保持轴向载荷恒定，可大大减少过程中所需的最大轴向力，因此可以避免在传统工艺中采用较高轴向力的顶锻阶段。这种顶锻阶段通常是在摩擦阶段之后，通过增加施加的轴向力，同时降低转速来实现的。研究结果表明，采用摩擦铆接技术可以实现直径5mm的2024铆钉连接无加强聚醚亚胺板。研究还发现，长摩擦时间会导致较高能量的输入（151~529J）。该过程中接头温度也较高，在461~509℃之间，接头可承受的拉伸力保持在5413~7568N之间。这项研究证明了无增强热塑性塑料摩擦铆接的可行性，拓宽了该连接工艺的应用范围。此外，作者还通过模拟方法对聚合物材料摩擦铆接过程中的材料流动和热输入

进行了研究[29]。这个工作主要采用金属铆钉，分别选取了低、中、高铆钉塑性变形为特征的三种试验条件进行了有限元分析。将热输入和施加在铆钉端部压力的影响引入仿真中。热输入主要由熔融聚合物材料内部的黏性耗散产生，通过试验温度数据确定的统计分析模型，对温度演化过程进行了验证。有限元分析结果表明，金属铆钉的塑性变形与聚合物板内最大铆钉尖端宽度（6.2mm、7mm及9.3mm）的试验测量值相吻合。

3 其他压焊研究进展

除去电阻焊及摩擦焊这两大类外，其他压焊以及固相连接方法在本次会议中也有相关报道，包括自冲铆接、热熔自攻丝和超声波焊接等。其中有关超声波焊接的报道相对较多，说明该方法受到较多的重视。

3.1 自冲铆接

自冲铆接技术是通过液压缸或伺服电动机提供动力将铆钉直接压入待铆接板材，待铆接板材与铆钉在压力作用下发生塑性变形，成形后充盈于铆模中，从而形成稳定连接的一种全新的板材连接技术。该技术在轻量化材料的连接中具有很大的优势，如何有效控制自冲铆接接头质量也因此受到了研究人员的关注。除了压力、铆钉材质和铆钉直径等因素外，韩国东义大学的Karim等人[30]发现铆钉表面的镀层对于自冲铆接接头的质量也有重要的影响。他们在试验中使用自冲铆接连接了碳纤维复合材料/铝合金、钢/铝合金以及铝合金/铝合金三种材料组合，并且使用了Zn-Al-Sn和Zn-Ni两种不同镀层的铆钉。试验结果表明，由于Zn-Ni镀层的摩擦系数更小，因此会导致更大的铆钉压入深度以及铆钉脚张开角度。在接头的受载过程中，由于Zn-Al-Sn镀层的摩擦系数大，使铆钉与板材之间存在更大的摩擦力，因此Zn-Al-Zn镀层铆钉的接头性能优于Zn-Ni镀层铆钉的接头。

3.2 热融自攻丝

热融自攻丝连接技术是近年来推出的一种新型连接技术，在初始阶段，高速旋转的电动机驱动特制的热融自攻丝钉接触工件表面，并施以向下的压力，钉头与板材表面摩擦产生高温使其软化，钉头进一步向下运动并刺穿整个板材，从而实现连接。该方法兼顾了成本和效率，适用于同种及异种材料的连接。韩国浦项产业科学研究院的 Lee 等人[31] 研究了预制孔直径对高强钢热融自攻丝接头质量的影响。为了简单地评估接头质量，研究人员对 DP980 和 TRIP1180 两种高强钢进行了单板热融自攻丝，并事先在板材上预制了直径为 3.4～4.5mm 的工艺孔，得到的接头如图 28 所示。测试了这些接头中铆钉的拔出强度后，研究人员发现，预制孔直径越大，铆钉的拔出强度越低。

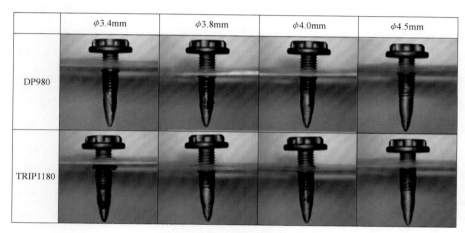

图 28　单板热融自攻丝接头

3.3 旋转碰撞冲击螺柱焊

上海工程技术大学的 He 等人[32] 提出了通过长枪射击进行异种材料螺柱焊的新工艺，基于射出的柱状体与被焊工件碰撞冲击固相连接特征，来实现多种异种材料的螺柱焊。现有的螺柱焊只限于：基于熔焊的电弧螺柱焊和电阻螺柱焊（只限于 LCS、SS、Al 和 Cu 合金的同种材料焊接），以及基于固相连接的摩擦螺柱焊（只限于 Al 合金和钢的异种材料焊接）。该研究将爆炸焊的焊接思路引用到了螺柱焊中，通过点燃长枪中火药（即扣动长枪扳机），将装入弹壳中的子弹（即柱状体）射击到目标板（即被焊工件）上，柱状体从火药爆炸中获得能量，以较高的速度与被焊工件表面接触，实现了柱状体向被焊工件的旋转碰撞冲击螺柱焊（图 29），连接界面形成了冲击焊可靠连接所要求的界面波。该方法的创新点在于：①提出并实现了基于旋转碰撞冲击的螺柱焊新工艺，并实

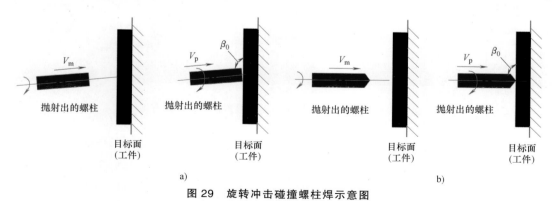

图 29　旋转冲击碰撞螺柱焊示意图

a）端面平直螺柱的焊接过程　b）端面尖锐螺柱的焊接过程

现了 μs 数量级的快速固相连接，界面处不会出现金属间化合物，在对性能相差较大异种材料的螺柱焊上具有较大的应用前景；②提出并实现了小面积（直径在 10mm 以内）端面的冲击焊固相连接；③碰撞冲击过程中引入的旋转，辅助的旋转摩擦效应，对连接界面及其周围材料的组织起到了再结晶退火软化作用，并避免了绝热剪切带的产生。

3.4 超声波焊接

超声波焊接是利用高频振动波传递到两个需焊接的物体表面，在加压的情况下，使两个物体表面相互摩擦而形成分子层之间的熔合，特别适用于薄板材料的连接。

美国橡树岭国家实验室的 Feng 等人[33] 使用了高速微型 DIC 设备对超声波焊接过程进行了监测，以研究焊接过程中的界面行为。他们发现在超声波焊接过程中存在两个显著不同的阶段，在第一阶段，各个接触界面会发生相对滑移，在界面处有摩擦热生成，界面局部存在微观尺度连接点的形成与破坏；在第二阶段，界面不再发生相对滑移，体积热开始占主导作用，局部的微观尺度连接点不断形成并最终结合，形成了宏观尺度的连接。研究还发现使用

超声波焊接镁合金与钢材时，钢材表面有无镀层对焊接参数的需求存在较大差别，因此在实际应用中需要根据板材的不同调节焊接参数，以获得优质的接头。

德国亥姆霍兹研究中心的 Feistauer 等人[34] 提出了一种使用超声波焊接进行金属（TC4 钛合金）与玻璃纤维增强热塑性材料（GF-PEI）连接的新方法，该方法的工艺流程如图 30 所示。在进行超声波焊接前，需要对金属板材进行特殊加工，使其表面排布有若干个圆柱形凸起。进行焊接时，在超声波焊头的压力作用下，金属板表面凸起被压入塑料板中，同时超声波振动使金属凸起与塑料板界面产生摩擦热，使塑料软化，金属凸起被进一步压入塑料板中，软化的塑料被挤出。该过程一直持续直至金属凸起被完全压入塑料板中，焊接完成。最终得到的焊接接头通过机械互锁和塑料与金属的黏附力实现连接。此外，研究人员发现焊接能量、超声振幅以及焊头压力均对接头的拉剪力有较大的影响，通过响应曲面法进行试验设计，找到了最优的焊接参数，在最优焊接参数下接头的拉剪力能够达到 3608N（3mm 厚 TC4+6.35mm 厚 GF-PEI 接头）。

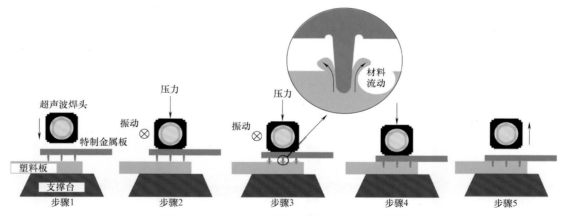

图 30　Feistauer 等人提出的新型超声波焊接工艺方法

为了实现汽车轻量化的目标，研究人员试图用铝合金来替代车载供电系统中的铜合金，然而由于铝合金本身物理性能的限制，无法实现完全替代。因此，需要实现铝合金和铜合金

的可靠连接，超声波焊接是一种连接铝和铜的有效手段。德国伊尔姆瑙理工大学的 Köhler 等人[35] 研究了不同镍镀层对 1mm EN AW 1050 铝合金和 1mm EN CW 004A 铜合金异种材料超声

波焊接接头力学性能的影响，镍镀层为异种接头提供了防腐蚀作用。研究人员发现使用了不同的镀镍工艺（化学镀镍、电镀镍、氨基磺酸镀镍）后，所得到的铝-铜异种超声波焊接接头的力学性能基本保持一致。此外，焊头压力与振幅对力学性能的影响也较小。

德国开姆尼茨工业大学的 Gester 等人[36] 使用超声波扭转焊接实现了镀铝低碳钢和玻璃陶瓷之间的连接，焊接前在钢和陶瓷之间加入了铝合金中间层。与金属-金属超声波焊接接头的连接机制不同，研究人员认为该接头的连接机制为：铝向晶界和陶瓷空隙内的渗透以及陶瓷中氧的扩散所形成的 Si—O—Al 键合，而中间层的加入有利于吸收焊接过程中产生的残余应力。

4 结束语

近年来 C-Ⅲ 专委会会议报告均以摩擦焊居多，而本次 C-Ⅲ 专委会会议报告中电阻焊的内容占了更大比例，这说明虽然电阻焊作为一种相对传统的焊接方法，在目前汽车轻量化进程导致的新材料大量应用的背景下，依然具有一定的研究价值及意义。比如在镀锌高强钢电阻点焊中出现的液态金属脆化问题近年来得到了较大重视，此次会议中有多篇报告聚焦于这一问题。汽车轻量化的推进使电阻焊领域的研究者越来越关注高强钢、铝合金等轻量化材料的焊接性问题。此外研究人员在电阻焊、摩擦焊、超声波焊等焊接方法的基础上开发出的新型连接方法，为新材料以及异种材料的连接提供了一些思路与解决方案。例如，在焊接工艺上，基于电阻焊的电阻单元焊技术、超声波连接和碰撞冲击固相连接在异种材料的连接上有较大的应用前景；焊接母材上，在非金属材料（如聚合物、玻璃陶瓷、PPS 塑料等）连接方面有较大突破，而在异种材料连接上，与 2018 年相比，也有新的增长点，特别是非金属材料以及铜与钢及铝合金的异种材料连接等。这给与会人员带来了非常丰富的前沿信息和有益的启迪，同时为进一步推动压焊的发展提供了良好的助力。

致谢：本章评述撰写得到了凌展翔、王新宇、苏宇博士的大力协助，在此一并表示感谢！

参考文献

[1] STADLER M，GRUBER M，SCHNITZER R，et al. Microstructural characterization of a double pulse resistancespot welded 1200 MPa TBF steel [Z]//Ⅲ-1932-19. 2019.

[2] SATO A，MATSUI S，FURUSAKO S，et al. A Study on Fatigue Strength of Resistance Spot WeldedHigh-strength Steel Sheets Applied Tempering Treatment [Z]//Ⅲ-1933-19. 2019.

[3] PALOTÁS B，POGONYI T. Toughness Test of Resistance Spot Welded Joints of DualPhase Advanced High Strength Steels [Z]//Ⅲ-1966-19. 2019.

[4] TÜMKAYA G，MESCHUT G，HEIN D. Fatigue life investigation of resistance spot-welded dual- andcomplex-phase steels using the LWF-KS-Ⅱ concept [Z]//Ⅲ-1964-19. 2019.

[5] IYOTA M，MATOBA Y. A Study on Controlling Nugget Characteristics of ResistanceSpot-welded High-strength Steel Sheets using Insert-Materials [Z]//Ⅲ-1950-19. 2019.

[6] LING Z X，WANG M，KONG L，et al. Improving resistance spot weldability of galvanized ultrahigh-strength steels by using double-side cover plates [Z]//Ⅲ-1951-19. 2019.

[7] MATHISZIK C，VINZ J，ZSCHETZSCHE J. NDT of spot welds by automated evaluation of the residualmagnetic flux density [Z]//Ⅲ-1946-19. 2019.

[8] FREI J，RETHMEIER M. Liquid Metal Embrittlement of a Zinc-Coated Dual PhaseSteel during Resistance Spot Welding [Z]//Ⅲ-1954-19. 2019.

[9] BENLATRECHE Y，DUPUY T. Liquid Metal Embrittlement in Resistance spot welding：methodology for evaluation [Z]//Ⅲ-

1959-19. 2019.

[10] DIGIOVANNI C, BAG S, MEHLING C, et al. Reduction of Liquid Metal Embrittlement Using Weld Current Ramping [Z]//Ⅲ-1908-19. 2019.

[11] GÁSPÁR M, DOBOSY Á, TISZA M, et al. Improving the properties of AA7075 resistance spot weldedjoints by chemical oxide removal and post weld heattreating [Z]//Ⅲ-1929-19. 2019.

[12] GINTROWSKI G, LIANG Z Q, KEMPA S, et al. The influences of temper conditions in EN AW-7075 onresistance spot welding and potential solutions [Z]//Ⅲ-1942-19. 2019.

[13] HEILMANN S, ZSCHETZSCHE J, FÜSSEL U. Electrode wear investigation of aluminum spot welding bymotion overlay [Z]//Ⅲ-1947-19. 2019.

[14] VINZ J, HEILMANN S, FÜSSEL U. Numerical simulation of capacitor discharge welding of aluminum projections by an iterative coupled thermal-electricand mechanical model [Z]//Ⅲ-1945-19. 2019.

[15] ZVORYKINA A, SHEREPENKO O, JÜTTNER S. Novel resistance welding technology for joining of steel/aluminium hybrid components [Z]//Ⅲ-1930-19. 2019.

[16] BRODA T, KEITEL S, BERGMANN J P. Determination of strength properties of intermetallic phasesin dissimilar metal joints [Z]//Ⅲ-1936-19. 2019.

[17] SCHMAL C, MESCHUT G, CHERGUI A. Thermal joining of hybrid materials with steel cover sheetsand polymer core [Z]//Ⅲ-1941-19. 2019.

[18] NAUMOV A A. Temperature influence on microstructure and properties evolution of friction stir welded Al alloys [Z]//Ⅲ-1904-19. 2019.

[19] SERIZAWA H, MIYASAKA F. Computational Analysis of Inhomogeneous Behavior in Friction Stir Welding of Aluminum Alloy By Using A New Coupled Method of MPS and FEM [Z]//Ⅲ-1948-19. 2019.

[20] REISGEN U, SCHIEBAHN A, SHARMA R, et al. Experimental-and-Computation Method for Evaluating Dynamic Viscosity of Alloys during Friction Stir Welding [Z]//Ⅲ-1956M-19. 2019.

[21] QUINTINO L, ASSUNÇÃO E, BOLA R. FSW-Tech-Developing Qualification for FSW Personnel [Z]//Ⅲ-1937-19. 2019.

[22] LIU X, CHEN K, NI J. Advancements of Friction Stir Spot Welding For Joining Dissimilar Materials [Z]//Ⅲ-1920-19. 2019.

[23] SHEN Z K, CHEN J, Gerlichc A P. Microstructure, static and fatigue properties of refill friction stir spot welded 7075-T6 aluminum alloy using a modified tool geometry [Z]//Ⅲ-1913-19. 2019.

[24] SCHMAL C. Refill friction stir spot and resistance spot welding of aluminum joints with large total sheet thicknesses [Z]//Ⅲ-1965-19. 2019.

[25] LI H, LIU X S, ZHANG Y S, et al. Study on Properties of 6061 Aluminum Alloy/CF-PPS Refill Friction Stir Spot Welding Joint [Z]//Ⅲ-1934-19. 2019.

[26] CHEN K, JIANG M Y, CHEN B X, et al. Improving porous TC4/UHMWPE friction spot welding joint through controlling welding temperature and force [Z]//Ⅲ-1907-19. 2019.

[27] FUJII H, AOKI Y. Low-Temperature Linear-Friction-Welding of Steel [Z]//Ⅲ-1949-19. 2019.

[28] CIPRIANO G P, BLAGA L A, DOS SANTOS J F, et al. Single-phase friction riveting-Metallic rivet deformation, temperature evolution

and joint mechanical performance ［Z］// Ⅲ-1917-19. 2019.

［29］ CIPRIANO G P, VILAÇA P, AMANCIO-FIL-HO S T. Modelling Material Flow and Heat input in Friction Riveting of Polymeric Materials ［Z］// Ⅲ-1940-19. 2019.

［30］ ABDULKARIM M, BAE J H, KAM D H, et al. Effect of Rivet Coatings on Joining Process and MechanicalPerformance of Self-piercing Riveted Joints ［Z］// Ⅲ-1960-19. 2019.

［31］ LEE M, JUNG S, UHM S, et al. The Effect of Pre-hole size on the Joint Quality in FDS SOPJoining for AHSS ［Z］// Ⅲ-1955-19. 2019.

［32］ HE J P, MOORE S, CHIN B A. Weld inter-face characteristics in spin collision-impact studwelding of copper to low carbon steel ［Z］// Ⅲ-1953-19. 2019.

［33］ FENG Z L, CHEN J, LIM Y C, et al. Ultra-sonic welding of Mg alloys and Mg alloy to steels ［Z］// Ⅲ-1961-19. 2019.

［34］ FEISTAUER E E, DOS SANTOS J F, AMAN-CIO-FILHO S T, et al. An investigation of the Ultrasonic Joining processparameters effect on the mechanical properties of metal/compos-ite hybrid joints ［Z］// Ⅲ-1952-19. 2019.

［35］ KÖHLER T, GRÄTZEL M, KLEINHENZ L, et al. Influence of different Ni coatings on the mechanical and metallurgical properties of ul-trasonic welded 1 mm EN AW 1050 / 1 mm EN CW 004A dissimilar joints ［Z］// Ⅲ-1943-19. 2019.

［36］ GESTER A, WAGNER G, WAGNER A. Mi-crostructure and Mechanical Properties of Ul-trasonicTorsional Welded Metal/Glass Ceramic Joints ［Z］// Ⅲ-1944-19. 2019.

作者简介： 1. 王敏，女，1960 年出生，博士，教授，博士生导师。主要从事新材料电阻焊机理及过程模拟，搅拌摩擦点焊技术研究。发表论文 80 余篇，授权发明专利 8 项。E-mail：wang-ellen@ sjtu. edu. cn。

2. 李文亚，男，1976 年出生，博士，教授，博士生导师。主要从事冷喷涂及摩擦焊技术研究。发表论文 180 余篇，授权发明专利 13 项。E-mail：liwy@ nwpu. edu. cn。

高能束流加工（IIW C-Ⅳ）研究进展

陈俐[1] 黄彩艳[2] 巩水利[1]

（1. 中国航空制造技术研究院 高能束流加工技术国防重点实验室，北京 100024；

2. 哈尔滨焊接研究院有限公司，哈尔滨 150028）

摘 要：2019 年 IIW 高能束流加工专委会（Commission Ⅳ "Power Beam Processes"）推出的工作任务是推进高能束流加工科研新成果向全球先进制造业的工程应用，重点是高能束流加工及增材的高效高可靠制造技术，融入工艺设计和数字化的先进高能束焊接技术。借主场优势，以德国代表为主的欧洲团队在 2019 年第 72 届年度会议多维度呈现了高能束流加工技术方面的研究成果，展现出德国在高能束加工技术研究，尤其是激光焊接技术研究方面的优势，无论是工艺创新，还是装备研发仍然引领着世界。2019 年高能束流加工专委会论文可归纳为电子束焊接、激光电弧复合焊接、激光焊接和激光增材制造四个方面，主题涉及工艺机理、材料冶金、装备自动化、在线监测及数值模拟，各国学者报告的内容呈现出对工艺基础数据的认识与分析、传感技术支撑工艺数据提取研究的关注，强调数值模拟在工艺优化和装备设计的作用，并反映出高能束流加工技术智能化发展的趋势。本文主要针对年度学术报告进行综述和评述，以供国内研究者参考。

关键词：高能束流加工；电子束焊接；激光焊接；激光电弧复合焊接；激光增材制造

0 序言

高能束流加工专委会 IIW-C-Ⅳ（Commission Ⅳ "Power Beam Processes"）在 IIW 第 72 届年度学术会议期间，主持和参与主持了四单元的学术会，专委会主任 Herbert Staufer 博士主持了高能束流加工专委会的报告会，宣读论文 17 篇，与增材制造、表面和热切割分委会（C-Ⅰ）、电弧焊技术分委会（C-XII）和焊接物理分委会（SG212）联合组织的报告会，宣读论文 24 篇[1]。报告代表主要来自德国、英国、中国、日本、美国、奥地利、瑞典、比利时、匈牙利、葡萄牙、韩国，出席学术报告会的还有其他 14 个国家的代表[2]。本年度联合征集论文 41 篇，与高能束流加工技术相关论文 32 篇，德国代表论文占大多数。论文主题可归纳为电子束焊接、激光焊接、激光电弧复合焊接和激光增材制造四个方面，如图 1 所示。

从论文的选题，今年涉及新材料高能束流加

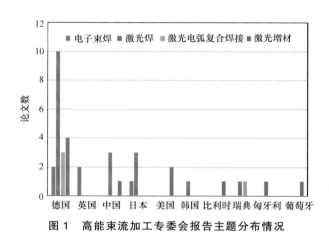

图 1 高能束流加工专委会报告主题分布情况

工性的研究不多，只有中国研究者报告了关于新型铝锂合金激光焊接和高熵合金激光增材，关注工艺基础研究的则增多。工艺研究方法更强化与数值模拟相结合、与在线检测信息相结合。工艺研究热点是工艺稳定性和焊接接头性能调控。关于工艺稳定性控制，论文选题涉及焊前表面处理技术，以及焊接过程润湿稳定性、熔池温度、飞溅等物理现象与工艺参数的映射控制，还涉及原位焊后热处理，这表明国际上对工艺优化更加强调高能束流加工全工艺链的控制。此外，高能束流加工制造与数字化、智能化技术融合发展仍是热点，电子束焊接和激光焊接的相关报告突出了工艺认知和工艺数据挖掘、控制技术和装备柔性化设计制造的理念，智能制造的概念正深度融入增材装备的研制。

将物理学家研究的分析方法应用到高能束流加工技术的工艺设计和工程应用，是高能束流加工数值模拟研究的方向，今年Ⅳ委涉及高能束流焊接数值模拟的论文多于往年，尤其在数值模拟取得很大进展的瑞典的 Alexander F. H. Kaplan 教授和韩国的 Suck Joo NA 教授针对数值模拟研究方法和发展趋势做了报告。激光表面技术是激光加工应用之一，但今年报告显示激光表面微结构造型和激光熔敷也可应用于焊接前处理，以提高材料的焊接性。高能束流加工装备的研发往往与新工艺相关，今年报告的是局部真空电子束焊接、移动激光真空激光焊接以及激光增减材集成技术。这些成果的研究报告也呈现出产学研用多国多机构的共同参与，其中激光焊接与增材成果为多国参与的欧盟 2020 地平线基金项目，这反映了政府与业界对激光加工技术发展寄予的期望。本文将从电子束焊接、激光焊接、激光增材制造和激光表面预处理四个方面对此次高能束流加工专委会的年会报告进行总结和评述。

1 电子束焊接

电子束焊接具有功率密度大、深宽比大、焊接变形小、能耗低、易于实现数字化制造等特点，已成为航空航天、舰船、核能工业领域重要的制造技术，因此也是高能束流加工技术不可缺少的主题。近年来，专委会电子束焊接技术的报告主要来自英国和德国，涉及电子束焊接在线控制技术、新材料及异种材料焊接工艺，以及电子束焊接拓展应用技术的研发。

电子束焊接受真空室限制而难以实现大型结构的焊接，为解决大尺度大厚度结构电子束焊接技术应用，将电子束移出真空室成为电子束焊接技术的发展热点。英国焊接研究所（TWI）的 Punshon 博士再次向大家展现了电子束焊接技术从真空、低真空、非真空到局部真空的十余年研究之路，显示局部真空电子束焊接技术为在大气环境或在施工现场实现电子束焊接提供了新的解决方案[3]。根据 Punshon 博士介绍的应用研究案例，目前局部真空电子束焊接主要涉及圆柱体、圆锥体、箱体和法兰环缝等形状比较规则的大型结构的焊接，原因在于局部真空电子束焊接技术不仅涉及电子枪和局部真空装置的研制（既要考虑电子束束流稳定可靠地输出，控制能量损耗，还要考虑厚板焊接的工艺可实施性和焊接质量保证），还要考虑安全防护。目前德国 ISF 可提供局部真空用的电子枪，英国 TWI 与剑桥 CVE 公司和 Rolls-Royce 公司合作，在局部真空装备研制方面进行了大量的工作，尤其是基于结构特征的局部真空电子枪的移动密封技术取得了突破，图 2 所示为应用于核电管道焊接的局部真空电子束焊接装置原型机（Ebflow），结构不需预热并单道焊接完成，显著地降低了制造成本，提高了生产率。

图 2　大尺度管道局部真空电子束焊接（Ebflow）技术

面向工程应用，电子束焊接首要解决的问题是焊接缺陷控制，有两篇论文探讨了将大气下熔化焊接的缺陷控制技术应用于真空电子束焊接。英国 TWI 结合 Rolls-Royce 公司某发动机结构制造对表面质量的要求而研发了一种无飞溅电子束焊接技术，并定义为 Full Penetration

Closed Keyhole（FPCK），即电子束小孔深熔焊接条件下在焊缝根部产生热导焊接效应，形成根部小孔闭合的电子束全熔透深熔焊接[4]，该技术在实验室条件下有效地减少了焊接过程焊缝背面的飞溅。分析表明，这种技术对穿透电流的控制是关键，需减少穿透电流对熔池的冲击效应，但现有研究条件下有效工艺参数窗很小，工件温度、束流焦点变化都可能影响工艺实施。针对这一问题，TWI 的 Sofia 博士利用在激光焊接过程采用的激光深度动态扫描检测（LDD）在线成像技术检测真空环境下电子束焊接小孔的深度，将熔池表面温度与小孔深度，以及穿透电流相关联，以探讨小孔深度的自适应控制方法，使小孔闭合全熔透深熔焊过程稳定实施。图 3 是小孔根部闭合与不闭合的焊缝截面及对应的电子束穿透电流，小孔闭合改善了焊缝根部的成形质量。熔池表面温度与小孔深度的对应关系如图 4 所示，通过调节小孔深度补偿熔池表面温度变化，以保证焊接过程稳定，但选择熔池控制标准参考值是补偿工件温度引

起的深度变化的一个重要参数，这还需大量的研究工作，且真空室内在线检测还要考虑传感器稳定工作，这是值得研究的问题。

德国亚琛工业大学的 Akyel 博士介绍了利用低相变温度材料（Low Transformation Temperature，LTT）的作用机制探讨合金钢电子束焊接变形的控制方法[5]。弧焊采用产生低温马氏体相变的高合金药芯焊丝调控合金钢焊接变形，因铁基高合金填充材料的 Cr、Ni 含量保证马氏体相变温度低于 200℃，利用其相变过程产生的压应力抵消热循环过程的拉应力而控制焊接变形。Akyel 博士的团队针对 2mm 厚 1.4301 高合金钢板进行电子束填丝焊接研究，采用 G199LSi 高合金焊丝和 Purus 42 低合金焊丝进行比较，送丝位置 45°，激光扫描仪角变形测量结果如图 5 所示，高合金焊丝相比低合金焊丝明显降低了焊接变形，其结果与弧焊有所不同。众所周知，焊接变形和应力的产生与焊接过程非均匀温度场和相转变相关，热收缩导致拉应力，而相变膨胀导致压应力，焊接后的应力分布是这种作用的综合结果，改变相变温度将改变焊接变形和焊接残余应力的分布，而采用何种工艺措施将此理论应用于工程实践则是需要大量的工艺数据积累和数值模拟的认知。

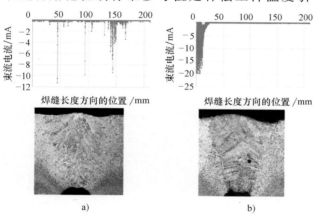

图 3 小孔根部闭合与否的电子束穿透电流和焊缝截面[4]

a）小孔根部闭合 b）小孔穿透

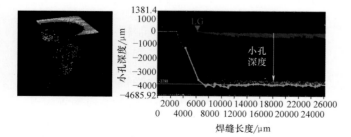

图 4 熔池表面温度与小孔深度的对应关系[4]

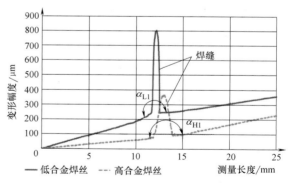

图 5 焊丝成分对高合金钢电子束焊接接头角变形影响[5]

关于异种材料电子束焊接性研究，德国卡塞尔大学的 Hellberg 博士介绍了直径 0.5mm 的 TiNi 记忆合金丝与不锈钢丝的微电子束焊接研究[6]。其研究结果表明接头强度比激光自熔焊接的高，与采用镍基焊丝激光焊接接头强度相

当，拉伸断裂在记忆合金侧的熔合区界面。研究还显示，激光焊接通过偏置激光束于记忆合金丝侧有利于提高焊缝强度，但此方法不适合于电子束焊，电子束焊接焊缝的强度受束流功率、焊接速度、束流作用位置的影响，低热输入焊接利于改善接头强度。由于电子束焊接无须填丝，可避免使用影响医用的镍基焊丝，因此记忆合金电子束焊接将会得到更多的关注。来自日本的 OKUBO 教授则针对异种铝合金金属的对接和搭接介绍了电子束焊接、激光焊接等方法的评价研究结果[7]。1050/5052 铝合金薄板高能束焊接效果较好，其中电子束接头效率较好，脉冲 YAG 激光焊缝金属热裂纹倾向大，连续波激光焊接可防止热裂纹的产生。高能束焊接 5182/2017 接头塑性变形能力低于 5182/5182 接头，比较适合的方法是电阻点焊和搅拌摩擦焊。

2 激光电弧复合焊接

厚板结构焊接是电子束焊接的优势，而激光电弧复合焊接技术的发展为厚板提供了又一种高效高精度的焊接方法。德国代表的报告显示，其对激光电弧复合焊接技术研究的重视，Jörg Brozek 博士展现了近年来的激光电弧复合焊的研究和应用进展[8]。激光电弧复合焊接通常认为是激光束与电弧作用于同一熔池，利用两者的交互作用，以稳定焊接过程，提高焊接效率，减少焊接缺陷，其工艺优化涉及焊缝几何设计、坡口间隙设计、热源的高低匹配和焊接冶金，根据现有数据，对接接头复合焊接效率可提高 6 倍，T 形接头焊接可提高 3 倍。报告还给出 T 形接头复合焊接接头的疲劳特点，无论是单侧焊接还是双侧焊接，T 形接头的疲劳均高于 IIW 推荐的 FAT 值，如图 6 所示，这显示激光电弧复合焊接在钢结构焊接应用中具有很大的应用发展前景，尤其是石油管道、轨道车体结构等大尺度结构焊接。图 7 所示为直径 300mm 管道的轨道式激光电弧复合焊接，其中 A 为激光焊接头，B 为 MIG 焊炬，C 为送丝焊

炬，主要作为填充焊丝。据 Brozek 博士的报告，半导体激光（波长 900～1080nm）的功率已达 45kW，与电弧复合具有更多的发展空间，德国的 LiSAB（Laser Beam Welding of Big Sheet Metals in Steel and Vessel Construction）项目就是针对大尺度钢结构开展半导体激光、光纤激光与埋弧焊的复合焊接技术研究。该项目团队于 2019 年 8 月将基于 15kW 的 Laserline 半导体激光搭建完成复合焊接设备，后续将开展多种复合焊接工艺研究。

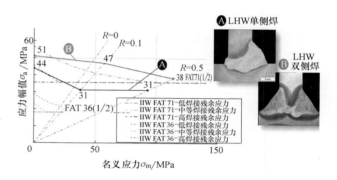

图 6 T 形接头激光电弧复合焊接（LHW）疲劳值与 IIW 的 FAT 等级[8]

图 7 直径 300mm 管道的轨道式激光电弧复合焊接[8]
A—激光焊接头 B—MIG 焊炬 C—送丝焊炬

激光电弧复合焊接由于其热源作用的特点，在厚板焊接时焊缝根部裂纹是主要焊缝缺陷之一。德国联邦材料研究与测试协会的 Bakir 博士针对 15mm 厚 S690QL 钢研究了非穿透复合焊接焊缝根部裂纹的控制[9]。其激光电弧复合焊由 TruDisk 激光与 MAG 电弧组成，采用电弧前置焊接，热源距离为 4mm，焊接保护气为 82%Ar+18%CO_2，X85 焊丝直径为 1.2mm，设计专用焊

接夹具，拘束强度在 3.5~80kN/mm² 范围试验，确定处在 20kN/mm² 拘束条件下进行抗拉裂纹敏感性试验，分析焊接速度、送丝速度、激光功率和激光焦点位置对部分熔透焊缝根部裂纹形成的影响，其中焊接速度和焦点位置影响最大，当激光功率为 7kW、送丝速度为 8m/min 时，降低焊接速度可减少裂纹数量，焦点位置为正离焦裂纹数最少。Bakir 博士的团队基于冶金、焊缝几何、热机械的作用数值模拟分析了凝固裂纹形成机制，其中电弧采用双椭球模型，激光采用旋转椎体模型，模拟结果显示降低焊接速度明显显示焊缝根部的应力。

早在 21 世纪初，德国亚琛工业大学的 Dilthey 教授就提出激光-埋弧复合焊接，今年亚琛工业大学的 Reisgen 博士报告了激光-埋弧复合焊接最新进展[10]。试验结果证明，40mm 厚 S355 钢采用激光与埋弧焊复合焊接，焊接接头为双 Y 形坡口，开口角度 70°，钝边长度 24mm，焊接时间和焊接变形均显著少于埋弧焊。图 8 所示为激光-埋弧复合焊接装置，激光器为 TruDisk 16002，激光功率为 16kW，激光前置焊接，与工件夹角成 75°。激光焊接加工头与电弧焊炬间以挡板隔离，避免焊剂进入激光作用区，激光与电弧工作距离为 13~19mm，焊接速度为 0.6m/min，送丝速度为 2.1m/min，焦点位置为 -8mm，激光焊接头可进行单方向偏摆，摆动幅度为 0.7~1.5mm，摆动频率为 100Hz。研究显示，热源工作距离减少，焊缝熔深增大，激光作用区和电弧作用区的熔深均增大，焊缝截面均匀性提高。为了考察两热源间距变化对焊缝成形的影响，作者采用了原位排除熔池金属法，即利用四个喷嘴对熔池吹入高压氮气，一个作用于激光区，三个作用于电弧区，在排除熔池金属的同时切断激光和电弧。如此原位获得无液态金属熔池底部，通过图像分析重构熔池形状，如图 9 所示，显示了熔池底部轮廓的纵截面。这种方法提取的熔池轮廓特征是可以分析热源作用的，但工件如何在热源切断的同时熔池金属来不及

凝固而排出液体金属是关键，这也需要通过大

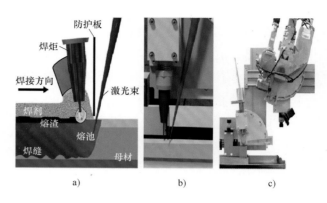

图 8 激光与埋弧复合焊接原理图及复合焊接装置[10]

a）原理图　b）装置 CAD 模型　c）实物装置

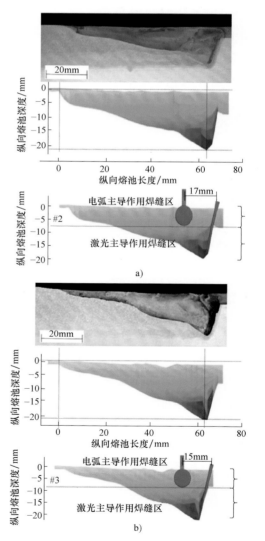

图 9 激光与埋弧复合焊焊缝纵截面及 3D 重构截面特征[10]

a）电弧与激光工作距离为 17mm　b）电弧与激光工作距离为 15mm

量试验才可掌握，但确实是一种可借鉴的逆向分析方法。从图中间距为 15mm 的 3#样可以看出，在激光作用区液态金属尚未凝固，电弧即进入，两热源有效地形成了耦合作用，填充金属被推入激光作用的深度，化学分析证实填充金属的成分溶入了激光热作用区。

激光电弧复合焊接的传热传质过程比单一激光焊接更为复杂，而对工艺机理的认知对数值模拟分析是必不可少的，瑞典的著名学者 Kaplan 教授在这方面的研究成果具有很大的影响力。今年，Kaplan 教授介绍了激光电弧复合焊接（LAHW）填充焊丝在熔池中迁移混合的数值模拟研究[11]。对于激光电弧复合焊接，由于激光小孔效应使其特殊的熔池行为导致填丝金属很难迁移至熔池的深度，导致焊接接头力学性能不均匀。Kaplan 教授的团队针对 LAHW 开发了 CFD 模型，加入跟踪熔滴，以分析焊丝金属动态迁移行为，为探求工艺参数控制使焊缝成分均匀分布提供依据。图 10 所示为基于 30mm 厚 S960 钢和 12mm 厚 S1100QL 钢的激光复合焊接试验的四种单熔滴过渡的模拟计算案例，即激光热导焊、低功率低速焊、高功率高速焊和具有预热的低功率低速焊四种条件。模拟案例分析表明，熔滴倾向于靠近熔池上表面，高激光功率高速焊以及预热有利于驱动部分填充材料迁移到更深的区域，从而使混合效果更好。激光电弧复合焊接的填充焊丝消耗量往往决定

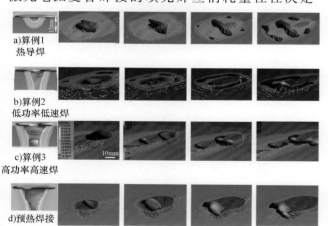

a)算例1
热导焊

b)算例2
低功率低速焊

c)算例3
高功率高速焊

d)预热焊接

图 10　激光电弧复合焊接四种条件下的 CFD 模拟案例[11]

了焊接金属的冶金和力学性能，为了调控工艺、获得合理的焊缝成分分布，数值模拟是非常有用的工具，有助于研究和理解填充材料在熔池中的流动和熔池金属混合的机理。Kaplan 教授指出，简化条件的数值模拟目前在定性和定量上都不能完全与 LAHW 中的复杂条件相比较。

3　激光焊接

激光技术、材料技术、数字化分析技术及控制技术的发展为激光焊接技术创新与提升起到了助推作用，为工艺研究提供了更多的思路与方法。本年度涉及激光焊接的报告不仅多而且具有多样性，尤其是对工艺因素的研究更为细致，这不仅促进了激光焊接新工艺的工程化应用，也为激光焊接工艺与智能化融合奠定了基础。

激光焊接在大气环境实施是激光焊的一大特色，但随着激光在厚板窄间隙焊接的应用需求，为提高窄间隙焊接质量，近年多国学者致力于局部真空激光焊接技术研究，这不仅与局部真空电子束焊接形成呼应，也将是高能束流焊接发展的重要方向之一。德国亚琛工业大学的 Gerhards 博士介绍了由德国政府和欧盟基金 EXIST Research Transfer 资助的 LaVa 项目研究情况[12]。该项目针对风电发电机风扇叶片、石油管道等厚板焊接建立移动局部真空激光焊接技术，50mm 板厚激光焊接一次焊透，坡口间隙为 0.5mm，避免了多层埋弧焊，如图 11 所示。La-Va 技术实施的关键是装备研制，其试验样机如图 12 所示，包括 TruDisk 12002 激光器，200μm 芯径光纤，IPG-FLWO-D50 激光搅拌焊接头，光斑直径 0.533mm，EWM 热丝送丝系统，焊丝直径为 1.2mm，以及 MoVac 真空装置，工作压力为 1.5kPa。针对 40mm 厚 S355 钢，焊接速度为 4.5mm/s，激光功率为 12kW，束流圆形摆动，摆幅为 0.5mm，频率为 200Hz，对接焊缝根部 TIG 焊接定位，激光自熔焊接一次完成，焊接质量满足 ISO 13919 标准的工艺评定，分析表明比

埋弧焊接能量消耗减少94%，这种方法可应用于高强度级别钢的焊接。项目还将进一步研究填丝焊接、高功率焊接以及双面单道焊接。

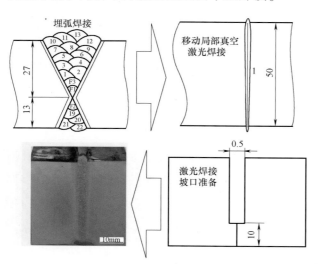

图11　移动局部真空激光焊接焊缝[12]

图12　IPG-FLWO-D50激光头和局部真空盒组成的移动局部真空激光焊接设备[12]

　　移动局部真空激光焊接技术的出现与工艺装备研制密切相关。今年报告的焊接与焊后热处理同步双束源集成激光焊接技术、交变磁场辅助激光焊接技术、真空激光焊接技术也依赖于工艺装备研制得以实施，同时利用数值模拟了解工艺本质也是相当重要的。德国伊尔梅瑙

工业大学的Fey博士采用CFD数值模拟分析了双束源集成激光焊接过程深熔焊熔池温度场和后续热处理再热作用的影响[13]，双光束源激光集成焊接原理如图13所示，第一束为焊接的常规聚焦激光，第二束为焊后热处理的方形光斑激光，通过衍射光学设计（DOE）获得，可进行激光功率分布的调整，以获得不同的加热策略。Fey博士针对薄壁双相不锈钢（X2CrNiMoN22-5-3）首先进行激光深熔焊接温度场及熔池尺寸分析，在此基础上对比分析圆环型热源、平行和纵排双高斯热源三种不同再热策略的热作用，通过试验评价了热影响区铁素体-奥氏体比率，表明模拟结果有助于组织调控的工艺优化参数，也为激光聚焦镜片的DOE设计提供参考依据。同样焊后热处理，匈牙利米什科尔茨大学的Raghawendra博士则是采用半导体激光通过调节离焦量原位完成焊接与焊后热处理[28]，其研究条件是：焊接的半导体激光光斑为2mm×2mm，激光功率为1.0kW，热源移动焊接速度为8mm/s，焊后热处理的半导体激光光斑为15mm×15mm，激光功率为275W，热源移动热处理速度为4mm/s。针对1mm厚的DP800与DP1200高强钢对接接头性能对比，拉伸性能变化不大，硬度降低，对高强钢的裂纹敏感性是有改善的。

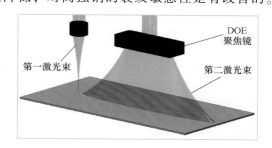

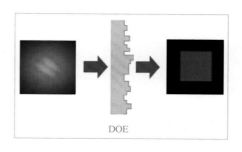

图13　同步焊接及热处理双光束源激光集成焊接原理[13]

德国 BAM 的 Meng 博士针对 10mm 厚 304 不锈钢交变磁场辅助激光焊接的熔池行为进行了数值模拟，目的是了解外加磁场后激光深熔焊接过程的传热传质机理、小孔行为以及对焊丝金属溶入迁移的影响[14]。激光焊接采用直径为 1.2mm 的 625 合金焊丝（$w_{Ni}=58\%$，$w_{Cr}=22\%$），光纤激光功率为 7.5kW，焊接速度为 1.3m/min，送丝速度为 2.11m/min，焊丝与工件成 33°夹角，磁场距离工件表面为 2mm，与焊接方向成 75°角，磁路电源为 150V，磁密度为 235mT，交变频率为 3600Hz。数值模拟将磁场的作用分为感应涡流和洛伦兹力在熔池中产生的两电流回路的作用。图 14 所示为激光深熔焊接过程有无磁场的熔池流动状态的对比，表明在磁场作用下，纵截面熔池向小孔根部流动加强，在熔池上部小孔坍塌频率更高，同时磁场促进填充金属向熔池深度迁移，有利于成分均匀化，对焊缝镍元素分布计算与 EDX 成分测量的对比结果如图 15 所示，磁场对元素分布变化的影响趋势是一致的。

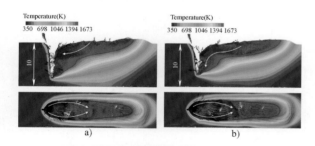

图 14 有无磁场激光深熔焊熔池数值模拟结果对比[14]

a）常规激光填丝焊接熔池 b）磁场辅助激光填丝焊接熔池

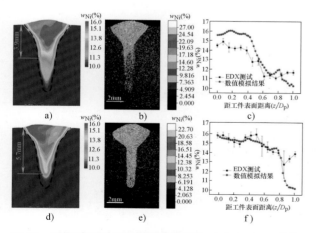

图 15 焊缝镍元素分布的计算结果和测试结果对比[14]

镀锌板结构真空激光焊接时激光焊接头的保护镜片极易污染而影响焊接过程，解决措施之一是采用气保护系统，如图 16 所示，圆柱形气保护装置类似于激光焊常用的同轴保护气套管。韩国的 Y. K. Lee 博士基于 CFD 数值分析了不同流量、不同气体喷嘴直径对在真空环境下激光保护镜片污染的影响[15]。分析结果显示，保护气体在保护装置小孔处产生压差，以防止飞溅和烟气进入，同时装置内通过保护气体流动形成流场将流入的烟气排除。镜片污染试验测试也验证了数值模拟结果。Lee 博士也提出，下阶段拟采用多喷嘴布局设计，以在保护装置中形成螺旋流场，提高气保护效果。显然该研究思路也可应用于常规的激光焊接，使激光焊接头设计对焊接质量的保证更可靠。对于激光焊接过程气体保护效果，日本的 Fujimoto 博士则利用 CFD 数值分析了保护气流场对铝合金激光焊接小行为的影响[16]。图 17 所示为保护气喷嘴在相对于激光作用点的不同位置，其保护效果是不同的。我国的孙宇博士针对 NiCrMoV 钢激光深熔焊接小孔不稳定性及对焊缝气孔形成机理进行了 CFD 数值模拟分析[17]，在深穿透数值

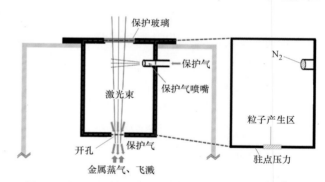

图 16 真空环境激光焊接头镜片保护装置示意图[15]

图 17 保护气位置对铝合金激光焊接保护效果的影响[15]

a）气体保护效果不足 b）气体保护效果良好

模拟中引入了能量和金属蒸气射流，但模拟过程进行了忽略保护气体流动的假设，虽然模拟结果得到验证，但如进一步考虑保护气流动的影响，对激光焊接过程的工程问题将有更多的认识。

来自韩国的 Suck Joo NA 教授在激光焊接过程行为的数值模拟已进行了多年的研究，年度会议上 NA 教授综述分析了如何将物理学家研究的数学模型应用于激光焊接工艺研究[18]，重点介绍了 CFD 在小孔效应激光深熔焊接数值模拟分析中如何表达焊接过程热行为、冶金行为和力学行为，进而进行焊接工艺的设计。强调 FVM-FEM 相结合的模拟，激光深熔焊接的 CFD 模拟结果可进一步用于焊接件的冶金和力学分析。总之，数值模拟参与式设计概念实现的重要手段，应融入激光焊接工艺优化设计中、融入激光焊接工程应用中。但数值模拟也需更简化更有效的算法研究，德国 BAM 的 Artinov 博士介绍了焊接热循环的边界元分析[19]，提出了简化算法，对于热源分析进行降维处理，不仅分析了机构焊接温度场，还进行了熔池边缘温度梯度和冷却速度的表征，这对于焊接接头的组织分析往往是重要的。日本大阪大学的 Okawa 博士针对激光与复合材料激光焊接进行了数值模拟研究[20]，从界面存在物理连接和化学连接入手，进行焊接接头热分析和应力分析，界面达到复合材料熔点的温度分布、残余应力和塑性应变，发现搭接接头塑料在上侧焊接的加热功率可降低 10%。这对于金属与复合材料搭接激光焊接的接头设计和工艺设计都是很有意义的，但一定温度和压力条件下的界面连接机理尚未涉及。

激光焊接在工程应用中工艺分析和缺陷控制方法研究往往是首要的，利用工艺参数与目标结果的图形映射方法有利于直观地呈现工艺参数稳定工作区间。德国伊尔梅瑙工业大学的 Schmidt 博士针对发动机 IN738LC 合金叶片进行了脉冲激光焊与激光填丝焊修复工艺研究，采

用直径为 0.4mm 的 IN 625 焊丝送丝速度为 120mm/min，激光脉冲频率为 9Hz，焊接速度为 100mm/min。工艺试验发现，焊丝位置和角度的变化对焊缝成形质量影响小，脉冲时间和峰值功率对焊缝缺陷影响大。图 18 所示为脉冲时间和峰值功率的工艺窗，合适的脉冲形状可实现 γ′沉淀强化镍基高温合金无缺陷焊接。我国的陈俐博士针对铝锂合金薄板激光焊接提出了采用焊缝背宽比对焊接参数优化进行评价，通过试验将焊缝几何与焊接参数、焊缝缺陷和焊接头组织性能形成映射关系，力求建立焊接工艺-焊缝成形-焊接接头组织相关性[22]。图 19 所示为基于 2A97 铝锂合金薄板光纤激光焊接获得的激光功率和焊接速度工艺窗，可以直观地确定获得稳定全熔透焊缝工艺参数的匹配。

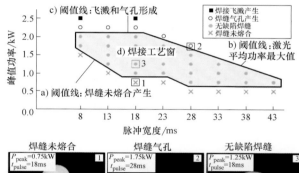

图 18　IN738 脉冲激光焊接的脉冲时间
和峰值功率的工艺窗[21]

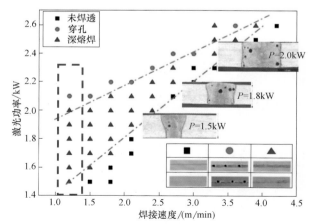

图 19　2A97 铝锂合金薄板光纤激光焊
接获得的激光功率和焊接速度工艺窗[22]

德国 Fraunhofer 激光技术研究所的 Gook 博士针对环焊缝大功率激光焊端部弧坑缺陷的控制进行了焊接参数与闭环搭接轨迹协同的工艺研究[23]，如图 20 所示。由于激光束功率密度高，以恒定激光焊接功率焊接环形结构，在焊缝闭合搭接区域易于产生穿孔或焊接裂纹，理想的方式是在闭合搭接区域变参数焊接。Gook 博士针对 10mm 厚 S355J2 和 X100Q 钢的光纤激光焊接，通过调整激光焊接头准直镜与聚焦镜的倍率 M 值和散焦调节配合，以实现变激光功率密度的焊接，使搭接区的焊接从激光全熔透深熔焊接过渡到部分熔透，再向热导焊接过渡，控制搭接区缺陷，或是将焊接缩孔缺陷移至表层焊缝加工去除。所用的激光加工头的准直调节范围为 -10～30mm。通过工艺试验和参数匹配，实现了环焊缝大功率激光束焊端部弧坑缺陷的控制，如图 21 所示，搭接区长度为 15mm，激光功率衰减时间为 200～900ms。

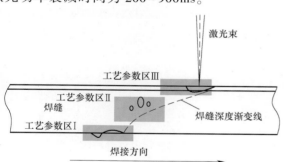

图 20　环形结构激光焊接闭环搭接区
工艺分区示意图[23]

图 21　激光焊接的环形结构及搭接区
焊缝截面[23]

激光焊接过程通过传感器对所产生的物理现象进行识别与分析，提取与焊接质量相关的

特征信息，将有利于提高焊接过程稳定性，抑制焊接缺陷产生，这也是未来激光焊接工艺智能化的重要支撑技术。现有的激光焊接检测技术研究涉及焊接过程的声、光、电及熔池图像等信号，本次年会则出现了新的检测与分析技术研究。德国 BIAS 的 Leithäuser 博士针对铝合金激光熔钎焊过程熔池润湿行为不稳定的问题，利用高速红外成像对焊丝输送过程的光反射信号进行了时域和频域分析[24]。研究表明，熔池润湿周期可反映在两个位置的信号变化，如图 22 所示，均与送丝相关。不同工艺下信号时域和频率分析如图 23 所示，发现在送丝过程，未熔化焊丝与母材间光反射信号变化频率在 160～400Hz 范围内，熔滴过渡导致润湿前沿频率为此变化频率的一半，由送丝喷嘴导致的送丝速度频率变化在 11～15Hz 范围内，这也是影响润湿铺展的频率。此研究仅是初步，信号提取误差及波谱分析算法等还有待深入。

德国 BIAS 的 Felsing 博士则是针对铝合金激光深熔焊接过程稳定性研究了飞溅现象[25]。铝镁合金激光深熔焊接过程的飞溅可反映小孔金属汽化体积，飞溅越强烈则焊接过程越不稳定。Felsing 博士通过设在焊接平行方向和垂直方向的两台高速成像机检测飞溅的飞行轨迹、飞行速度和飞溅粒子尺寸，对飞溅信息进行三维重构，如图 24 所示。对三种铝合金激光焊接过程

图 22　铝合金激光熔钎焊送丝过程红外信号的检测[24]

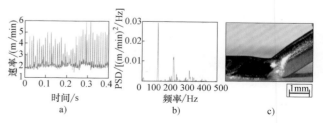

图 23　激光熔钎焊熔融丝端处信号的时域和频域分析[24]

a）送丝速率时域信号　b）频域处理信号　c）过程图像

的飞溅现象分析显示，飞溅速度与飞行轨迹角之间、飞溅速度与飞溅尺寸之间，均未发现相关性，三种材料的平均飞溅速度为 4.3m/s，平均飞行轨迹角为 48.8°。显然利用飞溅进行焊接过程稳定性检测还需更多的信号与数据分析研究。

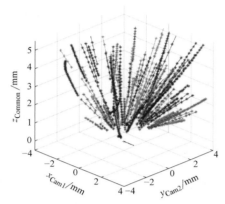

图 24　纯铝激光深熔焊接过程
飞溅信息的 3D 重构图像[25]

焊前表面处理是保证焊接质量的重要工序，通常的表面处理方法是机械或化学去除，对减少激光焊接气孔缺陷是行之有效的方法。近年激光清洗用于焊前处理也得到了很大的发展，一些学者也在探讨其他焊前处理方法，以改善材料焊接性。德国 Fraunhofer 激光技术研究所的 Helm 博士研究了激光表面形貌构型处理对动力电池铜电极激光焊接性的影响[26]。该方法是利用超短脉冲激光进行表面形貌构型处理（Laser structuring）后实施焊接，构型激光最大脉冲能量为 2mJ，最大脉冲频率为 2MHz。聚焦镜焦长为 100mm，光斑直径为 25μm，焊接激光的功率为 1kW，聚焦焦长为 163mm，光斑直径为 46μm。Helm 博士对比研究了不同表面构型的激光反射率和焊接性，当激光扫描间距大于焦斑直径时，超短脉冲激光在铜表面将获得周期性结构（PS）；反之则获得非周期性结构（NPS）。波长 1070nm 的光纤激光照射测试，未处理表面反射率为 98%，NPS 表面结构反射率低至 12%，表面超短脉冲激光预处理的铜试样可更快地建立深熔焊接。德国 BAM 的

Straße 博士则研究了坡口表面激光熔覆涂层对厚板激光窄间隙焊接的影响[27]。15mm 厚 AISI 2205 双相不锈钢坡口表面焊前利用激光熔覆制备涂层，熔覆设备为 TruLaser Cell3000 激光器，熔覆粉末为粒度 53 ~250μm 的 2205 合金粉与粒度 45~125μm 镍粉的混合体，其镍的质量分数为 12%，激光熔覆功率为 0.8kW，熔覆速度为 0.8m/min，送粉速度为 15g/min，涂层厚度小于 2mm。带涂层坡口采用弧焊定位后进行激光焊接，激光器为 TruDisk16002，激光功率为 14.3kW，焊接速度为 1.5m/min，离焦量为 -5mm，涂层处理和激光焊接后的截面如图 25 所示。该方法目标是控制焊缝奥氏体-铁素体比率，EBSD 分析残留涂层侧 HAZ 具有很窄的奥氏体区，涂层与基体间的 HAZ 为铁素体，-20℃ 的夏比冲击韧性测试显示，熔覆处理的焊缝韧性高于未处理的焊缝。

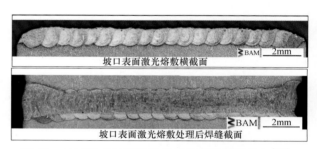

图 25　坡口激光熔覆涂层及焊接后的截面特征[27]

4　激光增材制造

增材制造是基于离散/堆积原理的增材成形技术，由零件的三维模型可直接制造出任意复杂形状的金属零件。作为增材制造重要分支的激光增材制造，根据所采用的材料形式和装备实施的方式，已形成粉床选区熔化成形、粉末熔覆沉积成形、熔丝成形三类主要方法。但近年电弧增材制造技术的发展，显示出比激光熔丝成形更高的效率和更低的成本，使激光增材的研究更集中于粉床选区熔化成形和粉末熔覆沉积成形。

激光粉床选区熔化成形制造应用的关注点

之一是新材料。我国的林丹阳博士进行了高熵合金激光粉床选区熔化成形的相关研究[29]，实质上是利用激光选区方法原位合成含硅 Fe-CoCrNi 高熵合金，试样测试显示屈服强度为701MPa，抗拉强度为 907MPa，延伸率为30.8%。该研究显示，激光粉床选区熔化可实现材料结构一体化制造，也可用于研发新结构材料。同样的目的，美国的 Montgomery 博士采用激光粉床选区熔化进行钽材料的制造[30]。随着增材制造涉及的领域和材料日益增多，增材制造的参数控制也就显得格外重要，但如何通过参数的精细控制，以保证增材制造结构或零件所需的性能，就需要通过试验研究探知工艺参数的内在本质作用，但要缩短开发时间、减少材料损耗，激光增材制造的工艺研究则需要研究试验方法。Montgomery 博士认为，针对熔池几何尺寸的工艺参数映射关系分析，有利于进行工艺参数的快速量化评价，这与激光焊接工艺研究是一样的，更需引起国内研究者的注意。

激光增材研究的另一关注点是复合制造。将焊接与增材制造结合是解决增材制造结构尺寸有限的问题，不必一味地追寻研制大型设备，这也为焊接性研究提出了新的问题。美国的 Devon 博士进行了激光粉床选区熔化成形制备 304L 不锈钢结构的钨极气体保护焊的研究[31]，发现激光增材制备材料的熔池流体流动和凝固行为受氧含量的影响大，易导致焊缝成形几何的不对称，但其弧焊裂纹敏感性与锻件相当。德国的 Gerhards 博士利用移动局部真空激光焊接技术（LaVa）进行了增材制造铝合金间的对接、增材制造铝合金与常规轧制铝合金对接的研究[32]，进行了焊接性验证。增材结构还可以采用其他的焊接方法，2018 年就有采用电子束焊接的报道。

激光增材制造技术发展十余年，其优势是个性化制造或按需制造，也将是制造链中不可缺少的制造工艺环节。目前激光增材制造最大的瓶颈问题是研究成果如何实现工程化应用，得到了国际工业界的普遍关注。葡萄牙的 Quintino 博士通过对欧盟 2020 地平线项目 EN-COMPASS（723833）、OPENHYBRID（723917）和 PT2020 项目 SLM-XL 的研究成果进行了总结，分析了多国产学研用机构参与的项目是如何聚焦工业化、工程化应用的，这些项目有不同的目标、不同的研究周期、不同的经费[33]。EN-COMPASS 项目强调的是航空领域钛合金结构增材制造，通过研发全数字集成设计决策支持（IDDS）系统，以解决包括激光铺粉在内的全制造过程链各个环节的优化。IDDS 系统分零件设计、工艺设计、工艺链设计、零件和工艺优化设计四个部分，可为用户提供技术知识分析、CAD 用户界面数据传输，以及产品建议和工艺再设计。OPENHYBRID 项目强调复合制造系统的解决方案研究，为用户提供更宽泛的技术范围，包括增材和减材技术的集成，柔性加工集成，系统样机功能之一是在同一工作单元完成直接送粉制造和送丝制造。图 26 所示为增材制造的关键部件，龙门架集成送丝头以进行结构增材修复。SLM-XL 项目由设备制造商牵头，研发可应用于大尺寸结构的激光增材设备。需要指出的是，近两年电弧增材装备在欧盟得到快速发展。奥地利的 Staufer 博士介绍了 Fronius 公司新近推出的航空钛合金 CMT 增材制造技术与装备[34]，采用 8 轴机器人驱动系统，熔敷率高于激光和电子束增材，可实现薄壁和高强结构的制造。比利时的 Assunção 博士连续 3 年在 IIW 会上介绍欧盟 2020 地平线项目 LASIMM，今年则是比较详细地介绍了原型机研制过程、增材与减材的模拟验证，这个项目由 3 家研究机构和6 个企业联合完成，今年向全球展呈现了第一台针对大尺度结构的电弧送丝增减材复合制造的原型样机，兼具表面处理和在线探伤检测功能[35]。

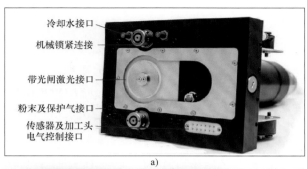

冷却水接口
机械锁紧连接
带光闸激光接口
粉末及保护气接口
传感器及加工头
电气控制接口

a)

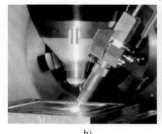 

b)　　　　　　　　c)

图 26　OPENHYBRID 项目的关键部件

a) 加工头柔性转换件　b) 送丝头　c) 龙门集成系统

结束语

2019 年 IIW 高能束流加工专委会学术报告会内容涉及激光焊接与激光增材技术的占绝大多数，显示了各国对激光加工技术推广应用的期望。新工艺及装备研制成为热点，这也反映出工业界对高能束流加工技术从实验室研发向工程应用转化的关注。2019 年的报告比较突显的是工艺研究方法更强化与数值模拟和在线检测分析的融合，工艺因素研究涵盖了高能束流加工工艺链的多个环节，如激光焊接工艺研究将焊接送丝稳定性、熔池润湿稳定性、熔池温度、飞溅等物理现象与工艺参数建立映射关系，以控制焊接过程稳定性，调控焊接接头性能。工艺创新上复合制造成为趋势，激光电弧复合焊接不仅与气保护电弧复合，与埋弧焊的复合也取得了进展，将激光表面微结构造型和激光熔敷用于焊前处理与焊接形成复合制造，将增材制造结构采用焊接连接形成复合制造，这将带来新的科学问题需探讨。高能束流加工的数值模拟应探讨物理学研究的数学方法的应用，数值模拟是认知过程热行为、冶金行为和力学

行为的重要途径，同时需融入焊接工艺设计，成为参与式设计概念的研究手段。装备创新在满足工艺实施的基础上，与信息化、数字化、智能化技术融合是发展关键，解决从工艺分析到知识分析，再到工程实施的系统问题，是高能束流加工技术在工业应用突破发展的必然之路。

电子束焊接和激光焊接是高能束流加工的两大方向，前者的发展是走出真空，出现了局部真空电子束焊接，后者的发展是引入真空，出现了局部移动真空激光焊接。此交叉性发展是高能束焊发展的趋势，为此需强化研究方法学创新，以解决其科学问题，需过程检测分析的创新，以探寻其关键科学机理。

参考文献

[1] STAUFER H. Draft Agenda Commission Ⅳ "Power Beam Processes" [Z]//C-Ⅳ-1447-19.

[2] STAUFER H. Minutes Bratislava July 2019 [Z]//C-Ⅳ-1452-19.

[3] PUNSHON C, PINTO T, NICOLSON B, et al. Local Vacuum Power Beam welding for Pressure Vessel Fabrication [Z]//C-Ⅳ-1428-19.

[4] SOFIA D P, SCOTT H, et al. Closed Keyhole EBW Using On-line Weld Depth Control [Z]//C-Ⅳ-1429-19.

[5] AKYEL F. Reduction of distortion by using the Low Transformation Temperature (LTT) effect for high alloy steels in Electron Beam Welding (EBW) [Z]//C-Ⅳ-1407-19.

[6] HELLBERG S, HUMMEL J, KROOß P, et al. Microstructural and mechanical properties of dissimilar Nitinol and Stainless Steel wire joints produced by Micro Electron Beam welding without filler material [Z]//C-Ⅳ-142-19.

[7] OKUBO M. Properties of Dissimilar Aluminum Alloy Sheet Joints by EBW, LBW, RSW and FSW [Z]//C-Ⅳ-1433-19.

[8] BROZEK J, KEITEL S. Laserbeam-Hybrid-Welding-current results and prospect [Z]//C-Ⅳ-1431-19.

［9］ BAKIR N, ÜSTÜNDAG Ö, GUMENYUK A, et al. Experimental and numerical study of the influence of the Laser hybrid parameters in partial penetration welding on the solidification cracking in the weld root ［Z］//C-Ⅳ-1441-19.

［10］ REISGEN U, OLSCHOK S, ENGELS O. Laserbeam Submerged Arc Hybrid Welding-A novel hybrid welding technique for thick plate applications ［Z］//C-Ⅳ-1446-19.

［11］ KAPLAN-F H, GRELA J S, VAAMONDE E, et al. Numerical simulation of filler wire mixing into the melt pool in LAHW ［Z］//C-Ⅳ-1439-19.

［12］ GERHARDS B, SCHLESER M, OTTEN C. Advancements of mobile vacuum laser welding for industrial thick sheet applications ［Z］//C-Ⅳ-1448-19.

［13］ FEY A, ULRICH S, JAHN S, et al. Numerical Analysis of Temperature Distribution during Laser Deep Welding of Duplex Stainless Steel using a Two-Beam method ［Z］//C-Ⅳ-1406-19.

［14］ MENG X, ARTINOV A, BACHMANN M, et al. Numerical analysis of weld pool behavior in wire feed laser beam welding with oscillating magnetic field ［Z］//C-Ⅳ-1462-19.

［15］ LEE Y K, CHEON J, MIN B K, et al. The visualization of contamination phenomena and countermeasure performance on vacuum laser beam welding via experimental and numerical approaches ［Z］//C-Ⅳ-1466-19.

［16］ FUJIMOTO T, HIRANO M, FUJIMOTO E, et al. Effects of the Shielding Gas Flow on the Blowhole Generation for Aluminum Alloys Laser Welding ［Z］//C-Ⅳ-1464-19.

［17］ SUN Y, CUI H C, TANG X H, et al. Numerical modeling of keyhole instability and porosity formation in deep-penetration laser welding on NiCrMoV steel ［Z］//C-Ⅳ-1465-19.

［18］ HAN S W, ZHANG L J, ZHANG J X, et al. Participatory Design of Laser Keyhole Welding Process using CFD-based Coupled Simulations of Thermal, Metallurgical and Mechanical Behavior ［Z］//C-Ⅳ-1441-19.

［19］ ARTINOV A, KARKHIN V, KHOMICH P, et al. Assessment of thermal cycles by combining thermo-fluid dynamics and heat conduction in keyhole mode welding processes ［Z］//C-Ⅳ-1461-19.

［20］ OKAWA Y, KITANI Y, MA Y W, Thermal-mechanical FE analysis of laser assisted lap joining of plastics and high strength steel ［Z］//C-Ⅳ-1450-19.

［21］ ARTINOV A, KARKHIN V, et al. Pulsed laser beam welding of nickel-based alloys with filler wire for the repair of engine components ［Z］//C-Ⅳ-1427-19.

［22］ CHEN L, HE E G, GONG S L. Research on effect of filling wire on weld shape and joint mechanical properties of laser welding Al-Li alloy ［Z］//C-Ⅳ-1445-19.

［23］ GOOK S ÜSTÜNDAG Ö, GUMENYUK A, et al. Avoidance of end crater imperfections at high-power laser beam welding of closed circumferential welds ［Z］//C-Ⅳ-1438-19.

［24］ LEITHÄUSER T P. Woizeschke Influence of the wire feeding on the wetting process during laser brazing of aluminum alloys with aluminum-based braze material ［Z］//C-Ⅳ-1435-19.

［25］ FELSING, A, WOIZESCHKE P. Influence of magnesium content on spatter behavior in laser deep penetration welding of aluminum ［Z］//C-Ⅳ-1436-19.

［26］ HELM J, SCHULZ A, OLOWINSKY A, et al. Laser welding of laser-structured copper connectors for battery applications and power electronics ［Z］//C-Ⅳ-1437-19.

［27］ STRAßE A, GUMENYUK A, RETHMEIER M. Inves-tigation of cladded buttering on thick duplex plates for laser welding ［Z］//C-Ⅳ-1440-19.

［28］ SISODIA R P S, GÁSPÁR M, DRASKÓCZI L. Effect of post-weld heat treatment on microstructure and mechanical properties of DP800 & DP1200 high strength steel butt welded joints using diode laser beam welding ［Z］//C-Ⅳ-1443-19.

［29］ LIN D Y, XU L Y, JING H Y, Y et al. In situ sy-nthesis of a novel Si-containing FeCoCrNi high-entropy alloy fabricated by selective laser melting ［Z］//C-Ⅳ-1458-19.

［30］ MONTGOMERY C. Streamlining parameter development and minimizing material costs in laser powder bed fusion ［Z］//C-Ⅳ-1459-19.

［31］ GONZALES D S, LIU S, JAVERNICK D, et al. The effect of oxygen on the gas tungsten arc weldability of laser-powderbed fusion fabricated 304L stainless steel ［Z］//C-Ⅳ-1461-19.

［32］ GERHARDS B, SCHLESER M, OTTEN C, et al. Innovative Laser Beam Joining Technology for Additive Manufactured Parts ［Z］//C-Ⅳ-1449-19.

［33］ QUINTINO L, ASSUNÇÃO A E, BOLA B R, et al. Bridging the "valley of death" in laser based metal additive manufacturing ［Z］//C-Ⅳ-1432-19.

［34］ STAUFER H, GRUNWALD R. Mechanical properties of Wire Arc Additive Manufactured Components of Ti-6Al-4V ［Z］//C-Ⅳ-1434-19.

［35］ ASSUNÇÃO E, BARROS F, BARBOSA D. Multifunctional Large-Scale Machine for Additive Manufacturing-LASIMM ［Z］//C-Ⅳ-1460-19.

作者简介：陈俐，女，1966 年出生，博士，研究员。主要从事新材料激光焊接性及结构激光焊接质量控制技术科研工作。发表论文 50 余篇。E-mail：ouchenxi@163.com。

焊接结构的无损检测与质量保证（IIW C-V）研究进展

常保华

（清华大学机械工程系 摩擦学国家重点实验室，北京 100084）

摘 要：本文基于国际焊接学会（IIW）2019 年第 72 届年会中第五委（IIW C-V）的相关报告，对焊接结构无损检测与质量保证方面的研究进展进行了整理。其主要包括焊缝 X 射线检测、超声检测和磁检测等无损检测技术的进展，模拟仿真在无损检测和可靠性评估中的应用，无损检测技术的典型工程应用等内容。最后对焊接无损检测相关研发工作的特点和未来发展方向进行了评述和展望。

关键词：国际焊接学会；无损检测；质量保证

0 序言

国际焊接学会（IIW）第 72 届年会于 2019 年 7 月 7—12 日在斯洛伐克首都布拉迪斯拉发举行。在此期间，IIW 负责焊接结构无损检测与质量保证的第五委员会（C-V：NDT and Quality Assurance of Welded Products）共有两天半的议程，其中 7 月 8 日下午和 10 日全天为五委单独会议，7 月 9 日全天是与负责电阻焊、固相焊及类似连接方法的三委（C-Ⅲ：Resistance Welding, Solid State Welding and Allied Joining Processes）的联合会议。会议期间，与 V 委相关的口头报告共 21 个。

五委主席、德国斯图加特大学的 Marc Kreutzbruck 教授在第一天的会议上首先做了五委的年度报告[1]。报告介绍了过去一年来五委在图书和专利出版方面的进展，对相关负责人的努力和成绩表示感谢；此外他还介绍了五委未来拟开展的工作，包括继续与其他分委会在增材制造、机器学习等领域举办联席会议或学术会议、修订 IIW 手册《奥氏体与异质焊缝超声检测》、成立涡流阵列（Eddy Current Array）技术工作组、加强与国际标准化组织（ISO）及国际无损检测委员会（ICNDT）的联系等。

目前，五委下设 5 个分委，各分委具体分工列于表 1 中。本文主要根据此次年会期间各分委会的报告，对相关研究进展进行了整理。

表 1 IIW 第五委的组成

编号	名称	主席姓名和国籍
五委（C-V）	焊接结构无损检测与质量保证	M. Kreutzbruck（德国）（主席） P. Calmon（法国）（副主席）
VA 分委	焊缝射线检测	U. Zscherpel（德国）
VC 分委	焊缝超声检测	D. Chauveau（法国）
VD 分委	结构健康监测	B. Chapuis（法国）
VE 分委	基于电、磁、光的焊缝检测	M. Kreutzbruck（德国）
VF 分委	包含 NDT 模拟的 NDT 可靠性	P. Calmon（法国）

1 无损检测技术进展

1.1 射线检测

VA 分委主席、德国联邦材料研究与测试研究所（BAM）的 U. Zscherpel 做了分委年度报告[2]，主要介绍了分委在工业数字放射学方面开展的三个工作：

1）修订了 ISO 17636《焊缝 X 射线无损检测》、ISO 15708《无损检测-射线方法-计算机断层扫描》等国际标准。

2）在世界范围内开展了工业数字放射学相关培训。

3）开展了 IIW 现有的钢焊接接头 X 射线检测结果的数字化和网络共享工作。

随后，Zscherpel 教授又做了题为"用于增材制造的 X 射线背散射技术"的技术报告[3]。X 射线背散射成像技术主要用于只能从单侧进行检测的场合，如检测行李舱和集装箱内的武器、易爆材料和走私货物，也可用于复杂环境下危险液体的鉴别。

德国联邦材料研究与测试研究所开发了 X 射线背散射成像系统原型机"ModBx"，并对检测参数进行了优化。结果显示，为了获得良好的成像质量，需要增加 X 射线源电压（最高为 140kV）、减小待检工件与准直器之间的距离、减小扫描速度（1min/cm），同时材料对射线的衰减要低（轻材料是最好的散射体）。检测的空间分辨率受射线准直器孔直径的限制，但准直器孔直径太小，会使信号丢失。实验结果表明，ModBX 系统中的最佳准直器孔直径为 0.25mm。

使用所开发的系统，对电弧增材制造（WAAM）铝合金结构进行了检测，检测结果如图 1 所示。增材制造铝合金结构共沉积 64 层，焊丝直径 2mm，壁厚 6mm。

采用该系统还对德国 Fraunhofer IWS 研究所开发的增材制造标准演示件进行了检测。演示件几何尺寸为 40mm×40mm×25mm，分别采用铝合金、钛合金和镍合金三种材料用激光选区重熔（SLM）工艺制造。三种试件及背散射检验结果如图 2 所示。由图可见，对铝合金结构进行检测时的康普顿散射最高（亮度最大）。

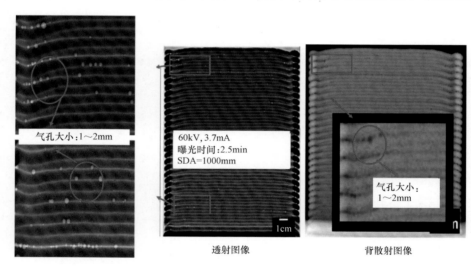

图 1　X 射线背散射检测铝合金增材制造结构的结果

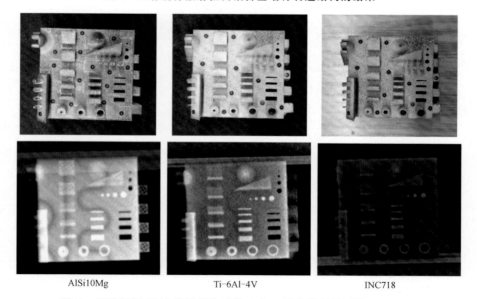

图 2　三种材料 SLM 增材制造试件（上）及背散射检测结果（下）

将所开发的 X 射线背散射成像系统置于 3D 打印机前方，有可能实现与增材制造系统的集成。他们开展的"ProMoAM"项目正在对此进行研究。未来可以通过采用更高的电压（2016 年为 70kV，目前是 120kV），进一步实现系统的小型化。

1.2 超声检测

法国焊接研究所的 D. Chauveau 作为超声波分委（VC）主席，做了分委年度工作报告[4]。他首先通报了 2018 年 6 月以来新发布的无损检测相关的国际标准，介绍了分委正在参与修订的标准，并就新修改标准是否提交 ISO 审议进行了表决。然后介绍了分委开展的其他工作：一是适应全矩阵捕捉（Full Matrix Capture，FMC）和全聚焦法（Total Focusing Method，TFM）的快速发展，讨论成立 TFM/FMC 工作组以开展相关技术标准化的工作；二是修订由国际焊接学会编辑出版的第三版《奥氏体焊缝超声检测手册》的工作进展；三是国际焊接学

会作为主办者之一于 2019 年 6 月 5—7 日在法国举办焊接与增材制造及相关无损检测国际会议（ICWAM）的情况。该会议与无损检测相关的专题有：断层摄影及相关技术、复合材料制造过程中的无损检测与监控、金属材料制造过程中的监控。

随后，他重点汇报了焊缝 FMC/TFM 超声检测技术标准化工作的进展情况[5]。FMC/TFM 是用于相控阵超声检测的特殊的信号采集和处理模式。FMC 为信号采集方法，TFM 为信号处理方法，如图 3 所示。FMC/TFM 技术近年来发展很快，因此有必要制定相关标准。五委于 2016 年墨尔本年会上决定在 VC 分委成立工作组，致力于将 FMC/TFM 的使用标准化（制定 ISO 标准）。该工作组由来自 9 个国家的 41 名专家（含 2 名中国专家）组成。目前正在起草的两个 ISO 标准，分别是通用检测标准 ISO 23865 和焊接检测标准 ISO 23864。这两个标准预计在 2020 年 6 月正式发布。

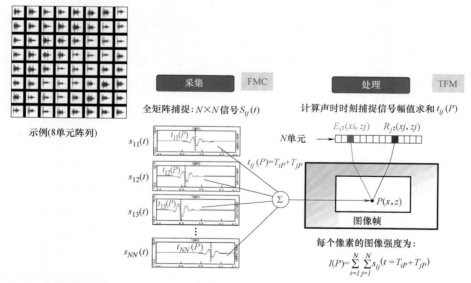

图 3 FMC/TFM 原理示意图

英国焊接研究所（TWI）的 Channa Nageswaran 博士做了题为"新兴超声成像工业检测技术的有效与安全应用"的技术报告[6]。目前，TWI 正在将原来针对管道衬里检测开发的 CladView 检测系统应用于熔覆层的检测。主要针对

应力腐蚀裂纹检测中在大面积内存在的孤立裂纹难以检测的问题，尝试采用 FMC/TFM 技术，提高无损检测的检出能力和确定尺寸的能力。该方法也可用来检测早期显微组织损伤，在准确获得缺陷（特别是类裂纹缺陷）的大小后，

还可以对结构完整性进行评估。

他们当前正致力于开发基于 FMC/TFM 的成像系统，以提高检测速度，并实现对检测数据的自动分析和解读。图 4 对比分析了采用常规 PAUT（Phased Array Ultrasonic Testing）和新的 FMC/TFM 技术的检测结果。由图可见，采用 PAUT 时，一个小的位置变化，就会由于景深小而导致尖端衍射信号失焦不清晰；而采用 FMC/TFM 时，位置变化后所有成像区域内的点仍然聚焦良好，图像清晰。

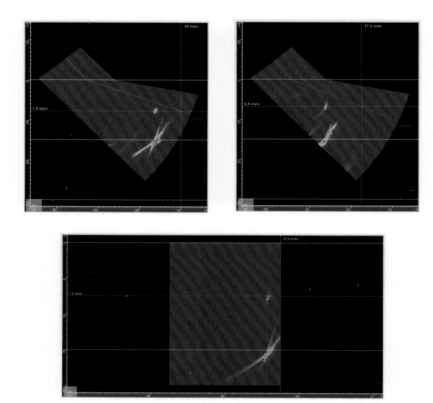

图 4　采用常规 PAUT（上）和 FMC/TFM（下）的检测结果

Nageswaran 博士在报告中指出，尽管 FMC/TFM 有其优越性，但所有的检测方法和技术都有其局限性，FMC/TFM 也不例外。因此，必须理解该技术的局限，并让所有利益相关方从一开始就清楚这些局限，从而使该技术得到安全和有效的工业应用。

法国替代能源和原子能委员会（CEA）的 B. Chapuis 做了"被动导波断层成像及其在管道检测中的潜在应用"的技术报告[7]。

传统的缺陷检测方法通常以最小化传感器数量为目标，以限制嵌入质量及传感器侵入结构的影响。通过对当前信号和基础信号进行比较，以揭示缺陷的存在。但是，在温度变化、应力变化和传感器老化等条件下，这种方法可能并不可靠。

为此，法国 CEA 与 EDF 公司合作，提出了被动导波断层成像方法（Passive GW Tomography）。它将导波断层成像技术（GW Tomography）和被动技术（Passive Technique）相结合，用于检测管道中的腐蚀缺陷，应用场景实例如图 5 所示。

图 5　被动导波断层成像方法检测管道缺陷

所得的结果证明了被动导波断层成像在检测和测量管道腐蚀中应用的可行性。导波断层成像的结果良好，可用于检测管道由于流体循环产生的噪声，且使用光纤布拉格光栅（FBG）作为超声传感器具有足够的灵敏度。通过增加传感器的数量并执行导波断层成像可从结构中获得更多相关的物理信息，使诊断更加可靠。同时，断层成像算法产生的图像也比时序信号更容易解释。

1.3 基于磁的检测

VE 分委主席、德国斯图加特大学 M. Kreutzbruck 教授做了分委年度报告[8]，主要介绍了金属磁记忆（MMM）工作组编写 ISO 24497 国际标准的进展，并介绍了在捷克首都布拉格举办的第三届金属磁记忆国际会议的情况。

来自德国柏林 BAM 研究所的 Mathias Pelkner 做了题为"增材制造电磁检测"的报告[9]，介绍了采用巨磁阻（GMR）传感器和涡流检测技术在线监测增材制造过程的工作。利用 GMR 效应，Sensitec 公司开发了小尺寸涡流探头，如图 6 所示。该探头包含 32 个 GMR。

基于所开发探头，对激光粉末床成形（L-PBF）增材制造过程的涡流检测进行了物理模拟。待检试件为带人工缺陷的 316L 不锈钢增材制造试件，检测时将待检试件埋入粉末中，检测结果如图 7 所示。

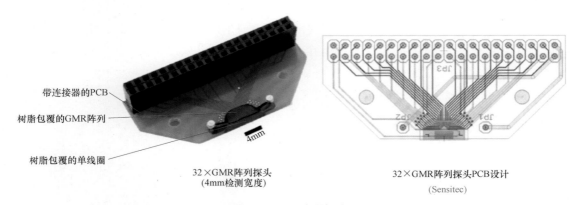

带连接器的PCB
树脂包覆的GMR阵列
树脂包覆的单线圈
4mm

32×GMR阵列探头
（4mm检测宽度）

32×GMR阵列探头PCB设计
（Sensitec）

图 6 GMR 阵列探头

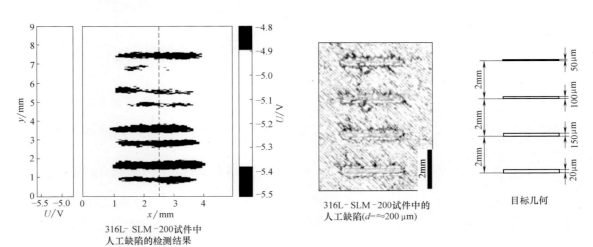

316L-SLM-200试件中
人工缺陷的检测结果

316L-SLM-200试件中的
人工缺陷（$d=\approx 200\,\mu m$）

目标几何

图 7 带缺陷不锈钢增材制造试件检测结果

研究表明，该系统可实现对过程的在线监测，对表面和内部缺陷都可以进行检测，空间分辨率高（$\approx 100\,\mu m$），鲁棒性好（气体、粉末或压力没有影响或影响很小），同时监测系统对制造过程没有影响。该系统目前的主要不足是仅能用于导电材料。此外，实际使用中还有来自三个方面的挑战：一是缺陷尺寸小（几微米）时，需要大量高空间分辨率的传感器，励磁线圈要小；二是被检材料电导率低时（如316L不锈钢）需要很高的励磁频率（几 MHz）；三是表面粗糙度值大会使信噪比降低。

在奥氏体-马氏体两相钢生产加工过程中，随着碳化物的形成，奥氏体组织局部区域会发生不可控（或自发）的马氏体转变，这个问题在这些钢的热成形加工和焊接中尤为常见。马氏体相和碳化物的检测目前尚无有效方法。俄罗斯国家研究大学莫斯科束流工程研究所的 Dubov 汇报了用金属磁记忆法研究奥氏体-马氏体钢结构组织和力学性能的工作[10]。

金属磁记忆法（MMM）是一种检测局部应力集中区（SCZ）的有效无损检测方法（NDT）。在 MMM 检验中，用磁扫描装置扫描产品表面并记录自磁杂散场（SMSF）的变化。局部应力集中区会出现磁场变化，特征是 SMSF 增高。发生马氏体相变和形成碳化物的局部区域是局部应力集中区。据此特点，即可以采用 MMM 检测局部应力集中区域，从而获得马氏体和碳化物的位置信息。

应力腐蚀开裂是轮毂（Hub）、叶片等金属在使用过程中损坏的主要原因之一。下面是一个用 MMM 研究由奥氏体-马氏体钢07Cr16Ni6制成的离心式压缩机叶轮的损坏与失效的例子。图8显示了离心式压缩机叶轮轮毂在运行11000h 后应力集中区域的磁力图。在用 MMM 检测叶轮盘时，在盘底金属与叶片的钎焊接头上也检测到了 SCZ，在焊缝附近的盘基金属中发现了网状碳化物，在焊缝区域发现了裂纹（图9）。

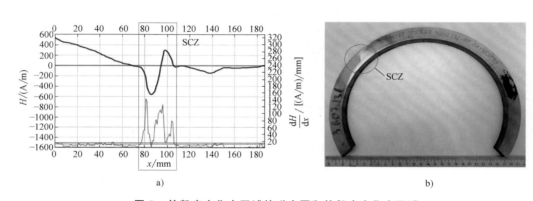

图8 轮毂应力集中区域的磁力图和轮毂应力集中区域
a）轮毂应力集中区域的磁力图 b）轮毂应力集中区域

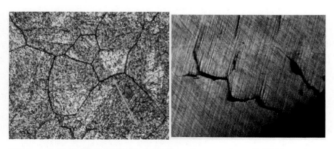

图9 接头晶界处的碳化物网络（左，×600）和裂纹（右）

对运行不同时间（11000h，100h）后的离心式压缩机叶轮盘进行了 MMM 检测，均检测到了局部应力集中区域，但在新叶轮上检测到的局部 SCZ 较小。由以上研究可知，可以采用 MMM 对新叶轮进行检查，以改进制造工艺；也可以在叶轮运行条件下，监测其局部 SCZ 的变化情况。

2 NDT 的建模仿真与可靠性

NDT 技术建模和仿真的目的主要包括 NDT 的性能研究、结构健康监测 SHM 系统设计、无损检测成像和诊断、用于培训和监控的"虚拟 NDT"等。新应用及伴随而来的新挑战，促进了 NDT 建模仿真新方法的出现，如密集计算（统计）、在线实时分析等。建模仿真的复杂性、准确性和逼真程度也在不断提高。VF 分委主席、法国巴黎萨克雷大学的 P. Calmon 教授做了分委年度报告[11]。报告主要有以下三个方面的内容：

2.1　NDT 技术建模与仿真

传统的基于物理模型的建模方法，即物理问题数学公式化的方法，由于所需处理的问题越来越复杂，对其准确性、速度、使用容易度的挑战日益增大。这方面的进展主要包括有限元法（FEM）数值解法的进展、半解析法和数值解法互补、复合模型、域分解和多尺度网格等。

另一种新的建模方法，即基于数据的模型（Meta-models），由数据（真实的或数字的）来构建模型。其优点是经过建模阶段后，可以进行快速/密集计算。如果模型是基于真实数据建立的，则不需要建立物理模型。

基于数据的模型需要数据，而基于物理的模型可以提供数据，两者具有互补性。一个由计算数据建立的数据模型的例子如图 10 所示。

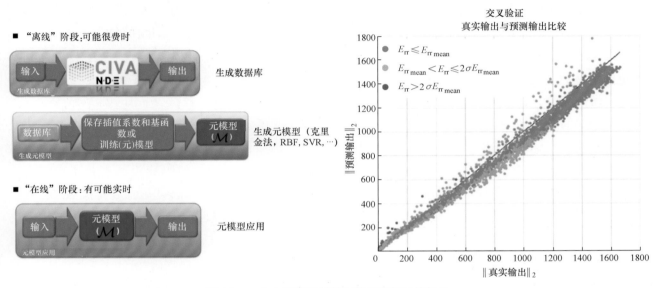

图 10　一个由计算数据建立的数据模型的例子

对焊缝超声检测模拟是当前国际上主要的研究方向之一。例如，美国电力研究院（EPRI）的研究项目"铸造奥氏体不锈钢超声检测建模与仿真"，旨在开发出一套工作流程和操作建议，用于粗晶构件（如铸造奥氏体不锈钢）的模拟。其模拟工作采用商用 NDE 建模与仿真软件 CIVA，一些结果如图 11 所示。

法国国家项目（MUSCAD）致力于研究核部

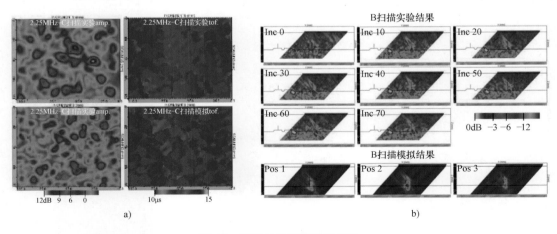

图 11　粗晶材料超声检测结果

a）噪声表征　　b）实验/模拟的对比

件材料表征的超声方法。目标是通过超声阵列和反演对材料进行表征。建模中采用更准确和真实的输入数据，考虑了焊缝显微组织随机性的影响。研究了模拟结果对材料描述的敏感性。

欧洲原子能共同体（Euratom）欧盟2020地平线计划项目ADVISE的整体目标，是加强复杂结构材料的超声检测，以满足不断提高第2代和第3代核反应堆安全性和可靠性的需要。通过项目开展，提高对复杂结构和超声检测建模的水平，开发材料表征的新工具及先进的检测方法、评估方法和辅助诊断技术。

奥氏体焊缝超声检测存在以下主要问题[12]：多晶织构材料中的异质和各向异性特征，光束分裂和光束偏移，各向异性衰减，背散射噪声。这些问题都将引起性能的下降和分析难度的增加，因此有必要采用合适的方法对这些现象进行模拟研究。

在ADVISE项目的资助下，开展了复杂结构材料超声检测的研究。针对晶粒尺度的微观模拟

和焊缝形状尺度的宏观模拟，对比分析了两种模拟方法的优劣。两种分析方法都可以建立相干波的模型；晶粒尺度的微观模拟需要耗费大量的内存，而焊缝形状尺度的宏观模拟不能直接考虑背散射噪声。借助无损检测软件CIVA进行了超声检测的宏观模拟，提出了一种基于SFEM（高阶有限元）和域分解（Domain Decomposition）的全三维宏观模拟方案。相比于传统的FEM方案，同样的精度SFEM需要更少的自由度。对域进行分解时，采用宏网格策略，这些宏网格由预定义网格、几何和物理信息的宏单元组成。

采用新的宏观模拟方案，研究了二维和三维焊缝的特征。结果表明，不论是计算时间还是内存占用量都大幅减少。图12a所示为对三维圆环焊缝进行检测时的示意图，图12b所示为获得的纵截面上的晶体取向图。此外，还对绕Y轴旋转不同角度时的焊缝检测进行了模拟，结果如图13所示。从图可见，当角度在20°时位移场失去了对称性。

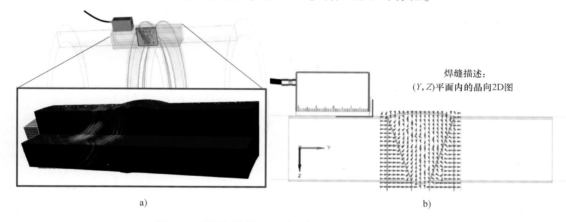

图12　采用新的模拟思路对超声检测焊缝进行模拟

a）环缝检测模拟　b）环缝纵截面上的晶体取向

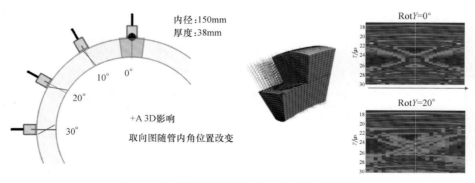

图13　绕Y轴旋转不同角度时的超声检测模拟

为了模拟更真实的检测条件，项目下阶段拟开展的工作包括将各向异性衰减嵌入 SFEM 模型中、将缺陷引入数值模拟中和添加背散射噪声等。

2.2 用于可靠性评估与概率检测的模拟

无损评估（NDE）有两种方法，即确定性（最差条件）方法和概率性（检测概率：Probability of Detection，POD）方法。模拟方法在确定性方法可靠性评估中使用了很长时间，近来，在概率性检测中采用了新的 MAPOD（Model Assisted POD）概率检测法。MAPOD 主要目的是用数值模拟代替昂贵和有时不易实现的实验，通过改变模型输入参数，使用仿真输出的变化再现 NDE 结果的分散性。通过使用模拟方法，并使用元模型（Metamodels，MM），使克服基于实验的标准方法的限制变为可能，如图 14 所示。

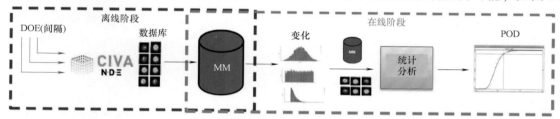

图 14　基于 MAPOD 的可靠性评估

可靠性评估中如何考虑人的因素是未来的挑战之一，这一问题已得到世界范围内越来越多的关注。法国在 2017 年启动了一个由国家资助的相关项目。其想法是监测检测过程中人的行为，捕捉操作者位姿的变化，然后将监测结果作为实际变量（探头位姿）输入 MAPOD，进一步可将其耦合到实时仿真中，在有代表性的条件下进行 POD 研究，而不再需要真实模型。图 15 所示为 NDE 操作仿真示意图。此外，世界范围内对虚拟 NDE 技术的关注在日益增加。日本、美国和法国都开发了相应的虚拟 NDE 系统。

2.3 用于诊断的计算

用于诊断的计算工作主要有两个方面：一个是成像（超声阵列，导波成像，自适应成像），另一个是诊断（缺陷识别/缺陷表征）。

成像技术方面，先进的阵列成像技术已被广泛接受，如 TFM 方面的工作。最近开发的柔性相控超声检测技术，可以处理几何形状复杂的情况。还有的学者正针对复杂材料的柔性检测技术进行研究，检测中可以考虑材料显微组织的不均匀性，如图 16 所示。

诊断技术包括两方面的内容，一是缺陷及损伤状态的识别及分类，二是通过参数反演，对缺陷的位置、大小进行表征。机器学习在这两个方面都是有力的工具。基于机器学习的诊断分为两个阶段，第一个是离线训练阶段，用于构建分类器/评估器；第二个是在线阶段，使用分类器/评估器对缺陷进行处理，如图 17 所示。

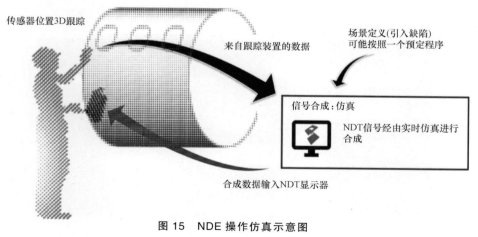

图 15　NDE 操作仿真示意图

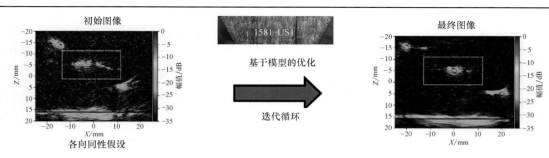

图 16　复杂材料的柔性检测技术

图 17　基于机器学习的缺陷诊断

3　无损检测数据的标准化

德国斯图加特大学的 M. Kreutzbruck 教授做了关于无损检测图像文件格式标准化相关的技术报告[13]。所提出的问题是：为了在无损评价中实现"方法融合"（Method-Fusion-Approaches），是否需要像音乐、视频等文件格式的标准化一样，将无损检测文件的格式标准化，如DICONDE。

数字时代的到来驱动了医学成像中 DICOM（Digital Communication in Medicine）标准的发展。它规范了医学信息的传输、存储、检索、加工及显示。DICONDE 则是指基于 DICOM 文件格式和 ASTM E2339 通信协议，用于 NDE 中数字成像和通信的标准格式。它能使数据具有可交换性，NDE 结果具有兼容性，并能够增强数据融合的方式，如图 18 所示。

通过 DICONDE，可以促进不同供应商和制造商的设备和系统之间的信息交换，使采用不同供应商设备获得的无损检测结果具有可比性，能够支持多个供应商的成像系统，并具有将传感器数据进行融合处理的潜力，如图 19 所示。

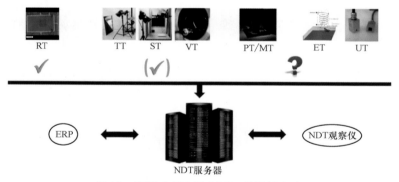

图 18　可能应用 DICONDE 的检测方法

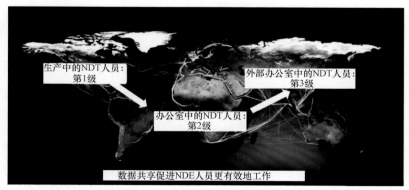

图 19　世界范围内的 NDE 数据共享

4 无损检测技术的工程应用

4.1 点焊接头无损检测

点焊在汽车、电子产品制造中得到了广泛应用。为了检测焊点质量，传统的破坏性检测方法，主要通过撕裂试验、楔形试验等对点焊接头强度进行检测，或采用金相检测方法，测量焊点的几何尺寸。用于焊点质量无损检测的方法主要是超声检测、红外检测和 X 射线检测[14]。

用于焊点超声检测的方法有单通道超声、相控阵超声、在线超声、空气耦合超声检测等多种形式和方法。图 20 所示为单通道超声检测示意图。质量合格的焊点，回波间距与板厚成正比，衰减率与熔核内部的衰减有关。未熔化的焊点，回波之间的间距比正常情况小得多，幅值更高。图 21 所示为相控阵超声检测焊点示意图，探头频率为 20MHz，使用 11×11 探头阵列，扫描面积为 9×9mm²。

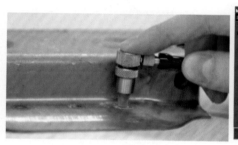
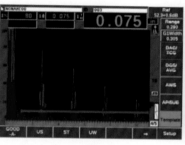
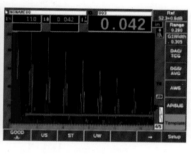

a)　　　　　　　　　　　　b)　　　　　　　　　　c)

图 20　单通道超声检测示意图

a）检测过程　b）合格焊点　c）未熔化焊点

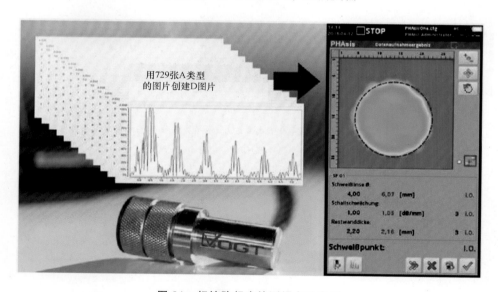

用729张A类型的图片创建D图片

图 21　相控阵超声检测焊点示意图

图 22 所示为超声在线检测（焊接与检测同时进行）电阻点焊的焊点示意图。将超声波换能器埋入冷却水流中，发射的超声波从电极/工件界面及熔核处反射，根据反射信号可以判断母材是否发生熔化。

热检测主要是通过红外相机检测焊接区发

射的红外线，以确定焊接区的温度分布。图 23 所示为采用红外相机检测激光点焊时焊接区温度分布的示意图。

来自德国保时捷公司（Porsche）的 Nico Lehmann，报告了用空气耦合超声技术对钢、铝焊点进行机器人化和自动化检测的工作[15]。目前，保时捷 Macan 和 Panamera 车身制造中分别有 5382 和 2565 个电阻焊点。车身车间中使用的焊点无损检测技术主要如下：

1）手动超声检测。用于测量剩余壁厚，耗时、浪费人力，检测结果受主观因素影响，每个焊点需要约 30s。

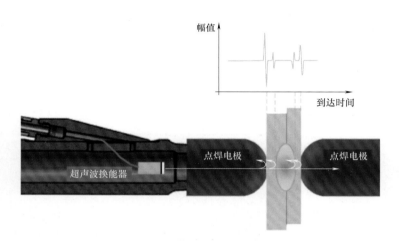

图 22　超声在线检测电阻点焊的焊点示意图

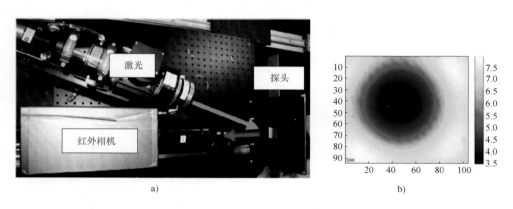

图 23　红外相机检测激光点焊时焊接区温度分布的示意图

a）检测装置　b）温度分布

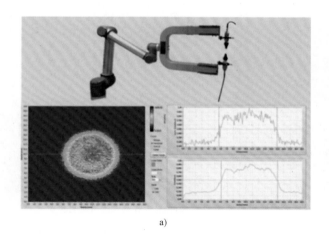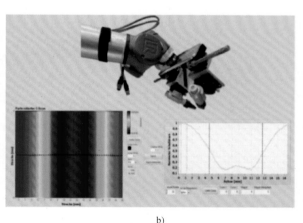

图 24　空气耦合超声检测的两种方式

a）收发一体模式　b）一发一收（V 形配置）模式

2）人工超声成像法。通过人工采用耦合剂完成，能够得到客观的结果，每个焊点检测用时约25s。

3）机器人化超声成像检测。通过相机引导，进行识别和定位，存在耦合剂带来的污染问题。

4）空气耦合自动化超声检测。通过检测漏波信号对质量进行检测，是具有自优化功能的自动检测。

空气耦合自动化超声检测技术有两种方式，即收发一体模式（Transmission）和一发一收（Pitch-catch）模式，如图24所示。

在两种模式下检测钢和铝焊点，空气耦合超声检测方法与其他检测方法的相关性如图25所示。采用收发一体模式时，由于存在发散、反射和衍射现象，和其他方法（如加拿大Tessonics汽车点焊分析仪RSWA）测试结果之间存在一定差异。采用一发一收模式时，反对称兰姆波在钢/铝中的传播与电极端部及点焊过程中的变形有关。该技术也可用于胶焊（点焊胶接）接头的检测，如图26所示。

为了对空气耦合超声检测进行优化，开发了弹性动力学有限积分技术（Elastodynamic Finite Integration Technique，EFIT）。利用该技术，

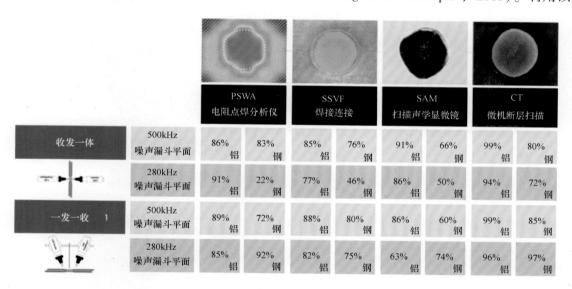

图25　空气耦合超声检测方法与其他检测方法的相关性

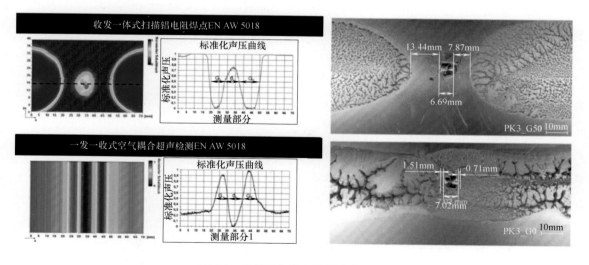

图26　空气耦合超声检测胶焊接头

可针对电阻点焊接头检测开展详细、科学的仿真研究，并能够实现导波与焊点之间相互作用的可视化。在仿真的基础上，可以对空气耦合超声检测装置、换能器、检测频率、评价算法、焊点尺寸及材料组合、焊接区的胶接层等因素进行优化。

空气耦合超声检测技术有其局限性，如对检测角度的依赖性。未来可采用短脉冲激光激发导波，并采用光学麦克风对漏波进行检测，如图27所示。

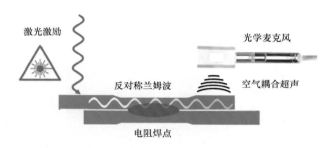

图27　空气耦合超声检测的改进方案

在汽车制造中，越来越多地采用比强度较高的铝合金等轻质材料部分代替传统钢材，以达到汽车轻量化的目的。然而，钢/铝材料由于熔点、密度、电导率、热导率和线膨胀系数等不同，在焊接过程中容易形成 Fe_2Al_5 和 $FeAl_3$ 等金属间化合物，这些脆性金属间化合物会导致接头力学性能急剧下降，给钢/铝异种合金焊接的实际应用带来严重的问题。目前已有的解决方法是通过添加冷轧铝钢箔作为中间层分别在 Fe/Fe 和 Al/Al 界面形成焊点，但是添加中间箔时工艺性不好。

德国 Tessonics Europe GmbH 公司的 York Oberdörfer 等人采用冷喷涂工艺制备中间层[16]。在超音速速度下快速送入 Ni/Ti 基金属粉末，在基体表面形成致密且结合较好的沉积层。通过对加与不加冷喷涂中间层的钢铝点焊进行 SEM 和 EDX 表征，结果发现使用中间层能够抑制 $FeAl_3$ 和 Fe_2Al_5 的生成，使接头显微硬度明显降低。冷金属喷涂的主要挑战是焊接工艺对中间

层的影响只能通过焊后的破坏性试验进行评估，无法对焊接过程进行同步检测。

为此，他们采用 Tessonics 公司开发的 RIWA 超声检测系统，对电阻点焊中的熔化、形核和凝固过程进行了非破坏性的实时检测。超声实时检测电阻点焊的原理如图28所示。超声探头发射的超声波在两种不同声阻抗介质的界面上发生反射，深度不同的界面超声反射所需的时间不一样。在电阻点焊过程中超声波分别被 1、3、4 和 5 界面反射，通过检测回波信号形成了图29所示的四个检测峰。通过检测不同时刻的信号（图30）即可对电阻点焊过程进行实时监控。

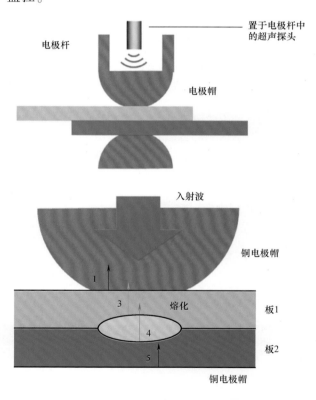

图28　超声实时检测电阻点焊的原理

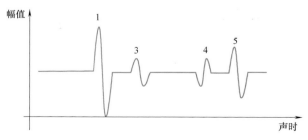

图29　某时刻的超声检测信号

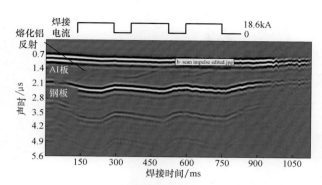

图 30　超声实时检测电阻点焊过程

4.2　搅拌摩擦焊接头无损检测

在飞机机身制造中，用搅拌摩擦焊（FSW）代替铆接，可以节约制造成本，减轻重量。但在商用飞机结构的 FSW 制造中仍存在一些技术难题：一是带覆层 2024 铝合金的 FSW 工艺，二是低成本工业环境下的 FSW 工艺的鲁棒性。法国焊接研究所搅拌摩擦焊中心与 STELIA 航空合作，针对上述问题开展了研究工作[17]。

为了防止腐蚀，在 2024 合金表面强制使用纯铝覆层（0.1mm 厚）。FSW 之前，需要通过机械研磨的方法去除待焊接区的铝覆层。去覆层操作在焊接工装上进行，此时需要在工装下方设置可移动衬垫。去除覆层后形成的缺口会在焊接过程中被填补，如图 31 所示。

图 31　有纯铝覆层的 2024 合金的 FSW 过程

在此基础上开展的实验研究表明，2024 合金 FSW 工艺窗口大，可允许的工艺参数变化范围大。接头力学性能优良：疲劳强度和拉伸性能与母材几乎一致，同时损伤容限高。用所开发工艺制造的机身段如图 32 所示。

FSW 鲁棒性研究中，首先是采用不同工艺参数进行焊接，制备带缺陷和无缺陷接头（接头中存在的缺陷如图 33 所示）；其次是采用无

图 32　用所开发工艺制造的机身段

a）下机身，长 2m　b）上机身，长 6m

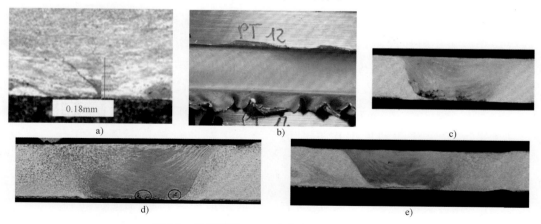

图 33　纯铝覆层 2024 合金 FSW 的主要缺陷

a）未焊透　b）飞边过大　c）气孔或隧道缺陷　d）搅拌针与垫板碰撞　e）覆层夹杂

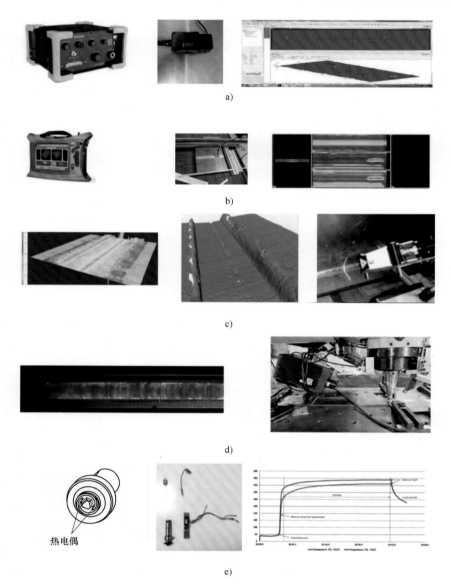

图 34　研究中采用的无损检测技术

a）涡流检测　b）超声检测（FMC/TFM）　c）激光形貌检测　d）红外热像仪温度检测　e）热电偶温度监控

损检测技术，评估焊接过程中和焊接后的缺陷可检测性；最后是开展接头破坏性测试，分析缺陷的存在和危害。研究中采用的无损检测技术如图34所示。

研究结果表明，对于 2～3mm 厚度试件，NDT 灵敏度不是很好（可检测到最小 0.2mm 的缺陷）。FSW 工艺鲁棒性很好，工业环境下焊接参数和几何尺寸发生变化仍能获得无缺陷接头。为此，建议在生产中只采用少量的无损检测方法，以降低生产成本，而主要应通过对几何和焊接参数的检查和记录来保证焊接质量。

4.3　增材制造无损检测

德国柏林 BAM 研究所目前正在开展"金属增材制造过程监测"（ProMoAM：Process Monitoring of Additive Manufacturing of Metals）项目研究工作[9]。该项目主要希望通过在线检测及信息融合处理进行缺陷检测（气孔、裂纹、分层、元素分布），并通过对工艺参数的控制修复带缺陷结构，实现增材制造产品质量的在线判定，取消制造完成后的无损检测环节，达到节约时间和经费的目的。增材制造在线监测的内容如图 35 所示。

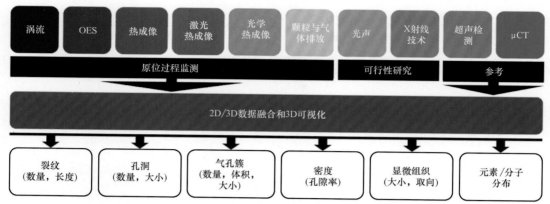

图35　增材制造在线监测的内容

4.4　结构健康监测

根据 SAE（美国汽车工程师学会）的定义，结构健康监测（SHM）是"获得和分析车载传感器数据以评估结构健康状态的方法"。SHM 系统必须保证结构在下次维修之前是健康的。该系统主要由状态参数监测、缺陷状态监测和决策系统三个部分组成，如图36所示。

VD 分委主席、法国替代能源和原子能委员会（CEA）的 B. Chapuis 做了 VD 分委年度报告[18]。他指出，与在其他领域一样，机器学习近年来在 SHM 中也得到日益关注。图37 所示为用于层状复合材料结构的导波 SHM 系统。它被

图36　SHM 系统的组成

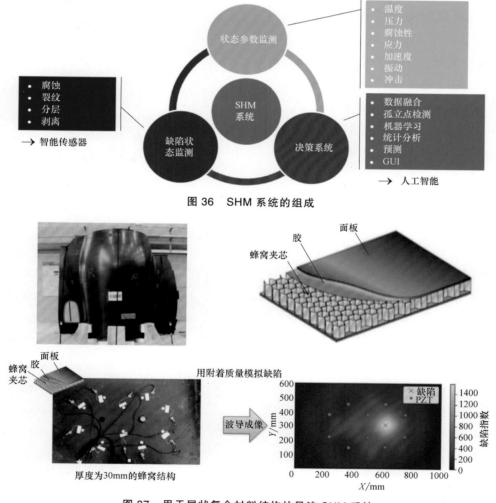

图37　用于层状复合材料结构的导波 SHM 系统

用于监测面板的分层及面板与芯板之间的脱胶。将 PZT 压电陶瓷传感器网状设置在结构表面，采用低频导波成像技术监测蜂窝芯板结构。基于机器学习的反演方法，可实现对未知缺陷的自动定位，并确定缺陷的大小。目前，检测缺陷尺寸平均绝对误差为 0.3mm，结果良好。

SHM 系统的可靠性评估是该领域的关键问题之一，尚存在很多困难和待解决的问题。近年来，航空、土木、核能和工业设备等领域对 SHM 日益重视，国际 SHM 共同体正在形成。

5 结束语

通过对国际焊接学会 2019 年会期间无损检测领域的报告进行整理分析可以看出，无损检测技术近年来与各种新技术（人工智能、机器学习、建模仿真）和新工艺（如增材制造技术）不断融合，正向着智能化、数字化和小型化的方向发展，主要有以下几点：

1）X 射线检测方面，检测结果数字化、检测系统微型化是主要趋势；在增材制造质量检测中已经开始得到应用，并具有良好的前景。

2）超声检测方面，FMC/TFM 技术发展迅速并逐步成熟，正在制定相关国际标准；非线性超声检测技术得到国际范围内的关注；焊缝超声检测模拟方面研发工作活跃。

3）MMM 技术得到关注；利用巨磁阻效应的涡流检测技术快速发展，已经开始涡流阵列检测标准化的工作。

4）随着数字化时代的到来，建模仿真技术在检测过程模拟及 NDE 可靠性分析中得到越来越多的应用，模型辅助概率检测、计算机诊断等都是当前研究的重要内容。

5）SHM 得到日益重视，人工智能、机器学习等新技术得到关注和深入研究，SHM 的可靠性是需要重点关注的关键问题。

6）随着技术成熟度和可靠性的不断提高，无损检测技术在汽车、航空和核能等领域得到越来越多的重视，并发挥着越来越重要的作用。

参考文献

[1] KREUTZBRUCK M. Annual report of commission V [Z]//The 72nd IIW Annual Assembly, V-1875-19.

[2] ZSCHERPEL U. Annual report of sub-commission VA [Z]//The 72nd IIW Annual Assembly, V-1876-19.

[3] ZSCHERPEL U. X-ray back scattering for additive manufacturing [Z]//The 72nd IIW Annual Assembly, V-1877-19.

[4] CHAUVEAU D. Annual report of sub-commission VC [Z]//The 72nd IIW Annual Assembly, V-1878-19.

[5] CHAUVEAU D. Progress report from FMC/TFM working group and standardization [Z]//The 72nd IIW Annual Assembly, V-1879-19.

[6] NAGESWARAN C. TFM in TWI, Effective and safe adoption of emerging ultrasonic imaging technology for industrial inspection [Z]//The 72nd IIW Annual Assembly, V-1880-19.

[7] DRUET T, HOANG H T, CHAPUIS B, et al. Passive guided wave tomography and its potential for the inspection of pipes [Z]//The 72nd IIW Annual Assembly, V-1883-19.

[8] KREUTZBRUCK M. Annual report of sub-commission VE [Z]//The 72nd IIW Annual Assembly, V-1885-19.

[9] PELKNER M. GMR sensors and eddy current testing for online monitoring of additive manufacturing [Z]//The 72nd IIW Annual Assembly, V-1887-19.

[10] DUBOV A, DUBOV A, MARCHENKOV A, et al. Study of the structure and mechanical properties of engineering products made of austenitic-martensitic steel, using the metal magnetic memory method [Z]//The 72nd IIW Annual Assembly, V-1889-19.

[11] CALMON P. Annual report of sub-commission VF [Z]//The 72nd IIW Annual Assembly,

V-1884-19.

[12] CALMON P, DEMALDENT E, IMPERIALE A, et al. Recent advances in modelling approaches for the simulation of ultrasonic testing-application to weld inspection [Z]//The 72nd IIW Annual Assembly, V-1891-19.

[13] KREUTZBRUCK M. Need for further steps in standardization of File formats such as DICONDE? [Z]//The 72nd IIW Annual Assembly, V-1886-19.

[14] KREUTZBRUCK M. Review on NDT of spot welds [Z]//The 72nd IIW Annual Assembly, V-1892-19.

[15] LEHMANN N. Automated and robotized inspection of steel-and aluminium spot welds using air coupled ultrasound technology in the car body shop [Z]//The 72nd IIW Annual Assembly, V-1893-19.

[16] OBERDÖRFER Y. Realtime Ultrasonic testing of spot weld using adaption layers [Z]//The 72nd IIW Annual Assembly, V-1894-19.

[17] ATTAR A B. Defects in friction stir welds: detectability, harmfulness and consequences for industrialization of aerostructure parts [Z]//The 72nd IIW Annual Assembly, V-1895-19.

[18] CHAPUIS B. Annual report of sub-commission VD [Z]//The 72nd IIW Annual Assembly, V-1882-19.

作者简介：常保华，男，1973 年出生，博士，副教授，博士生导师。主要从事激光焊接与增材制造的建模仿真与质量控制方面的科研和教学工作。发表论文 100 余篇。E-mail：bhchang@tsinghua.edu.cn。

微纳连接（IIW C-Ⅶ）研究进展

邹贵生 刘磊 闫剑锋

（清华大学机械工程系，北京 100084）

摘 要：微纳连接包括微米尺度和纳米尺度的材料连接，涉及纳-纳、纳-微、纳-宏、微-微、微-宏、纳-微-宏跨尺度的材料或元器件互连与集成，是微纳电子元器件及其系统、微/纳光机电系统、医疗器械等制造的关键技术之一，其中，近10年来兴起的纳连接在电子制造中起到越来越重要的作用。针对 C-Ⅶ专委会的 IIW2019 年会报告内容，本文从"采用纳米材料作为连接材料的微纳连接技术""纳米线的连接技术""微连接新技术"三个方面，介绍微纳连接/微纳制造研究及应用新进展。

关键词：微连接；纳连接；研究进展；新方法；新材料

0 序言

国际焊接学会（IIW）微纳连接专委会（C-Ⅶ）下设三个分委员会：C-ⅦA（采用纳米材料的微纳连接分委员会）、C-ⅦB（激光微纳连接分委员会）和 C-ⅦC（微纳连接新技术分委员会）。IIW C-Ⅶ专委会主要是围绕微纳连接研究，特别是新兴的纳连接研究及应用而开展工作的。值得注意的是，与 IIW 中微纳连接专委会年会研讨会并行，2012—2018 年分别于中国、瑞士、加拿大、日本每两年举办了一次规模为 100~120 人的四届纳连接与微连接国际学术会议（International Conference on Nanojoining and Microjoining：NMJ2012，NMJ2014，NMJ2016，NMJ2018），NMJ2020 将于 2020 年 9 月在德国莱比锡（Leipzig）举办。微纳连接特别是纳连接的方法与理论、连接材料、接头可靠性评估等方面的研究，已成为当今材料连接研究领域的热点和难点之一。

IIW2019 年会期间，C-Ⅶ专委会共举行了 4 个半天的学术会议，包括：7 月 8 日上午和 7 月 9 日上午本专委会自身的常规研讨会（总 66 人次参加，共 16 个报告），7 月 8 日下午与钎焊与扩散焊专委会（Brazing, Soldering and Diffusion Bonding-C-ⅩⅦ）的联合会议（总 51 人参加，共 8 个报告，其中来自 C-Ⅶ专委会的报告 4 个），7 月 10 日下午与增材制造、堆焊和热切割专委会（Thermal Cutting and Allied Processes—C-Ⅰ）的联合会议（总 51 人参加，共 12 个报告，其中来自 C-Ⅶ专委会的报告 5 个）。

下文仅针对来自 C-Ⅶ专委会的年会报告内容，从以下三个方面介绍微纳连接/微纳制造研究及应用新进展。

1 采用纳米材料作为连接材料的微纳连接技术研究

采用纳米材料的微纳连接是指在微纳连接过程中采用具有纳米尺度特征的材料作为中间层连接材料，目前主要包括：

1）纳米金属及其合金和复合材料，或者具有纳米多孔结构的金属薄片，例如：①纳米金属 Ag、Cu、Ag-Cu 颗粒焊膏及其机械混合而成的复合焊膏；②烧结连接时低温原位反应生成纳米颗粒的微米级氧化物颗粒，如 Ag_2O、CuO 等；③具有纳米多孔结构的 Ag 薄片等。

2）纳米多层膜（NML-Nanomultilayer）。其核心技术是：基于被连接母材的特性，设计总体是多层甚至多达几百层的纳米级厚度金属层与纳米级厚度惰性阻隔层组合的复合层（包括类型、成分及其厚度匹配）。其中，瑞士材料科学与技术联邦实验室（Empa）进行了大量、系统的研究，德国多特蒙德大学、中国北京工业大学等近几年也在开始该领域研究。目前 NML 体系主要包括：①非反应型 NML 体系，如 Ag/AlN、Cu/AlN、Ag-Cu/AlN、Al-Si/AlN 等；②反应型 NML 体系，如 Ni/Al、Ti/Al、Ni/Ti、Ni-Ti/Ti、Pt/Al、Ni/Zr、Ru/Al、Cu/W、Ag-Cu/W 等，被连接的母材包括陶瓷、不锈钢、钛合金、铝合金。通过制备合适的 NML 并采取适当的工艺，与常规钎焊相比，可明显降低连接温度（50~100℃ 甚至更多），且能获得性能良好的接头。

3）软钎焊用钎料中添加纳米强化颗粒的焊膏（纳米颗粒强化复合焊膏），包括纳米金属间化合物（IMC），如 Cu_6Sn_5、Cu_3Sn、Ag_3Sn 或 Ni_3Sn_4 和 Fe、Al_2O_3、TiO_2、碳纳米管（CNTs）等纳米颗粒强化的软钎焊用复合焊膏。

1.1 纳米金属颗粒作为中间层连接材料

Ag 和 Cu 具有良好的导电、导热以及力学性能，Ag 及其合金用作芯片的封装镀层、微米级 Ag 颗粒/片用作导电胶，以及 Cu 作为基板材料已广泛用于电子封装领域。采用纳米金属 Ag、Cu 及其合金或者复合材料焊膏作为中间层的核心思路是：纳米尺度的金属颗粒或线具有高表面能，可以在远低于其块体熔点的温度如低于 300℃、加压或无压、有或者无气氛保护条件下，能自身烧结形成亚微米或微米尺度的颗粒并形成连接层；同时，也能与芯片、热沉基板的镀层金属（如 Ag、Cu 及其合金等）形成牢固的冶金结合界面，连接层具有亚微米或微米尺度颗粒的接头有耐高温特性，可实现低温烧结连接高温使用/服役的显著效果。主要应用前景是：第三代半导体如 SiC、GaN 的耐高温器件（功率器件、高温传感器等）封装互连材料，复杂电气器件或系统的多级封装的前级封装互连材料（可实现三维复杂封装工艺的前后工艺兼容）。

上述研究是目前电子封装领域耐热互连材料研究的国际研究热点，国外的德国弗劳恩霍夫（Fraunhofer）研究所、德国贺利氏公司、日本三菱公司、美国弗吉尼亚理工大学、美国橡树岭国家实验室、加拿大滑铁卢大学、日本大阪大学等，以及我国的清华大学、天津大学、哈尔滨工业大学、北京航空航天大学等相关课题组在此方面开展了较系统的研究。其核心技术是纳米颗粒的制备/合成新方法与新技术、低温烧结连接技术、在元器件及其系统封装中的应用技术与装备、互连接头/封装器件的可靠性评价特别是高温可靠性评价的方法与技术及装备。目前为止，上述公司研发的焊膏有些已在部分产品中小范围应用。

另外，为了降低连接温度（主要是钎焊方法），采用纳米金属颗粒作为中间层连接非电子制造领域的结构材料也是目前的热点之一。

本次年会期间的主要报告如下：

目前国内外相关公司和知名研究机构相继研发了纳米 Ag、Cu 及其合金和机械混合焊膏，在实验室环节甚至小面积元器件的互连封装中已实现了低温连接（≤300℃）与高温服役（≥250℃甚至 300℃）的效果。但是最大的问题是，由于焊膏中含有有机物，在大面积（如 $100mm^2$ 以上）互连封装时由于有机物不能充分分解、排出而导致互连层质量下降，甚至影响元器件及其系统的可靠性。为了解决上述瓶颈问题，清华大学邹贵生教授和刘磊副教授课题组在国际上率先采用超快激光在被连接材料（如芯片和基板上）沉积无任何有机物的纳米金属或复合材料颗粒薄层，采用此纳米颗粒薄层代替常规的纳米金属焊膏，成功地实现了大面积的低温烧结连接封装[1-3]。其核心环节与技术是：脉冲激光沉积（Pulsed Laser Deposition，PLD）制备纳米颗粒薄膜系统的搭建、适合于互连封装的纳米颗粒薄膜结构的设计、针对不同种类靶材的 PLD 工艺设计与纳米薄层性能表征及其质量控制、基于纳米颗粒薄膜层的低温互连工艺设计与优化、互连接头/互连元器件的性能检测及其服役失效机理与可靠性评估等。文献[1-3] 详细报告了 Ag 纯金属纳米颗粒薄膜的PLD制备工艺及其疏松薄膜、致密薄膜以及疏松-致密复合薄膜的结构和颗粒尺寸的控制，对采用纳米颗粒薄膜和纳米焊膏低温烧结连接的电性能和力学性能进行了对比，阐明了Ag纳米颗粒薄膜低温烧结连接的优越性以及疏松-致密复合薄膜中疏松层与致密层组合的协同作用机制；在此基础上，进一步探索了只在SiC芯片上沉积Ag、Ag-5%Cu合金纳米颗粒薄膜，之后进行镀膜SiC芯片与无纳米颗粒薄膜的DBC（敷铜陶瓷基板）烧结连接特性。相关结果如图1~图7所示[1-3]。

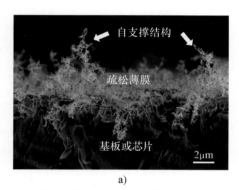

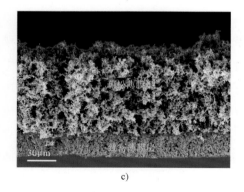

图1　皮秒激光PLD制备的不同结构纳米颗粒薄层形貌[1]

　a）疏松Ag纳米颗粒薄层　b）致密Ag纳米颗粒薄层

c）致密与疏松Ag纳米颗粒复合薄层

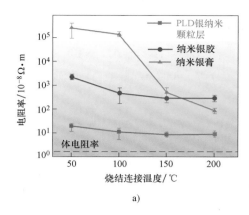

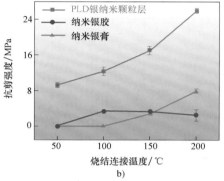

图2　PLD纳米Ag颗粒薄膜低温烧结后连接层导电性和接头连接强度与常规纳米金属连接胶、纳米金属颗粒膏的对比

（连接工艺：芯片和基板均沉积薄膜，

不同温度下无压保温30min）[1]

a）导电性对比　b）连接强度对比

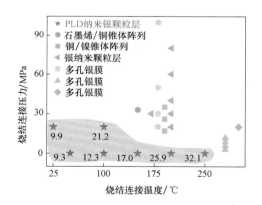

图3　PLD纳米Ag颗粒薄膜低温烧结连接工艺、连接强度与常规纳米金属颗粒膏的对比

（芯片和基板均沉积薄膜，PLD纳米颗粒薄膜

可实现无压/室温烧结连接）[1]

（★旁边的数值：对应的烧结连接接头抗剪强度）

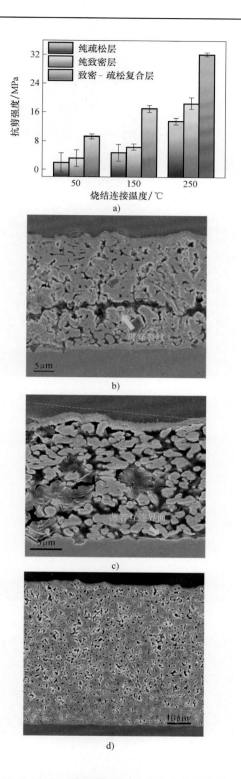

图5 疏松-致密复合薄层沉积状态低温

无压烧结连接接头强度与薄膜保存4个月后

再烧结连接的接头强度对比[1]

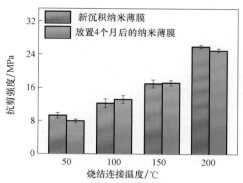

图4 疏松、致密及疏松-致密复合薄层低温

无压烧结连接接头强度和连接层显微结构对比

（芯片和基板均沉积薄膜）[1]

a）三种薄膜层烧结连接的接头连接强度对比　b）致密 Ag 纳米
颗粒薄层的连接层　c）疏松 Ag 纳米颗粒薄层的连接层
d）致密-疏松 Ag 纳米颗粒复合薄层的连接层

图6 PLD 制备的 Ag-Cu 合金纳米颗粒薄膜形貌

及其 20MPa 压力下低温烧结连接接头抗剪强度和

连接过程中薄层压缩率 [（连接前厚度-连接后厚度）/

连接后厚度，仅在芯片单面沉积)] [2]

a) Ag-Cu 合金颗粒薄膜横截面形貌　b) Ag-Cu 合金
薄膜颗粒　c) 烧结连接温度对接头抗剪强度
和薄膜压缩率的影响

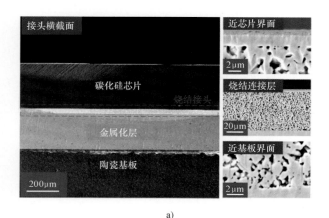

a)

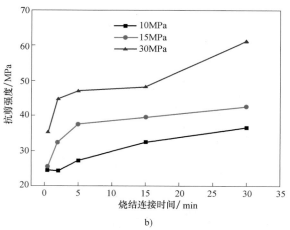

b)

图 7　SiC 芯片单面沉积 Ag 纳米颗粒薄膜
的低温连接接头显微结构形貌和烧结连接时间、
压力对接头抗剪强度的影响[3]

a) 250℃、30min、10MPa 烧结连接接头截面形貌

b) 250℃下烧结连接时间和压力对接头抗剪强度的影响

德国 Technical University Chemnitz 的 Susann
Hausner 博士为降低钢材的钎焊温度，在已有的
研究基础上，进一步采用平均粒径为 20nm 的 Ni
纳米颗粒焊膏（粒径范围为 10~100nm）对两种
钢材（未经合金化的优质钢 DC01 即 "EN:
1.0330" 和不锈钢 X5CrNi18-10 即 "EN:
1.4301"）进行了钎焊，其中 Ni 纳米颗粒焊膏
中，Ni 的质量分数为 49.0%，有机物包括质量
分数为 24.5% 的 α-松油醇、质量分数为 24.5%
的 p-二甲苯、质量分数为 1.0% 的 1-十四烷基硫
醇、质量分数为 1.0% 的 1-十八烷基硫醇。通过
系列试验，阐明了钎焊温度、压力和表面状态对
接头显微组织、强度的影响规律，如图 8~图 13
所示[4]。该方法的特点、原理是利用纳米尺寸效

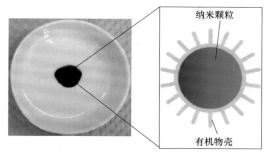

图 8　纳米 Ni 颗粒焊膏的组成与形貌[4]

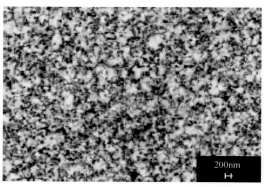

a)

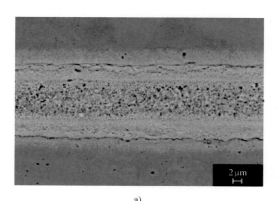

b)

图 9　DC01 钢纳米 Ni 焊膏钎焊的典型接头组织

（钎焊工艺：650℃ 或 850℃ ×20MPa ×10min）[4]

a) 650℃钎焊接头微观形貌　b) 850℃钎焊接头微观形貌

应，降低钎焊温度，减少钎焊热过程对母材及其接头周围组件的性能损伤，并降低残余应力。其核心是根据母材的物理化学性能，研制与母材冶金相容的纳米连接材料。该方法也适合其他材料特别是异质材料的低温连接。

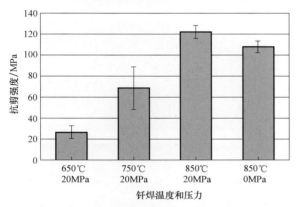

图 10 DC01 钢纳米 Ni 焊膏钎焊的接头强度与
钎焊工艺之间的关系[4]

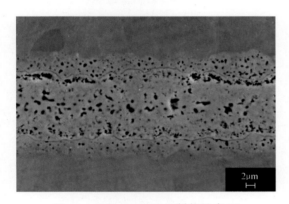

图 11 X5CrNi18-10 不锈钢纳米 Ni
焊膏钎焊的典型接头组织

（钎焊工艺：850℃×20MPa×10min）[4]

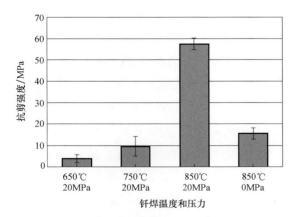

图 12 X5CrNi18-10 不锈钢纳米 Ni 焊膏钎焊的
接头强度与工艺之间的关系[4]

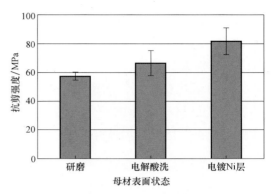

图 13 X5CrNi18-10 不锈钢母材表面状态
对纳米 Ni 焊膏钎焊接头强度的影响

（钎焊工艺：850℃×20MPa×10min）[4]

1.2 采用 NML 的微纳连接

对于温度敏感的材料以及存在明显热膨胀系数差异的异种材料，其焊接或连接需要尽可能降低连接温度。基于纳米尺度效应的 NML 作为降低连接温度的中间层连接材料［包括钎焊、扩散焊、过渡液相扩散连接（Transient Liquid Phase Bonding，TLPB）］是近十几年来的国际研究热点。瑞士材料科学与技术联邦实验室（Empa）的 Jolanta Janczak-Rusch 教授课题组在已有的大量、系统研究基础上，进一步从反应型和非反应型 NML 体系进行研究，并成功应用于多种异种材料的连接。

为了解决电子元器件在互连封装中整体加热时连接温度高而导致其热敏感材料的性能降低问题，研究组通过设计并采用 Ni（V）-Al 纳米多层膜为反应中间层释放的热作为局部热源，以连接母材。在母材与反应型 NML 之间放置软钎料（如锡基钎料），高温作用下与母材反应，其过程仍属于钎焊过程。连接过程中由于不是整体加热，而是中间层反应放热形成局部加热，在这种情况下，母材的外侧温度很低而不会影响元器件上热敏材料的性能，其接头组合形貌如图 14 所示。该研究组系统研究了四种热导率不同的母材［包括硼硅酸盐玻璃（$1.2W \cdot m^{-1} \cdot K^{-1}$）、$Al_2O_3$ 陶瓷（$26W \cdot m^{-1} \cdot K^{-1}$）、Si（$150W \cdot m^{-1} \cdot K^{-1}$）、Cu（$402W \cdot m^{-1} \cdot K^{-1}$）］对采用 Ni（V）-Al 纳米多层膜（反应型 NML）为中间层的反应钎焊接头显微组织和抗剪强度的影响规律。研究结果表明，热导率不同，放热反应形成的温度场不同，其 NML 与母材之间的钎料层所形成的金属间化合物（IMCs）的相组成、孔洞、裂纹明显不同，并基于此研究获得了优化工艺，如图 15~图 18 所示。相关连接工艺已用于实际电子器件的钎焊制造，且有望扩大到更广泛的被焊母材连接。

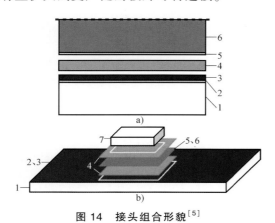

图 14　接头组合形貌[5]

a）横截面　b）整体形貌

1—下部母材（尺寸为 4mm×4mm×0.5mm）　2—下部母材表面黏结层（Ti-W，厚为 100nm。注：对于 Cu 连接，无须该黏结层，Sn 钎料直接电镀到 Ni 金属化层表面）　3—下部母材表面金属化层（Ni，厚为 500nm）　4—w_{Sn} = 97.5% 钎料（厚为 10μm）　5—NML 表面预先软钎焊上的 Ag-Cu-In 防氧化保护层（厚为 1μm）　6—Ni（V）-Al NML（厚为 60μm）　7—上部母材（表面也同样金属化）

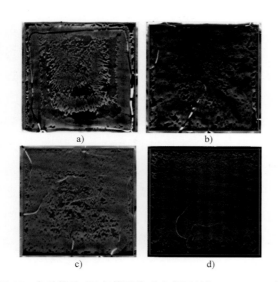

图 15　各种接头 CT 扫描图像 [上部母材与 Ni（V）-Al 纳米多层薄膜之间连接层。红框内为上部母材，黑色部分为孔洞，黑色线为裂纹，其中部分被钎料金属所填充][5]

a）玻璃接头　b）Al₂O₃ 接头　c）Si 接头　d）Cu 接头

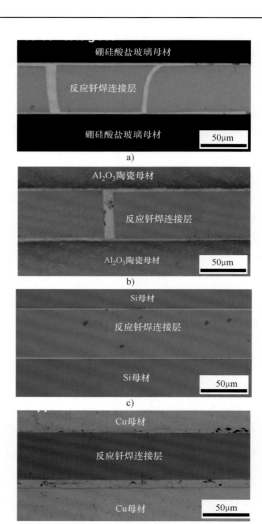

图 16　各种接头横截面形貌[5]

a）硼硅酸盐玻璃接头横截面　b）Al₂O₃ 接头横截面

c）Si 接头横截面　d）Cu 接头横截面

Jolanta Janczak-Rusch 教授课题组还对采用非反应型金属（合金）-陶瓷 NML（如 Ag/AlN、Cu/AlN、Ag-Cu/AlN、Al-Si/AlN 等）直接钎焊进行了大量研究，包含针对不同被连接材料的 NML 设计和制备、钎焊工艺优化、钎焊机理及应用等。本次报告的重点是阐述 Ag- 40%Cu/AlN 纳米多层膜中 AgCu 厚度与 AlN 厚度的匹配对 AgCu/AlN 膜在加热过程中的扩散行为影响，目的是获得金属材料快速向外扩散的厚度匹配。研究结果表明，在 AgCu 层厚度为 8nm 不变的情况下，NML 中阻挡层 AlN 厚度将直接改变加热过程时 NML 中金属 Ag 和 Cu 向 NML 表面扩散的机制。具体为，当 AlN 层相对较厚时（10nm），加

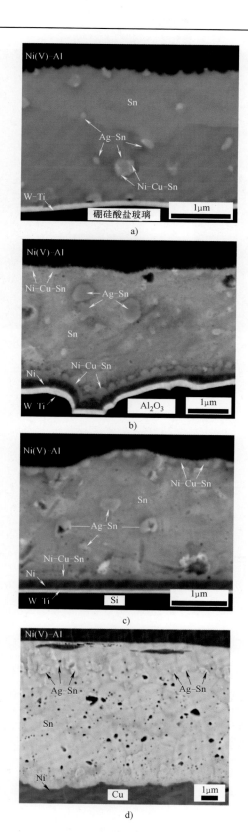

图 17 各种接头的上部母材与 Ni（Ⅴ）-Al 纳米多层
薄膜之间的连接层显微组织（其中，Cu 接头中，由于
Ni 与 Cu 衬度接近导致 Ni 层不明显，不同母材的接头显
微组织特别是反应形成的金属间化合物和孔洞明显不同）[5]
a) 硼硅酸盐玻璃接头 b) Al₂O₃ 接头 c) Si 接头 d) Cu 接头

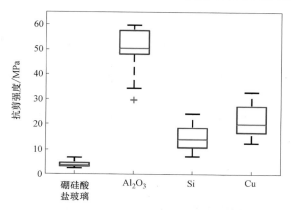

图 18 优化工艺下各种接头的抗剪强度[5]

热时会引起 NML 表面的图形化开裂，继而引起
Cu 沿着内部界面向表面裂纹扩散转移，并在表面
形成网状的液态 Cu（O）。当 AlN 层相对较薄时
（4nm），加热时 AlN 层不会断裂，且相当于纳米
多孔膜，金属穿过 AlN 层向 NML 表面直接扩散转
移，并在 NML 表面形成密集分布的 Cu（O）液
滴和 Ag 液滴。上述研究结果将很可能应用于促
进更低温度下的微米或纳米尺度材料的良好连接，
如图 19~图 24 所示。与其他用纳米材料（如纳米
颗粒焊膏）作为连接材料的工艺方法类似，该方
法的原理是利用纳米多层薄膜的纳米尺寸效应，
即纳米尺度的多层薄膜具有比其块体材料明显低
的熔点，从而可以在明显低的钎焊温度下进行连
接。例如，如果直接用 Cu 作为中间层钎焊钢材，
其钎焊温度需要高于 Cu 熔点 1083℃约 50~100℃，
而使用纳米多层膜 Cu/AlN 作为中间层连接材料，
在仅 750℃就可以实现良好的钎焊（图 21b）。采
用纳米多层薄膜钎焊能降低多少连接温度或者具
体降到多少钎焊温度，被连接的母材和纳米多层
薄膜材料匹配体系不同，其数值也不同，很难简
单地统一确定，需要进一步进行深入研究。但不
管如何，采用纳米多层膜钎焊是降低连接温度很
有发展前景的连接方法。

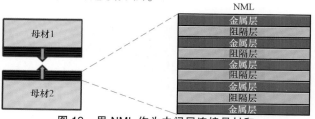

图 19 用 NML 作为中间层连接母材和
NML 典型结构示意图[6]

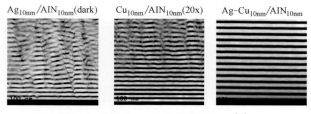

图 20　典型的 NML 显微结构形貌[6]

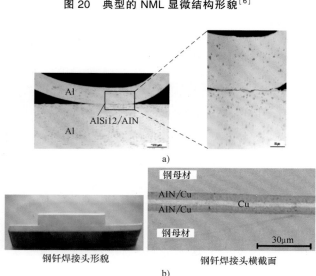

图 21　NML 的典型连接应用[6]

　　a) 纳米多层膜 AlSi12/AlN 在 580℃ (低于常规 AlSi12
　　　钎焊温度 50℃)×30min×真空环境钎焊 Al

　　b) 纳米多层膜 Cu/AlN 在 750℃×30min×Ar 气氛下钎焊钢

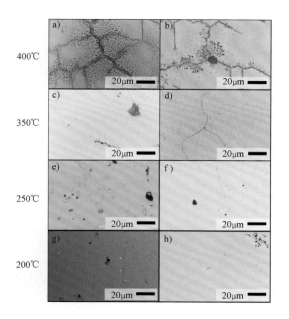

图 22　Ag-Cu$_{8nm}$/AlN$_{10nm}$ NML 在加热温度 $T>350℃$

时显微结构发生明显变化[6]

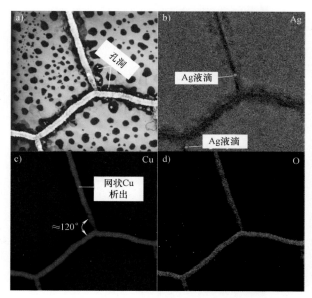

图 23　Ag-Cu$_{8nm}$/AlN$_{10nm}$ NML 在加热温度 $T>300℃$

时 AlN 呈网状裂开，而 Cu (O) 沿此裂缝扩散并在 NML

表面形成网状结构[6]

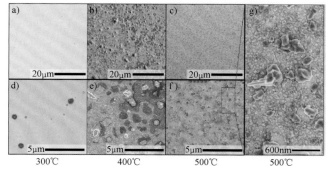

图 24　Ag-Cu$_{8nm}$/AlN$_{4nm}$ NML 在加热温度 $T>300℃$

时未见 AlN 裂开，而 Cu 和 Ag 均有在 NML 表面析出[6]

　　LIN Luchan 博士进一步对单一金属-陶瓷的 Cu/AlN、Ag/AlN 两种 NML 在加热过程中的物质转移进行了较系统的研究。结果表明，NML 中纳米金属层中金属向表面转移的过程中，会有平面内沿着金属-陶瓷界面的界面扩散和穿过陶瓷层的晶界扩散两种材料迁移模式。同时通过构筑梯度的缺陷密度，局域地提高系统的吉布斯自由能，从而降低金属材料迁移所需的活化能，实现了在较低温度下的金属材料快速向外迁移。并能够通过设计缺陷的形态实现材料可控迁移的方向，为高精度的纳米级尺度的材料互连提供了可能，如图 25～图 29 所示。值得注意的是，上述物质转移

中，哪种模式为主以及如何控制缺陷密度，还需
要进一步探索。

图 25　4nmCu/AlN 纳米多层膜表面加热前后的形貌[7]

　　a）4nmCu/AlN 纳米多层膜表面的初始形貌

　　b）350℃加热 5min 后的 4nmCu/AlN 纳米多层膜的表面形貌

 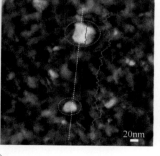

图 26　16nmCu/AlN 纳米多层膜表面加热前后的形貌[7]

　　a）16nmCu/AlN 纳米多层膜表面的初始形貌

　　b）350℃加热 5min 后的 16nmCu/AlN 纳米多层膜的表面形貌

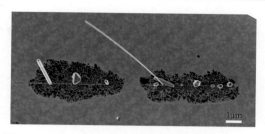

图 27　Ag/AlN 纳米多层膜表面加热后的形貌[7]

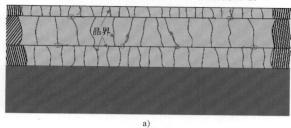

**图 28　金属/AlN 纳米多层膜的结构及其加热过
程中金属沿晶界扩散转移的模型**[7]

　a）金属（Ag 或者 Cu）/AlN 纳米多层膜加热前的结构示意图
　b）金属/AlN 纳米多层膜加热过程中金属沿晶界扩散转移的模型

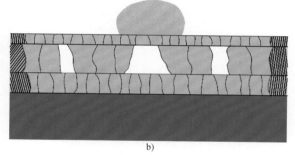

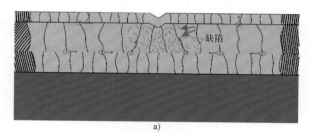

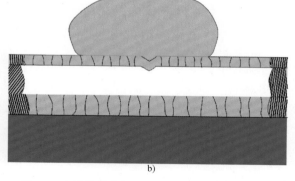

**图 29　含缺陷的金属/AlN 纳米多层膜的结构及其
加热过程中金属扩散转移的模型**[7]

　a）含缺陷的金属（Ag 或者 Cu）/AlN 纳米多
层膜加热前的结构示意图
　b）含缺陷的金属/AlN 纳米多层膜加热过程中
金属可在更低温度下扩散转移的模型

2 纳米线的连接研究

2.1 基于超快激光辐照的纳米线连接

随着电子元器件小型化的需求越来越高，新型的纳米线结构在降低尺度并获得特征性能上有着极大的优势，甚至在某些方面可突破平面光刻工艺。自下而上的连接成形方法可充分组合不同的纳米线结构，并根据需要获得复杂及多功能性能。近年来对金属纳米材料连接方法的基础原理性研究已取得显著进展。然而，对于单一纳米材料之间，特别是异质纳米结构的低损伤连接机理及其性能的研究却仍处于起步阶段。

清华大学邹贵生教授和刘磊副教授课题组近几年利用偏振超快激光辐照纳米结构时能量在其中的可控输入，并辅以飞秒激光极高脉冲能量，研究了不同金属-金属及金属-介电材料体系的激光快速低损伤连接过程，阐明了纳米材料间等离子激元互连机理。在金属-金属材料体系中实现了银纳米颗粒与纳米线之间的自组装互连、银纳米线交叉结构的低损伤互连以及初始分离结构的原位间隙自填充互连。在金属-介电材料体系中实现了热平衡条件下冶金不兼容的金属银与二氧化钛异质纳米线结构互连、银与碳化硅半导体纳米线的互连以及二氧化钛/碳化硅纳米线与金电极之间的互连。并通过构造不同银与二氧化钛纳米线接头结构可获得对称与非对称的整流特性，同时在二氧化钛纳米线-电极结构中得到可控的多级电阻记忆性能，且最大级数能达到8级，而在碳化硅纳米线-电极结构中获得快速开关与状态短时维持特性。

在上述研究基础上，该课题组进一步采用飞秒激光对新的纳尺度半导体材料进行连接研究。结果表明，对于交叉的 ZnO 纳米线结

构，在 77.6mJ/cm² 单脉冲能量输入条件下，照射 30s 可实现具有 Y 形或 X 形接头的连接，如图 30 所示。通过对接头区域进行微观结构表征，发现飞秒激光辐照下纳米线接头区域表面发生熔化，而纳米线内部晶体结构保持完整。同时，非平衡热输入下形成的曲折晶界附近存在一定的缺陷结构，如图 31 所示。此外，基于飞秒激光对半导体材料（ZnO）的纳连接，设计并实现了诸如可见光传感器等纳米线电学器件，并对其光电性能调制进行了讨论，如图 32 所示。

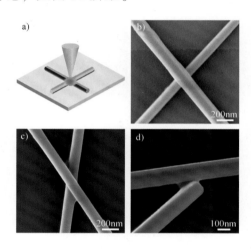

图 30 飞秒激光辐照 ZnO 纳米线接头示意图及形貌[8]

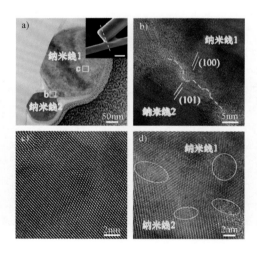

图 31 ZnO 纳米线接头连接界面晶体结构[8]
（图 b、图 c 是图 a 中对应位置的放大）

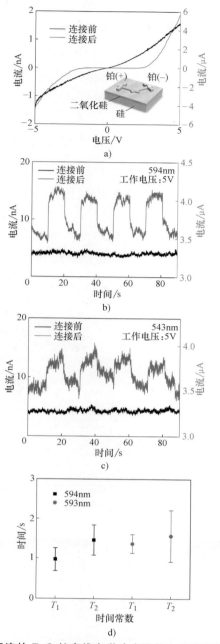

图 32 互连的 ZnO 纳米线电学响应及其光电性能调制[8]

　　a）互连前后电学性能对比及器件示意图

　　b）互连前后 594nm 光源下的光/电响应

　　c）互连前后 543nm 光源下的光/电响应

　　d）光/电响应的时间常数

2.2 基于软钎料选择性沉积的纳米线组装与连接

通过软钎焊连接纳米线获得简单组元或复杂组元是近 20 年纳米线应用的热点研究。美国 University of Massachusetts Lowell Lowell 的 GU Zhiyong 教授课题组在此领域做了大量系统的研

究工作。其主要研究体现为：利用化学和电镀的方法制备无铅纳米尺度钎料，如 Sn、In、Sn/Ag、Sn/In 等和异质材料多段组成的纳米线，如 Cu-Sn、Sn-Au-Sn、Ni-Au-Ni 等，之后使用上述纳米钎料和纳米线通过软钎焊组装获得一维、二维甚至三维的各种纳米结构组元，并测试其连接性能和组元的电特性，如图 33 和图 34 所示[9]。但目前该组装还只是原理性的，即只能在随机分布的纳米钎料与纳米线中，寻找有接触的纳米钎料与纳米线进行连接组装。

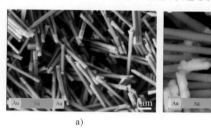

图 33 Au-Ni-Au 异质多段纳米线 a）及其选择性沉积 Sn 低熔点钎料 b）[9]

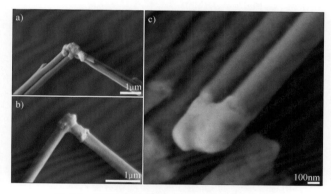

图 34 沉积于纳米线端部的低熔点钎料 Sn 熔化并形成纳米线的互连接头[9]

3 微连接新技术研究

3.1 激光微连接新技术

耐热和高可靠性的高功率电子元器件应用越来越广泛，其制造涉及较厚的导电 Cu 薄片（如 $200 \sim 300\mu m$）与镀金属膜（如 Cu 导电层或者 Au/Ni/Cu 导电层）树脂基基板的连接。在加热连接过程中必须解决的关键问题之一是要避免加热过度而损伤树脂，换言之，加热连接过程中树脂的温度不能超过其损伤阈值温度，如

常规的聚合物损伤温度为300~400℃。德国ILT（Fraunhofer Institute for Laser Technology）的Britten博士等研发了LIMBO技术（激光冲击金属连接，Laser Impulse Metal Bonding Process），其基本过程如下：第一阶段，激光在较小热输入下加热上部母材并形成熔体；第二阶段，提高激光功率密度导致熔体部分蒸发并形成较高的蒸气压，蒸气压反作用熔体使熔体向下部母材转移并润湿；第三阶段，降低激光能量使熔体继续润湿下部母材，实现最终的连接。该连接方法的最大特点是控制熔体温度，可减少连接过程激光对下部基板热损伤的程度甚至完全避免，如图35~图37所示。

为了解决锂电池中在热导率、熔点、光吸收、热膨胀系数方面均有较大差异的0.5mm厚Cu与Al薄片之间的搭接连接，避免裂纹等缺陷形成，德国ILT的博士生S. Hollatz等人采用单模式光纤激光（IPG Laser GmbH：功率1000W，波长1070nm，光斑25μm）在已有对接连接研究基础上，进一步对0.5mm厚的Cu-ETP与w_{Al}=99.5%的Al薄片进行搭接微焊接，在氩气环境中，研究工艺参数对焊缝形貌和接头拉伸断裂力的影响。结果表明，连接参数对Al-Cu的焊缝形貌影响较大但熔深较稳定，焊缝中气孔、裂纹和金属间化合物对接头力学性能有明显影响，如图38~图42所示。

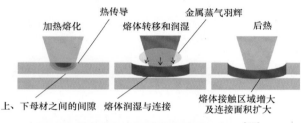

图35　激光冲击金属连接方法的原理图[10]

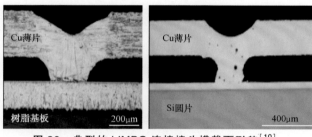

图36　典型的LIMBO连接接头横截面形貌[10]

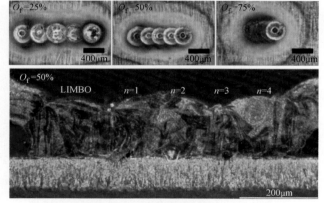

图37　激光冲击金属连接可实现多点连续连接[10]

（O_f：前后两个激光冲击金属连接的熔融体在长度方向上的搭接百分比）

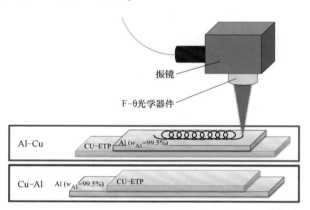

图38　Al-Cu或Cu-Al薄片搭接型微连接示意图[11]

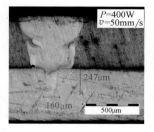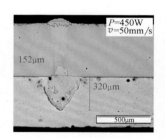

图39　常规无空域功率调控的Al-Cu或Cu-Al薄片搭接微连接接头横截面形貌[11]

在微机电系统（MEMS）、纳机电系统（NEMS）、微光机电系统（MOEM）等微纳系统中，涉及玻璃-玻璃、玻璃-金属等异种材料的微连接，传统的连接方法如胶接、钎焊、机械连接等存在各自的不足，如胶接接头易老化、钎焊连接过程中整体加热温度高和存在连接残余应力、机械连接气密性难以满足要求和有应力集中

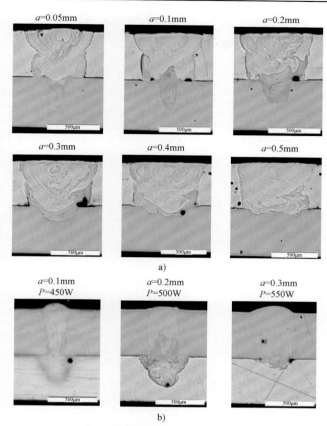

a)

b)

图40　激光连接过程中摆动幅度对接头形貌的影响特点[11]

a）Al-Cu 接头　b）Cu-Al 接头

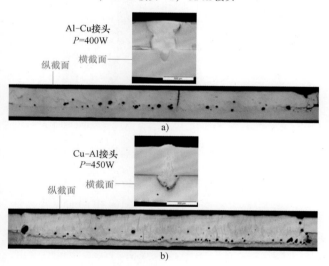

a)

b)

图41　接头的典型形貌裂纹和气孔等缺陷[11]

a）Al-Cu 接头　b）Cu-Al 接头

等。为了实现精密、可靠的硼硅酸盐玻璃连接，日本 Okayama University 的 Yasuhiro Okamoto 教授课题组基于皮秒激光（超快激光）适合几乎所有材料加热、非线性吸收、几乎无热影响的"冷加工"特性，在不加中间层连接材料的情况下进行了辐照

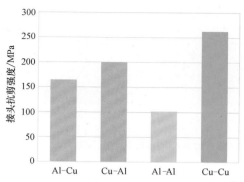

图42　不同材料之间连接的接头抗剪强度对比[11]

扫描连接玻璃，以实现玻璃母材及其周围热敏元器件无损伤、无裂纹、低应力的微米尺度连接。特别是超快激光作为热源，非常适合异质材料如玻璃与金属、玻璃与介质材料等的微连接。其连接的相关参数包括激光波长 1064nm、重复频率 1.0MHz、脉宽 12.5ps、扫描连接移动速度 100mm/s、初始聚焦位置 -300μm 并配置像差矫正。研究结果表明，玻璃对激光的吸收明显受激光数值孔径（N.A.）的影响，当 N.A. 为 0.65 时，玻璃能有效吸收激光能量且玻璃熔化区面积大，并能获得更高强度的连接接头；当 N.A. 为 0.85 时，熔化区域的末端变得更圆；当 N.A. 为 0.45 时，熔化区域的末端变得类似长钉形状，如图 43~图 46 所示。

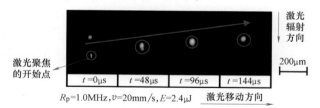

图43　皮秒激光微连接硼硅酸玻璃时光吸收点随辐照时间的变化沿着辐照方向的移动特点[12]

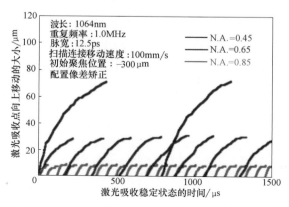

图44　激光数值孔径对激光吸收点向上移动大小的影响[12]

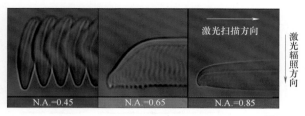

激光扫描方向

激光辐照方向

N.A.=0.45　　N.A.=0.65　　N.A.=0.85

20μm

图45　激光数值孔径对玻璃熔化形状和大小的影响[12]

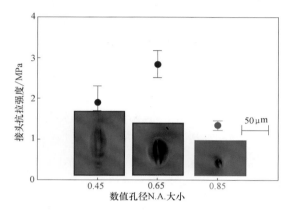

50μm

图46　激光数值孔径对接头抗拉强度的影响[12]

3.2　其他微连接新技术

3.2.1　基于真空紫外光表面活化的同质/异质材料直接键合技术

传统晶圆直接键合方法需要高温，极易引起材料之间的热应力、热变形和热扩散。近年来，基于等离子体活化等手段虽然实现了低温键合，但是仍存在对材料表面损伤大、键合设备昂贵等不足。哈尔滨工业大学王晨曦副教授开发出了一种基于极短波长真空紫外光（VUV，172nm）表面活化的同质/异质材料低温直接键合方法，具有低成本、简单易行、键合缺陷少等诸多优点。针对硅/硅、硅/石英、石英/石英、石英/聚苯乙烯等同质/异质材料键合做了系统的研究，在200℃条件下获得了与母材断裂接近的键合强度，界面无缺陷且光学透光率极佳，且制备出了聚碳酸酯与玻璃基板的有机/无机材料异质集成结构。在上述研究基础上，该课题组进一步对Si/SiC、SiO$_2$/SiC、玻璃/SiC、LiNbO$_3$/玻璃的连接进行了系统研究，基于母材表面真空紫外光活化，实现了无中间层的200℃以下低温直接连接，且连接界面致密、无缺陷。研

究结果表明，紫外光辐照可降低表面粗糙度值、提高水的润湿性、改善表面化学结构（表面羟基团逐渐减少）、在SiC表面形成富碳层等，并阐明了基于材料表面真空紫外光活化的低温连接结合机理，为器件的电学/光学/生物功能集成提供了理论和技术支撑，如图47~图49所示。

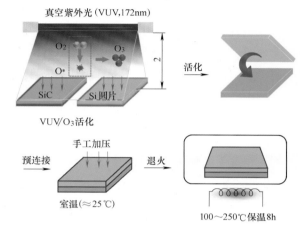

真空紫外光（VUV,172nm）

O$_2$　　O$_3$

O*

SiC　　Si圆片

VUV/O$_3$活化

活化

预连接

手工加压

退火

室温（≈25℃）

100~250℃保温8h

图47　真空紫外光活化键合（连接）工艺流程图[13]

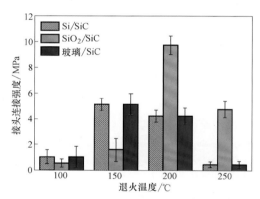

图48　预连接后退火温度对接头连接强度的影响[13]

3.2.2　Cu绞线与Cu薄基片的超声微焊接技术

由若干微米尺度直径Cu细丝组成的Cu绞线与Cu基片之间的高可靠性连接在信号传输领域的接线/连接器应用中至关重要，高质量的连接能减少信号的损失。日本Ibaraki University的Iwamoto Chihiro教授课题组针对Cu绞线（7根Cu细丝组成，细丝直径为70μm，且表面涂覆了厚度为1μm的Ag层）与100μm厚的Cu基片（表面涂覆100nm厚Au、20μm厚Ni）之间需要实现同轴向连接，进行了超声微焊接/微连接研究。将Cu绞线固定在一个楔形模具中并与Cu基片接触，

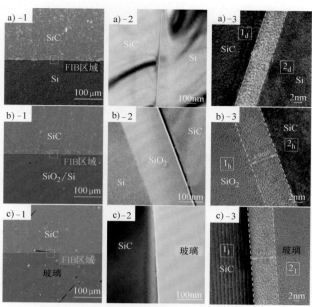

图49　典型的接头结合界面形貌与特征[13]

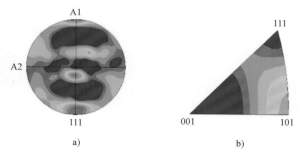

a)

b)

图51　Cu绞线与Cu基片超声焊接接头横截面中
Cu线极图a）与反极图b）[14]

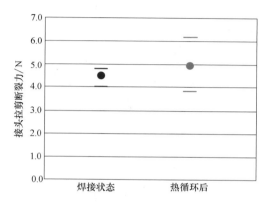

图52　50次热循环（-40~125℃保温30min）
前后接头强度对比[14]

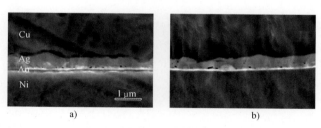

a)

b)

图53　焊接状态a）和50次热循环（-40~125℃保温
30min）后b）接头中Cu线与Cu基片结合界面形貌[14]

焊接时超声施加在Cu绞线上。结果表明，超声焊接优化参数为超声频率110kHz、焊接时间0.2s、超声头施加在试样上的焊接压力7.35N、超声功率130W，该工艺条件下获得的接头拉剪时，断裂发生在Cu绞线中。超声焊接过程中，在超声波振动作用下，其丝/丝、丝/基片连接界面会形成平行于超声振动方向的剪切变形。期间，面心立方（fcc）晶格体系的Cu金属中{111}面是剪切变形的滑移面，<110>方向为滑移方向，从而在Cu细丝中形成了{111}<110>织构，有利于获得同轴向连接效果，继而减少连接器信号的损失。通过热循环可靠性测试上述连接接头（循环温度-40~125℃，温度过渡时间5min，且在-40℃和125℃保温分别为30min）表明，50个热循环后，接头的平均抗剪强度基本不变，且在连接界面未发现裂纹，如图50~图53所示。

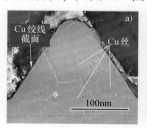

图50　Cu绞线与Cu基片超声焊接接头
横截面形貌及其反极图[14]

3.2.3　5083-H111Al合金薄片的搅拌摩擦焊技术

飞机中常有带弯曲的Al合金薄板蒙皮结构，针对单向（Z轴方向）和双向（Z轴、Y轴方向）弯曲的5083-H111Al合金（Al-Mg）1.5mm厚的薄板，西北工业大学傅莉教授课题组采用搅拌摩擦焊（FSW）进行"S型"焊接研究，目的是解决目前传统的铆接方法接头强度不足的问题。其焊接参数为：搅拌头轴肩直径10mm、搅拌针长度2.2mm、旋转速度1400r/min、搅拌头与薄板之间的倾斜角度2.5°、焊接速度200mm/min。

研究结果表明，不管薄板是 Z 轴单方向有弯曲还是 Z 轴、Y 轴均有弯曲，其接头沿着焊接方向（X 轴方向）的各部位力学性能均不同。这与焊接过程中各部位的受力不同直接相关。其中，Z 轴方向弯曲的薄板接头性能最高部位是负弯曲部位，且断裂力可达到 2.5kN；与正弯曲部位相比，在连接界面上的缺陷明显少，且未见连接界面两侧出现翘曲，如图 54 和图 55 所示。Z 轴方向和 Y 轴方向均有弯曲的薄板接头性能最高部位是 Z 轴方向和 Y 轴方向均为负弯曲部位，且断裂力可达到 3kN；双向弯曲的薄板接头界面很少甚至不会出现缺陷，其中双向负弯曲薄板接头连接界面未见缺陷，另外，薄板双向正弯曲的接头翘曲只是发生在搅拌头移动中的返回侧，如图 56 和图 57 所示。

3.2.4 超细金属粉末雾化制备及其焊膏配制技术

目前的 PCB 板软钎料焊膏的组成是质量分数为90%的金属（纯金属或合金）粉末与质量分

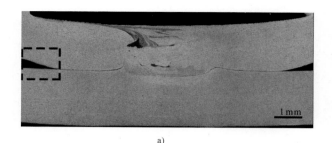
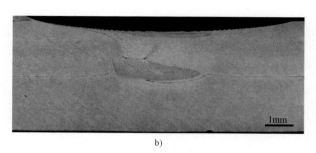

图 55 Z 轴单向正弯曲 a) 和负弯曲 b) 时薄板 S 型搅拌摩擦焊接头横截面显微结构形貌[15]

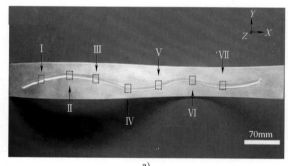
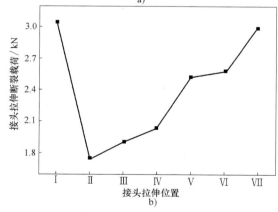

图 56 Z 轴和 Y 轴双向弯曲薄板 S 型搅拌摩擦焊焊缝形貌 a) 及其不同位置的拉伸断裂载荷 b)[15]

数为10%的有机溶剂混合，其金属颗粒一般为 38~64μm，缺乏金属颗粒直径为 2~15μm 的焊膏，无法适应越来越小型化甚至微型化的 PCB 板中小焊点丝网印刷钎焊的需求。葡萄牙里斯本大学的 Coutinho Luisa 教授课题组对此进行了

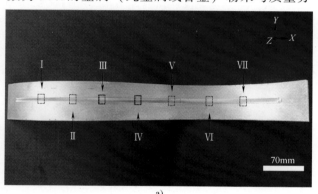
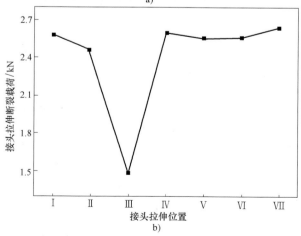

图 54 Z 轴单向弯曲薄板 S 型搅拌摩擦焊焊缝形貌 a) 及其不同位置的拉伸断裂载荷 b)[15]

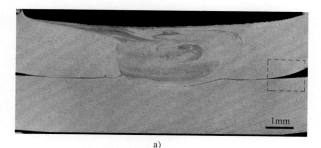

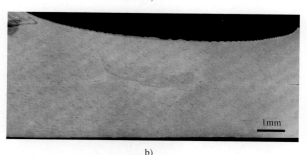

图 57　Z 轴和 Y 轴方向均为正弯曲 a）和均为负弯曲
b）时薄板 S 型搅拌摩擦焊接头横截面显微结构形貌[15]

超细金属粉末雾化制备及其焊膏配置研究，进而将其试用于表面贴装（SMT）生产线。研究结果表明，通过设计雾化系统中的错流过滤器，可以获得平均粒径接近 10μm 的金属颗粒（89.22%Sn+10.78%Sn 氧化物），该颗粒配制的焊膏其显著的优点是：所需的焊剂（有机物）减少、无须在 N₂ 环境下钎焊、焊膏在焊接时不会外流、焊后无须清洗。目前初步 SMT 试验表明，上述本文研制的焊膏具有良好的软钎焊性能（焊点直径为 40μm），并有望应用于焊点需求更小的场合，如图 58~图 60 所示。

3.2.5 导电胶中添加聚苯胺纳米颗粒的低温互连技术

导电胶（Electrically Conductive Adhesives，ECAs）由有机聚合物基体和导电填充材料组成，已广泛用于低温、微间隙互连封装。目前 ECAs 存在电阻率偏高、用于柔性元器件的弯折性能不理想等缺点。为了克服 ECAs 的不足，哈尔滨工业大学田艳红教授课题组系统研究了在 ECAs 中添加少量 PANI（聚苯胺）纳米颗粒对 ECAs 导电和低温互连性能的影响。研究结果表明，添加少量［如≤1.5%（质量分数）］PANI 纳米颗粒（PANIs）即可提高 ECAs 的导电性和互连

接头的柔性。性能提高的机理是少量的 PANIs 能导致 ECAs 中 Ag 片与有机物的相分离和自组装。特别是，当 PANIs 添加量为 0.5%（质量分数）时，ECAs 的性能能获得显著提高，如对于含 Ag 为 60%（质量分数）的聚乙烯醇缩丁醛（PVB）基 ECAs，其导电性能可提高 30 倍；对于含 Ag 为 65%（质量分数）的聚氨酯（PU）基 ECAs，其体电阻率下降到原来的 1/50；对于含 Ag 为 85%（质量分数）的共聚酯基 ECAs，其弯折寿命提高了 5 倍，如图 61~图 64 所示。

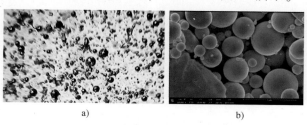

图 58　雾化法制备的金属颗粒过滤前
a）和过滤后　b）的尺寸与形貌[16]

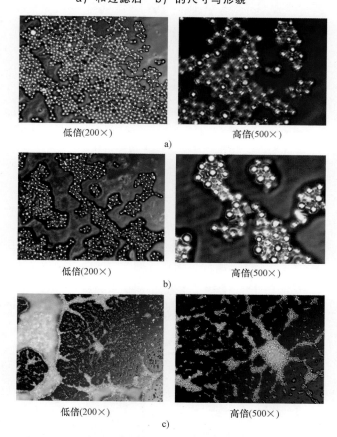

图 59　几种钎料显微形貌对比[16]
a）Widex KOKI 的 S3X70-M407-4 型钎料
b）Widex AIM 的 M8 SAC305 型钎料　c）本文 FineSol 钎料

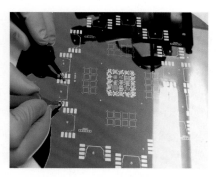

图60 本文研制的 FineSol 钎料丝网印刷形貌（焊点直径为 40μm）[16]

图61 未添加 PVB 合成的 PANIs 形貌 a)、添加 PVB 合成的 PANIs 形貌 b) 以及 Ag 片与 a) 中 PANIs 混合物的形貌 c)、Ag 片与 b) 中 PANIs 混合物的形貌 d) [17]

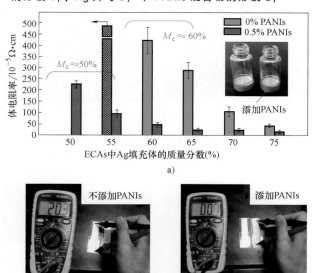

图62 添加和不添加 PANIs 的 ECAs 薄片体电阻率及其形貌[17]

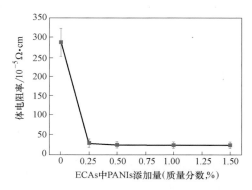

图63 在含 Ag 65%（质量分数）的 ECAs 中添加 PANIs 的量对体电阻率的影响[17]

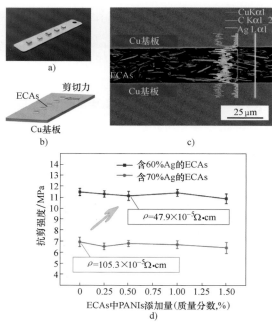

图64 Cu/ECAs/Cu 接头横截面及其抗剪强度的影响因素[17]

本次 IIW 2019 微纳连接专委会报告中，除常规的微纳连接研究外，还有并不直接涉及微纳连接的新型微纳结构/材料研发、加工及其应用研究。典型的研究如下：北京航空航天大学的彭鹏副教授做了题为"Ultra-high yield strength of silver nanoporous materials"的报告[18]，阐述了纳米 Ag 多孔材料的性能特点、机理及其可能的应用；清华大学的闫剑锋副教授做了题为"Ablation of dielectric and metal materials using femtosecond pulse laser"的报告[19]，研究了飞秒激光与 Cu、TiO₂ 薄膜作用的作用规律与机理。

4 结束语

2019 年 IIW 年会 C-Ⅶ的研究进展主要体现在如下方面：

1）采用纳米材料作为连接材料的微纳连接技术，包括：为解决功率器件低温连接高温服役大面积封装时，纳米焊膏烧结连接技术存在有机物残留而影响封装可靠性的问题，提出了在封装基体表面超快激光沉积疏松 Ag 及其合金纳米颗粒薄膜之后，再进行低温烧结连接的新技术，实现了面积在 $100mm^2$ 以上的 250℃ 低温连接，并阐明了其烧结连接机理；为降低热敏材料/器件的焊接温度，研究了 Ni 纳米颗粒膏钎焊钢，反应型纳米多层膜 Ni（V）-Al 钎焊四种材料（玻璃、Al_2O_3、Si、Cu），非反应型纳米多层膜（Ag 或 Cu 或 Ag-Cu 或 Al-Si/AlN）钎焊 Al、Cu 的工艺及其低温连接机理。

2）纳米线的连接技术，包括：采用飞秒激光辐照实现了 ZnO 纳米线的定点修饰连接，并据此研制了可见光传感原理器件；采用化学和电镀方法制备无铅纳米尺度钎料（Sn、In、Sn/Ag、Sn/In）和异质材料多段纳米线（Cu-Sn、Sn-Au-Sn、Ni-Au-Ni），进一步通过软钎焊实现了一维、二维甚至三维纳米结构组元的组装。

3）微连接新技术，包括：Cu 薄片/热敏树脂激光冲击金属连接、Al/Cu 薄片激光微连接、玻璃无损伤皮秒激光精密连接、基于真空紫外光表面活化的同质/异质材料直接键合、Cu 线与 Cu 基片超声微焊接、Al 合金弯曲薄片搅拌摩擦焊、超细金属粉末雾化制备及其焊膏配制、导电胶中添加少量聚苯胺纳米颗粒的低温互连等技术。

新型纳米连接材料、微纳连接新型热源及其工艺、纳米尺度连接接头可靠性评价方法是微纳连接研究领域的重点发展方向。

参考文献

[1] FENG B, LIU L, ZOU G S, et al. Coo-pera-tive Bilayer of Lattice-Disordered Nanoparticles: A Novel Nanoarchitecture for Low-Temperature Electronic Integrations [Z]// VIIA-0184-19.

[2] JIA Q, WANG W G L L, et al. Ag-Cu nano-alloy particles fabricated by pulsed laser deposition for lead-free interconnect materials [Z]// VIIA-0190-19.

[3] WANG W G, JIA Q, ZHANG H Q, et al. A novel Ag nanostructured film (ANF) prepared by pulsed laser deposition for power electronic devices interconnection [Z]// VIIA-0191-19.

[4] HANSNER S, WAGNER G. Low temperature joining of steels by Ni nanopaste [Z]// VIIA-0196-19, XVIIA-0172-19.

[5] RHEINGANS B, JEURGENS L P H, JANCZAK-RUSCH J. Joining with reactive nanomultilayers multilayers: joint design and heat management [Z]//VIIA-0193-19, XVIIA-0170-19.

[6] JANCZAK-RUSCH J, CANCELLIERI C, ARAULLO-PETERS V, et al. Controlling the brazing filler pattern through the nanomultilayer design: case study Ag-Cu/AlN nanomultilayers [Z]// VIIA-0183-19.

[7] LIN L C, SIOL S, JANCZAK-RUSCH J. Mass transportation of metal nanolayer fillers in confinement upon fast heating [Z]// VIIA-0189-19.

[8] XING S L, LIN L C, ZOU G S, et al. Two-photon absorption induced nanowelding for assembling ZnO nanowires with enhanced photoelectrical properties [J]. Appl. Phys. Lett., 115, 2019: 103101-1-103101-5.

[9] FRATTO E, WANG J R, SUN H W, et al. Design of A Selective Solder Deposition Process for Nanowire Assembly and Joining [Z]// VI-IC-0198-19, XVIIB-0048-19.

[10] CHUNG W. Study on the thermal stress to the sensitive substrate during the LIMBO process [Z]// VIIB-0200-19.

[11] HOLLATZ S, HEINEN P, LIMPERT E, et

al. Study on overlap joining of aluminum and copper using laser micro welding with spatial power modulation [Z]// VIIB-0202-19.

[12] OKAMOTO Y, OUYANG Z, FUJIWARA, et al. Effect of numerical aperture on molten area characteristics in micro-joining of glass by picosecond pulsed laser [Z]// VIIB-0203-19.

[13] WANG C X, XU J K, KANG Q S, et al. Direct heterogeneous bonding of single crystalline SiC to Si, SiO_2 and glass [Z]// VIIA-0188-19.

[14] IWAMOTO C, MOTOMURA K, HASHIMOTO Y, et al. Microstructural evolution of ultrasonic-welded Cu stranded wire [Z]// VII-0210-19, I-1420-19.

[15] XIAO X, QING D Q, MAC Y, et al. Friction Stir Welding Technology of Curved Thin-walled Lap Joint with Aluminum Alloy [Z]// Doc. I-1421-19, VII-0212-19.

[16] COUTINHO L. Assembly of miniaturized PCBs by using low cost hyper-fine solder powders [Z]// VIIA-0192-19 / XVIIB-0046-19.

[17] WEN J Y, TIAN Y H. High performance printed electrically conductors adhesives by doping of polyaniline nanomaterials into silver paste [Z]// VIIA-0186-19.

[18] PENG P, SUN H, GERLICH, et al. Adrian Ultra-high yield strength of silver nanoporous materials [Z]// VIIA-0187-19.

[19] YAN J F. Ablation of dielectric and metal materials using femtosecond pulse laser [Z]// VIIB-0204-19.

作者简介: 邹贵生,男,1966年出生,博士,清华大学长聘教授,博士生导师。研究领域主要包括微纳连接与器件、超快激光材料精密加工、纳米材料合成及应用、电子封装材料与技术、焊接冶金与理论等。发表期刊和会议论文300余篇,其中SCI/EI收录110/130余篇。E-mail:zougsh@ tsinghua. edu. cn。

金属焊接性（IIW C-IX）研究进展

吴爱萍

（清华大学机械工程系，北京 100084）

摘 要：IIW2019 第 72 届国际焊接年会金属焊接性委员会（IIW C-IX）共收到论文和摘要 33 篇，分 4 个分委会：低合金钢接头分委会（Commission IX-L）、不锈钢与镍基合金的焊接分委会（Commission IX-H）、蠕变与耐热接头分委会（Commission IX-C）和有色金属材料分委会（Commission IX-NF），安排交流报告 34 篇。本文主要根据这些论文和摘要，介绍金属焊接性方面的研究进展并进行简要评述，为我国焊接工作者关注金属材料及其焊接性的发展和先进研究方法的应用提供参考。

关键词：金属焊接性；组织与性能；气孔；裂纹；国际焊接学会

0 概述

国际焊接学会金属焊接性委员会（IIW C-IX）下设 4 个分委会，分别为低合金钢接头分委会（Commission IX-L）、不锈钢与镍基合金的焊接分委会（Commission IX-H）、蠕变与耐热接头分委会（Commission IX-C）和有色金属材料分委会（Commission IX-NF）。在斯洛伐克布拉迪斯拉发召开的 2019 国际焊接年会共收到论文和摘要 33 篇，安排交流 34 个报告。其中，低合金钢接头分委会 10 篇论文/10 个报告、不锈钢与镍基合金的焊接分委会 14 篇论文/14 个报告、蠕变与耐热接头分委会 6 篇论文/7 个报告、有色金属材料分委会 2 篇论文、1 篇摘要/3 个报告。论文和摘要的第一作者来自日本 9 篇、德国 6 篇、瑞典 5 篇、韩国/美国/芬兰/中国各 2 篇、奥地利/巴西/乌克兰/丹麦/印度各 1 篇。另外，斯洛伐克焊接研究所在蠕变与耐热接头分委会交流了 1 个报告。

1 低合金钢的焊接性研究

本届年会低合金钢焊接性的研究主要涉及接头组织与性能的改善（包括联机或在线热成形、焊丝表面涂覆合金元素）、焊接热输入对异种高强钢接头组织与性能的影响、Mn 和 Al 对焊缝中针状铁素体形成的影响、合金元素（Ti、Nb 等）对焊缝组织与性能的影响、焊缝组织与性能的不均匀性、低成本高 Mn 低温钢埋弧焊的组织与性能、工件振动对焊缝熔深形状的影响，还有熔丝电弧增材制造实现多种材料的构件设计与制造。

焊接因产生不均匀的组织而降低接头的力学性能，并使构件的预期寿命缩短。为了弥补这一不足，焊后要再进行处理。德国开姆尼茨理工大学（Chemnitz University of Technology）的 T. E. Adams 等人[1] 在去年的研究基础上，进一步展示了焊接与成形复合的创新专利工艺 Weld-Forming（原理如图 1 所示，实际装置如图 2 所示）。该工艺直接利用焊接热对焊缝及近缝区进行热成形，通过再结晶使接头的组织和性能均匀。通过试验和数值模拟方法，验证了这种新工艺的有效性。试验焊接母材为 4mm 厚的 S235JR（1.0037），焊丝为高匹配填充材料 G4Si1。先通过工艺试验获得合适的焊缝成形，使正背面余高高度合起来不超过板厚的 80%。再利用焊接与热成形分离的方法（先焊接，之后在炉中加热到不同温度后进行热成形），研究各种因素（包括温度、应变量、初始组织等）

对再结晶行为的影响，以确定 WeldForming 工艺。最后在 WeldForming 系统中通过调整优化参数来实现。结果证实，利用 WeldForming 方法，整个接头晶粒尺寸分布均匀，尺寸变化因子不超过 1.3，而不进行 WeldForming 的为 15。提高成形温度可以使接头的最高硬度减小 50%，拉伸试验表明接头破坏区域在焊接区以外的母材中，这些结果表明不需要分步后处理工艺就可以获得高质量的焊接构件。

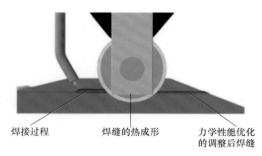

图 1 WeldForming 工艺原理图

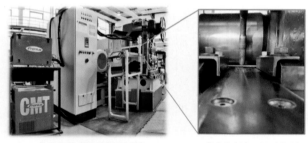

轧机与焊机的整体装置图　　高度与倾角可调的焊枪

图 2 WeldForming 的实验装置

利用磁控溅射在焊丝表面沉积各种元素涂层，可以影响电弧特性、熔体的表面张力和流动性以及焊缝金属性能，并因此改善接头的静态强度和疲劳性能。之前的研究表明，表面镀 Ti 对表面张力的影响最大，而且电离度好，可以获得平且宽的熔深。德国克劳斯塔尔工业大学（TU Clausthal）的 K. Treutler 和 V. Wesling[2] 比较研究了不同母材（热轧细晶结构钢 S700MC 和细晶调质结构钢 S690QL）条件下，焊丝表面镀 Ti 与否对三种载荷情况下接头性能的影响。焊丝表面均匀磁控溅射 10μm 厚度的 Ti 镀层，焊缝金属中 Ti 的质量分数可达 1.14%。采用双

面角接的 T 形接头（图 3a），保护气体为 82%Ar+18%CO$_2$。从 T 形接头中提取两种不同的试样（图 3b 和 c），平拉伸试样用于测拉伸性能和正常应力假设下的 S-N 曲线，T 形试样用于考察考虑缺口应力时的行为。两种类型的加载（拉伸和弯曲）测试疲劳性能，应力系数 R=0.1。焊缝中的 Ti 元素，主要以碳化钛和碳氮化钛的形式析出，使基体中的碳含量减少，影响组织转变及其结果。焊丝表面涂 Ti 的焊缝，铁素体多、马氏体和贝氏体少。焊丝表面有无涂层焊缝的硬度差不多，接头静态强度基本与母材相同，表面镀 Ti 焊丝焊接 S700MC 的接头拉伸 R$_{p0.2}$ 达 725MPa、抗拉强度 R$_m$ 为 825MPa、断裂伸长率为 9.7%；平试样拉伸循环载荷下接头疲劳强度为 333MPa，而无涂层焊丝试样为 206MPa；T 形试样 R=0.1、2×10^6 循环下的疲劳强度约为 250MPa，而无涂层焊丝试样为 175MPa；动态加载条件下屈服极限也提升了 10% 左右。

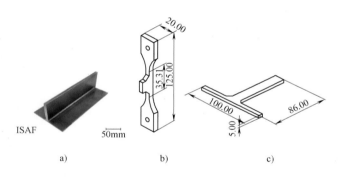

图 3 接头与试样
a）T 形接头　b）平拉伸试样　c）T 形试样

高强低合金钢或微合金钢通常通过热机械处理工艺（TMCP）来达到最优组织和性能，而微合金元素的加入对通过 TMCP 获得最佳性能非常关键。但微合金元素的影响与其他元素的存在及含量密切相关，如 Nb 的影响与其含量和其他元素如 Mo、Mn、Ti、Si 的含量有关。美国俄亥俄州立大学（Ohio State University）的 T. Patterson 和 J. C. Lippold[3] 针对含 Nb 0.1%（质量分数）的 API 5L X70 级管线钢埋弧焊制造管道时，由于母材中 Nb 含量较高，因稀释作用

而进入焊缝，使焊缝金属的冲击韧性受到影响的问题，研究了 Nb 和其他合金元素对组织和性能，尤其是冲击韧性的影响。先分析几种商业焊丝焊接含 NbX70 钢时的稀释率及其对组织的影响。用含 Nb 0.103%（质量分数）的 X70 钢和 C、Mo 含量高（$w_{Mo}=0.5\%$）而 Mn、Si 含量低的 E1 焊丝，以及含 Mn、Si、Ti（$w_{Ti}=0.143\%$）、B 的 E2 焊丝搭配熔炼不同成分的组扣（含 Nb 的 X70 钢和 E1、E2 焊丝的成分见表1），用 Thermo-Calc® 软件分析相的形成和转变。组织与稀释比例有关，所研究比例内所有组织都是贝氏体，焊丝中 Ti-B 含量增加、MA 组元增多，板条状贝氏体减少。Ti-B 含量最高的凝固组织硬度最高，与其形成的粒状贝氏体和 MA 组元增加有关。Nb 含量影响组织变化，而且其影响与焊缝的成分有关。在组织变化不明显的情况下，Nb 含量提高使硬度提高。

作者还研究了在不同成分的低合金钢母材表面进行埋弧单层堆焊和开坡口双面双层埋弧焊，变化熔化区内的 Nb 含量和其他合金元素 Mn、Si、Cr、Mo、V、C，以分析焊缝金属中的 Nb 对组织和性能的影响。单道焊-40℃下的半尺寸 CVN（Charpy V-notch）测试结果表明，由于稀释作用，焊缝成分不同导致冲击韧性不同，Nb 对冲击韧性有影响，焊缝中的 Nb 含量超过一定门槛值后冲击韧性明显降低，门槛值与焊缝中的其他合金元素及含量有关。C（$w_C=0.06\%$）和相对较高 Mo（$w_{Mo}=0.2\%$）含量的双层焊缝中，Nb 含量提高，冲击韧性降低。$w_{Nb}=0.014\%$ 和 $w_{Nb}=0.030\%$ 焊缝的硬度基本相同，$w_{Nb}=0.084\%$ 焊缝的硬度略高一些。$w_{Nb}=0.084\%$ 焊缝中的再热区硬度明显提高，但 $w_{Nb}=0.014\%$ 和 $w_{Nb}=0.03\%$ 的焊缝再热区硬度却变化不大。几种焊缝拉伸塑性基本相同（图4a），只是 Nb 含量高的焊缝冲击韧性降低（图4b）。研究结果进一步证实了 Nb 对焊缝组织与性能的影响与其他元素及含量有关。

韩国汉阳大学（Hanyang University）的 Kangmyung Seo 等人[4]，研究了 TiN 钢在高热输入双丝气电立焊（EGW）时熔合线附近和焊缝

表1　含 Nb 的 X70 钢和 E1、E2 焊丝的成分（质量分数，%）

	C	Mn	Si	Cr	Mo	Cu	Nb	Ni	Ti	N	B
X70	0.04	1.56	0.23	0.035	0.005	0.026	0.103	0.012	0.017	0.0048	0.0000
E1	0.10	1.03	0.11	0.035	0.500	0.012	0.001	0.016	0.001	0.0027	0.0001
E2	0.08	1.56	0.29	0.051	0.000	0.015	0.001	0.020	0.143	0.0021	0.0110

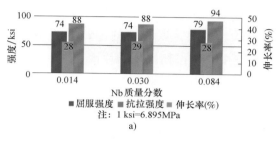

注：1 ksi=6.895MPa
a)

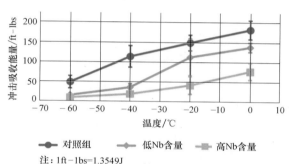

注：1ft-1bs=1.3549J
b)

图4　两道焊焊缝的拉伸和冲击性能
a）拉伸性能　b）冲击性能

中存在的冲击韧性的局部变化问题。随着焊接容器和船体用钢强度和厚度的增大，为了提高焊接效率多采用高效焊接方法，如双丝 EGW 等，其热输入也相应提高，如焊接 80mm 厚的钢板热输入提高到 60kJ/mm。为了解决高热输入的 HAZ 晶粒粗化、韧性降低等问题，开发了包括 TiN 钢在内的新型钢种。TiN 高温稳定，可以抑制热影响区的晶粒长大，但是在靠近熔合区，温度接近熔点，TiN 分解进入固溶体，很大程度上失去了抑制晶粒长大的作用，尤其是像 EGW 这样的高热输入焊接时。钢厂通过增加氮含量、控制 Ti/N 比，来提高 TiN 稳定性、开发新 TiN 钢种。之前的研究表明，含 N 高的 TiN 钢 1400℃ 以下晶粒长大的趋势很小，但双丝 EGW

的熔合线附近超过1400℃的时间相对较长，此区域晶粒长大情况及其对韧性的影响还不清楚。该研究就是希望明确双丝EGW情况下，含N高的TiN钢熔合线附近区域的晶粒长大和冲击韧性的降低情况。EGW中另外一个需要考虑的因素是焊缝的韧性，尤其是双丝焊时。虽然通过焊丝的合理合金化和控制焊接条件，焊缝的冲击韧性可以达到要求，但是也发现焊缝金属的冲击韧性存在较大的分散性，缺口开在中心位置时值较低。因此，该研究的第二个目的就是要明确焊缝中心冲击韧性低的原因。

采用两种80mm厚的钢板进行双丝EGW焊接，一种是TiN钢，另一种是传统钢。先观察了接头熔合线附近的组织，发现TiN钢粗晶区0.5mm宽、晶粒500μm，而传统钢分别为3mm和650μm；在熔合区附近取样测试-20℃下的冲击韧性，先开缺口制备试样，后准确测量缺口位置与熔合线的距离，获得冲击韧性值随缺口与熔合线距离变化的曲线，缺口在熔合区及与之距离0.2mm位置的冲击韧性值分散性比较大（图5）。之后用热模拟实验研究热影响区最高温度与冲击韧性的关系（图6），发现在峰值温度1400℃后冲击韧性开始降低。结果表明，TiN钢在1400℃左右晶粒开始长大，在1450℃长大严重，因此在1400℃左右冲击韧性开始降低，在1450℃显著降低。双丝EGW的HAZ中粗晶区只有0.5mm宽，且其方向与缺口方向不平行，因此冲击韧性值分散性大。冲击韧性值分散与粗晶区窄，且可能与缺口不平行有关。

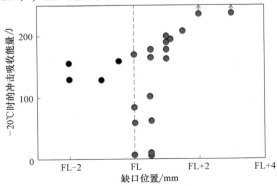

图5　冲击韧性与缺口位置的关系

焊缝组织研究表明，焊缝中心存在2mm左右宽度的柱状晶束。当缺口位于焊缝中心、裂纹扩展方向与柱状晶平行时，裂纹非常容易沿此方向扩展，冲击韧性低、断口的解理面很大。

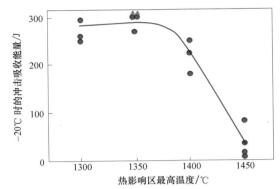

图6　冲击韧性与热影响区最高温度的关系

韩国釜山国立大学（Pusan National University）的Myeonghwan Choi等人[5]研究了高Mn钢埋弧焊的组织及性能与温度的关系，重点是接头在298K和110K下的变形模式及其与拉伸性能的关系。高Mn钢是低成本低温容器用钢，发现有不同的变形模式，从ε-马氏体、变形孪晶到层错能（SFE）增大时的位错移动。已有不少针对其他焊接方法的研究，但埋弧焊作为厚板高效焊接方法的研究还基本没有。断口附近组织观察结果发现，298K拉伸时，Σ3晶界多但相变不多；而110K拉伸时Σ3晶界多，ε-马氏体也多，马氏体沿Σ3晶界开始相变。同样温度下焊缝中的Σ3晶界比母材中多。焊缝金属表现出较低的SFE，硬度比母材低，晶粒比母材粗（焊缝和母材晶粒分别为≈86μm和≈12μm），接头拉伸时均断在焊缝中心。研究结果表明，298K拉伸时变形模式只有变形孪晶；110K拉伸时变为变形孪晶与ε-马氏体混合模式，因此强度提高；带变形孪晶的ε-马氏体拉伸时提前颈缩，使伸长率降低。不过，高Mn钢埋弧焊接头低温下仍能保持良好的力学性能，伸长率、抗拉强度和屈服强度可分别达到20%、1150MPa和617MPa。

日本大阪大学的H. Hamed Zargari等人[6]研究了工件振动对脉冲熔化极气体保护焊焊缝熔深形状的影响。工件振动是一项改善焊缝和热影响区组织、减小残余应力的技术。焊接时振动工件不仅可以起到如焊后振动消除残余应力的作用，而且同时会对焊接熔池产生"搅拌"作用。搅拌熔池，不仅可以加速熔池的散热、有利于结晶形核，提高形核率，起到晶粒细化的作用；而且可以改善熔池金属与焊接母材的接触，减小焊缝区的温度梯度；此外，还有助于焊接熔池中气体、夹杂等的上浮，从而减少气孔、夹杂等焊缝缺陷。因此工件振动不仅可以减小残余应力，还可以细化晶粒，减少孔洞，改善HAZ形貌和接头性能。但发现在用 $\varphi_{CO_2} = 18\%$ 的保护气体进行双丝脉冲熔化极气体保护焊时，连续的 sine 模式工件振动使熔深由指状熔深变为锅底状熔深。为了明确原因，研究了不同振动频率和方向的影响，分析了单丝、双丝焊接试样的组织和成分。振动频率在 320Hz 和 250Hz 时，单丝和双丝焊缝熔深均发生改变。双丝焊接时焊接熔深的下凹角度超过 165°，而不振动时只有 125°。Si 的成分分布分析结果表明，振动时 Si 在焊缝中分布均匀，而不振动时偏析在底部。单丝焊中也有同样的趋势，但振动影响不如双丝显著。双丝焊接时振动有利作用大，振动方向与焊接方向相同时作用大。熔池振动频率随表面张力增大、密度提高、熔池尺寸的减小而提高。熔池较小时，表面张力起主要作用，而大熔池时重力起主要作用。

日本新日铁公司的 Naoto Fujiyama 等人[7]研究了埋弧焊焊缝中 Mn 和 Al 对针状铁素体（AF）形成的影响。埋弧焊焊缝金属的组织主要由 AF 组成，其冲击韧性与 Al/O 比例有关，比例合适时韧性高。氧化物成分和数量决定 AF 的形成和韧性。也有报道认为 Mn 也是形核元素，因其晶格参数与铁素体匹配而促进 AF 形成。但影响 AF 的不同因素和机理还不清楚。该论文研究 Al/O 比例（Al 含量）和 Mn 含量不同时 AF 的形成行为。研究结果发现，脆性转变温度 DBTT 与有效晶粒尺寸（定义为取向差 15°以上晶界包围的晶粒、与其面积相同的等效圆直径）

有关（图7），Al/O 比例合适（约为 0.5）、Mn 含量高时有效晶粒尺寸小，DBTT 低，韧性好（图8）。AF 形核处是 $MnAl_2O_4$ 和 Ti 的非晶氧化物（TiO）包围的复合夹杂物，TiO 晶格与铁素体匹配，由 TiO 包围的夹杂物促进 AF 的形核。Al/O 比例高时，外围无 TiO，不利于 AF 形核。Al 含量高时，形核夹杂物数量少，有效晶粒尺寸大。而 Mn 含量高低基本不影响形核数量，但 Mn 含量高的焊缝中，夹杂物周围出现贫 Mn 区（分析认为外围的 TiO 吸收了 Mn），Mn 含量降低、γ-α 相变温度提高，因此促进了 AF 的形成。焊缝 Mn 含量低时贫 Mn 程度低或不出现贫 Mn 区。因此夹杂物外围是否包围 TiO 和是否存在贫 Mn 层均影响 AF 的形成，TiO 晶格与铁素体匹配促进 AF 形核，贫 Mn 通过提高相变驱动力促进 AF 的形成。

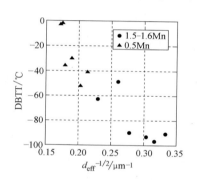

图7 DBTT 与有效晶粒尺寸的关系

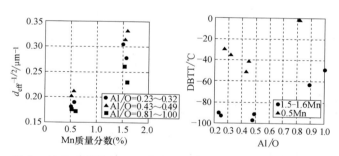

图8 Al/O 比例和含 Mn 量与有效晶粒尺寸及 DBTT 的关系

巴西（联邦技术教育中心）的 J. C. F. Jorge 等人[8]研究了 C-Mn 钢埋弧焊熔敷金属含 Ti 和不含 Ti 的组织与韧性。因 Ti 对 AF 形成的有效作用，其对 C-Mn 钢熔化极气体保护焊焊缝组织和性能的影响已有广泛研究，其他一些高能量焊接的研究也证实了 Ti 对焊缝金属冲击韧性的重要性。但是工艺与组织的信息并不充分，不能系统解释其力学行为。除了 AF 数量，其他因素，如有效晶粒尺寸、再结晶比例（再热引起的再结晶），以及微观相的存在也需要考虑到组织与性能的关系中。多层多道埋弧焊条件下，由于存在后续焊道的再热作用，Ti 对焊缝金属组织和性能的影响还不清楚。该论文主要研究含 Ti 和不含 Ti 的 C-Mn 钢多层多道埋弧焊焊缝的组织，以更好地理解 C-Mn 钢焊缝中元素的作用。实验埋弧焊的热输入为 3.2kJ/mm，1 层 3 道焊接，4 层共 12 道焊缝，焊缝 Ti 的质量分数分别为 3×10^{-6} 和 21×10^{-6}，层间温度为 200℃。在光学显微镜（OM）下定量统计组织组成，焊缝组织包括初始铁素体（Primary Ferrite，PF），含第二相的铁素体 FS（即贝氏体）和 AF。在放大 2500 倍的扫描电镜（SEM）中统计微观相，用电子背散射衍射技术（EBSD）测量晶粒尺寸。与气体保护焊焊道多、再热区比例大不同，埋弧焊焊缝中柱状晶占 60% 左右，与热输入大、焊道少有关。Ti 的质量分数为 21×10^{-6} 的焊缝 AF 含量高、MA 组元少（6%）；Ti 的质量分数为 3×10^{-6} 的焊缝，长条状 MA 组元多，且 MA 组元含量高（11%）。长条状的 MA 组元对冲击韧性更有害。结果表明，埋弧焊焊缝中 Ti 也对组织和冲击韧性表现出有利的作用。作者根据研究结果认为，OM、SEM 和 EBSD 结合是检查焊缝精细组织的有效手段。不同区域的组织演变与采用的工艺密切相关。讨论冲击韧性与组织的关系要准确观察检测位置的组织。

芬兰拉赫蒂理工大学（Lappeenranta-Lahti university of Technology）的 F. N. Bayock 等人[9]研究了冷却速度不同时形成的贝氏体/铁素体/马氏体对异种高强钢焊接接头性能的影响。异种高强钢为 S700MC/S960QC，板尺寸为 300mm×200mm×8mm，开 60°V 形坡口、2mm 间隙。焊接工艺为熔化极气体保护电弧焊（GMAW），保护气体为 Ar+18%CO$_2$，填充材料为 X96。根据之前的连续冷却组织转变图，S960QC 高强钢在 570℃ 开始发生贝氏体相变，470℃ 贝氏体相变结束，同时开始马氏体相变，马氏体相变结束温度为 400℃；S700MC 高强钢在 670℃ 开始发生铁素体相变，615℃ 铁素体相变结束，同时开始贝氏体相变，500℃ 贝氏体相变结束。在 7~15kJ/cm 热输入范围内，S700MC 侧热影响区，其相变温度高，形成大量铁素体和渗碳体，造成软化，拉伸时断裂在 S700MC 侧热影响区，热输入小时，拉伸性能好（强度高、伸长率大）。小热输入焊接时抗拉强度略高于 S700MC 母材、伸长率接近母材。

德国克劳斯塔尔工业大学（TU Clausthal）的 K. Treutler 等人[10]根据电弧增材制造的特点，提出了按需制造多材料构件的方法。介绍了三种利用电弧增材制造（WAAM）制备多材料构件的例子。一是在较软的易变形的基体材料中加高强度材料调整加载方向的力学性能，如交替沉积 FeNi36 和 Mn4Ni1.5CrMo 超高强细晶结构钢，三道 FeNi36、一道 Mn4Ni1.5CrMo，基体占 75%，构件力学性能实现各向异性，基体性能得到强化（图 9）。二是在高强度角接头基板的焊趾位置沉积容易变形的 FeNi36，使应力峰值降低，接头疲劳性能提高，允许的循环载荷可提高 35%（图 10）。三是通过调整沉积策略控制稀释率，减小堆敷的防腐层厚度，可以将所需的防腐层厚度降低 50%（图 11）。

综上所述，低合金钢焊接性的研究还是以组织与性能的关系及其改善为研究核心，以成分和工艺对组织和性能的影响为主，对接头和焊缝性能的分散性也有所关注。随着使用性能要求和制造效率要求的提高，以及材料成本降低的发展趋势，低合金高强钢的成分向着多元合金化、低成本合金化、成分更加复杂的方向发展，合金元素的影响更加复杂和多样，需要在具体成分中研究各种元素及含量对组织和性能的影响，如 Nb、Ti、Mn、Al 等元素对组织和性能的影响与焊缝成分密切相关。在组织和性能的改善方面，德国和日本的研究机构在前期研

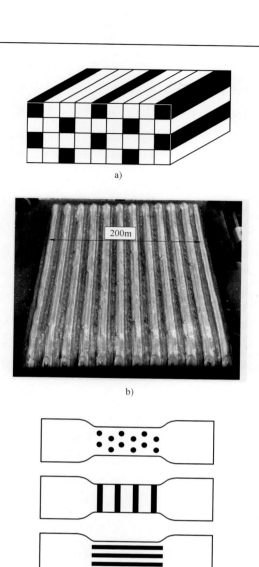

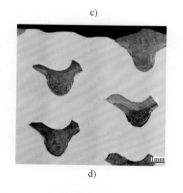

图9 电弧增材制造软硬交替材料

a）硬材料增强软材料基体的示意图　b）增材制造获得的试样

c）几种不同方向的拉伸试样示意图　d）横截面宏观形貌

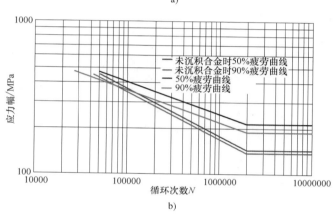

**图10 焊趾位置沉积容易变形合金提高
角接头疲劳性能**

a）焊趾位置沉积示意图　b）疲劳性能 S-N 曲线

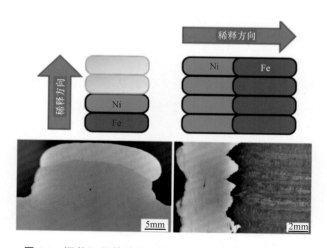

图11 调整沉积策略控制稀释率减小堆敷防腐层厚度

究的基础上，进一步深入开展焊接与成形复合工艺的装备开发和工艺参数的影响研究、焊丝表面镀合金元素的均匀化技术以及对组织和性能的影响研究、工件振动对焊缝熔深形状及成分均匀性影响的研究，都取得了更加广泛和全面的结果，使新技术走向应用更向前迈进了一步。随着增材制造技术的广受关注，电弧增材制造因其成本低、效率高、柔性好而得到广泛研究，本次会议上德国克劳斯塔尔工业大学展示的利用电弧增材制造技术按需制备多材料构件的例子，为电弧增材制造技术开拓了更加广泛的研究和应用空间。

2 不锈钢与镍基合金的焊接性研究

不锈钢与镍基合金的焊接性研究主要涉及热裂敏感性评价方法的标准化、双相不锈钢接头的组织与性能以及失效分析、镍基合金和不锈钢的热裂敏感性，以及经过晶界工程处理的奥氏体不锈钢的热裂敏感性评价与晶界工程新工艺的探讨。

热裂是不锈钢和镍基合金焊接时最容易出现的问题，热裂敏感性评估是其焊接性研究的重要内容。已有超过100种的技术用于量化热裂敏感性，其中几种已标准化。最近，IIW-IX启动了不同热裂试验方法的循环比对试验，目的是评估不同参与者提供的测试设备、测试规程、试样准备和结果。发现不同试验方法或同样方法不同试验室测试会给出矛盾的敏感性测试结果，因此认为，为了使测试结果具有好的可比性，需要开发和建立标准设备与规程。

可变拘束试验广泛用于评价材料的焊接热裂敏感性，在各种热裂敏感性试验方法中约90%是用可变拘束试验，其中17%是纵向可变拘束试验，27%是横向可变拘束试验，28%是点状可变拘束试验，还有28%不清楚用哪种可变拘束。纵向和点状可变拘束试验主要用于评价HAZ的液化裂纹和高温失塑裂纹，横向可变拘束试验主要用于焊缝凝固裂纹，有时也用于评价高温失塑裂纹，评价指标有裂纹总长、裂纹数量以及最大裂纹长度，另外还有从最大裂纹长度以及冷却条件和应变条件等转换过来的脆性温度区间BTR。纵向试验有 AWS B4.0 标准，横向和纵向在 ISO 17641-3 中有技术报告，但 AWS 和 ISO 中测试方法和条件不够充分，因此试验和评价不统一，方法的细节取决于研究者。

另外，AWS 标准在试样的厚度上有限制（主要用于厚板）。因此有必要建立可用于各种条件的，如试样类型、焊接工艺等的标准化统一方法。瑞典山特维克材料科技公司（Sandvik Materials Technology）的 Mikael M·Johansson 等人[11]用纵向可变拘束试验评价高温奥氏体不锈钢 uns s31035 热裂敏感性，研究了操作者和评估技术对测试结果的影响。测试了六个不同应变水平（0.7%～3.8%）的四种试样。四个操作者在25倍放大倍数下根据同样的操作流程测量了同样试样的裂纹。另外，选一个操作者用图像分析技术在50倍放大倍数下评价试样。50倍放大倍数下图像分析时根据裂纹走向测量热裂纹长度，而25倍放大倍数下手工测量时则按直线测量，因此图像分析时的裂纹总长比手工测量长，而且可以检测到更小的裂纹，所以裂纹数量也比25倍下人工检测到的要多；最终图像分析出的焊缝和热影响区的平均总裂纹长度与裂纹数量约是人工测量的1.5倍。以最长裂纹的长度作为评价标准时两种检测方法具有一致性。低应变、裂纹少时四个操作者检测结果差别最大，但需要在其他放大倍数下验证。用图像分析技术进行可变拘束热裂试验评估可为以后研究提供图像结果。日本大阪大学的 Kota KADOI 等人[12]也开展了可变拘束试验标准化研究，主要针对横向可变拘束试验。同样进行循环比对试验，以检验影响因素（如试验条件、设备以及试验人员等因素）对测试结果的影响。用5种设备试验，其中4种为双弯（图12）、1种为单弯。试验材料为5mm厚的310S奥氏体不锈钢，宽度和长度是各个设备的最佳尺寸，焊接方法为GTAW，熔深约为板厚的一半，拉伸应变为3%，电弧移动到中心位置时加应变。有两种焊缝长度试验（图13）：加应变时电弧停止和加应变后继续焊接。SEM 和 OM 检查裂纹，愈合裂纹计入裂纹长度。6个试验人员，每个试件测试2次。结果表明，不同试验人员测试的最长裂纹的长度（MCL）最接近，裂纹数量和裂纹总长

TCL 误差较大，可能与不同人对裂纹张开和扩展裂纹的端部判断不同有关。SEM 下测量与 OM 下测量相比，裂纹数量大、MCL 短。这是因为 SEM 看裂纹形貌比较清楚，而 OM 容易误将皱褶作为裂纹。最后认为，MCL 和 BTR 是横向可变拘束试验评价热裂敏感性的最佳标准，加应变时电弧停止的焊缝更适合于获得准确的裂纹长度和 BTR。双弯和单弯以及不同设备的测试结果规律不明显。

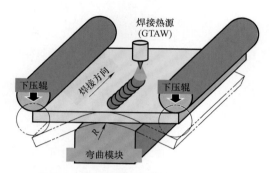

图 12 双弯横向可变拘束试验示意图

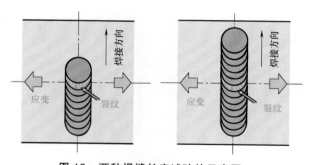

图 13 两种焊缝长度试验的示意图

日本 IHI 公司的 Daisuke Abe 等人[13] 也研究了横向可变拘束试验的试验程序标准化问题。在三个实验室开展循环比对试验，在两个实验室进行 SS310s 的可变拘束试验，在三个实验室测试裂纹。试验程序根据调研结果采用世界范围内常用的程序和设备。试板尺寸为 127mm×76.1mm×6.35mm，裂纹用 OM 检测，裂纹总数和最大裂纹长度 MCL 作为指标。结果表明，评价人员、设备和参数均会造成差别。不同设备测试结果，裂纹总数差别较大，MCL 差别较小。活塞下降速度影响裂纹总数，速度快总数大；弯辊间距大，裂纹总数大；电流不同，焊缝宽度

不同、应变不同。因此，针对人员，需要有详细的操作程序；对于设备和参数，应变速率和决定活塞下降距离的几何参数影响较大，尤其是对裂纹总数。另外，试验电流是获得恒定应变的重要参数，而应变是影响可变拘束试验结果的关键。从而提出了减小不同实验室之间测试结果差别的标准化程序，包括：①电流尽量不变；②活塞下降速度尽量不变；③避免过量弯曲；④表面状态要详细并一致；⑤如何确定液固界面要明确规定。

双相不锈钢需要保持铁素体和奥氏体的平衡比例才能具有最佳力学性能和耐蚀性能。激光用于快速焊接薄板（≤1mm）双相不锈钢，由于其加热和冷却速度快，可能会产生全铁素体焊缝。除了焊缝中奥氏体含量，焊缝宽度也是影响焊缝力学性能和耐蚀性能的重要因素。焊缝宽度减小，奥氏体/铁素体比例的影响减小。目前估计焊缝耐蚀性能的模型已不适合于激光焊缝，因为只是部分考虑了激光焊缝形状和快速冷却速度的影响，而且三维散热在薄板焊接中已不适用。德国的 Stefan Ulrich 等人[14] 研究了激光焊接参数对 0.5mm 厚的冷轧 2205（EN 1.4462/UNS S32205）双相不锈钢激光焊缝耐蚀性能和相平衡的影响。他们采用拉丁超立方抽样方法（Latin Hypercube Sampling）研究了激光模式、焦点直径、激光功率、焊接速度、聚焦位置等因素对焊缝宽度、深宽比、焊缝和 HAZ 硬度、焊缝奥氏体含量、耐蚀性等的影响，并分析了各因素之间的线性相关性。结果发现焊缝奥氏体含量主要取决于焊接速度，聚焦直径和激光功率的影响较小。趋势是功率相同时，聚焦直径较小、奥氏体含量较少。单模、聚焦直径小时焊缝深宽比大，冷却速度快，奥氏体含量低。多模聚焦直径较大时，深宽比降低，冷却速度减小，先是晶界出现奥氏体，聚焦直径再大时，焊缝很宽，HAZ 也很宽，焊缝中不仅晶界出现奥氏体，晶内也有奥氏体出现。根据腐蚀试验结果建立了试验条件下的相关性模型，

可根据参数估计薄板焊缝的耐蚀性。为了保证实际情况，公式的条件包含了快速冷却和小光束直径，通过相关性分析得到了各工艺参数对耐蚀性的影响规律。

超级双相不锈钢SDSS合金含量比一般双相不锈钢高、性能更好，可应用于更苛刻的条件。铁素体与奥氏体各半时性能最好，焊接中保持双相比例以及第二相的析出是主要问题。焊缝金属成分一般会与母材不同，因此需要采用合适的焊接参数，以达到满意的组织。多道焊和增材制造时情况更复杂，因为不同位置金属经历不同峰值温度的多次热循环。而超级双相不锈钢多道焊焊缝组织演变还未得到很好研究。瑞典University West的Vahid Hosseini等人[15]研究了13mm厚V形坡口多道熔化极气体保护焊焊接2507超级双相不锈钢板时焊道形貌与组织的演变。4道焊道，热输入在0.81~1.06kJ/mm范围内。用热电偶测量热循环，通过几何方法和化学成分分析方法测量母材的稀释率。结果表明，几何方法更合理。上面焊道的稀释率低于下面焊道，由于层间温度提高加入新焊道时已有焊道的冷却速度降低。焊态下上面焊道的铁素体含量低，因为冷却速度低、稀释率低。再热焊道的奥氏体晶粒形貌因峰值温度和再热次数不同而不同。被第3和第4焊道再热、温度处于临界析出温度的区域有σ相析出。用图像分析和Fisher铁素体仪测量的铁素体含量显示，再热道数多的焊缝金属铁素体比例向50/50移动。后热峰值温度在1100~1250℃的通过初始奥氏体生长增加奥氏体，峰值温度在800~1110℃的通过析出二次奥氏体增加奥氏体含量，不同峰值温度的再热，主要通过粗化原始奥氏体和析出与粗化二次奥氏体来改变组织。第2道焊缝在800~1000℃多次再热的区间析出了σ相。多次再热使HT-HAZ析出的氮化物分布不均匀。经过再热的焊道中铁素体含量在48%~51%，最后一道58%。焊道第一次再热后奥氏体分布不均匀，但经过多次再热后就均匀了。最后还给出了超级双相不锈钢多道焊组织分布图（图14）。

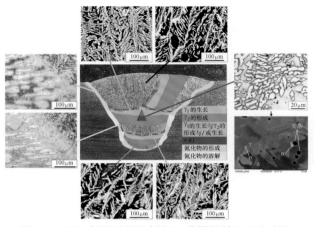

图14　2507超级双相不锈钢4道焊焊缝组织分布图

芬兰VTT技术中心的Pekka Nevasmaa等人[16]开展了2205双相不锈钢焊接接头的失效分析。精炼厂停机时在由2205双相不锈钢制造的气体分离器中出现了大量的平行于对接环缝接头的裂纹（图15）。接头在内部最高温度45℃，内压4.7MPa，氢气、硫化氢、二氧化碳和水混合的条件下运行了约两年。研究的目的是阐明裂纹产生原因与机制。双相不锈钢开裂通常与高铁素体含量（磁测法测量的铁素体体积分数大于80%）、高氢含量和高应力相关联。通过裂纹扩展路径观察、组织分析和断口表面分析，发现裂纹启裂和扩展靠近接头但并未扩展进熔合线和HAZ中组织不利（晶粒粗大、铁素体含量高）的区域，而是扩展进入母材。裂纹基本都在铁素体中，一般都是绕过奥氏体（图16），断裂的微观机制主要是穿晶准解理脆性断裂（图17）。裂纹宏观形貌较直且有撕裂，意味着有高应力状态的参与。由于气体分离器构件刚度和拘束度大，所以高应力状态最可能产生自焊接残余应力。虽然表面附近存在不正常和不利的组织（粗大铁素体以及晶内析出相、硬度高、奥氏体少等）增加了抗氢致应力腐蚀HISC的敏感性，但组织因素不是先决条件，关键是高应力状态和持续不断提供的氢。裂纹启裂和先期扩展主要是因HISC所致，后期主要以疲劳机制扩展。

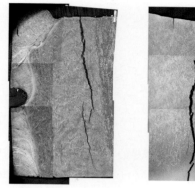

图 15　2205 双相不锈钢环缝接头运行两年后的裂纹

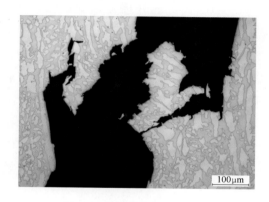

图 16　裂纹在铁素体中扩展

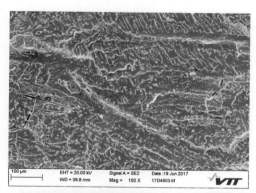

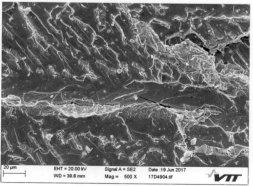

图 17　穿晶准解理脆性断裂断口

日本大阪大学的 Dong-cho Kim 等人[17] 用横向可变拘束试验定量评价了双相不锈钢的凝固裂纹敏感性。横向可变拘束试验产生的裂纹可以认为是凝固裂纹，也可以通过裂纹估计 BTR 和获得热塑性曲线。试验板厚 5mm，在 SEM 下检查裂纹，熔池背面用热电偶测温度循环。三种双相不锈钢（329J3L、S32101 和 327L1）在 1.67mm/s 焊速焊接时（电弧焊）的 BTR 分别是 58K、60K 和 76K，20mm/s 焊速焊接时（激光焊）的 BTR 分别是 43K、51K 和 67K。计算机模拟计算 S、P 的偏析以解释凝固裂纹敏感性的区别。结果表明，20mm/s 速度焊接时偏析数量比 1.67mm/s 时低，因此快速焊接裂纹敏感性低。另外，为明确结晶模式造成的液固共存温度区间的影响，P、S 含量保持不变，计算 329J3L 和 310S 的裂纹敏感性，结果表明 329J3L 裂纹敏感性低，因为其中的 S、P 偏析小。研究结果同时表明，双相不锈钢的热裂敏感性与以 FA 模式凝固的不锈钢相当（图 18）。激光快速焊接时由于热输入低、冷却速度快，焊缝组织细、热影响区小，热裂敏感性比电弧焊慢速焊接时低。通过计算偏析获得的凝固温度区间与试验测量的 BTR 有较好的对应关系，因此通过计算偏析获得凝固温度区间大小可用于预测热裂敏感性。

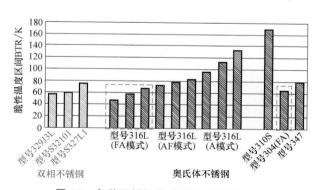

图 18　各种不锈钢的脆性温度区间 BTR

瑞典查尔默斯理工大学（Chalmers University of Technology）的 Fabian Hanning 等人[18] 研究了固溶处理对 ATI 718Plus 镍基合金二次相和修复焊接行为的影响。ATI 718Plus 通过调整化学成分促进 γ' 相形成，作为主要强化相而使其最高使用温度提高50℃。最初是以锻件为主，目前也有铸件，铸件Nb的质量分数为6.5%，比锻件的5.5%高。铸件中存在严重的偏析使其焊接性比锻件低。在制造大型复杂航空航天构件时焊接是不可避免的，而且铸件缺陷可以通过焊接进行修复。另外，铸件材料通常要经过均匀化热处理，以降低成分不均匀性以及溶解铸造过程产生的有害第二相。对于像718和ATI718Plus这样的含Nb合金，树枝晶间通常会由于Nb的偏析而形成脆性Laves相，通过共晶反应而使其初始熔点较低，在较低温度下出现液相，容易在焊接时HAZ出现液化裂纹。之前研究固溶处理对焊接开裂行为影响时发现，富Nb相有有利作用。作者通过先进材料分析手段深入研究组织特点和第二相，以明确第二相在补焊时的作用。铸件板材尺寸为150mm×60mm×13mm，平均晶粒尺寸为（1300±200）μm，由于铸件无须顾忌晶粒长大问题，因此热处理温度可以高一些。热处理主要是为了溶解有害二次相Laves相，Laves相的初熔温度是1160℃，所以选择三种有代表性的温度，分别处于Laves相初熔温度之下（1120℃）、正好（1160℃）和之上（1190℃）。通过对铸态组织进行1120℃、1160℃和1190℃保温4h和24h的准HIP热处理，研究ATI718Plus母材条件对焊接开裂行为的影响。用高倍SEM观察铸态组织推测存在Laves相、碳化物、γ′（120nm大小）以及很少量的η相。XRD分析萃取粉末只发现NbC和Laves相，热处理后Laves峰消失（1120℃×4h除外），且峰位移动，峰展宽。TEM衍射斑点和EDS分析确定铸态组织中存在Laves相、Nb（Ti）C、γ′相。因此，除了1120℃×4h条件外，所有均匀化处理均溶解了Laves相。用直线坡口多道手工钨极气体保护焊模拟修复焊接，填充焊丝为φ1.14mm的ATI718Plus。由于坡口焊接以及大的热输入，所有试样都有裂纹，焊缝区的裂纹看不出与母材状态相关，而且总裂纹长度比HAZ的小（图19）。但是热影响区的裂纹

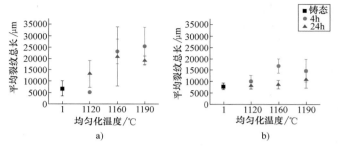

图19 不同热处理后焊接的HAZ和焊缝的裂纹总长
a）HAZ b）焊缝

与母材热处理条件有关，存在Laves相的母材（铸态和1120℃×4h热处理）热裂敏感性低。作者认为，无Laves相组织的液化机制是Nb（Ti）MC型碳化物的成分液化，而存在Laves相的材料Laves相共晶熔化形成的液膜厚而有利于提高抗裂性能。

瑞典查尔默斯理工大学（Chalmers University of Technology）的Sukhdeep Singh等人[19]针对新开发的Haynes282铸造合金HAZ液化裂纹开展了研究。Haynes282合金是很有潜力应用于航空航天的镍基高温合金，在650~930℃温度范围内表现出了很好的力学性能。与Waspaloy and Rene 41相比，通过优化γ′相可获得高温性能和制造性能的平衡。同样，根据需求在锻件之后又开发出了Haynes282铸造合金，虽然锻造合金与其他镍基合金相比，表现出很好的抗应变时效开裂能力和抗热裂性能，但是对于铸造合金，焊接性以及热处理的影响还需要研究。铸造合金由于偏析和晶粒粗大一般性能不如锻件，通常都需要进行均匀化热处理。锻造合金固溶处理的温度一般在1120~1150℃范围内，主要是要溶解二次碳化物相。对于铸造合金焊前热处理的合适温度还不清楚。对于铁镍合金和镍基合金，预热处理温度一般要避免1150~1160℃的γ-Laves相低熔点共晶的初期熔化，通常有两种热处理温度：一是1120℃固溶热处理，二是1190℃溶解Laves相热处理。作者之前对718和718Plus合金进行了同样的热处理，因此，虽然Haynes282中没有Laves相，但也做同样的热处

理，主要研究热处理状态对 HAZ 液化裂纹的影响。铸造合金经过 1120℃、1160℃ 和 1190℃ 保温 4h，之后进行 1135℃ 保温 30min 的固溶热处理。采用纵向可变拘束试验评定热裂倾向性，检测晶粒尺寸、二次相体积含量、XRD 检测相组成。用 JMatPro v8 预测各个相。组织观察结果：热处理温度提高，第二相含量减少；1120℃ 热处理后还可发现树枝晶间区域存在 Ti、Mo 碳化物和少量 Mo 的偏析（图 20a）；1190℃ 热处理后 Mo 偏析消失，而 MC（碳化物）仍然存在（图 20b）。热处理后硬度和晶粒尺寸基本不变。焊缝和 HAZ 均有裂纹，但焊缝热裂纹基本相同，铸造合金和 1190℃ 热处理的 HAZ 的液化裂纹倾向大（图 21），1190℃ 热处理的热裂倾向比铸态的还大。Gleeble 测试了 HAZ 的热塑性（断面收缩率），发现铸造合金的热塑性比锻造合金低，1150℃ 时断面收缩率开始降低，1200℃ 时降到 0。塑性降低与晶界液化造成的脆化有关。1150℃ 拉伸时虽然宏观看还属塑性断裂，但放大看已见有少量液化痕迹。1190℃ 热处理的材料 1200℃ 时碳化物液化，而 1120℃ 热处理的碳化物和富 Mo 相都发生了液化，液化量大。Haynes282 合金的平衡固相线温度是 1244℃，合金中不含有低熔点相，液化温度降低可能与晶界偏析的少量元素有关。JMatPro 分析表明（图 22），除了 M_6C 外，还有富 Mo 相、M_3B_2 和 σ 相析出，试验中没发现 M_3B_2 相，但 σ 相已有报道。热处理温度提高富 Mo 相减少，1190℃ 时基本都溶解了。1190℃ 热处理热裂敏感性大的可能原因是：富 Mo 相可能是 M_3B_2 相，1190℃ 热处理后分解，B 成自由 B 沿晶界分布，降低了晶界熔点造成液化；而其他温度下 B 主要被固定在 M_3B_2 相中。不同温度下热处理，硼化物的溶解状态不同，因此晶界偏析情况也不同。B 因为元素轻，$50×10^{-6}$ 的微量含量无法用常规显微方法检测到，因此这种解释还需要进一步确认。

北京科技大学和美国俄亥俄州立大学（Ohio State University）的 Huimin Wang 等人[20] 用数

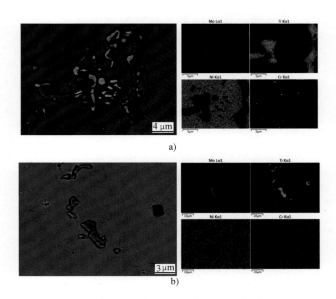

图 20　不同温度热处理后的枝晶间相形态及成分分布
a）1120℃×4h 的富 Ti-Mo 碳化物和富 Mo 析出物
b）1190℃×4h 的富 Ti-Mo 碳化物

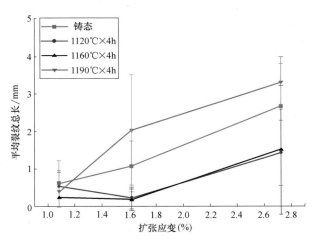

图 21　HAZ 的平均裂纹总长

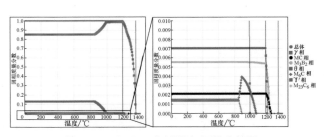

图 22　JMatPro 分析的各相析出结果

值模拟和试验方法研究了 52M 镍基填充金属的热裂敏感性。52M 填充金属抗应力腐蚀（SCC）能力强，作者认为有可能取代 600 合金作为结构覆盖焊缝材料。其 Cr 含量高，可以避免晶界贫

Cr。有时在铸造不锈钢管进行结构覆盖焊接 52M 时，焊缝容易出现热裂纹，与铁稀释进入焊缝有关，高铁含量增加了 Nb 的影响，使凝固温度区间增大。铸针撕裂试验（CPTT）是一种自拘束评估铸件和焊接热裂敏感性的试验方法，最后凝固部位所受的应变与针的长短相关，无裂纹时的最大针长和 100% 开裂的最短针长是评价热裂敏感性的指标。用 CPTT 方法评价高 Cr 镍基合金的热裂敏感性结果与横向可变拘束试验结果具有可比性，优点是省材料，缺点是无法定量确定应变，但可以通过数值模拟来解决。作者利用 ProCAST 软件开发了 CPTT 凝固过程的 FEA 模型，预测的凝固过程、应变积累过程、裂纹敏感位置，通过用 52M 填充金属进行的并行试验得到验证。预测的热撕裂指标（HTI）和等效塑性应变与试验获得的 CPTT 裂纹曲线具有很好的相关性（图 23）。结果表明，CPTT 的数值模拟可用于定量评价与热裂敏感性相关的材料特性。

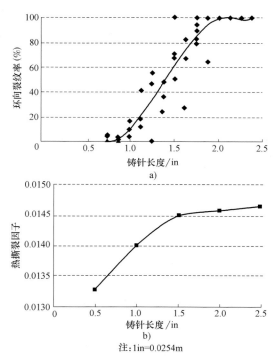

注：1in=0.0254m

图 23　CPTT 试验结果 a）与 FEA 计算结果 b）比较

日本大阪大学的 Shotaro Yamashita 等人[21] 利用可变拘束试验评价四种市售 617 镍基合金焊

丝的凝固裂纹和液化裂纹敏感性。617 合金具有高的高温蠕变性能将成为下一代超超发电设备备选的高温结构材料，但对其焊接性研究较少。影响镍基合金热裂敏感性的冶金因素包括 Ni 与杂质元素的比例，含 Ti、Al 焊缝中 Si、O 的含量，NbC 或 Laves 相在最后凝固阶段的形成等。加入 REM（稀土元素），因可形成稀土硫、磷化合物而改善热裂敏感性。617 合金焊丝多道焊时会形成液化裂纹和失塑裂纹，并发现 Mo 在裂纹附近集中，但产生裂纹的原因还不清楚，开裂不仅与 S、P 等杂质元素有关，也与其他固溶元素相关。作者用可变拘束试验定量评价四种焊丝（成分见表 2）的热裂敏感性，采用多层焊以评价再热的影响，通过理论分析元素的偏析来确定固溶元素对热裂的作用。横向可变拘束试验用于评定焊缝凝固裂纹，应变为 1.1%、1.5% 和 2.2%。纵向可变拘束试验用三道焊方法评价焊缝再热区域的液化裂纹，应变为 0.7%、1.5% 和 2.2%。617 多道焊断口表面表明存在出现凝固裂纹和液化裂纹的可能性。液化裂纹 BTR 基本相同，但凝固裂纹的 BTR 差别很大（图 24）。BTR 小的焊缝中形成了复杂的 Ti、Nb 的碳化物，即含有较多 Ti、Nb 的焊丝抗凝固裂纹的能力强（图 25）。凝固偏析的数值模拟揭示了凝固最后阶段的凝固行为（图 26），凝固裂纹敏感性与 C、Ti、Nb 偏析形成碳化物有关。合金中含有 Ti 和 Nb 时，凝固最后阶段形成碳化物，由于残余液相的碳含量减少，因此凝固最低温度提高。焊缝中 S、P、B 含量得到控制时，凝固裂纹敏感性与（Ti，Nb）C 形成有关。

表 2　几种 617 镍基合金焊丝的化学成分（质量分数，%）

材料	C	Si	Mn	P	S	Cr	Mo	Cu
C-1	0.065	0.32	0.37	<0.002	0.0021	22.36	9.06	0.005
C-2	0.085	0.06	0.018	<0.002	<0.0005	21.27	9.26	0.015
C-3	0.085	0.08	0.04	0.002	<0.0005	21.34	9.32	0.04
C-4	0.062	0.17	0.24	<0.002	0.0005	20.0	9.14	<0.01

材料	Al	Ti	Co	Fe	Nb	B	Ni
C-1	1.28	0.39	12.04	0.57	<0.005	0.03	其余
C-2	1.19	0.35	12.86	0.51	0.022	0.0025	其余
C-3	1.21	0.32	12.05	1.07	0.01	0.0025	其余
C-4	1.03	1.95	12.21	<0.002	0.29	0.0001	其余

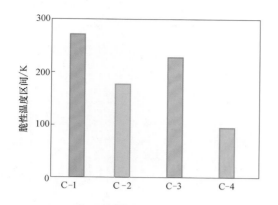

图 24　焊缝凝固裂纹的脆性温度区间

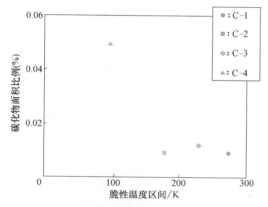

图 25　焊缝 BTR 与碳化物含量的关系

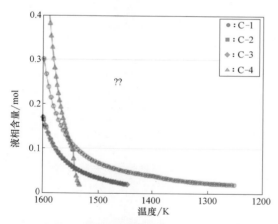

图 26　凝固后期凝固行为的模拟结果

瑞典山特维克材料科技公司（Sandvik Materials Technology）的 Zhiliang Zhou 等人[22] 研究了氮对超级奥氏体不锈钢管接头抗点蚀性能的影响。用 GTAW 焊接含 N 双相不锈钢或奥氏体不锈钢时，氩气中的加 N 量其体积分数一般不会超过 5%，否则电极损害严重而且电弧不稳。

焊缝中的含 N_2 量随气体中含 N_2 量的增加而提高，但 N_2 的体积分数达到 4% 后，焊缝中 N 的质量分数则达到 0.2% 的饱和固溶度（图 27）。之前的研究建议用 Ar+2% N_2 保护气体焊接双相不锈钢，以保持焊缝组织和耐蚀性的平衡，而填充镍基合金焊丝时建议用纯 Ar 保护焊接。另外，接头中存在未混合区 UMZ（成分是母材的成分而组织是焊缝的组织），有报道称其耐蚀性受到影响。作者用镍基合金焊丝 Alloy 59（UNS N06059、S Ni 6059）、钨极氩弧焊焊接超级奥氏体不锈钢 Sanicro® 23（UNS S31266）和 254 SMO（UNS S31254）管，按 ASTM G48 E 进行管接头的点蚀试验，以确定临界点蚀温度 CPT。用纯氩气保护时，S31266 管接头的 CPT 是 70℃，比 S31254 管接头高 30℃。而在氩气中加体积分数为 2% 的氮气时，S31266 管接头的 CPT 从 70℃ 提高到 75℃（图 28），而氮气增加到 4% 时，CPT 又变为 70℃。点蚀主要发生在未混合区和 HAZ（图 29）。用 Ar+2% N_2 保护气体 GTAW 焊接 S31266 管（模拟 UMZ，其组织是焊缝组织、成分是母材成分），其 CPT 只有 60℃，因此 UMZ 是抗点蚀的薄弱区。超级奥氏体不锈钢 UNS S31266 管建议用 GTAW 填 59 镍基合金焊丝、Ar+2% N_2 保护进行焊接。

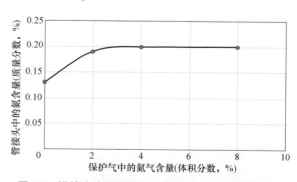

图 27　焊缝中含氮量随保护气体中 N_2 含量的变化

完全奥氏体不锈钢容易出现热裂纹，晶界性能的降低（如耐腐蚀、热裂、偏析等）与晶界结构、特点和分布有关，有研究表明热裂与晶界取向差有关。焊缝主要通过外延生长方式凝固，因此母材的组织可能影响焊缝晶界特征

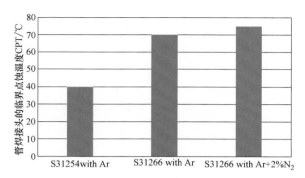

图 28　几种焊接接头的临界点蚀温度 CPT

图 29　未混合区和 HAZ 的点蚀

分布。晶界工程希望可以通过仅改变组织和性能来减少完全奥氏体不锈钢和镍基高温合金的凝固裂纹敏感性。但晶界工程处理的奥氏体不锈钢焊缝的晶界特性和热裂敏感性还未得到充分研究。大阪大学的 Shun Tokita 等人[23] 研究了晶界工程（GBE）处理的完全奥氏体不锈钢的凝固裂纹敏感性。材料为 310S 不锈钢，横向可变拘束试验应变为 4.1%，SEM 下检测裂纹，裂纹总长和最大裂纹长度为指标。未进行晶界工程处理的最大裂纹长度和总裂纹长度分别是 0.84mm 和 10.84mm，而经过晶界工程处理的母材是 0.75mm 和 7.40mm，因此裂纹敏感性降低（图 30），但焊缝中心 CSL（Coincidence Site Lat-

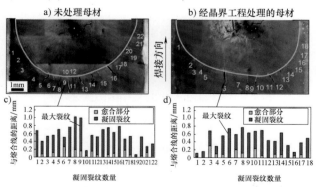

图 30　不同母材的裂纹敏感性

tice）比例差别不大（图 31），分析裂纹敏感性低与焊缝中心晶粒弯曲阻止裂纹扩展有关。晶界工程母材晶粒粗，因此焊缝晶粒也粗，竞争生长的概率降低（图 32）。

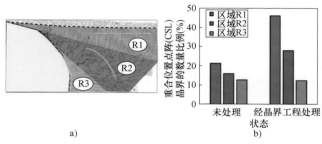

图 31　不同母材焊缝中心的 CSL 比例

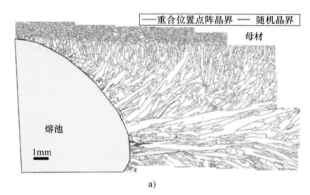

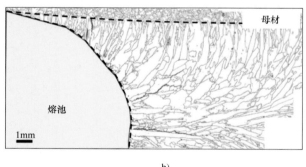

图 32　不同母材的焊缝晶粒形态
a）一般母材　b）晶界工程处理母材

晶界工程可以抑制晶界恶化从而改善沿晶界破坏相关的焊接接头性能。用热机械处理具有低层错能的面心立方结构材料如 Cu、Ni 及其合金以及奥氏体不锈钢，以获得最佳的晶界特性分布（GBCD）。预应变+退火作为热力处理奥氏体不锈钢可以获得最佳 GBCD。一般情况下冷轧可以获得预应变，但形状不简单时就不合适了。激光冲击可以引入局部应变，而且可以方便地用于复杂形状。因此上海交通大学和日本东北大学的 Hiroyuki Kokawa 等人[24] 以激光冲击作为预应变的手段，对 304 奥氏体不锈钢进行晶界工程处理，选择了几组激光冲击的工艺参数，以获得合适的预应变，之后进行 1260K×48h 的退火处理。未处理母材、激光冲击处理和冷轧处理的三种材料表面晶粒大小分别为 34μm、57μm 和 60μm，CSL 分别为 60%、82% 和 81%，因此激光处理结果与冷轧处理结果相当，可以在表面获得 80%CSL 和不连续随机边界。硫酸铁腐蚀试验表明，表面经过激光冲击和退火实现晶界工程的奥氏体不锈钢具有优良的耐晶间腐蚀性能，优于不处理的，与冷轧+退火实现晶界工程的相当（图 33）。

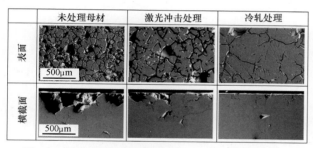

图 33　经过不同处理材料表面与横截面的腐蚀情况

综上所述，双相不锈钢是近几年的研究热点，其铁素体和奥氏体的比例是影响性能的关键因素，2018 年年会有多篇文章研究铁素体含量的测量方法。2019 年的论文主要研究特殊条件（如薄板激光焊接快速冷却条件和多道多层焊成分分布以及热循环过程）下组织与耐蚀性的变化，以及在运行条件下开裂的失效分析。双相不锈钢多层多道焊时，由于稀释作用和多道焊接的再热作用，使接头中不同部位的成分和受到的热过程都不相同，因此组织也不同。另外，气体分离器双相不锈钢焊接管道的失效分析结果表明，在高应力状态和氢的供给持续不断的条件下，双相不锈钢也很容易出现氢致应力开裂问题，在应用中需要加以关注。热裂敏感性评价是不锈钢和镍基合金焊接性研究的重要内容之一，但热裂敏感性试验方法很多，

评价指标也很多，同样的试验方法即使有标准，但不同实验室和不同设备、不同操作人员进行评价都有可能得到不同的结果，因此试验方法的标准化引起广泛关注，2018 年年会就有论文提出热裂敏感性评价指标问题，2019 年年会文章主要针对应用最多的可变拘束试验开展研究，研究了试验设备、焊缝长度、裂纹检测方法以及试验人员等因素对几个裂纹敏感性指标检测结果的影响。三家单位针对横向和纵向可变拘束试验开展的研究都表明，最大裂纹长度 MCL 受各种因素的影响相对较小，设备、方法和人员对评定结果都有影响，因此建议标准要更加细致明确。在镍基合金方面，为了提高使用性能，镍基合金的成分越来越复杂，第二相的种类也越来越多（如碳化物、硼化物、Laves 相、σ 相等）。第二相在热处理和焊接过程的演变也更加复杂，不同成分的合金经过不同的热处理后在焊接时表现出了各不相同的热裂敏感性规律，借助材料分析软件分析合金凝固过程和各种相的演变过程有助于分析复杂镍基合金的热裂敏感性。晶界的结构、特点和分布影响不锈钢耐蚀性、热裂敏感性以及晶界偏析等晶界特性，晶界工程希望可以通过仅改变组织和性能来提高不锈钢的耐蚀性和其他与晶界相关的材料性能。在前期工艺与晶界特性、晶界特性与性能相关性研究，以及研究证实晶界工程可以改善不锈钢耐蚀性的基础上，进一步研究晶界工程处理减少完全奥氏体不锈钢和镍基高温合金的凝固裂纹敏感性的作用，结果表明，在减少热裂敏感性方面晶界工程也能发挥作用。另外，为扩大晶界工程的应用结构类型，还研究了激光冲击实现晶界工程处理的可行性。

3　蠕变和耐热接头的研究

本届年会耐热钢和蠕变方面的研究主要涉及抗蠕变耐热钢焊接接头的组织演变与性能、氢的扩散行为研究，以及与不锈钢异种材料焊接时的组织和蠕变特性等。

德国开姆尼茨工业大学（Technische Universit？t Chemnitz）的 A. Nitsche 等人[25] 研究了 9%Cr 耐热钢填充金属凝固冶金现象及其对焊缝金属力学性能的影响。研究的是用药芯焊丝焊接的 P91 和 CB2 接头，观察蠕变损伤后和未承载条件下的接头与焊缝金属，获得不均匀区域的信息与演变。之前 P91 和 P92 焊接接头的蠕变试验结果发现，载荷高时破坏发生在焊缝金属（Type Ⅰ），低载荷和长时试验时破坏移至 HAZ（Type Ⅳ），CB2 TIG 焊接头也有同样的结果。焊缝中存在"白带"，容易成为破坏位置，破坏也容易沿枝晶间扩展。白带成为蠕变强度的不利因素，尤其是施加焊缝的横向载荷时。白带 100～200μm 宽、稳定析出数量少，硬度比周围马氏体区域低。白带内 Cr、C、Mn、Mo 含量低，析出相少。缺乏稳定析出相，同时造成马氏体板条少，取而代之的是大块软的铁素体，使不均匀区域的蠕变强度明显降低。作者表征了焊态和热处理状态下的焊缝金属组织，发现焊缝金属中产生了大面积的不均匀性，EDX 和 EPMA 测试解释了焊缝的不均匀凝固现象及其演变，发现轻微的 Cr 分布不均匀和 C 的扩散都对焊缝组织的发展产生重要的不利影响。另外，还讨论了组织不均匀性对焊缝金属力学性能和蠕变强度的影响。结果表明，焊缝金属的长时和短时性能都受其中的组织不均匀性影响，但是 P91 和 CB2 钢的高温运行不会面临安全问题。获得的具体结论包括：①合适的腐蚀剂可以在光学显微镜下看出焊缝中的组织不均匀性；②焊态下焊缝中就有不均匀，发生在凝固时，热处理后不均匀性表现为亮的条（不是马氏体、析出相少、硬度低）和暗的缝（马氏体、高的析出密度、高的硬度，也经常发现含有 δ 铁素体）；③不均匀的形成是由于熔池混合不均匀，与填充组元熔化不充分、密度、黏度不同，以及熔池中液体金属流速低有关（图 34）；④焊后白亮带富 Cr，如果添加别的合金元素，则也会出现在白亮区；⑤焊后热处理时，富 Cr 区形成更多的析出相，使之成为暗色

条，其周围由于 C 的扩散成为析出相少的区域；⑥热处理后由于析出相少而成为亮色的区域，焊态下不一定能看出，因为 Cr 含量只比周围略低，因此最初形成了马氏体，热处理时，初始 C 扩散进入周围富 Cr 区，使贫 Cr 区形成的析出相明显减少，另外，马氏体完全回复或部分分解；⑦蠕变时，C 持续扩散，使析出增加，富 Cr 不均匀区快速长大，贫 Cr 区析出相持续分解，逐渐形成铁素体结构，演变过程如图 35 所示；⑧Cr 及其不均匀性对焊缝金属长时稳定性起重要作用，在长时运行期间，即使少量 Cr 的不均匀，也会引起扩散过程，导致蠕变失效；⑨降低送丝速度可以减少不均匀性，但无法消除，要消除不均匀性只能通过主要合金元素从金属中加入而不是从药芯中加入来改进。

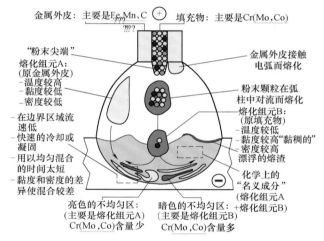

图 34 药芯焊丝熔化不均匀与熔池成分不均匀

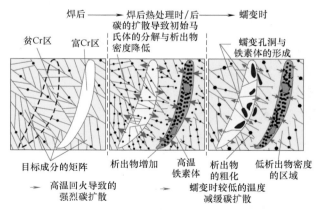

图 35 焊缝组织不均匀演变过程示意图

9% Cr 钢 P91 具有优良的抗蠕变性能，在电

厂中得到了广泛的应用。这种钢的部件通常是焊接的，并且需要精心焊接制造，一般需要进行焊后热处理（PWHT），以增加韧性和降低马氏体焊接（AW）组织的硬度。在 PWHT 之前，由于硬化的 AW 马氏体组织通常容易发生延迟氢辅助开裂（HAC），因此有必要进行氢去除（或脱氢）热处理。氢的扩散是一个关键因素，因为它决定了显微组织中的氢达到开裂临界浓度前的时间，它与显微组织和温度有关，而准确可靠的 P91 焊缝金属中的氢扩散系数还很少见。因此，德国 BAM 的 Michael Rhode 等人[26]在焊态（AW）和 760℃×4h 焊后热处理（PWHT）两种不同组织状态下研究 P91 多层焊缝金属中氢的扩散，用两种技术测量不同温度下氢的扩散系数和含氢量，还分析了不同方向的扩散行为。焊态组织是马氏体和非常少量的 δ 铁素体，焊后热处理组织以回火马氏体为主。200℃ 以下焊态焊缝中氢的扩散系数明显比热处理态的低（图 36），与其位错密度和析出相多、捕获氢有关，方向与热处理状态相比影响很小。除氢处理可以在 200℃ 进行，与原推荐的 300～350℃ 相比，可低 100℃ 左右，因此可以更经济。另外，测量结果发现，焊态条件下焊缝中的氢浓度可达 50mL/100g，因此在焊接中断或不进行脱氢热处理的情况下，不能排除硬化马氏体 P91 焊缝金属的 HAC 敏感性。回火处理不仅可以改善力学性能，还可以降低 HAC 的风险。

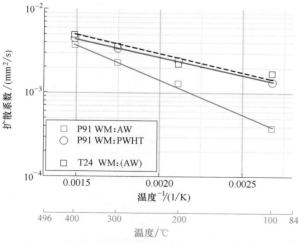

图36 不同状态焊缝中氢的扩散系数随温度的变化

P91 钢等抗蠕变钢实际应用时不可避免要与

奥氏体不锈钢和铁素体钢进行焊接，通常采用堆焊和填充异种材料进行焊接，蠕变裂纹可能出现在焊接接头的不同区域，根据位置不同分为 Type I～IV。I 型和 II 型出现在焊缝，II 型扩展进入 HAZ；III 型出现在粗晶热影响区 CGHAZ，IV 型出现在细晶热影响区 FGHAZ。IV 型裂纹最常见，因为 FGHAZ 的抗蠕变性能最低。芬兰 LUT University 的 Belinga Mvola 等人[27]采用实验与计算方法研究 P91B 与 800 合金异种材料接头焊接和热处理过程中的组织变化，用直径为 0.5mm、1.5mm、1.6mm 的 Inconel 焊丝，不同热输入条件下 GTAW 焊接板材。用 MatCalc 软件模拟焊接热循环和焊后热处理对 IV 型区域析出行为的影响（图 37），峰值温度范围为 900～1500℃。计算异种材料接头长时间运行时接头中的扩散和析出（图 38），焊接热过程和焊后热处理过程的析出相含量都发生了显著变化。实验观察结果表明，焊接热输入影响焊后热处理后的析出，热输入大，MC 和 $M_{23}C_6$ 析出多。长时低温回火时，富 C 区 M_6C 少、$M_{23}C_6$ 多；相反地，贫 C 区 M_6C 多。扩散造成热输入不同的接头中靠近界面的马氏体相变温度不同。

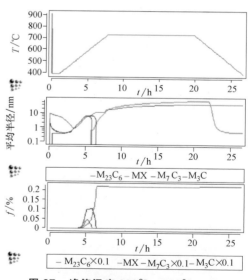

图37 峰值温度 900℃、730℃×12h
热处理过程各相的析出计算结果

印度理工学院（Indian Institute of Technology）的 K. E. Nandha 等人[28]采用 ERNiCrFe-7A

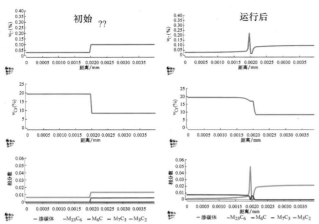

图38　初始时和长时间运行后接头中Cr、C和相的分布

（Inconel -52M）焊丝三道次热丝钨极氩弧焊工艺，制备了铁素体马氏体钢T92和奥氏体不锈钢Super304H管的异种接头（图39）。接头进行760℃×2h的焊后热处理。之后接头在650℃等温保持24h、100h、250h、500h和1000h。追踪接头不同区域的微观组织随高温保持时间的变化，并通过显微硬度证实。T92侧热影响区（HAZ）和基体金属（BM）随着暴露时间的增加微观组织逐渐退化。热暴露100h后，观察到T92侧HAZ和BM中Laves相析出。而在Super304H一侧，热暴露24h后HAZ观察到沿晶界$M_{23}C_6$碳化物连续网状析出，BM中没有连续网状析出；高温保持1000h后，HAZ和BM的奥氏体晶粒几乎没有生长，MX碳氮化物和富铜析出物更加稳定。650℃保持1000h后的异种材料接头进行650℃、120MPa的恒载拉伸蠕变试验，在蠕变条件下，T92钢HAZ的显微组织退化导致了Ⅳ型破坏。蠕变过程中马氏体板条的加速恢复和细晶热影

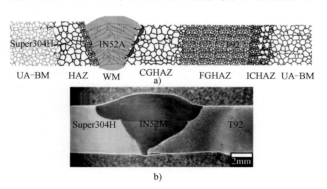

图39　T92和Super304H管的异种接头及其组织示意图

响区（FGHAZ）晶界Laves相的大量析出是FGHAZ内孔隙形成加速、导致过早破坏的原因。

钒改进的2.25Cr-1Mo钢具有高温强度高、耐氢蚀性能好等优点，常用于石油化工行业中的高温氢厚壁压力容器。根据焊缝组织组成的不同，焊缝金属的性能会有不同程度的变化，针状铁素体（AF）具有良好的强度和韧性，常被认为是最佳组织。AF的形成与成分、冷却速度、非金属夹杂物尺寸成分数量，以及奥氏体晶粒大小等因素有关。除了C含量外，Mn、Mo、Cr等元素均对AF形成有很大影响。$w_{Mn}<1.8\%$、$w_{Mo}<0.5\%$、$w_{Cr}<1\%$均对AF的形成有利。目前只有少数文献涉及2.25Cr-1Mo-0.25V焊缝金属的组织演变与最终组织组成。奥地利莱奥本矿业大学（Montanuniversität Leoben）的Hannah Schönmaier等人[29]通过显微镜、电子背散射衍射进行晶体学检测和利用高温激光扫描共聚焦显微镜（HT-LSCM）实时观察奥氏体-铁素体相变，来提供更全面的演变信息。材料中S、P的质量分数小于$80×10^{-6}$，焊接是多层多道埋弧焊，每层2道，取样在最后一层，不受后续焊道影响。焊缝金属的研究表明，焊缝组织以沿原奥氏体晶界形核的板条贝氏体为主，少量晶内以1μm左右的Al-Si-Mn复杂氧化物为核心形成的AF。高密度球形复杂Al-Si-Mn氧化物与大的原奥氏体晶粒相结合有利于AF的晶粒内成核。通过原位HT-LSCM观察相变，检测到AF在奥氏体晶粒内非金属夹杂物处成核（图40）。

耐热钢及其异种材料焊接接头在焊接、热处理和蠕变过程中的组织演变和性能变化一直是此类材料焊接性研究的重点，随着材料性能的改善（如含V的2.25Cr-1Mo钢）、焊接效率的提高和成本的降低（如P91药芯焊丝的应用），以及应用范围的推广（耐热钢与奥氏体不锈钢、镍基合金异种材料接头的应用），焊缝和接头的成分变得更加复杂，组织演变与性能变化也发生不同的改变。药芯焊丝如果主要合金元素（如Cr、Mo、Co等）通过药芯加入，由于

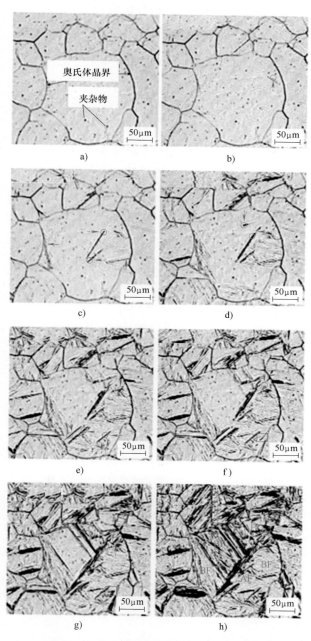

图40　HT-LSCM 观察到的 AF 在奥氏体晶
粒内非金属夹杂物处成核

a) 490℃　b) 476℃　c) 469℃　d) 461℃
e) 456℃　f) 451℃　g) 444℃　h) 427℃

其熔化不均匀，容易在焊缝中出现成分不均匀，成分不均匀的存在使焊缝在热处理和蠕变过程中产生扩散造成组织和性能不均匀，最终影响焊缝和接头的蠕变性能。同样，异种材料接头由于界面两侧成分组织的不同，焊接、热处理和蠕变过程中都将存在扩散，组织和相的变化

均影响接头的蠕变性能。马氏体耐热钢还存在氢致延迟开裂的问题，除氢处理的规范和时机的把握都是影响缺陷形成和制造成本的重要因素，而准确把握氢的扩散行为是制定除氢处理规范的前提。德国 BAM 对 P91 钢焊缝在不同热处理状态下、100~400℃温度范围内、不同方向氢的扩散行为的研究结果为精确制定除氢处理规范提供了可靠有效的基础。高温激光共聚焦显微镜的应用，为实时观察相变过程，进而为改善组织和性能提供了条件。

4　有色金属材料的焊接性研究

有色金属材料的焊接性研究主要包括铝合金激光点焊匙孔动力学的理论分析、铝合金熔化极气体保护焊中氧在电弧稳定中的作用，以及激光焊接构成铜/康铜热电发电装置的初步探索。

激光焊接（LBW）热输入较低，是减小铝及其合金焊接变形的有效焊接方法之一。然而，气孔、热裂纹等焊接缺陷是制约其作为焊接结构材料应用的瓶颈之一。因此，需要开发一种更有效、更快速地制定合适激光焊接条件的方法，以打破目前长期测试、浪费时间和成本的方法，降低开发时间和成本，提高生产率。为了阐明铝合金激光焊接工艺过程中焊缝缺陷的产生机理，提出合适的无焊缝缺陷的 LBW 工艺条件，日本大阪大学的 MORI Hiroaki 等人[30] 开展了基于流体动力学仿真的理论分析和利用 X 射线透射实时成像系统对 LBW 过程进行实时观测的实验。计算中假设液体金属是不可压缩牛顿黏度层流，考虑表面张力、自由表面形成，反冲力、激光辐射产生的热传输以及气泡的形成，还有锁孔形成和相转变等物理现象；追踪液/气界面用 VOF 方法。在理论分析的基础上，开发了计算程序，模拟了铝合金激光焊接过程中的锁孔行为。作者认为锁孔形成和液态铝合金动态流动的计算结果与实验结果吻合较好；所开发的计算程序有望成为研究铝及其合金 LBW 过程中多种行为和现象可采用的有效技术之一。

熔化极气体保护焊接（GMAW）铝合金通常采用惰性气体（氩气或氦气或二者的混合）保护，与焊接钢材时采用 CO_2 或 O_2 促进过渡不同。对于铝来说，一般认为会造成氧污染的来源都是不利的，铝高温时氧化迅速，Al_2O_3 密度比液体铝大，因此容易在熔池中形成氧化膜夹杂。但是，洛斯阿拉莫斯国家实验室（LANL）近几年研究发现，在可控气氛手套箱中 GMAW 焊接铝合金时，保护气体中加入微量氧（体积分数约 0.07%）可以明显改善电弧稳定性，并推测与熔池被氧化、改善了熔池的电子发射能力有关（反接时电极为正）；另外发现微量氧通过减小熔滴表面张力稳定了喷射过渡模式。之前的研究已经明确熔池和熔滴的少量氧化有利于保持电弧稳定。洛斯阿拉莫斯国家实验室的 C. E. Cross 等人[31] 用两种焊丝 4047 和 5356GMA 焊接 5083 环和板，保护气体中加氧和不加氧。试验发现，氧不仅可以有效降低由喷射过渡转变为混合过渡模式的过渡电压（降低量可以达到 5V），还可以明显降低喷射过渡转变为混合过渡时的送丝速度。另外，焊缝金属的冲击韧性结果表明加氧可以改善冲击韧性，分析认为与电弧稳定、气孔减少有关。此外，论文还讨论了合金和焊丝尺寸的影响。研究结果对传统的铝焊接时不能容忍氧的观点提出了质疑，另外也解释了为什么在不同的气体纯度和环境暴露条件下焊接铝时，焊接质量会有很大变化的原因。

当导体与半导体中出现热梯度时，也会出现带电粒子密度的梯度，这种情况下带电粒子将移动趋向平衡，这一现象称为塞贝克（Seebeck）效应，也是产生热电的原理。电子和空隙都是载流子，前者是金属和 n-型半导体的载流子，后者是 p-型半导体的载流子。高 Seebeck 系数、低电阻率和热导率均有利于提高热电性能 ZT。铜（Cu）和康铜（55Cu-45Ni）的组合是热电偶的主要材料，与 Bi_2Te_3 这一热电装置的典型材料相比，铜/康铜由于具有较高的内阻和较低的塞贝克效应，由铜/康铜构成的接头还未用

于热电生成装置。但该接头具有材料容易获得、无毒和耐高温等优点，为此，日本国立材料科学研究院（NIMS）的 Susumu MEGURO 等人[32] 研制了一种用于热电发电装置的铜/康铜接头。作者采用激光焊接的方法，制备了具有较大可控界面面积的铜/康铜接头（图41）。300mm 长、100mm 宽、0.5mm 厚的 99.96% 无氧铜上方放置同样尺寸的康铜，康铜切成宽 50mm 的两块，以减少变形（图42）；激光焊接时康铜熔化、铜部分熔化形成接头，激光焊接间距为 0.444mm，焊接长度为 120mm。焊后切成 4mm 宽的条，48 对接头串联组成一个模块，另一端接头用钎焊连接（图43）。3 个 48 对模块组成的串联回路、接头加热 900℃ 产生的最大开路电压可达 3000mV、最大功率为 450mW；并联时功率略有降低，但内部电阻减小（图44）。作者研究了接头截面处的组织和元素分布，焊缝金属与 Cu 母材的界面明显，焊缝主要由康铜成分组成，其中稀释了一些 Cu，因此焊缝与 Cu 母材之间的界面成分变化剧烈。而铜在康铜焊缝金属中的稀

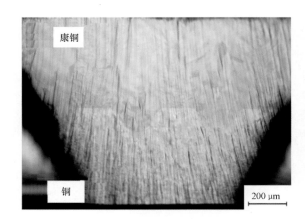

图41　铜/康铜接头横截面

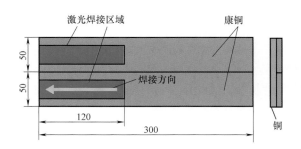

图42　板材装配和激光焊接位置示意图

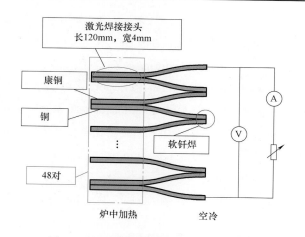

图43 48对接头串联组成的模块示意图

释也可能影响热电性能，其影响规律需要进一步研究。

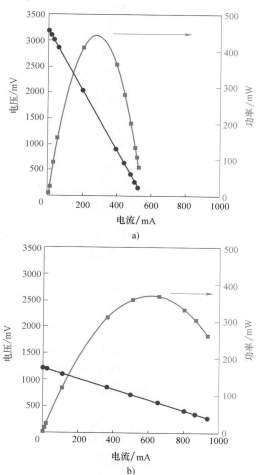

图44 热端900℃时串联和并联模块的热电性能

a）144对串联连接 b）48×3对并联连接

气孔是铝合金激光焊接时最容易产生的严重缺陷之一，其产生与匙孔的稳定性有关，取决于焊接工艺和焊接条件，因此研究不同条件下激光焊接工艺参数对匙孔形成与演变的影响规律成为解决气孔问题的基础。利用数值模拟方法可以减少实验，可以有效、快速地优化激光焊接条件，降低工艺开发时间和成本，提高生产率。建立可靠的激光焊接匙孔行为仿真模型、开发高效的计算程序、准确高效地模拟激光焊接过程、优化焊接工艺和条件，是符合现代发展要求的技术途径。铝合金气体保护焊时微量氧影响的研究结果，突破了传统的要求严格限制氧来源的认识，也对铝合金焊接提出了要更加密切关注氧含量的要求。铜/康铜激光焊接构成热电发电装置的研究，为扩大焊接应用领域、发挥焊接在能源开发与利用中的作用提供了有益的示范。

5 结束语

金属材料焊接性的研究与材料发展和先进焊接工艺的应用密切相关，电子束焊接和激光焊接、CMT等焊接方法的应用越来越广泛，超高强钢、超级双相不锈钢、镍基超合金、耐热合金性能的改善以及先进材料的开发，都促进焊接性的研究向更广、更深、更细方向发展；金属材料焊接性的研究仍然是以接头组织和性能的演变与改善、缺陷的形成与防止、焊接性的评价等方面为主要研究内容。2019年IIW年会比较突出的是在组织性能均匀性和稳定性方面、马氏体钢焊缝中氢扩散行为、可变拘束热裂敏感性的试验标准化，以及铝合金熔化极气体保护焊气氛中含氧量的影响等方面的研究；复合工艺和复合能场更多地被开发应用于调整接头组织和性能；焊接性研究方法和手段也在不断进步，计算和模拟技术在焊接冶金过程研究中的应用不断增加；增材制造研究与应用的全面展开，依设计在不同部位熔敷不同材料、优化结构和性能，也为异种材料界面研究提供了更广泛的空间。日本、德国、奥地利、韩国和美国等国家对金属材料焊接性开展的深入、持续、系统的研究，以及对计算与模拟技术和先进实验手段的应用，这些都值得国内焊接研究工作者借鉴。

参考文献

[1] ADAMS T E, HÄRTEL S, HÄLSIG A, et al. WeldForming-A new inline process combination to improve weld seam properties [Z]//IX-2666-19.

[2] TREUTLER K, WESLING V. Usage of surface-modified filler material to increase the joint-strength of HSLA steels under different load types [Z] //IX-2667-19.

[3] PATTERSON T, LIPPOLD J C. Effects of Niobium on the Microstructure and Properties in Submerged Arc Weld Metal [Z] //IX-2668-19.

[4] SEO K, RYOO H, KIM H J, et al. Local Variation of Impact Toughness in tandem Electro-gas welded Joint [Z] //IX-2669-19.

[5] CHOI M, KIM M, KANG N, et al. Tensile and microstructural characteristics of 24Mn steel welds at 110 and 298 K [Z] //IX-2670-19r1.

[6] HAMED Z H, Ito K, PARCHURI P K, et al. Effect of workpiece-vibration on penetration shape change of P-GMA Welds [Z] // IX-2672-19.

[7] NAOTO F, GENICHI S. Effects on Mn and Al on acicular ferrite formation in SAW weld metal [Z] //. IX-2673-19.

[8] JORGE J C F, SOUZA L F G, ARAúJO L S, et al. Microstructure and toughness of C-Mn steel submerged-arc weld deposits, with and without titanium addition [Z] //IX-2674-19.

[9] BAYOCK F N, KAH P, MVOLA B, et al. Effect of bainite/ferrite/martensite microstructure formation on the mechanical properties of dissimilar welds of high-strength steel (S700MC/S960QC) depending on cooling time [Z] //IX-2675-19.

[10] TREUTLER K, KAMPER S, LEICHER M, et al. Multi-Material Design in welding arc additive manufacturing [Z] //IX-2671-19.

[11] JOHANSSON M M, STENVALL P, KARLSSON L, et al. Evaluation of test results and ranking criteria for Varestraint testing of an austenitic high temperature alloy [Z] // IX-2679-19.

[12] KADOI K. Investigation of Standardizing for Evaluation Method of Varestraint Tset [Z] // IX-2682-19.

[13] ABE D, MURAKAMI Y, MATSUOKA T, et al. Evaluation of variations in Trans-Varestraint Test [Z] //IX-2686-19.

[14] ULRICH S, JAHN S, SCHAAF P. Influence of process parameters on corrosion behavior of 2205 duplex stainless steel in laser beam welding with highest focusability [Z] // IX-2677-19.

[15] HOSSEINI V, HURTIG K, KARLSSON L. Bead by bead study of a multipass shielded metal arc welded super duplex stainless steel [Z] //IX-2678-19.

[16] NEVASMAA P, YII-OLLI S. Failure analysis of duplex 2205 gas separator welds operating in process plant conditions [Z] // IX-2680-19.

[17] KIM D, OGURA T, YAMASHITA S, et al. Hot cracking Susceptibility in Duplex Stainless Steel Welds [Z] //IX-2685-19.

[18] HANNING F, KHAN A K, ANDERSSON J, et al. Advanced microstructural characterization of cast ATI718Plus-effect of solution heat treatments on secondary phases and repair welding behaviour [Z] //IX-2681-19.

[19] SINGH S, ANDERSSON J. Liquation Cracking in Cast Haynes 282 [Z] //IX-2688-19.

[20] WANG H, BOIAN T. Alexandrov, Eric Przybylowicz. Experimental and numerical model-

ling study of solidification cracking in Alloy 52M filler metal in the cast pin tear test ［Z］ //IX-2687-19.

［21］ YAMASHITA S, NIKI T, KAMIMURA K, et al. Hot Cracking Susceptibility of Alloy 617 by Varestraint Test ［Z］ //IX-2684-19.

［22］ ZHOU Z, YHR A R. Nitrogen effect on pitting corrosion resistance of tube welded joints in super-austenitic stainless steels ［Z］ //IX-2689-19.

［23］ TOKITA S, KADOI K, KANNO Y, et al. Solidification Cracking Susceptibility of Grain Boundary Engineered Fully Austenitic Stainless Steel ［Z］ //IX-2683-19.

［24］ KOKAWA H, TOKITA S, KODAMA S, et al. Application of laser peening to grain boundary engineering process of 304 austenitic stainless steel ［Z］ //IX-2690-19.

［25］ NITSCHE A. Solidification phenomena in creep resistant 9Cr weld metals and their implications on mechanical properties ［Z］ // IX-2691-19.

［26］ RHODE M, RICHTER T, MAYR P, et al. Hydrogen diffusion in creep-resistant 9%-Cr P91 multi-layer weld metal ［Z］ // IX-2693-19.

［27］ MVOLA B, KAH P, LAYUS P, et al. Assessment of phase transformation at partially melted zone of dissimilar creep resistance P91 and alloy 800 to mitigate cracks ［Z］ //IX-2698-19.

［28］ NANDHA K E, JANAKI R G D, DEVAKU-MARAN K, et al. Effect of 650℃ Exposure on Microstructural and Creep Characteristics of T92/Super304H Dissimilar Welds ［Z］ //IX-2699-19.

［29］ SCHÖNMAIER H, GRIMM F, KREIN R, et al. Microstructural evolution of creep resistant 2. 25Cr-1Mo-0. 25V weld metal ［Z］ // IX-2696-19.

［30］ MORI H, ZHOU Q F, MIYASAKA F. Theoretical Analysis of Keyhole Dynamics in Laser Spot Welding for Aluminium ［Z］ // IX-2694-19.

［31］ CROSS C E, BURGARD P, COUGHLIN D R, et al. The Role of Oxygen in Arc Stabilization of Aluminum GMA Welds ［Z］ //IX-2700-19.

［32］ MEGURO S, NIGO S, NAKAMURA T. Thermoelectric generation properties of multiple connected structure of copper-constantan laser welded joint ［Z］ //IX-2695-19.

作者简介：吴爱萍，工学博士，清华大学长聘教授，主要从事新材料焊接、特种材料及异种材料的焊接、数值模拟技术在焊接中的应用、焊接应力与变形控制、激光与电弧增材制造等方面的研究工作。发表论文约 200 篇，参与编写学术著作 5 本，获得国家技术发明二等奖 1 项、教育部科技进步一等奖 1 项、教育部自然科学二等奖 1 项。E-mail：wuaip@ tsinghua. edu. cn。

焊接接头性能与断裂预防（IIW C-X）研究进展

徐连勇[1,2]

（1. 天津大学材料科学与工程学院，天津　300354；2. 天津大学现代连接技术天津市重点实验室，天津　300354）

摘　要：在 IIW 2019 年会中，焊接接头性能与断裂预防（IIW C-X）研究进展于 2019 年 7 月 7—8 日进行了工作会议和年会学术报告，本次年会共有 29 个报告，围绕着残余应力以及断裂失效分析方面的热点问题，涉及人工神经网络、塑料/高强钢异种钢接头、镍基合金异种钢接头、动态载荷下断裂韧性评估等，对开展基于机器学习高效残余应力数值模拟方法、推动动态载荷、预应变和大变形下断裂韧性测试及评估规范建立、开展增材制造部件的断裂、疲劳性能评估、发展更准确、参数更少的韧性损伤模型等方面具有启发作用。

关键词：残余应力；断裂评定；有限元模拟

0　序言

国际焊接学会 2019 年年会于 2019 年 7 月 7—12 日在斯洛伐克布拉迪斯拉发举行，焊接接头性能与断裂预防专委会（IIW 第 X 委）共有 29 个报告，围绕着残余应力以及断裂失效分析方面的热点问题，涉及人工神经网络、塑料/高强钢异种钢接头、镍基合金异种钢接头、动态载荷下断裂韧性评估等。

焊接接头断裂韧性专委会（C-X-A）旨在评估焊接结构的强度和完整性，重点关注残余应力、强度不匹配以及异种钢接头对结构强度的影响。最近围绕先进交通运输装备和基础建设方面完整性评价问题开展研究，致力于建立考虑应力、应变控制模式以及拘束等含缺陷焊接结构完整性评估标准；C-X 专委会还将通过 IIW 不同专委会之间的合作，开展增材制造部件性能分析、设计和评估工作。C-X 专委会的重点工作是发展含缺陷焊接结构完整性评估方法，完善现行 BS7910，R6 和 API 579-1/ASME FFS-1 等标准，解决还未被上述标准覆盖的方法和准则。其中包括：焊接接头的应力强度因子解；考虑接头不匹配的焊接接头极限载荷解；厚壁焊接结构残余应力分布；焊接接头约束修正（强度失配及残余应力影响）；预应变/动态加载效果；焊缝断裂韧性试验（包括浅切口试样）；基于应变的评估方法（基于应变的 FAD）；CDF 方法，如 CTOD 设计曲线等。

本次焊接接头性能与断裂预防专委会会议涉及的报告中，断裂及失效评定占了 2/3 以上，残余应力及残余应力的影响占不到 1/3。日本学者报告的研究集中在残余应力分布、残余应力对断裂韧性的影响、断裂韧性新的评估方法等方面，所提出的方法具有很好的借鉴意义，对推动我国相关研究以及相关标准化工作具有很好的启发作用。中国学者报告集中在动态断裂韧性、异种钢接头断裂韧性、3D 打印和大变形条件下基于应变控制的复合管埋藏裂纹工程临界评估方法等方面。德国学者报告集中在残余应力预测分析及影响研究，利用人工神经网络方法预测焊接接头残余应力分布，如何利用机器学习方法预测焊接接头残余应力分布，尤其是厚壁、复杂结构的残余应力分布，未来将吸引更多科学工作者开展此方面的工作。韩国学者报告主要集中在残余应力计算和分析。新西兰学者提出了一种等效全焊透 T 形接头。英国焊接研究所学者报告了 BS7910—2019 的修订工作。

1 焊接残余应力

焊接接头断裂韧性专委会重点介绍了厚壁结构的残余应力研究进展[1-3]。BS7910 提供了考虑拘束和不考虑拘束下残余应力的分布规律，但是考虑拘束建议按照材料屈服强度进行，并未明确不同拘束度对残余应力分布的影响规律。BS7910 标准对拘束是如何影响的没有任何描述。本工作组以 25～70mm 厚、330～590MPa 级别钢药芯焊丝焊接接头为研究对象，探明不同拘束程度对残余应力分布以及不同坡口下焊接接头内外表面焊缝、热影响区的残余应力分布，残余应力分布预测公式如式（1）、式（2）所示，预测结果和中子衍射实测结果对比如图 1 所示，吻合良好，可用以评估不同拘束度厚壁焊接接头残余应力分布。

$$\frac{\sigma_R}{\sigma_Y} = b_0 + b_1 \left(\frac{Z}{B}\right)^1 + b_2 \left(\frac{Z}{B}\right)^2 + b_3 \left(\frac{Z}{B}\right)^3 +$$

$$b_4 \left(\frac{Z}{B}\right)^4 + b_5 \left(\frac{Z}{B}\right)^5 \qquad (1)$$

$$b_0 \sim b_5 = c_0 + c_1(\sigma_Y) + c_2(K_S) + c_3(\sigma_{MR})$$

$$+ c_4(B) \qquad (2)$$

式中，σ_R 为横向残余应力（MPa）；σ_Y 为屈服强度（MPa）；σ_{MR} 为平均残余应力（MPa）；K_S 为拘束度（MPa/mm）；z 为沿焊缝厚度方向的位置（mm）；B 为焊缝厚度（mm）。

德国学者 Dittmann[4] 通过人工神经网络研究焊接残余应力的评估问题，并以奥氏体管道对接焊缝为例进行展示。奥氏体管道对接焊缝外表面轴向和环向残余应力分布如图 2 和图 3 所示，随着到焊缝中心距离的增大，残余应力从压应力逐渐过渡到拉应力，有限元计算结果和小孔法测试结果吻合较好。虽然有限元方法和试验测试结果准确，但实施过程比较复杂。

屈服强度：500MPa，厚度：70mm

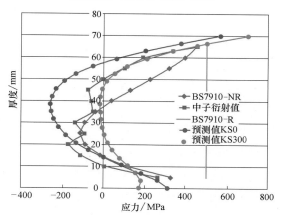

图 1　厚壁焊接接头残余应力分布对比

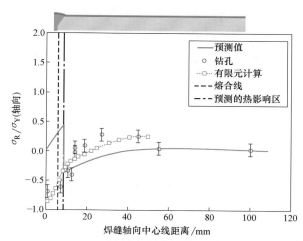

图 2　沿着管道外表面的轴向残余应力

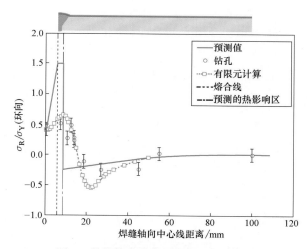

图 3　沿着管道外表面的环向残余应力

人工神经网络的质量依赖于训练数据的尺寸、变化和完整性，对于人工神经网络的应用需要更多的训练数据，而质量和准确性是相对的问题（过度拟合会提高准确度，但却牺牲了质量）。人工神经网络设定通过 Python 程序包"scikit-learn"实现，代码随时用于机器学习，不需要编写一个人工神经网络结构，但是需要定义适当的人工神经网络性质和训练数据的一致性。训练人工神经网络需要定义神经网络属性（例如隐藏层数量、每一层神经元数量、激活函数）以及学习过程中的超参数（学习率、求解器），通过原来定义的网格几何形状和超参数反复学习。测试数据应当和训练数据不同，需要将训练和测试数据分开（例如 80∶20 比例）。学习流程如图 4 所示，其残余应力预测过程仅是简单应用人工神经网络预测的方法，并未考虑残余应力特殊性对该方法进行改进。

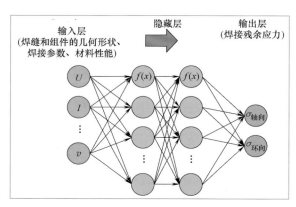

图 4　人工神经网络预测示意图

通过沿着外表面的轴向焊接残余应力结果可以看出，人工神经网络预测的结果和有限元结果非常接近（图 5），管道不同方向残余应力的有限元结果和残余应力实测结果吻合良好，如图 2 和图 3 所示，表明人工神经网络方法可以很好地实现残余应力的预测。

现在发电厂的蒸汽温度约为 700℃，压力约为 350MPa，需要高性能材料，且对材料和连接过程有特殊要求，其中镍基高温合金 617、617B、617OCC 成为可选材料。617 合金虽具有可加工性和可锻性，但焊接性较差（易出现热裂、未熔合、空洞、微观结构缺陷），需要开发一种新的焊接方法进行 617 合金高效焊接。德国

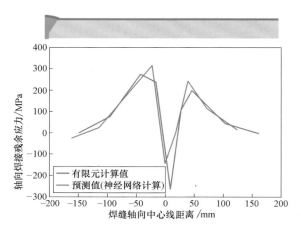

图 5　残余应力预测值和有限元计算值对比分析

弗劳恩霍夫研究所的 Varfolomeev 教授[5] 针对 617OCC 镍基合金开发了一种新的焊接技术——激光复合窄间隙焊接方法（Laser-MPNG）。Laser-MPNG 实现了 72.5mm 厚 617OCC 镍基合金焊接，并研究了其性能和可靠性。Laser-MPNG 技术原理如图 6 所示，其特点是：激光振荡的方向垂直焊接方向；同一激光束准确地熔化焊丝；采用高亮度的振光源，极小的焊接间隙。通过振幅可以控制焊缝宽度，且未出现激光束振荡的钉头形，如图 7 所示；不同层的硬度没有差异，如图 8 所示。焊接接头形貌与 TIG 焊对比，如图 9 所示，与窄间隙 TIG 焊相比，Laser-MPNG 方法可以大幅度降低焊缝横截面（Weld Cross Section），实现更窄间隙的焊接，有利于控制焊缝以及焊接热影响区的宽度，对改善镍基合金高温可靠性和抑制接头早期失效具有重要作用。同时，针对 617OCC Laser-MPNG 焊接接头拉伸性能、慢拉伸性能、蠕变性能、疲劳性能、疲劳裂纹扩展速率和断裂韧性进行了分析，部分结果如图 10～图 12 所示；焊后热处理可以提高焊接接头的韧性，延长焊接接头的蠕变寿命。焊缝的疲劳裂纹扩展性能比母材差，在同等应力幅下疲劳裂纹扩展速率焊缝中更大。焊接接头断裂韧性比母材差。Laser-MPNG 焊接接头热处理后的残余应力测试结果如图 13 所示，管道残余应力数值模拟结果如图 14 所示。作者还依据现行标准 FFS 评估流程对含缺陷 617OCC

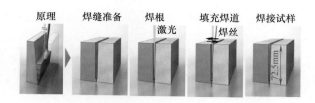

图6　Laser-MPNG 技术原理

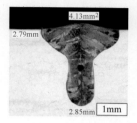 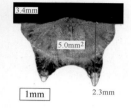

图7　焊缝截面

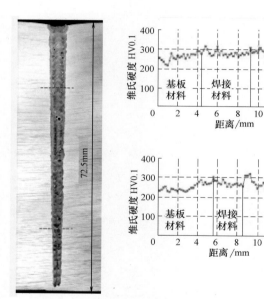

图8　焊后硬度

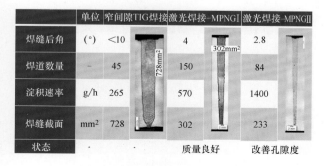

图9　TIG 焊与激光焊-MPNG 试验对照

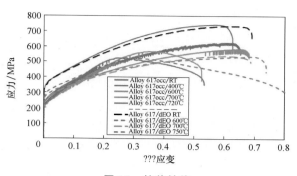

图10　拉伸性能

材料蠕变和蠕变疲劳可靠性进行了分析，对于高温部件设计和制造，如何选用合适的假想缺陷尺寸评估构件可靠性也是亟待解决的关键问题之一。

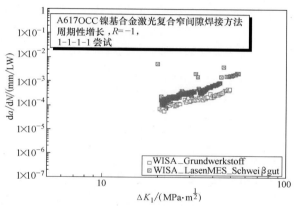

图11　617OCC 疲劳裂纹扩展性能

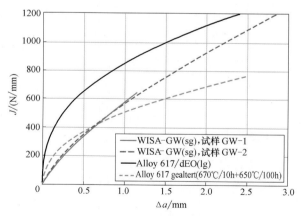

图12　617OCC 断裂韧性

韩国朝鲜大学的 Gyubaek An、Jeongung Park 教授[6]研究了焊接残余应力的存在对防止失稳断裂的影响。残余的存在会使裂纹扩展路径发生变化，导致裂纹从脆性区向韧性区偏转，防

129

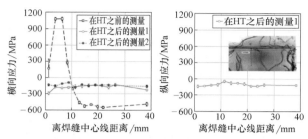

图 13 617OCC 焊板热处理前和热处理后残余应力

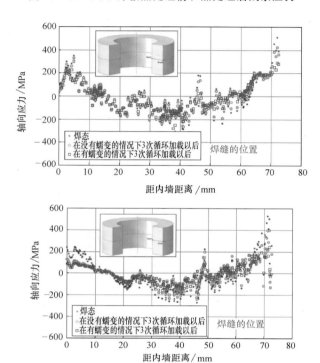

图 14 管道焊后模拟残余应力值

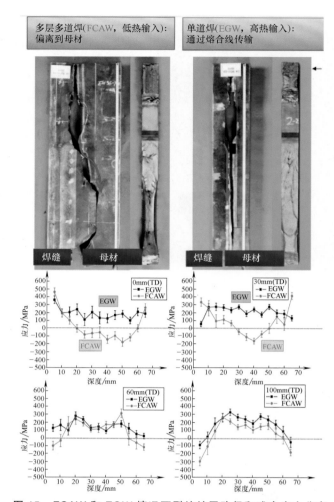

图 15 FCAW 和 EGW 情况下裂纹扩展路径和残余应力分布

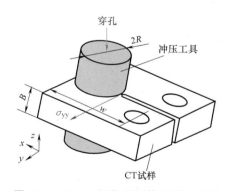

图 16 LOPC（局部平面外压缩）测试

止脆性失稳断裂。通过对 80mm 厚焊缝的全尺寸脆性断裂试验下的裂纹扩展路径进行研究，发现在多道焊（药芯焊丝电弧焊 FCAW，低热输入）情况下裂纹扩展过程会向母材偏转；在单道焊（电气焊 EGW，高热输入）的情况下裂纹沿着熔合区扩展（图 15）。分析认为，裂纹扩展路径变化主要是由于残余应力分布不同导致的。为了证实这种想法，采用三种紧凑型拉伸试样，其中两种分别在裂纹尖端不同距离处进行了 LOPC（局部平面外压缩）试验（图 16），以便在裂纹尖端附近造成拉伸或压缩应力。随后，进行了 -150℃ 的断裂韧性测试试验，当裂纹位于拉伸残余应力区域时，裂纹呈脆性断裂形貌，沿直线传播；裂纹位于压缩残余应力区域时，

裂纹扩展路径就会发生偏转，结果如图 17~图 19 所示，抑制了脆性断裂。由此可见，调控焊接接头残余应力分布，增加压缩残余应力区域，还可以改善焊接接头的失稳断裂。

交通运输设备正面临低油耗、二氧化碳减排、性能改进的要求，轻质结构（铝合金、塑

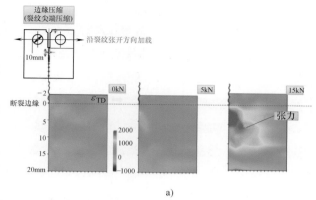

a)

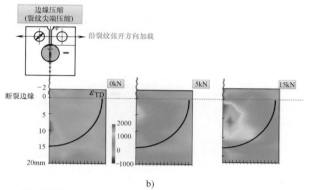

b)

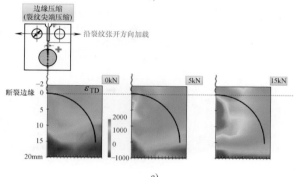

c)

图 17　三种紧凑型拉伸试样的 LOPC 测试结果

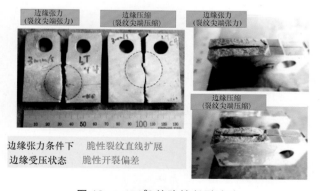

边缘张力条件下　脆性裂纹直线扩展
边缘受压状态　脆性开裂偏差

图 18　-150℃ 的脆性断裂试验

料、复合材料）由于低重量、低密度备受青睐，但不可避免地出现异种材料连接，特别是对于

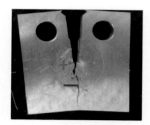

图 19　残余应力对脆性裂纹扩展路径的影响

高强钢和非金属之间的连接。LAMP（激光辅助金属和塑料）连接技术可以实现金属和塑料直接粘接，通过实现物理（锚固效应——熔化树脂流入金属表面的孔隙）和化学（熔化树脂和金属表面氧化膜之间的分子键合）连接的结合而实现高强度。日本大阪大学的 Okawa 教授[7]采用常规的热弹性计算方法，对塑料/高强钢激光搭接焊残余应力进行了计算，并忽略了异质材料搭接数值模拟过程中节点协调以及局部塑形变形等因素。塑料/高强钢搭接界面上的温度分布影响接头粘合强度；为了获得良好的接头强度，需要采用不同的工艺模式控制热输入，保证界面处的键合温度。热弹塑性有限元可简单方便地探明键合温度分布，节约计算量，为优化焊接工艺提供依据。

作者还对高强钢 HT590 和塑料材料的 LAMP连接过程进行了热分析和应力分析，结果如图20~图 24 所示。在异种材料连接界面处会产生气泡，且随着热输入的提高，接头焊透深度逐渐增加。加热功率较低时，界面温度比较高；但当加热功率较高时，界面温度随着加热方向变化不明显；当在塑料侧加热时，将会在高强钢和塑料界面处产生较大的塑性变形，影响界面的结合强度。

图 20　LAMP 连接示意图

日本大阪大学的 Yoshiki MIKAMI[8] 报告了采用数值方法分析残余应力分布对断裂韧性的影

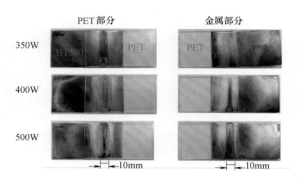

图 21　PET+HT590 连接试验结果

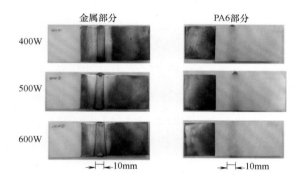

图 22　PA6+HT590 连接实验结果

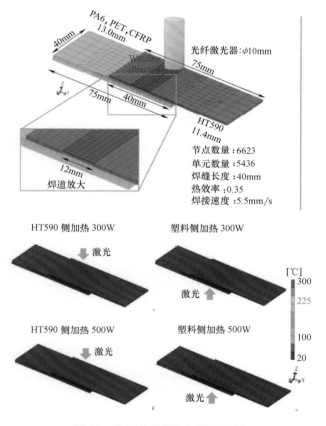

图 23　有限元建模和加载示意图

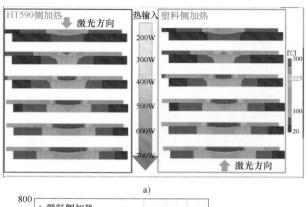

a)

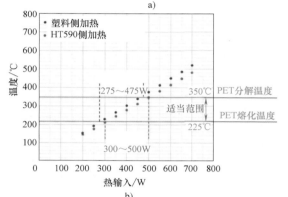

b)

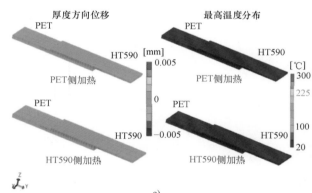

c)

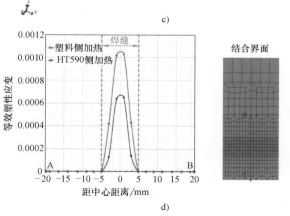

d)

图 24　有限元实验结果

响。结合试验和有限元计算，分析了多层多道焊接头残余应力分布规律，如图 25 所示。厚壁焊接头的横向残余应力沿着厚度方向呈现典型的拉-压-

拉状态。横向残余应力分布特点将影响预制疲劳时裂纹从机加工缺口处的萌生和扩展。

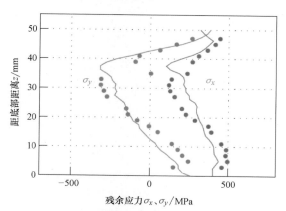

图 25　厚壁焊接接头残余应力分布

（点—测试结果，线—有限元计算结果）

为了模拟三点弯曲断裂韧性试样上残余应力的分布，将板材焊接过程中残余应力模拟结果映射到 CTOD 试样上，然后建立 CTOD 试样的有限元模型（图 26）；通过生死单元方法，模拟断裂韧性试样的机加工缺口和初始裂纹。但三点弯曲的反向弯曲量会对残余应力分布产生影响，如果反向弯曲量较小，焊接接头残余应力分布规律仍保留，缺口根部应力为压应力；随反向弯曲量的增加，缺口根部的应力变为拉应力并沿厚度方向均匀化。反向弯曲效应使缺口根部前的残余应力均匀分布，通过对缺口根部的厚度进行拉伸—压缩—拉伸，进行残余应力的修正，缺口根部的应力随着厚度的增加而变化，并趋于均匀（图 27）。

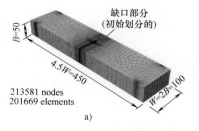 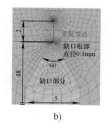

图 26　CTOD 试样的 FE 模型

残余应力对 CTOD 测试的影响如图 28 和图 29 所示。图 28 是残余应力分布对 P-V 曲线的影响，可以看出残余应力分布对 P-V 曲线影响不大，BM（母材）、AW（焊态）和 RB（反向弯

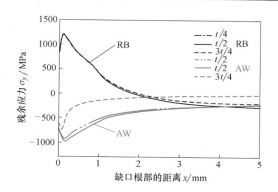

图 27　残余应力的变化

曲修正）差别不大。图 29 是残余应力对裂纹扩展的影响，对于 AW 来说，裂纹扩展受到了残余压应力的抑制，而 RB 和 BM 程度相当，这与残余应力的均匀分布有关。

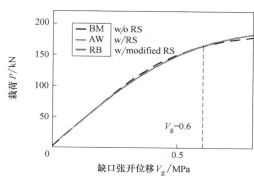

图 28　残余应力对 P-V_g 曲线的影响

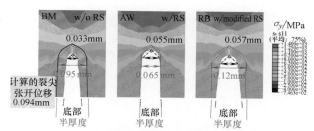

图 29　残余应力对裂纹扩展的影响

日本大阪大学的 Takashima[9] 利用显式有限元研究和试验了高强钢/低碳钢异质材料焊接接头的动态冲击响应（图 30），分析了影响异种钢焊接接头动态吸收功因素。动态断裂的核心是冲击时的能量（主要是动能）一部分转化成了热能引起构件的升温，一部分因变形而做功，还有一部分因开裂而转化成表面能及耗散。因此通过仪器测量动态冲击过程中能量和变形反应以及采用数值模拟分析动态响应过程是了解

动态冲击响应过程的关键。Takashima的报告主要围绕如何采用动态显示分析实现异种材料动态冲击响应的分析，尤其是对于动态冲击响应模型的选择。采用 Hertzian Contact 模型的动态冲击响应有限元分析结果和试验结果吻合良好。动态冲击过程温度上升规律如图31所示，有限元模拟的温度场与实测温度场进行对比，可以看出两者之间吻合良好。不同动态冲击速率下距缺口不同距离的温度场变化规律如图32所示。可以看出，异质钢接头的温度场特征是一个不对称分布，随着冲击速率提高温度上升的不对称性更明显，是由于不同材料冲击吸收能量不同，尤其是软材料一侧吸收能量多温度提升多。

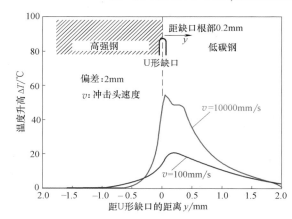

图32　不同动态冲击速率下距缺口不同
距离的温度场变化规律

图30　动态冲击响应试验

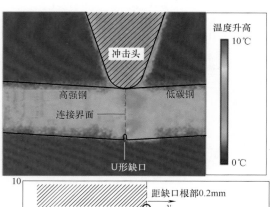

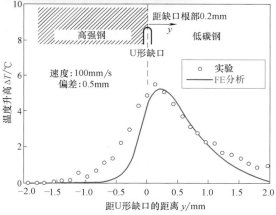

图31　动态冲击过程温度上升规律

焊接接头不匹配度影响异种钢焊接接头冲击吸收能量的变化，结果如图33所示。低碳钢侧塑性变形大，反映了异种钢接头冲击吸收能量的非对称变化。

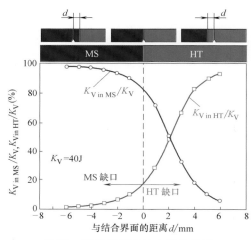

图33　不同材料的冲击吸收能量

2　断裂疲劳

日本大阪大学的 Minami 教授[10] 报告了地震条件下钢结构断裂评估程序。现行断裂评估准则，例如 BS7910、API579、FITNET，并未涉及动态载荷和预应变条件下高应变非稳态断裂行为。日本 WES 2808 进行了改版，目前最新版 WSE 2808（2017）将钢材适用范围扩展到 490~780MPa 级别，重点涉及了动态载荷、预应变和拘束损失的影响。预应变和动态载荷会降低钢材断裂韧性，如图34所示，因此需要在断裂评估中考虑预应变和动态载荷的影响。Minami 教授提出了利用等效参考温度的概念，如图 35 所示，提高了动态载荷和高预应变结构的断裂评估精度。

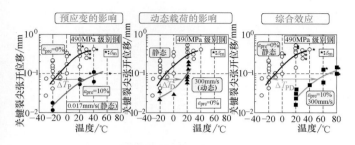

图 34 预应变和动态载荷对断裂韧性的影响

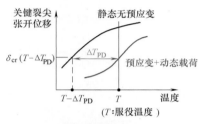

图 35 等效参考温度

日本大阪大学的 Murakawa 教授[11] 提出了通过平均应力（特征张量法）及平均应变（特征位移法）来评估 K 和 CTOD 的方法，以解决焊接结构失效数值模拟分析的难题。该方法的主要优势如下：①可以应用粗糙的网格划分；②考虑到了残余应力；③可以实现裂纹穿透、分叉和构件扭曲；④还可以考虑应力腐蚀和脆断的影响，如图 36 所示。

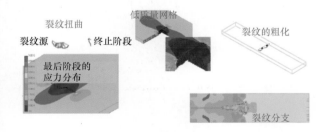

图 36 平均应力及平均应变评估 K 和 CTOD 的方法

为了表征裂纹尖端的应力场，引进了特征张量 χ_{ij}（K^*）；为了表征塑性变形，引进了特征位移 δ。材料的裂纹长大性能可以用三个材料常数来描述，即 y、K_c^* 和 δ_c，如图 37 所示。裂纹扩展准则如式（3）所示。

$$\left\{ \left(\frac{K^*}{K_c^*} \right)^2 + \left(\frac{\delta}{\delta_c} \right)^2 \right\}^2 = 1 \qquad (3)$$

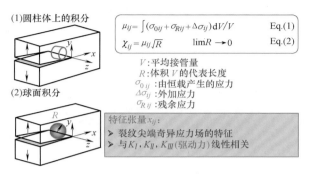

图 37 平均应力和特征张量定义

平均应力法对不同断裂行为的预测如图 38 所示。

英国焊接研究所（TWI）的 Isabel Hadley[12] 汇报了 BS 7910 2019 年修订的最新进展。BS 7910 标准最早始于 1980 年的 PD 6493 标准，依次经历了 PD 6493—1980、PD 6493—1991、BS 7910—1999、BS 7910—2005，以及上一个版本 BS 7910—2013，各版本的主要特点如图 39 所示。本次版本修订的主要原因基于以下几个方面：首先，所有的英国标准每 5 年修订一次；其次，对于原标准的一些小错误和歧义进行改善；再次，融入一些最新的研究工作；最后，由于目前的版本文档架构和尺寸庞大，使未来的修正工作难以进行。

修订主要围绕着以下几个方面进行：

1）修改 2013 版本的一些错误和歧义。

2）重新组织文档结构，使之未来更具有可编辑性。

3）增加新的内容（如基于应变控制的评估方法）。

4）如果可以，使之与其他标准（如 R6）相融合。

5）支持使用更加先进的技术。

6）继续使用简单并保守的技术。

7）保持与先前版本的相容性。

8）控制文档大小。

日本大阪大学的 Ohata 教授[13] 报告了高强

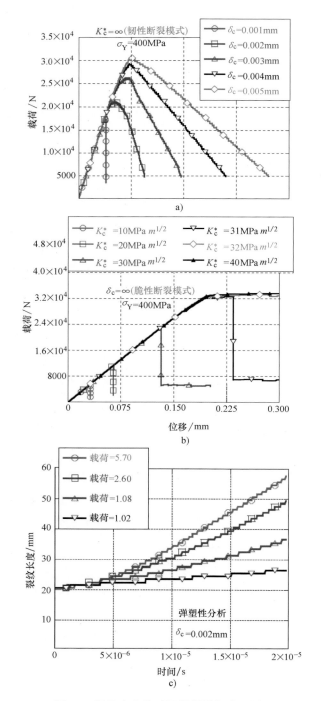

图 38　平均应力法对不同断裂行为预测

a）韧性断裂　b）脆性断裂　c）动态响应

钢焊缝韧性裂纹扩展的损伤预测模型。裂纹尖端拘束效应对断裂韧性和 J_R 阻力曲线具有显著影响，高拘束将降低断裂韧性，如图 40 所示。

Ohata 教授基于空洞控制损伤提出了韧性损伤模型，适用于不含大尺寸夹杂物的"纯净"材料，比现在广泛应用的 GTN 模型所涉及参数

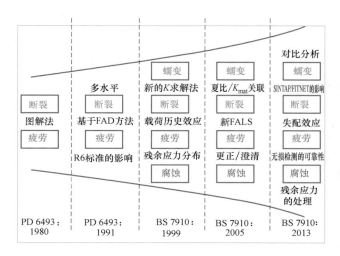

图 39　BS 7910 标准的历史版本和内容

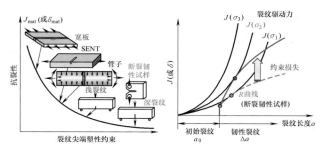

图 40　拘束效应对断裂韧性和 J_R 阻力曲线的影响

少，便于通过材料拉伸试验和缺口试验确定参数。

损伤演化：

$$dD = (1-D)dE_m^P \tag{4}$$

$$D^* = \begin{cases} D & for,\ D \leqslant D_c \\ D_c + K(D - D_c) & for,\ D > D_c \end{cases} \tag{5}$$

式中，D_c 为加速临界损伤分数。

塑性势能（屈服函数）：

$$\Phi = \left(\frac{\overline{\overline{\Sigma}}}{\overline{\overline{\sigma}}}\right)^2 + a_1 D^* \exp\left(a_2 \frac{\Sigma}{\sigma}\right) - 1 = 0 \tag{6}$$

三轴相关损伤准则：

$$\Phi = \left(\frac{\overline{\overline{\Sigma}}}{\overline{\overline{\sigma}}}\right)^2 + a_1 D^* \exp\left(a_2 \frac{\Sigma_m}{\sigma}\right) - 1 = 0 \tag{7}$$

剪切滑移型开裂，局部应变准则：

$$\overline{\varepsilon}_p^{tip} = constant \tag{8}$$

损伤模型的参数可以通过材料拉伸应力-应变曲线和三点弯曲试验结果拟合获得。

作者针对两种不同 X80 钢和 780MPa 高强钢，采用断裂韧性试验探明了材料的 CTOD-R 曲线以及断裂过程中断口的微观形貌及塑性损伤发展情况，利用提出的塑性损伤模型耦合进行了有限元计算，采用数值方法分析了三种材料的 CTOD-R 曲线，如图 41 所示，可以看出有限元计算结果和试验结果吻合良好。

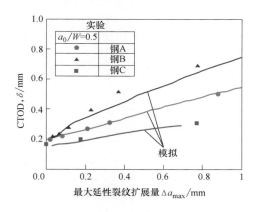

图 41　三种不同材料 CTOD-R 曲线有限元计算和试验结果

Ohata 教授还把该塑性损伤模型延伸到 780MPa 钢焊接接头断裂韧性的评估中，分析了 TIG 和 CO_2 焊接接头断裂韧性的变化规律，采用标准三点弯曲试样，裂纹位于焊缝中心。为了减少残余应力的影响，试验前进行预压缩，断裂韧性试验和仿真结果如图 42 所示。通过观察断口微观形貌，分析了微孔洞含量和分布规律，获得塑性损伤模型的参数。利用塑性损伤模型可以对 TIG 和 CO_2 焊接接头焊缝的断裂韧性实现很好的预测，结果如图 42~图 44 所示。

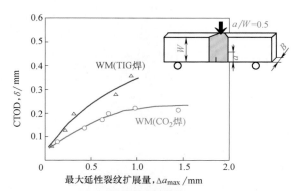

图 42　780MPa 钢焊接接头断裂韧性测试结果

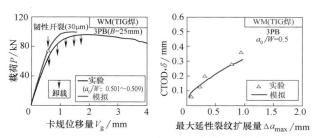

图 43　780MPa 钢 TIG 焊接接头断裂韧性计算结果

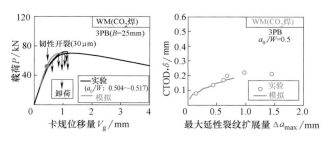

图 44　780MPa 钢 CO_2 焊接接头断裂韧性计算结果

高强钢焊缝虽然含有大量细小的氧化物夹杂物，但其韧性损伤模型仍然适用；当材料具有低应力三轴相关延性时，裂纹构件的延性裂纹可以以等轴韧窝模式而不是剪切模式萌生。损伤模型还可以预测材料延性性能的差异对材料延性开裂模式的影响。

日本的 Yasuhito Takashima[14] 报告了基于 Dugdale 和 Bilby 等人的 CTOD 估算理论模型（DBCS 模型）建立了激光焊缝 CTOD 数值模拟估算方法。对于高匹配的激光焊接接头，焊缝 CTOD 值比电弧焊焊接接头小（图 45），这主要是由于焊缝比较硬；采用焊缝屈服应力的 DBCS 模型，低估了焊缝的断裂韧性，为此提出了利用等效焊缝屈服应力作为计算焊缝 CTOD 的屈服应力。采用 520MPa 和 780MPa 强度等级钢的激光焊缝进行了验证（图 46），等效屈服应力方法数值评估结果和试验结果吻合良好。应该指出，本报告中提出的模型中还应进一步完善等效屈服应力的物理意义，或者把激光焊缝变形特性在 DBCS 模型计算过程中加以考虑。

天津大学赵晓鑫[15] 报告了大变形条件下基于应变控制的复合管埋藏裂纹工程临界评估方法。环埋藏裂纹形式如图 47 所示。报告指出，

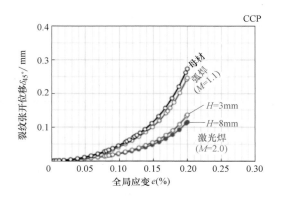

图 45　未考虑屈服应力修正时 CTOD
预测值和测量值对比

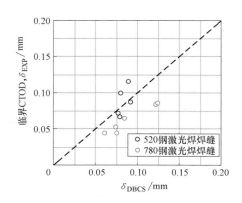

图 46　采用改进方法的激光焊缝 CTOD
测量值和预测值对比

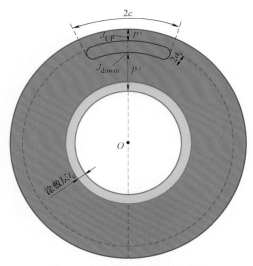

图 47　复合管环向裂纹示意图

DNV-F108 提出的埋藏裂纹转换为表面裂纹进行评估的方法过于保守。该工作基于参考应变法进行改进,同时通过 Python 语言编写了相应的建模插件,建立了大量的有限元模型,获取了表征名义应变和裂纹扩展驱动力之间的关系参数值,通过回归分析得到了该参数的经验公式,从而实现了复合管埋藏裂纹的解析评估。

参考应变法由 Linkens 在 2000 年提出,公式如下所示:

$$J = Y^2 \Pi a \sigma_n \varepsilon_n \left(\frac{\varepsilon_{ref}/\sigma_{ref}}{\varepsilon_n/\sigma_n} \right) \quad (9)$$

式中,σ_n 与 ε_n 分别为平均应力与平均应变。

经过简化引入安全因子 2 后,形式如下:

$$J = 2Y^2 \Pi a \sigma_n \varepsilon_n \quad (10)$$

将名义应力替换为流变应力后,形式如下:

$$J = 2Y^2 \Pi a \sigma_f \varepsilon_n \quad (11)$$

Nourpanah 在 2010 年时进一步简化了该式,提出了修正的参考应变法公式,形式如下:

$$J = \sigma_0 t (f_1 \varepsilon_n + f_2) \quad (12)$$

该工作经过比较,发现经过进一步简化的式子反而更准确。提出公式如下所示:

$$J/\sigma_0 t = F \varepsilon_n \quad (13)$$

根据式 (12) 和式 (13) 进行大量回归分析,得到判定系数 R 方值如图 48 所示,可以看出式 (13) 的判定系数更接近于 1。

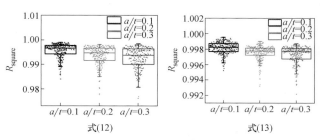

图 48　式 (12) 与式 (13) 回归分析判定系数比较

基于大量的模型得到 J_{up} 与 J_{down} 的比率如图 49 所示。可以看出,在卷管铺设工程中,比值 J_{ratio} 不会超过 1.2。因此提出了求解峰值裂纹扩展驱动力 J_{peak} 的公式,引入了安全系数 1.2。

$$J_{peak} = 1.2 J_{down} \quad (14)$$

从图 50 可以看出本方法提出的解析解和有限元非常接近,并且降低了 DNV-F108 转换方法的保守度。

该研究表明,标准化 J 积分与名义应变之间

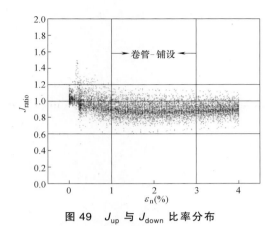

图 49　J_{up} 与 J_{down} 比率分布

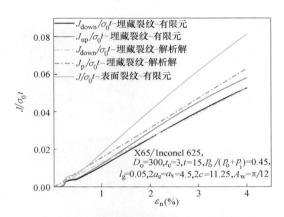

图 50　所提出的方法和有限元结果对比

区宽度或增加强度不匹配比，可以促进以威布尔应力为特征的屏蔽效应。在远场应变为 0.2% 时激光焊缝三点弯曲所需的韧性随着激光焊缝硬化变窄而减小，如图 53 所示。

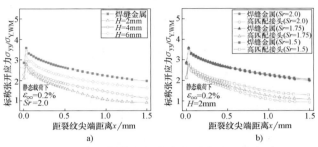

图 51　激光焊缝硬区宽度和强度不匹配比对
裂纹尖端张开应力的影响

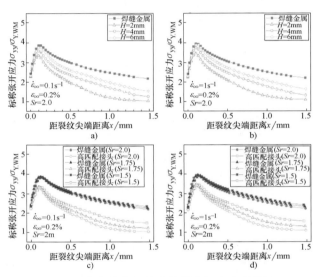

图 52　不同应变速率下激光焊缝硬区宽度和强度不匹
配比对裂纹尖端张开应力的影响

的线性关系对于焊接复合管埋藏裂纹仍旧有效，提出的解析解可以很好地表示埋藏裂纹的 J 积分，并且与有限元结果很接近。

上海交通大学邵晨东[16] 报告了采用中心全厚度裂纹板（CTCP）和标准断裂韧性试样（3 点弯曲试样，3PB）对激光焊缝的脆性断裂驱动力数值模拟，系统研究了激光焊缝硬区宽度（H）、强度不匹配比（S_r）和加载速度对裂纹尖端张开应力的影响。结果表明，激光焊缝硬区宽度和强度不匹配比对裂纹前端的张开应力有显著影响，通过缩小硬区宽度可以减小归一化的裂缝张开应力（$N_{yy,nor}=\sigma_{yy}/\sigma_{y,wm}$），由于在较软的 BM 中其更容易产生塑性变形，如图 51 所示，在动态载荷下，强度不匹配比对裂纹尖端标称应变率有较大影响，而 H 的影响可以忽略不计，如图 52 所示。由于动态载荷下的应变硬化效应，应考虑加载速度的影响。通过缩小硬

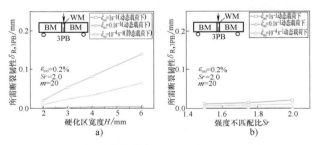

图 53　激光焊缝硬区宽度和强度不匹配比对三点
弯曲试样所需断裂韧性的影响

焊接构件在高性价比的先进超超临界（A-USC）锅炉关键部件制造中发挥着越来越大的作用，运行过程中承受低周疲劳载荷是导致构件

失效的关键问题之一，尤其是异种钢焊接接头微观组织和力学性能的不连续性。

上海交通大学王亚琪[17]研究了9Cr/617镍基合金异种钢焊接接头高温下低周疲劳（LCF）断裂行为，但本文中并未考虑焊接接头不同区域变形不同的影响，仅是采用焊接接头整体变形来反映。在600℃随着应变幅值的增大，9Cr/617异种焊接接头的LCF失效位置由9Cr侧HAZ或BM向镍基合金侧界面转移，如图54所示。LCF破坏对施加的应变幅值较敏感：当 $\Delta\varepsilon_t \geqslant$ 0.4%时，断裂发生在9Cr/617界面处；当 $\Delta\varepsilon_t \geqslant$ 0.3%时，断裂发生在9Cr侧HAZ或BM一侧；当 $0.3<\Delta\varepsilon_t<0.4$，断裂位置不定。结合异种钢接头不同微区的屈服强度（图55），分析认为异种钢接头LCF下断裂机理转化是由于在高温下，9Cr一侧FGHAZ的屈服强度与ICHAZ相似，为镍基合金界面附近的最低值；当应变幅值较大时，变形应力只能达到9Cr一侧CGHAZ的屈服强度，这与WM的屈服强度相差甚远。因此，镍钢界面是异种钢焊接接头LCF性能的薄弱环节；当应变幅值较小时，变形应力刚刚达到或不能达到9Cr一侧CGHAZ的屈服强度，此时9Cr一侧CGHAZ-FGHAZ区是异种钢焊接接头LCF性能的薄弱环节。

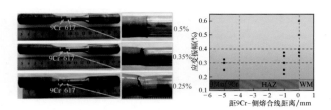

图54　9Cr/617异种钢接头LCF试样断裂位置

9Cr钢的HAZ和BM的循环软化是由板条亚结构向胞状亚结构转变的结果，如图56所示。HAZ与BM的竞争决定了循环软化引起的低应变下LCF的寿命。

构件在服役过程中，短裂纹的存在对构件的服役寿命有着极其重要的影响，因此，精确测量结构短裂纹的K值一直是研究者关心的课题。目前大多数的参数K值测量技术（BS 7910

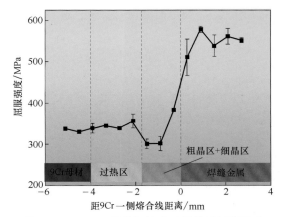

图55　9Cr/617异种钢接头不同微区屈服强度

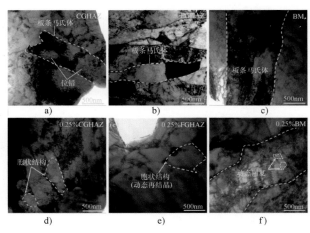

图56　9Cr侧循环软化机理

标准、有限元交替法FEAM和Murakami提出的方法）都存在各自的局限性，在拉伸和弯曲的条件下短裂纹范围内都存在明显误差。美国密歇根大学的董平沙教授[18]报告了针对圆钢构件短裂纹建立的一套完整的参数K解，如图57所示，适用于短裂纹和长裂纹，采用叠加法处理局部应力梯度效应。

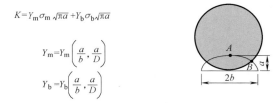

$$K=Y_m\sigma_m\sqrt{\pi a}+Y_b\sigma_b\sqrt{\pi a}$$

$$Y_m=Y_m\left(\frac{a}{b},\frac{a}{D}\right)$$

$$Y_b=Y_b\left(\frac{a}{b},\frac{a}{D}\right)$$

图57　应力强度因子K计算公式及示意图

董平沙教授[19]的另一篇报告针对增材制造部件的缺陷评估和疲劳性能，对比分析了增材制造部件和锻造部件的疲劳性能，如图58所示。

增材制造部件疲劳性能差，主要是由于内部存在大量气孔类缺陷，降低了疲劳抗力。增材制造部件内部缺陷类型和分布特征主要与制造过程中打印方向、扫描顺序相关。该报告指出了可以利用有限元交替法（FEAM）对含多缺陷结构实现应力强度因子的快速求解，并给出了计算的流程。

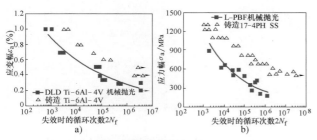

图 58 增材制造和锻造部件的疲劳性能对比分析

图 59 有效全焊透 T 形对接焊缝

如图 59 所示，当两侧焊脚的尺寸和大于 T 形接头板材厚度时，有效全焊透焊缝强度可以和全焊透 T 形焊缝强度相当。需要注意的是，在进行有效全焊透 T 形对接时，未焊接的宽度应该小于 3mm 或者 T 形接头板材厚度的 1/5。新西兰奥克兰大学的 H. Taheri[20] 在本次会议上提出了利用一种有效全焊透 T 形焊缝代替全焊透 T 形焊缝焊接框架结构（图 59），并利用大尺寸疲劳试样研究采用有效全焊透 T 形焊缝焊接结构的疲劳性能，分析了其疲劳性能和断裂机理。有效全焊透 T 形框架结构表现出很好的疲劳性能，在对接焊缝根部没有任何损坏或破裂，如图 60 所示。因此，有效全焊透 T 形对接焊缝的焊缝形貌和尺寸足以抑制焊根开裂，有效全焊透 T 形对接焊缝强度高，韧性好，可以防止连接处的脆性断裂。有效全焊透 T 形对接焊缝具有很好的加工性，易获得良好的焊缝形貌，可用以替换全焊透对接焊缝用于抗振框架结构

的连接。该报告还提出了有效全焊透 T 形对接焊缝间隙验收要求，如图 61 和图 62 所示，对焊接质量控制和无损检测要求进行了介绍。

图 60 三种试样不同断裂形式

a)、b) 试样一 c)、d) 试样二 e)、f) 试样三

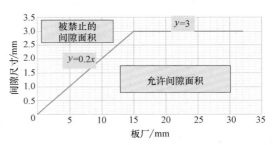

图 61 根据 EN 1993-1-8 标准 T 形对接焊缝有效完全穿透的间隙尺寸的验收标准

匈牙利米什科尔茨大学的研究人员提交了两篇断裂韧性测试文章，为常规的材料断裂韧性测试内容，创新点和特色不够突出。Zs. Koncsik 等人[21] 测试了室温和 −10℃下 S960M 钢的 CTOD，测试结果见表 1 和表 2，常温下 CTOD 为 0.183mm，−10℃ 时 CTOD 为

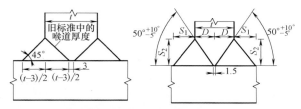

图 62　不同焊缝根部间隙示意图

0.112mm，不同轧制方向 CTOD 没有明显区别。

表 1　常温下断裂韧性测试结果

样品号	显著的 pop-in 效应	测量的 Δa 值	计算的 Δa 值	F	F 与 V 类型	δ_0	δ 类型
单位	—	mm	mm	N	—	mm	—
M11	无 pop-in	0.503	0.303	29402.9	F_m 与 V_m	0.200	δ_m
M12	无 pop-in	0.264	0.283	30102.5	F_m 与 V_m	0.161	δ_m
M13	2. pop-in	0.131	0.258	29908	F_c 与 V_c	0.113	δ_c
M21	1. pop-in	0.166	0.272	27400.5	F_c 与 V_c	0.140	δ_c
M23	无 pop-in	0.262	0.317	27805	F_m 与 V_m	0.228	δ_m
M24	无 pop-in	0.613	0.348	29103.1	F_m 与 V_m	0.288	δ_m
M25	2. pop-in	0.133	0.280	29101.3	F_c 与 V_c	0.155	δ_c

表 2　−10℃断裂韧性测试结果

样品号	显著的 pop-in 效应	测量的 Δa 值	计算的 Δa 值	F	F 与 V 类型	δ_0	δ 类型
单位	—	mm	mm	N	—	mm	—
M16	2. pop-in	0.341	0.254	30500	F_c 与 V_c	0.106	δ_c
M17	3. pop-in	0.213	0.282	30904	F_u 与 V_u	0.161	δ_u
M18	3. pop-in	0.144	0.263	29908	F_u 与 V_u	0.124	δ_u
M19	1. pop-in	0.087	0.242	28402	F_u 与 V_u	0.082	δ_u
M20	1. pop-in	0.180	0.250	28302	F_u 与 V_u	0.097	δ_u
M26	2. pop-in	0.509	0.244	25320	F_c 与 V_c	0.086	δ_c
M27	2. pop-in	0.098	0.242	26101	F_u 与 V_u	0.082	δ_u
M28	2. pop-in	0.098	0.262	27805	F_u 与 V_u	0.121	δ_u
M29	2. pop-in	0.122	0.271	27800	F_u 与 V_u	0.138	δ_u
M30	2. pop-in	0.099	0.262	26706	F_u 与 V_u	0.121	δ_u

J. Lukács[22] 采用环形缺口试样评估 K_{IC}，测试试样和测试过程如图 63 所示。虽然环形缺口试样裂纹尖端具有大的应力集中，但是仍难以满足平面应变条件，只能测量出 K_Q 值，无法获得有效的断裂韧性值。利用测量的 K_Q 值进行了可靠性计算，计算了不同条件下临界裂纹尺寸和安全系数。

a)　　　　　　　b)

图 63　环形缺口试样形貌及测试过程
a）室温下预测裂纹　b）预制 CRB 试样

天津大学林丹阳[23] 对含 Si 的 FeCoCrNi 高熵合金的增材制造工艺及试样性能进行了研究。多主元合金因其混合熵高而被称为高熵合金。尽管成本高昂，但由于其优异的力学性能、耐蚀性能和高温性能，被认为是关键部件中传统合金的良好替代品。使用增材制造高熵合金可以避免切削造成的浪费，以降低成本，并且逐层打印的工艺特点也可以实现复杂零件的直接成形。以往的合金往往是以牺牲塑性为代价来提高强度，本研究的目的是在保持塑性前提下，实现强度的大幅提升。

首先通过相组成预测，确定了在 Si 的添加量为 1.5%（质量分数）时不会出现脆性相及晶格结构的改变。通过使用基于多项式回归模型的工艺优化以及重熔过程，成功实现了致密度为 99.78% 的试样打印（图 64）。

通过 SEM 及 EBSD 观察发现，试样同样不存在显微偏析，组织均为柱状晶构成。但是重熔过程对柱状晶生长有阻断作用，因此本试样的织构强度远低于常见的增材制造试样。通过 TEM 分析了强化机理，发现了一种少见的位错环强化机制。并且在组织中发现了大量的微层错与微孪晶。通过组织表征，发现重熔后组织

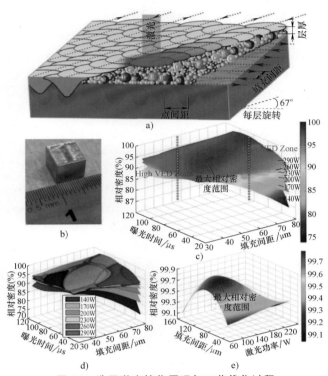

图64　选区激光熔化原理与工艺优化过程

几乎不存在宏观偏析，元素分布均匀。

力学性能测试发现，含 Si 的 FeCoCrNi 合金与未添加 Si 之前相比，在保持良好塑性的基础上大幅提升了强度（图65）。最后，论文通过分解激光辐照步骤，对于原位合成原理进行了解释（图66）。

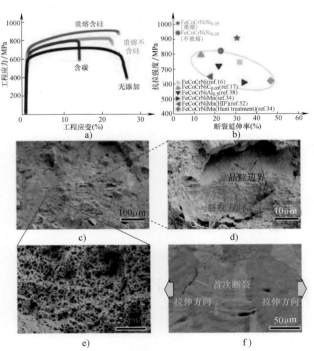

图65　FeCoCrNi 合金添加 Si 前后的拉伸性能以及断口形貌

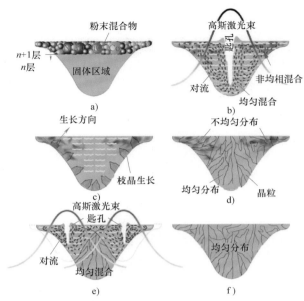

图66　选区激光熔化原位合成机理示意图

3　结束语

本次年会报告主要围绕着标准修订、残余应力以及断裂和疲劳展开了讨论，主要亮点工作包括：

1）标准 BS 7910 的历史变迁、存在问题和最新版本的内容变化。

2）残余应力测试和影响方面的工作：利用人工神经网络方法实现焊接接头残余应力预测，对发展提高复杂焊接结构残余应力计算效率具有借鉴意义；定量表征拘束效应对厚壁焊接接头残余应力分布的影响规律；控制焊接接头残余应力状态和分布可以影响裂纹失稳扩展路径，抑制失稳断裂；发展数值表征方法，定量表征残余应力对断裂韧性的影响。

3）预应变和拘束度对断裂疲劳评估结果的影响以及特殊工艺和结构条件下的断裂疲劳评估工作，建立考虑动态载荷和预应变对断裂韧性影响标准测试和评估流程；构建基于平均应力及平均应变（特征位移法）的 K 和 CTOD 的评估方法，为解决焊接结构失效数值模拟分析提供技术思路；发展损伤参数更少的韧性损伤模型表征材料断裂行为；大变形条件下基于应变控制的复合管埋藏裂纹工程临界评估方法；

增材制造部件的缺陷评估以及断裂、疲劳性能评估。

参考文献

[1] PARK J U AN G, MURAKAWA H. State Report of WG-A：Welding residual stresses in thick steel components [Z]//X-1938-19.

[2] PARK J U, AN G. Review of WG-A meeting, 2017-2019 [Z]//X-1956-19.

[3] PARK J U, AN G. Report of WG on welding residual stresses in thick steel structures [Z]//XI-1957-19.

[4] DITTMANN F, MOROZ S, VARFOLOMEEV I. An based assessment of welding welding residual stresses in austenitic pipe butt welds [Z]//X-1936-19.

[5] VARFOLOMEEV I, MAIER G, MOROZ S, et al. Influence of welding residual stresses and manufacturing defects on the lifetime of a thick-walled laser welded pipe made of alloy 617OCCs [Z]//X-1939-19.

[6] AN G, PARK J, BAE H, et al. Evaluation on prevention of unstable fracture by influence of welding residual stress [Z]//X-1944-19.

[7] OKAWA Y, KITANI Y, MA Y W, et al. Thermal-mechanical FE analysis of laser assisted lap joining of plastics and high strength steel [Z]//X-1945-19.

[8] MIKAMI Y, KAWABATA T. Numerical simulation of crack tip opening profile in fracture toughness test considering variation of welding residual stress distribution [Z]//X-1946-19.

[9] TAKASHIMA Y, MINAMI F. Explicit finiteelement analysis of dynamic response of dissimilar steel joint Specimen [Z]//X-1937-19.

[10] MINAMI F. Development of WES 2808：2017 Fracture Assessment Procedure for Steel Structures under Seismic Conditions [Z]//X-1897r-19.

[11] HADLEY I, TWI L. Progress towards BS 7910：2019 [Z]//X-1935-19.

[12] OHATA M, SHOLI H, TAKASHIMA Y, et al. Kayamori, Damage Model for Predicting Ductile Crack Growth in High Strength Steel Welds [Z]//X-1947-19.

[13] TAKASHIMA Y, SHAO C, LU F, et al. Numerical investigation on CTOD estimation methods for laser welds [Z]//X-1948-19.

[14] ZHAO X X, XU L Y, JING H Y, et al. A strain-based engineering critical assessment for offshore clad pipes with V-groove weld and circumferential embedded cracks under large-scale plastic strain [Z]//X-1951-19.

[15] SHAO C D, CUI H C, TAKASHIMA Y, et al. Numerical investigation on the brittle fracture driving force and shielding effect of laser welds [Z]//X-1949-19.

[16] WANG Y Q, CUI H C, LU F. LCF failure behavior of 9Cr/617 dissimilar welded joint at elevated temperature [Z]//X-1950-19.

[17] DONG P S, PEI X J, SONG S P. Parametric k solutions fro modeling short cracks in round bar components [Z]//X-1953-19.

[18] DONG P S, SONG S P. Defect assessment of am components and interpretation of recent fatigue test data [Z]//X-1954-19.

[19] TAHERI H, CLIFTON G C, DONG P, et al. The Use of Effective Full Penetration of T-butt Welds in Welded Moment Connections [Z]//X-1955-19.

[20] KONCSIK Z, NAGY G, LUKÁCS J. COD assessment of S960M grade steel at different temperatures [Z]//X-1958-19.

[21] LUKÁCS J, KONCSIK Z. Determination of plane-strain fracture toughness using CRB specimens and their applicability for structural integrity calculations [Z]//X-1959-19.

[22] LIN D Y, XU L Y, JING H Y, et al. Microstructure and mechanical properties of high-entropy alloyfabricated by selective laser melting [Z]//X-1952-19.

作者简介：徐连勇，男，1975年出生，博士，教授，博士生导师。主要从事先进焊接技术、焊接结构完整性与寿命评估方面的科研和教学工作。发表论文150余篇。E-mail：xulianyong@tju.edu.cn。

压力容器、锅炉与管道焊接（IIW C-XI）研究进展

徐连勇[1,2]

（1. 天津大学材料科学与工程学院，天津　300354；2. 天津大学现代连接技术天津市重点实验室，天津　300354）

摘　要： 在 IIW 2019 年会中，压力容器、锅炉与管道焊接专委会（IIW C 第 XI 委）于 2019 年 7 月 12—19 日在斯洛伐克进行了工作会议和年会学术报告。本次年会共有 11 个报告，围绕耐热钢焊接及接头组织和性能、在役管道断裂连续检测技术、超级双相不锈钢焊接接头失效分析方面的热点问题和研究发展动向进行了介绍，研究了耐热钢 P91 焊缝金属的显微组织不均匀性及其控制措施，Nb 元素对 API 5L X70 及 HSLA 钢焊接接头组织和性能的影响，开槽形状和深度对高锰钢熔深的影响，采用声发射方法对热力管道运行过程中进行实时检测，讨论了高温服役下奥氏体不锈钢焊缝应力松弛裂纹（SRC）的一个案例，对于国内开展高温高压热力管道的实时断裂行为检测、提高高锰钢熔深，抑制 P91、P92 等马氏体耐热钢焊接接头早期失效措施的研究等具有启示作用。

关键词： 耐热钢；断裂连续检测；失效分析

0　序言

国际焊接学会（IIW）2019 于 2019 年 7 月 12—19 日在斯洛伐克举行，压力容器、锅炉与管道焊接专委会（IIW C 第 XI 委）共宣读论文 11 篇。本文对压力容器、锅炉与管道焊接专委会耐热钢焊接及接头组织和性能、在役管道断裂连续检测技术、超级双相不锈钢焊接接头失效分析等方面研究热点和最新进展进行介绍，分析了研究成果和存在的不足。

本次会议中 IIW C-XI 报告主要集中在压力容器、锅炉与管道焊接接头组织性能以及失效分析，缺乏前沿性和开创性的研究成果。乌克兰巴顿焊接研究所采用声发射方法对 15Cr1Mo1V 热力站管道运行过程中进行检测，对于解决在役管道可靠性检测具有一定的指导意义，但是如何解决声发射技术对于不同材料、不同温度上信号响应解析，仍需通过大量的研究工作，才能推动该技术的推广应用。德国学者报告了组织不均匀性对焊接接头性能的影响，但提高措施仍是常规的控制热输入等方法。奥地利学者采

用多种显微组织分析方法的结合，研究耐热钢高温下微观组织的演变规律。美国学者详细研究了铌对 API 5L X70 埋弧焊焊缝金属组织和性能的影响，所采用的方法具有很好的借鉴意义。英国、日本、芬兰和意大利等学者的报告更侧重于工程实际问题分析。以下对上述内容进行较为详细的介绍。

1　Cr-Mo 耐热钢焊接及接头组织和性能研究

Cr-Mo 钢作为石油、电力等领域压力容器和管道关键材料之一，如 P91、2.25Cr-1Mo-0.25V、15Cr1Mo1V 等，其焊接性、焊接材料开发及接头组织和性能、在役性能演变是目前国际上压力容器与管道焊接领域关注的热点。

德国开姆尼茨工业大学的 Nitsche 教授[1] 研究了耐热钢 P91 和 CB2 药芯焊丝焊缝金属的显微组织不均匀性，重点分析了产生原因及其对蠕变性能的影响，在此研究基础上提出了提高焊缝金属均匀性的措施，以改善 P91 焊接接头性能。

P91 钢焊缝金属组织不均匀性如图 1 所示，

除了 Cr 分布不均匀外，碳原子扩散也会对焊缝金属的显微组织产生不利的影响，即使 Cr 的轻微不均匀分布和碳扩散也会对焊缝金属微观结构的发展产生严重的负面影响。该研究还分析了组织不均匀性对蠕变性能的影响机理，如图 2 所示。焊缝金属组织不均匀性主要是由于焊缝熔池内部混合不良，为了控制焊缝金属组织不均匀性，可通过降低焊接热输入或提高送丝速度，以改变焊接材料的熔化方式进而降低焊缝组织的不均匀性。但这种方式并不能完全抑制焊缝不均匀性的产生。送丝速度提高过大将增加焊缝不均匀性，主要是由于焊丝填充多，没有足够时间熔化，容易引起焊丝未熔化量增加；

随着填充焊丝添加合金元素比例的增加，这种熔化问题将更为严重。完全避免焊缝不均匀性只能通过调整焊接材料合金元素成分比例和匹配来实现。

为了提高焊接接头的韧性和改善硬度，P91 钢焊接接头焊后需要进行热处理，在焊后热处理之前需要进行脱氢热处理来防止延迟氢致开裂。德国马格德堡大学材料科学与连接技术研究所的 Rhode 教授[2] 对 P91 钢在多层多道焊接过程中的氢扩散行为进行了研究，采用电化学渗透技术和载气热萃取技术研究了未经热处理和经过热处理后焊缝金属的氢扩散行为，这两种方法的采用对于开展氢扩散技术的研究具有一定的借鉴意义。研究发现，在未经热处理的情况下，焊缝金属展示了明显的氢陷阱和高的扩散系数，主要是由于未处理焊缝具有高的位错密度和析出相；然而这种差异受热处理温度制约，随着温度升高，两者差异逐渐降低，超过 300℃ 以后两者变得接近。电化学渗透技术研究表明，在两种热处理条件下，氢在焊缝金属中的扩散方向可以用扩散系数和渗透性表示。相关研究结果如图 3~图 5 所示。

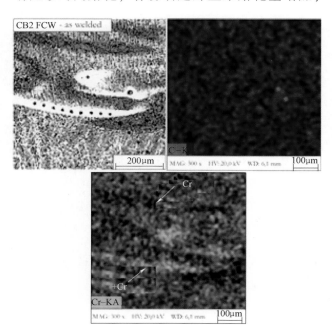

图 1　P91 钢焊缝金属组织不均匀性

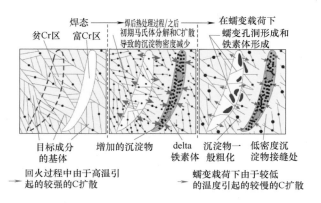

图 2　回火和蠕变条件下内外不均匀性过程示意图

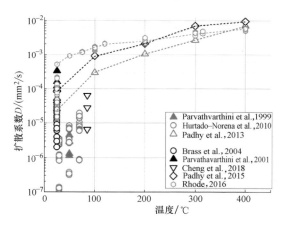

图 3　高合金 Cr-Mo 钢中的氢扩散系数

为了满足电站机组不同温度段的使用要求和降低成本，电站机组不同温度段采用不同的等级材料，因此不可避免地存在异种材料连接。P91 钢异种钢焊接接头易在熔合区发生早期失效，芬兰拉彭兰塔理工大学的 Belinga Mvola 等

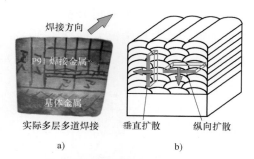

图4　多层多道焊氢扩散示意图

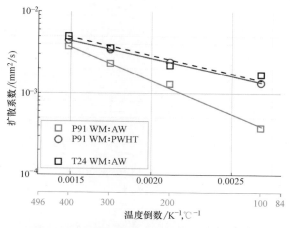

图5　不同条件下 P91 焊缝中氢的扩散系数

人[3]针对这一现象，通过数值模拟来解决 P91/Alloy800 异种钢焊接过程的优化问题，利用数值模拟分析不同焊接过程的影响，评估了焊缝设计与合金在界面上的扩散之间的内在关系，为 P91 钢异种钢焊接材料、焊接工艺开发、改善异种钢焊接接头长时蠕变性能提供了解决思路。本文的数值模拟是基于 MatCalc 软件，结合了焊接热循环相关的介观模型展开的，主要是分析了微观组织析出相变化规律。

该研究使用金属材料数据库，对采用不同规格焊接材料下多层多道焊接接头组织进行分析，同时分析了焊接过程中合金元素的分布规律，用以优化焊接工艺。该研究认为，低热输入导致 MX 相显著减少，而较高热输入将提高 MX 和 $M_{23}C_6$ 相的比例，如图6所示。同时对比分析了焊接接头合金元素和相分布的数值模拟结果与试验结果，如图7和图8所示。熔合区附近的微观组织分布和变化受焊接过程热输入的影响，焊缝与镍和铁的基体金属的界面处合金元素呈

梯度分布，合金元素梯度与马氏体转变温度相关，如图9所示。

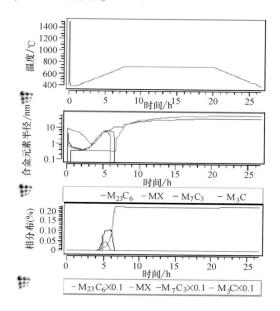

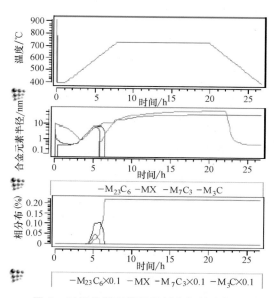

图6　不同热循环情况下析出相的比例

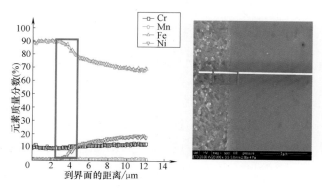

图7　0.66kJ/mm 热输入下合金元素在熔合区分布

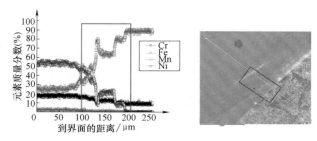

图8　1.05kJ/mm热输入情况下熔合线元素分布

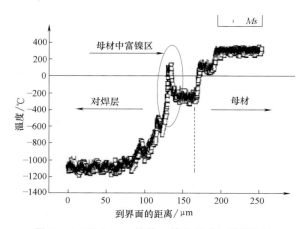

图9　1.05kJ/mm热输入情况下 Ms 转变温度

对于高温焊接结构，焊接接头长期服役会发生组织劣化，甚至在焊接接头不同微区产生裂纹，导致焊接接头的早期失效。探究焊接接头微观组织演变规律，对于控制焊接接头早期失效和提高接头长期服役寿命具有重要作用。对 2.25Cr-1Mo-0.25V 钢而言，针状铁素体可以保证 2.25Cr-1Mo-0.25V 钢具有良好的强韧性结合。奥地利莱奥本大学的 Hannah Schönmaier 等人[4] 通过高温激光扫描共聚焦显微镜（HT-LSCM）、电子背散射衍射和原位相转变观察等方法对 2.25Cr-1Mo-0.25V 焊缝金属高温条件下微观组织演变规律进行了研究，通过多种显微方法复合可以提供更全面的信息。2.25Cr-1Mo-0.25V 焊缝的显微组织主要是贝氏体，但是仍然有少量 AF 存在，主要是由于含有大的原始奥氏体晶粒，这些奥氏体晶粒有利于 AF 晶内成核。该研究通过高温激光扫描共聚焦显微镜观察奥氏体向铁素体相变的行为，如图10所示；焊缝金属在高温条件下会析出不同形态的、高密度的复合 Al-Mn-O 氧化物（图11和图12），测到

奥氏体晶粒内非金属夹杂物也有利于促进 AF 的晶内成核过程。这两种情况共同促进了 AF 的形成，保证了 2.25Cr-1Mo-0.25V 焊缝金属的高温可靠性。

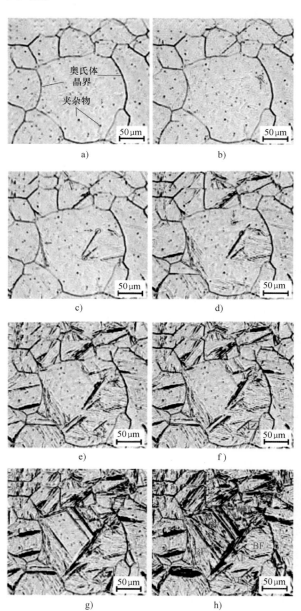

图10　在一个奥氏体晶粒内部奥氏体向
铁素体组织转变过程

a）490℃　b）476℃　c）469℃　d）461℃
e）456℃　f）451℃　g）444℃　h）427℃

对于在役焊接部件高温材料性能退化和运行可靠性的分析，是压力容器和管道结构完整性研究的热点和亟待解决的关键问题。计算机

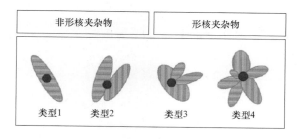

图 11 四种形态的 Al-Mn-O 氧化物示意图

类型1　类型2　类型3　类型4

非形核夹杂物　形核夹杂物

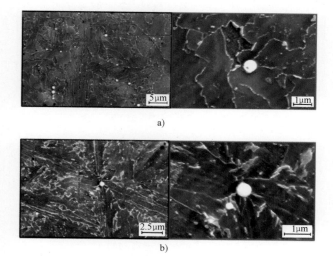

图 12 Al-Mn-O 氧化物扫描电镜照片

技术、无线电电子学、应用数学、测试设备、材料强度和连续力学科学的现代发展，为高温在役部件性能变化的连续检测提供了可能。国内天津大学、华东理工大学、中国特种设备检测研究院等科研院校都致力于开发在役部件取样装置和微试样性能分析设备和技术。

乌克兰巴顿焊接研究所的 L. M. Lobanov 教授[5] 采用声发射方法对 15Cr1Mo1V 热力站管道运行过程进行检测，实现了管道断裂载荷预测，是在役部件可靠运行检测技术开发的一种很好的技术思路。该研究主要探讨了声发射方法对工业热蒸汽过热管道在运行过程中连续监测的可行性，15Cr1Mo1V 高温拉伸性能和声学信号的对应关系如图 13 所示。图中 P 代表拉伸载荷，a 代表声发射信号强度，R_t 代表声发射信号的上升时间，用以捕捉断裂信号的发生。可以看出，

声发射信号可以反映材料断裂本征行为以及材料性能变化，而且这种变化趋势在不同温度下都得到了很好的证明。在此基础上，在蒸汽管道上安装了图 14 所示的连续声发射监测系统，利用该系统可以实时检测并分析管道载荷的变化情况，如图 15 所示。即使在相同变形下，在管道不同位置声发射信号也会存在差异，因此声发射检测系统主要是通过声发射信号强度和时间变化，基于拉伸试验过程中声发射信号的变化规律，实时检测并判断管道的薄弱位置并计算管道断裂载荷。此外，声发射检测系统极限检测温度能否满足 600℃ 以上服役的蒸汽管道断裂应力的变化，以及如何整合声发射检测系统和电厂运维系统，也是未来该技术推广应用需解决的问题。

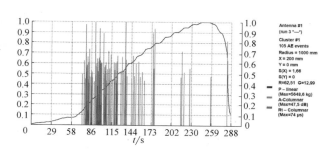

图 13 15Cr1Mo1V 高温拉伸性能（560℃）和声学信号的对应关系

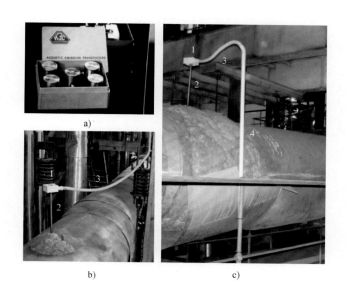

图 14 声发射装置及安装方法

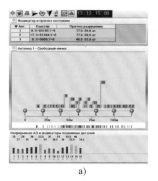 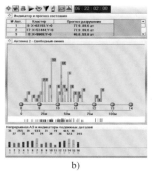

a)　　　　　　　　　　b)

图 15　监测开始后，运行 13h13min（天线 1）a）和
6h 22min（天线 2）b）两条管道的声发射
活动水平（上表给出了预测极限荷载的大小）

2　管线钢焊接及接头组织性能研究

　　高强度低合金或微合金钢经过热机械控制处理（TMCP），以实现最佳的显微组织和力学性能的设计，用以满足预期使用条件下的性能要求。微合金化添加剂对于通过 TMCP 获得最佳性能至关重要。API 5L X70 级合金与质量分数大约为 0.1% 的 Nb 合金化。埋弧焊（SAW）是 API 5LX70 管道常用的制造方法，但焊接过程中会导致 Nb 引入焊缝金属，对焊缝金属的冲击韧度产生有害影响。针对此问题，美国俄亥俄州立大学的 Patterson 和 Lippold[6] 研究了铌对 API 5L X70 合金埋弧焊焊缝金属组织和性能的影响。首先研究了两种市售埋弧焊焊丝 E1、E2 与含 Nb 的 X70 钢的模拟焊缝金属的混合液，其比例与埋弧焊焊缝金属的比例相同，通过电弧熔炼装置制备了该混合液的小"纽扣"型试样，并将该试样熔化到含有沉头的 X70 板中，示意图如图 16 所示，主要用以控制 Nb 含量，定量表征 Nb 含量对微观组织和硬度的影响。焊接接头金相组织分析表明，模拟焊缝组织均为贝氏体组织，如图 17 所示。当存在粒状贝氏体形态时，硬度最高，这是由于在较高 Nb 水平下，Mo、Si、Ti 和 B 含量略有增加所致，硬度结果如图 18 所示。

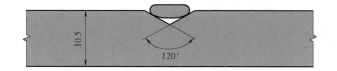

图 16　扁平纽扣在被 GTAW 焊枪点焊入
X70 基板前的 SAW 模拟示意图

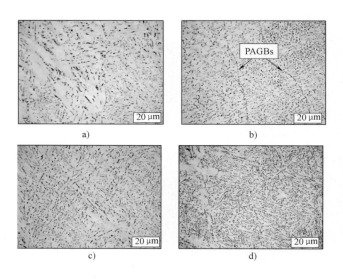

a)　　　　　　　　　b)

c)　　　　　　　　　d)

图 17　凝固组织

a）50% X70 和 50% Electrode 1　b）50% X70 和 50% Electrode 2
c）67%E1-17%E2-17%X70　d）17%E1-67%E2-17%X70

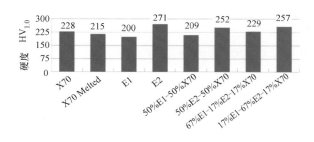

图 18　X70、1 号电极、2 号电极和混合液在
1kg 负载下 20 个压痕的平均维氏硬度值

　　其次，对实际埋弧焊焊接中随着焊缝中铌含量的增加微观组织和力学性能的变化进行了研究，分析了堆焊和双道对接焊焊缝金属铌含量的影响，示意图如图 19 和图 20 所示。堆焊焊缝结果表明，Nb 造成了明显的微观结构变化，随着 Nb 含量的增加，针状铁素体含量增加，晶界铁素体和二次魏氏铁素体含量降低，增加焊

缝金属中的 Nb 含量会导致焊缝金属硬度增加，如图 21 所示。对于双道对接焊焊缝，w_{Nb} = 0.014% 和 w_{Nb} = 0.030% 熔敷金属之间的硬度变化可忽略不计，高 Nb 焊缝金属（w_{Nb} = 0.084%）在熔敷状态下的硬度略有增加，如图 22 所示。在高 Nb（w_{Nb} = 0.084%）再加热内焊缝 1 金属内，硬度显著增加，但在控制焊缝（w_{Nb} = 0.014%）和低 Nb（w_{Nb} = 0.03%）内焊缝 1 之间，硬度相对不变。低 C（w_C = 0.06%）和相对高 Mo（w_{Mo} = 0.2%）的双道对接焊，随着低合金钢埋弧焊缝中 Nb 含量的增加，冲击韧度降低，如图 23 所示。另外，如图 24 所示，虽然焊缝冲击韧度降低，但并不影响焊缝金属拉伸试样的伸长率。

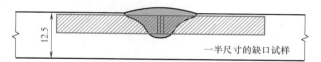

图 19　堆焊焊缝和半尺寸 V 形夏比
冲击试样取样方向和位置示意图

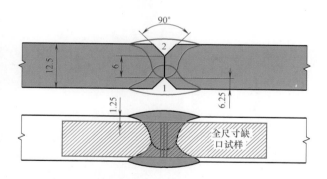

图 20　显示有代表性的双面对接焊缝几何结构
内焊缝 1 和外焊缝 2（上图），以及从双焊道金属中
取出的全尺寸 CVN 样品方向（下图）

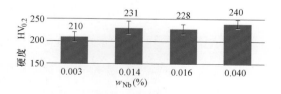

图 21　Nb 含量对堆焊焊缝硬度影响

由于 Nb 元素的特殊物理冶金作用，广泛用于各种高等级钢种，但是少量 Nb 元素添加也可

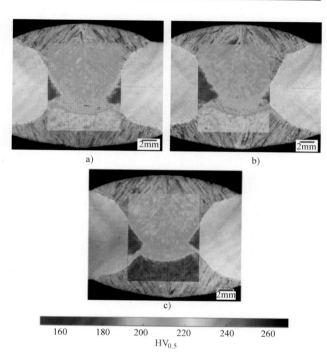

图 22　叠加硬度分布图的双道对接焊接头宏观图
a）对照试样（w_{Nb} = 0.014%）
b）低 Nb 含量试样（w_{Nb} = 0.030%）
c）高 Nb 含量试样（w_{Nb} = 0.084%）

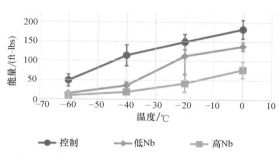

图 23　各试验温度条件下双道焊 CVN 韧性结果

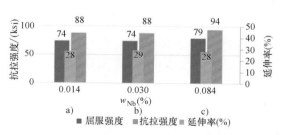

图 24　双道对接焊缝屈服强度、
抗拉强度和延伸率的拉伸结果
a）对照试样（w_{Nb} = 0.014%）
b）低 Nb 含量试样（w_{Nb} = 0.030%）
c）高 Nb 含量试样（w_{Nb} = 0.084%）

能导致材料焊接性变差。武汉理工大学的 Wang 和 Cai[7] 主要采用焊接热循环组织模拟的方法研究了 Q420FRE HSLA 钢在焊接热循环中铌元素的行为，通过控制峰值温度和冷却速度，模拟焊接接头不同微区的组织。通过透射电镜观察发现，Nb（C，N）在焊接热循环加热过程中发生粗化和溶解；由于 Nb（C，N）的钉扎使逆变奥氏体的生长速度变慢。Nb（C，N）在高于 Ac_3 的温度下开始溶于奥氏体，在焊接热循环的峰值温度下完全溶解，在随后的冷却过程中没有再沉淀发生。同时，Nb 元素具有很强的偏析作用，会向晶界或晶粒内偏析。用原子探针揭示铌在焊接热循环冷却过程中的偏析，如图25和图26所示。在非平衡偏析机制控制下，Nb 在奥氏体分解的峰值温度到开始温度的温度区间内于界面（如奥氏体晶界、铁素体-铁素体界面）上发生了偏析。Nb 偏析会与界面相互作用并改变界面能，因此改变了连续冷却奥氏体的分解温度，可以抑制铁素体的形成，促进贝氏体的转变。当 Nb 在铁素体-M-A 组分界面上分离时，发生不完全转变。

为了提高高锰钢的焊接质量和焊接效率，日本大阪大学的 Miki[8] 通过数值模拟和实验探究了坡口高度及高锰钢焊接时的熔深效应。首先进行了有无坡口情况下的焊接温度场有限元模拟，如图27所示。在开坡口情况下，焊接过程中对熔深有较大影响的最大流速、弧压和最高温度等因素，均高于无坡口的情况，如图27和图28所示。通过对高锰钢熔池行为观测发现，在高锰钢焊接过程中，电弧区的锰蒸气浓度较高；然而当坡口具有较高侧壁时，钨电极附近未发现锰蒸气（图29）。高锰钢焊接过程中熔深随坡口形状的变化主要由以下原因造成：①由于坡口形状影响了保护气体流动，造成电弧集中效应，提高了影响熔深的电弧因子，如电弧力和电弧温度；②坡口形状引起锰蒸气分布变化，进而影响弧压变化，随之焊机的自动弧长调节功能（AVC）因压低电弧带来的电流密度改变。

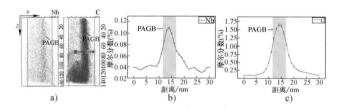

图25　a）铌原子图，b）Nb、c）C 沿图 a 所示选定框内箭头所示方向穿过 PAGB 界面的成分剖析，图 b 和图 c 中灰色区域表示晶界位置

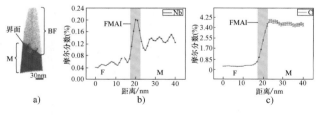

图26　a）马氏体（M）和贝氏体铁素体（BF）的碳原子图、b）铌和 c）碳沿图 a 中所示界面的成分剖析，图 b、图 c 中灰色区域表示界面的位置

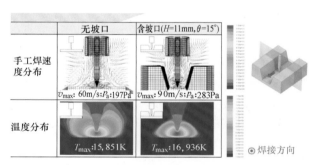

图27　有无坡口情况下焊接温度场有限元模拟结果

材料	无坡口	含坡口($H=11mm,\theta=15°$)
304 不锈钢	深度：2.3mm 宽度：7.4mm	深度：2.6mm 宽度：5.6mm

图28　开坡口对焊接熔深的影响

材料	无坡口		含坡口($H=11mm,\theta=15°$)	
	电弧形貌	锰蒸气分布	电弧形貌	锰蒸气分布
高锰钢				
304 不锈钢				

图29　不同条件下金属锰蒸气光谱图像

3 压力容器断裂失效分析

英国焊接研究所 Hadley[9] 的报告比较了压力容器脆性断裂预防的两种设计规范：英国 PD 5500 标准和欧盟 EN 13445。我国现行压力容器标准 GB 150、JB 4732 以及 GB 151 等主要参照 ASME 规范，但如果需要进入欧盟还需要考虑 EN 13445 的特殊规定。此报告对于压力容器行业的技术人员了解 EN 13445 标准以及其与国家标准的异同具有借鉴意义。

PD 5500 标准（以前的 BS 5500 标准）涵盖了一些 EN 13445 未涉及的材料，PD 5500 标准的附录 d 和 EN 13445-2 的附录 b 包含避免低温下脆性破坏。EN 13445 标准的夏比冲击试验温度要求和 PD 5500 标准的要求之间相差高达 60℃，PD 5500 标准只考虑了焊接状态下的低强度钢。EN 标准采用横向夏比冲击试样，而 PD 标准采用纵向夏比冲击试样。PD 标准采用不同冲击吸收能量韧脆转变温度（T_{27J}、T_{40J}），具体取决于钢的抗拉强度；EN 标准仅使用 T_{27J} 韧脆转变温度，适用于所有级别的钢材。图 30 对比了两种标准下不同规格的 A335 钢韧脆转变温度。随着板厚不同两个标准差距也不同，尤其是对于 35mm 钢材两个标准的韧脆转变温度差异最大（表 1），且 PD 标准相比 EN 标准更加烦琐。ASME 标准介于较低强度等级的 PD 标准和 EN 标准之间。目前英国伦敦帝国理工学院正在进行"优化压力容器安全设计"的新项目，对所有等级和条件（AW 和 PWHT）的脆性断裂预防规则进行重新审查。该项目由劳埃德注册基金会赞助并与相关的 BSI 和 CEN 委员会以及行业伙伴合作。

表 1 不同级别钢材 PD 5500 标准和 EN Issue1、5 标准对比

级别	参考温度/℃	厚度/mm	T_{27J}		
			PD 5500	EN Issue 1	EN Issue 5
265/275	-10	35	-50	-18	8
355	-10	35	-59	-28	-5
265/275	-40	10	-8	0	20
355	-40	10	-16	-12	2

来自意大利的 Palombo[10] 研究了奥氏体不锈钢焊缝应力松弛裂纹（SRC），通过讨论一个真实奥氏体焊缝 SRC（SRC-A）案例描述金属丝状物形成和生长的理论，裂纹如图 31 所示，丝状物形貌及 EDS 分析分别如图 32 所示。通过比较氧化物和晶体取向来确定金属丝状物的起源和生长机理，如图 33 和图 34 所示。研究者认为金属丝形核生长的理论如下：

1）晶间裂纹开始萌生，并暴露出新的（未钝化）金属表面。

2）环境处于高温（550~750℃），促进这种新金属表面的热氧化。

3）裂纹内表面在扩展过程中开始氧化。

4）金属基体中含有的金属碳化物（如 $Cr_{23}C_6$），在新的氧化层中开始分解并释放 C。

5）发生以下分解反应：

$$2MC+O_2 \rightarrow 2MO+2C$$

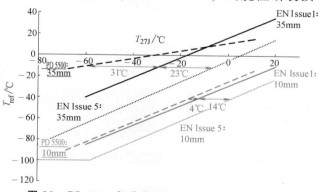

图 30 PD 5500 标准和 EN Issue1、5 标准对比图

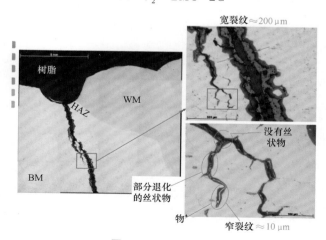

图 31 SRC-A 裂纹

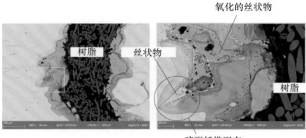

图32 70mm厚的321H不锈钢管
焊缝中丝状物SEM图

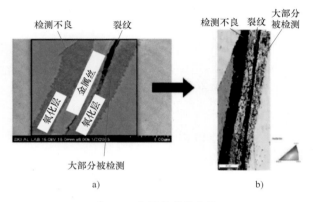

a) b)

图33 金属丝状物起源

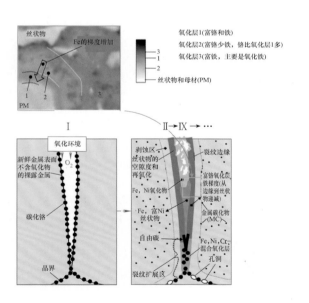

图34 丝状物形核及生长机理示意图

6）在550～750℃的温度范围内，根据氧化还原反应，碳通过还原铁和镍氧化物形成CO和CO_2。

$$MO+C \rightarrow M+CO$$

$$2MO+C \rightarrow 2M+CO_2$$

$$MO+CO \rightarrow M+CO_2$$

7）富铁/镍的丝状物在裂纹内部生长。

8）当裂纹在材料中生长时，金属丝状物也在其内部扩展和生长。

9）在铁/镍中的氧化铁和氧化铌完全还原后，丝状物开始再次氧化（没有碳化物，比初始氧化物出现更多孔洞）。

论文利用焊接接头蠕变试验研究了形成应力松弛裂纹的氧化还原理论，可在研究其他材料氧化机理进行借鉴。通过对机理分析，阐明影响因素，并依据主要因素影响设计和构造蠕变试验，对类似的研究具有较好的启发意义。Palombo所采用的蠕变试验如图35所示，SRC位于焊接接头试样粗晶区一侧，接头细晶区出现蠕变破坏，通过显微组织分析验证了上述提出的金属丝形核和长大理论。

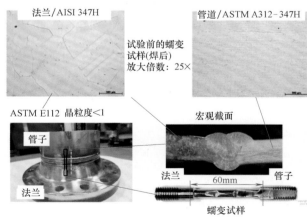

图35 焊接接头蠕变试验

芬兰埃斯波 VTT 技术研究中心的 Nevasmaa 教授[11] 研究了某工厂 2205 双相不锈钢气体分离器焊缝失效行为，主要是通过微观组织和断口分析探明裂纹产生的机理和原因。该气体分离器焊接接头在 45℃ 最高内部温度和 4.7MPa 内部压力的条件下，在氢、硫化氢、二氧化碳和水的混合物环境中，服役两年左右，在靠近环焊缝的地方沿焊缝方向产生大量裂纹（图 36）。在显微和断口研究中，发现裂纹表现出局部异常特征，这些异常区域位于靠近板表面的薄层内，靠近多个表面裂纹。在这一层中，铁素体相中的析出物形成了晶粒内"胡椒面"结构（图 37）。该层的硬度高于铁素体相和奥氏体相。这些结果表明，这一层含有氮化铬的沉淀物，致使该层硬度提高，且还会降低净截面应力，对氢致应力开裂（HISC）电阻产生不利影响，损害双相钢的力学性能，因此这种沉淀物是导致氢脆敏感性增加和氢致应力开裂抗力降低的原因。另外，粗糙表面观察到大量粗大的类似热影响区的微观结构（图 38），这些主要是出现在等离子切割或火焰矫直等靠近环向对接焊的位置。此外，焊缝虽然本身存在缺陷，焊缝质量差，但这些缺陷与裂纹失效没有直接联系，双

相钢焊接接头失效是由于氢致开裂引发的并在疲劳作用下不断扩展形成的。

图 37 紧接板表面，靠近主裂纹的一层薄的异常层（左）；粗铁素体晶粒具有晶内析出"胡椒面"状结构，部分奥氏体主要位于晶界处，铁素体含量高于普通双相基体材料

图 38 热影响区粗大的晶粒

4 结论

本次年会 C-XI 提交的论文不多，特别新颖的亮点工作较少，但是部分工作仍然有一定的参考价值，例如：

1）德国开姆尼茨工业大学研究了耐热钢 P91 和 CB2 药芯焊丝焊缝金属的显微组织不均匀性及其产生原因，提出降低热输入或提高送丝量，可改善 P91 焊接接头性能。

2）深入研究了 Nb 元素对于 API 5L X70 及 HSLA 钢在焊接接头组织和性能的影响；Nb 含

图 36 裂纹形貌

量增加会导致 API 5L X70 焊缝金属硬度增加，微观组织发生改变，导致韧性降低。而对 HSLA 钢，Nb 元素会产生偏析，抑制铁素体形成，促进贝氏体转变。

3）通过数值模拟和试验发现通过控制开槽形状和深度可以控制高锰钢熔深，提高高锰钢焊接质量。

4）乌克兰巴顿焊接研究所采用声发射方法对 15Cr1Mo1V 热力管道运行过程中进行检测，实现管道断裂载荷预测，是在役部件可靠运行检测技术开发的一种很好的技术思路。

5）针对最新的压力容器脆性断裂预防的两种设计规范，即英国 PD 5500 标准和欧盟 EN 13445 进行了比较分析。EN 13445 标准采用横向夏比冲击试样，而 PD 5500 标准采用纵向夏比冲击试样。PD 5500 标准采用不同冲击吸收能量韧脆转变温度（T_{27J}、T_{40J}），具体取决于钢的抗拉强度；EN 13445 标准仅使用 T_{27J} 韧脆转变温度，适用于所有级别的钢材。

6）讨论了高温服役下奥氏体不锈钢焊缝应力松弛裂纹（SRC）的一个案例，氧化是开裂的主要原因，促进了内部金属丝状物的形成和长大；SRC 主要位于接头粗晶区，细晶区主要发生蠕变失效。

参考文献

[1] NITSCHE A. Solidification phenomena in creep resistant 9Cr weld metals and their implications on mechanical properties [Z]//IX-2691-19.

[2] RHODE M, RICHTER T, MAYR P, et al. Thomas Böllinghaus, Hydrogen diffusion in creep-resistant 9%-Cr P91 multi-layer weld metal [Z]//XI-1103-19.

[3] MVOLA B, KAH P, LAYUS P, et al. Assessment of phase transformation at partially melted zone of dissimilar creep resistance P91 and alloy 800 to mitigate cracks [Z]//XI-1105-19.

[4] SCHÖNMAIER H, GRIMM F, KREIN R, et al. Microstructural evolution of creep resistant 2. 25Cr-1Mo-0. 25V weld metal [Z]//XI-1104-19.

[5] LOBANOV L M, NEDOSEKA A Y, NEDOSEKA S A, et al. Solid experience in the use of continuous monitoring systems pipeline thermal station during the operation on the basis of SHM technologies [Z]//XI-1095-19.

[6] PATTERSON T, LIPPOLD J C. Effects of Niobium on the Microstructure and Properties in Submerged Arc Weld Metal [Z]//XI-1090-19.

[7] WANG H H, CAI H. Niobium behavior by during welding thermal cycle for niobium mciro-alloyed HSLA steels [Z]//II-C-576-19.

[8] MIKI S, KISAKA Y, KIMURA F. The effect of groove shape on penetration depth in the GTA welding of high Mn steel [Z]//XI-1100-19.

[9] HADLEY I. Prevention of brittle fracture in pressure vessels：a comparison of design code requirements [Z]//XI-1096-19.

[10] PALOMBO M, ZABBIA M, MARCO M D. A study about Stress Relaxation Cracking in austenitic stainless steel welds [Z]//XI-1097-19.

[11] NEVASMAA P, YLI-OLLI S. Failure analysis of duplex 2205 gas separator welds operating in process plant conditions [Z]//XI-1093-19.

作者简介：徐连勇，男，1975 年出生，博士，教授，博士生导师。主要从事先进焊接技术、焊接结构完整性与寿命评估方面的科研和教学工作。发表论文 150 余篇。E-mail：xulianyong@ tju. edu. cn。

弧焊工艺与生产系统（IIW C-XII）研究进展

华学明　沈忱　黄晔

（1. 上海交通大学材料科学与工程学院焊接与激光制造研究所，上海　200240；

2. 上海市激光制造与材料改性重点实验室，上海，200240）

摘　要：国际焊接学会（IIW）C-XII专委会（Arc Welding Processes and Production Systems）于本届年会中，在关注弧焊工艺与生产系统研究进展的同时，通过与C-I、C-IV专委会及SG212研究组联合办会，对焊接数值模拟、增材制造及相关技术的研究进展也进行了学术交流与讨论。在本届年会C-XII专委会的报告中，焊接过程原位检测与实时控制向智能化有了更深层次的发展；熔丝电弧增材制造相比之前获得了更广泛的关注，其在多领域的应用方向更加明确清晰；电弧焊接技术体现出了向更复杂应用环境发展的趋势；焊接过程数值模拟仿真在激光焊匙孔方面有了一定进展。本文从焊接过程原位检测与实时控制、熔丝电弧增材制造、电弧焊接技术、焊接数值模拟四个方面对本次C-XII专委会涉及领域的研究进展进行了总结，旨在通过对国际前沿焊接技术研究的评述，为我国焊接技术的发展提供参考。

关键词：焊接过程原位检测与实时控制；熔丝电弧增材制造；电弧焊接技术；焊接数值模拟

0　序言

电弧焊接工艺与相关生产系统的研究现阶段主要可分为焊接过程原位检测与实时控制、熔丝电弧增材制造、电弧焊接技术、焊接数值模拟四个方向。本届年会C-XII专委会报告内容在这四个方向均有所涉及：焊接过程原位检测与实时控制得益于多种创新性原位检测手段与深度学习算法的发展，向智能化控形与缺陷预测有了进一步发展；电弧焊接技术基于现有电弧焊接工艺，通过对焊接装备的改进及环境的控制在复杂极端环境应用方向获得了进一步发展；值得注意的是，本届年会熔丝电弧增材制造相关研究的关注度与热度大幅提高，主要体现在增材合金种类的增加、应用端的进一步明确，以及系统装备的初步成型；此外，焊接数值模拟在激光焊匙孔研究方面取得了一定进展。本文将对本届年会C-XII专委会在以上四个方向的主要内容进行总结评述。

1　焊接过程原位检测与实时控制

随着现代焊接技术向着自动化、智能化和数字化方向的发展，传感技术在焊接过程在线监测方面的应用成了本届年会的研究热点之一。一方面，随着传感技术的进步，红外测温、光谱仪等传感仪器在电弧焊接过程监测的应用为跟踪电弧焊接动态特征提供了更为丰富的信息。另一方面，通过融合熔池视觉信息、光谱、熔池温度等多种信息的多信息传感技术，结合人工智能和机器学习方法，能够为电弧焊接过程在线控制提供更有效的信息和更准确的结果。

1.1　焊接过程在线监测技术应用进展

激光超声技术用于焊接过程中接头质量的原位无损检测，一直受到激光光源尺寸的限制。日本大阪大学的研究者研究了采用微晶激光器（激光波长为1064nm，脉冲宽度为700ps）作为激光超声检测光源对焊接过程中接头缺陷进行原位检测的可行性（图1）[1]。激光超声检测直接测量法运用激光与被测材料直接作用，通过热弹性效应或热蚀效应等激发超声波，从而对被测样品进行缺陷检测。研究者发现，相对于传统的纳秒激光，微晶激光器作为检测光源具有更高的回响强度；微晶激光器输出能量为

3.4mJ时，可以在10.6mm厚不锈钢板中心位置成功检测到1mm直径的预制气孔缺陷；通过主振荡器功率放大器（Master Oscillator Power Amplifier，MOPA）提高微晶激光的输出能量，能够有效地提高检测信号的信噪比；最后，研究者将微晶激光和MOPA同时集成在六轴焊接机器人上，针对厚度为19mm的单面V形坡口试板上金属活性气体保护焊（Metal Active Gas Arc Welding，MAG）多道焊接过程中产生缺陷的原位检测进行了测试，如图1所示。检测结果能够成功地显示出第一道焊缝根部未熔透缺陷，但是对其他缺陷的检测效果仍有待改善。

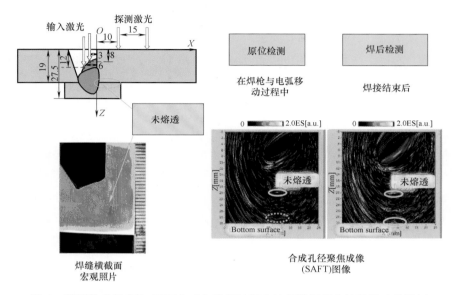

图1　基于激光超声和MOPA对多道焊过程中的焊缝根部未熔透缺陷的检测

日本大阪大学的研究者提出基于视觉传感信息对低碳钢薄板CO_2气体保护搭接焊过程中的焊接质量在线监测与控制的可行性（图2）[2]。研究者通过CMOS相机对上下试板间隙不同和焊枪指向位置不同时熔池形状特征进行了采集和特征提取，如图2所示。研究发现，在搭接焊过程中，熔池的形状受电弧指向位置影响。研究者将熔池形状进行分割，提取出左右熔池面积与分割矩形之间的比例系数作为特征量，对试板间隙和焊枪指向位置进行关联。进一步发现，对于不同上下板间隙，电弧指向位置不同，左右两侧熔池面积比例系数也发生改变。研究者提出可以通过左右两侧熔池面积比例系数作为特征，对焊枪的指向位置和上下板之间的间隙进行监测。

对焊接热输入量的精确测量是电弧焊接过程中实现焊接波形控制的关键因素。然而，现有的标准（如ISO 18491）并未对焊接热输入量具体测量方法进行说明。美国林肯电气公司（Lincoln Electric）的研究者研究了波形控制焊接过程中电信号采样频率对热输入量测量结果的影响[3]。通过对MAG电弧焊接过程中电流和电压信号进行采集，分析了各种焊接模式下不同采样频率对热输入量测量误差的影响。依据IEC 60974-1标准，提出焊接过程中电信号采集频率应该不低于10kHz，以确保不同焊接模式中计算热输入量的测量误差在2.5%以内。

日本大阪大学的研究者基于热传导理论模拟，提出了一种通过试板表面温度信息对TIG焊

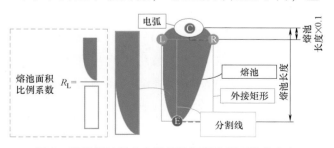

图2　搭接焊过程中左侧熔池面积比例系数的定义

接过程中熔池的熔深进行判断的方法（图3）[4]。通过红外热成像仪和短波红外相机同时采集了TIG和A-TIG焊接304不锈钢板过程中试板上、下表面的温度分布和熔池形状信息。采用简单

的热传导模型（图3）对不同工艺参数下熔池的熔深进行了计算，所计算熔深结果比焊缝横截面实际熔深大，两者之间的误差为14%～30%。

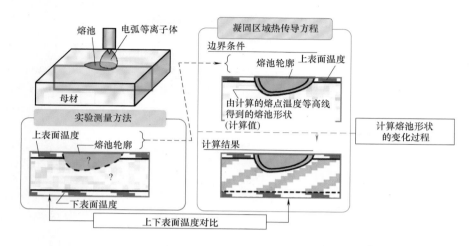

图3　通过热传导模型计算 TIG 焊接熔池熔深的原理

在激光-电弧复合焊接过程中，激光和电弧的交互作用有利于电弧的稳定性，提高焊接速度和改善接头桥接能力。然而，复合焊接过程中激光作用于试板表面产生的金属蒸发和对试板表面的热效应共同影响着电弧的稳定性，区分两种影响机制有助于深入理解复合焊接过程中激光和电弧之间的影响机制。德国不来梅应用光束技术研究所（Bremer Institut für Angewandte Strahltechnik，BIAS）的研究者在两个电极产生的等离子电弧中，通过电弧一侧水平发射激光穿越电弧作用于另一侧的金属基板（图4），研究了通过激光激发基板所产生的金属蒸气对电弧稳定性的影响[5]。研究发现在电弧电流较小时，激光作用于低碳钢和不锈钢基板产生金属蒸气能够降低电弧电压，提高电弧的电导率，并且抑制电压的波动。随着电流的增加，电弧的自稳效应增强，对金属蒸气电弧电压的影响减小。相对于钢板，激光作用于纯铝和铝镁合金母材产生的金属蒸气对电弧电压的降低作用小，测量电压的偏差大。研究认为复合焊接过程中，电弧的自稳效应、试板表面电子逸出功以及金属蒸气对电弧电导率的作用均会影

响金属蒸气对电弧稳定性的作用。

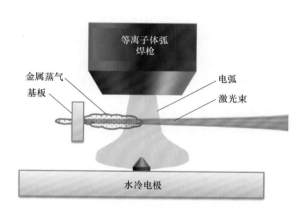

图4　研究激光激发产生的金属蒸气对
电弧稳定性影响的实验装置图

德国德累斯顿工业大学（TU Dresden）的研究者研究了通过间接电阻预热 G3Si1 实心焊丝、采用 GTAW 焊接 S235JR（国标 Q235B）低碳钢过程中熔滴的过渡行为[6]。研究发现，热丝GTAW 的焊丝存在两种填充方式，分别是连续的液桥过渡模式和间断的液桥过渡模式。在连续的液桥过渡模式中，焊丝始终与熔池保持接触，熔融金属连续地从焊丝尖端向熔池过渡；在间断的液桥过渡模式中，焊丝与熔池之间反复桥接和断开。研究者认为，焊丝的预热温度是导致

焊丝出现间断的液桥过渡模式的主要因素。此外，焊接过程中工艺参数和熔滴过渡行为对焊缝的形状影响很小。研究者认为，热丝 GTAW 在电弧增材制造方面具有独特的优势，其主要体现在热丝可以将熔覆能量变相集中于增材合金堆积上，减少了对基板的影响，故此增材构件的整体变形得到了有效控制；此外，液桥控制下熔丝过程稳定，也保证了较好的成形精度。

上海工程技术大学的研究者们针对脉冲微束等离子弧焊 （Pulsed Micro-Plasma Arc Welding, P-MPAW） 焊接过程中电弧脉冲频率对电弧辐射的影响展开了研究[7]。研究发现，脉冲峰/基值电流和占空比都相同时，电弧热耗散和热吸收的惯性随着脉冲频率的增加而增大，使电弧更加稳定。然而，脉冲频率的提高会导致电弧能量更集中，电弧辐射强度也随之增大。

脉冲微束等离子弧焊由于具有能量密度集中、热输入量低、电弧稳定性好的优点，被广泛应用于薄板和超薄板的焊接中。在微束等离子弧焊接过程中，焊缝成形质量主要受基值电流、峰值电流、脉冲占空比以及脉冲频率四个脉冲参数的影响。上海工程技术大学的研究者们研究了 P-MPAW 焊接过程中电弧等离子体辐射的空间分布特征和动态行为 （图 5a）[8]。研究发现，P-MPAW 电弧在靠近焊接电极 Z1 区域 （Ⅰ） 和试板位置的区域 （Ⅲ） 亮度高，中间区域 （Ⅱ） 亮度较低，辐射强度沿中心轴线呈现"双峰"分布的特点，如图 5b 所示。相对于电弧形态的变化，电弧亮度的变化具有一定的时滞。研究者认为这是由电弧在脉冲峰值和基值之间转变具有热惯性，在电弧亮度达到热平衡需要一定的时间所导致的。对不同脉冲参数下电弧亮度动态变化的热惯性展开研究，发现脉冲频率和平均电流相同的条件下，基值电流相同时，电弧热耗散的热惯性随着脉冲占空比的增加而增大；峰值电流相同时，电弧热吸收的热惯性随着占空比的增加而减小。

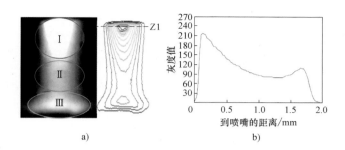

图 5　脉冲微束等离子弧焊接过程中电弧等离子形态特征和沿中心轴线辐射强度分布

a）电弧等离子形态特征　b）沿中心轴线辐射强度分布

1.2　机器学习与多信息传感技术发展

TIG 焊接过程中，基于视觉传感的图像处理方法可以识别 TIG 焊接电极尖端、焊丝及坡口侧壁所在位置。直接对获取图像进行处理的方法受到电弧强弧光、钨极尖端凸缘等因素的干扰。日本东芝能源系统公司 （TOSHIBA） 的研究者分别基于改进算法和人工智能的方法对 TIG 焊接过程中采集的图像信息进行处理和识别 （图 6）[9]。通过增加滤光镜对干扰光学信号进行过滤和改进图像处理算法的方法，能有效地抑制这些因素的干扰，准确识别钨电极尖端所在位置，但是对坡口侧壁位置的识别不理想；通过生成对抗网络 （Generative Adversarial Networks） 的方法对优化后的图像进行训练后 （图 6），生成的模型在钨极尖端位置识别 （准确率 100%）、焊丝尖端位置 （准确率 99.8%） 及坡口侧壁位置 （准确率 96%） 的识别均取得了理想的效果。

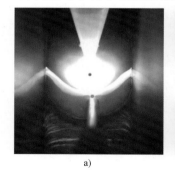 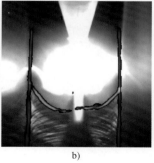

a）　　　　　　　　　　b）

图 6　基于人工智能技术 TIG 焊接过程中图像信息进行识别的结果

a）钨电尖端和焊丝尖端的探测结果

b）坡口侧壁和熔池形状的探测结果

小孔型等离子弧焊具有能量密度高、熔深大的特点，能够实现中厚板单道成形。同时，等离子弧焊工艺窗口小，小孔容易封闭导致未熔透。为了保证等离子弧焊焊接质量，需要对焊接过程中小孔是否熔透进行监测与控制。传统的声/光/电信号对等离子弧焊小孔的稳定性直接进行监测的方法可靠性差。如图7所示，通过试板上表面采集的小孔和熔池采集的视觉信息无法直接判断小孔是否熔透；通过试板背面视觉信息对小孔状态进行检测受到焊接工装的限制。山东大学的研究者通过两组图像传感器同时采集了多组等离子弧焊过程中上表面熔池和

背面穿孔状态的视觉信息，以进行两者的信息匹配进而改进当前检测质量[10]。基于已采集的信息，研究者以试板上表面熔池图像信息作为输入量，通过多层卷积神经网络算法学习建立模型，实现了对等离子弧焊过程中小孔熔深状态的预测。实验验证显示，通过卷积神经网络算法建立的模拟在基于试板上表面熔池图像信息对恒流等离子弧焊过程中小孔背面穿孔状态预测的准确率达到100%，对脉冲等离子弧焊过程中小孔背面穿孔状态预测的准确率达到94.6%。

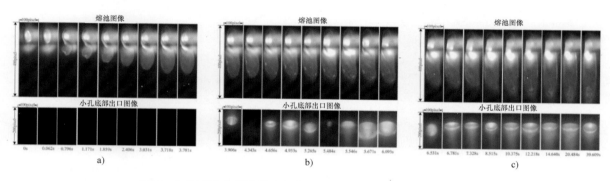

图7 小孔型等离子弧焊过程中试板上、下表面小孔的图像信息

a）不通孔阶段 b）不稳定穿孔阶段 c）稳定穿孔阶段

2 熔丝电弧增材制造

熔丝电弧增材制造（Wire-arc Additive Manufacturing，WAAM）是当前国际先进制造领域的研究热点，本届年会WAAM相关研究热度进一步提高，报告对于新的WAAM应用方向、更高效精确的电弧增材成形、增材同步控制等都有创新性进展。WAAM的核心是对电弧熔融金属的精确可控成形，涉及焊接各领域高精度控制与相互间精确集成协同，在未来一段时间内，WAAM技术将得到快速发展，也将带动焊接技术在相关领域的进一步发展。

2.1 熔丝电弧增材制造工艺

WAAM具有比激光增材制造技术更低的成本与更高的增材速率，在汽车领域有着广泛的应用前景。当前汽车车体冲压成形件在整体抗

弯抗冲击性能提升方面由于局部加强难以实现的限制一直是亟待解决的问题。德国Carl Cloos焊接技术公司（Carl Cloos Schweiβtechnik GmbH，CLOOS）的研究者将WAAM技术应用到汽车车体局部加强肋条制造中（图8）[11]。对于交叉式加强肋条，采用金属气体保护焊（Gas Metal Arc Welding，GMAW）在交叉处短路过渡增加熔深的方式避免过多金属堆积造成成形缺陷。目前对交叉式加强肋条与三角式加强肋运用WAAM进行了高效制造，该公司未来将进行车体的整体抗冲击试验对强度提升进行量化研究。由于WAAM可以集成于车体制造过程中的焊接机器人生产线中，在该方向的应用会很有前景。

为了进一步提高WAAM金属堆积效率，俄罗斯彼得大帝圣彼得堡理工大学（Peter the Great St. Petersburg Polytechnic University）的

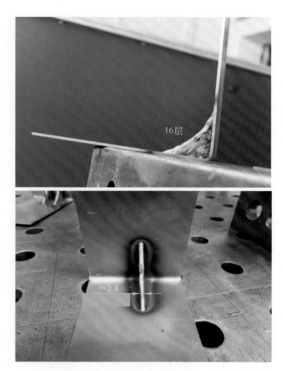

图8 通过熔丝电弧增材制造生产的汽车局部加强肋条

D. Kurushkin 等人优化了 GMAW 金属短路过渡过程[12]。通过扩大现有冷金属过渡（Cold Metal Transfer，CMT）工艺中送丝速率变动范围，增大 WAAM 增材堆积速率，在确保成形精度的同时减少增材相邻层的重熔率，达到提高 WAAM 增材效率的目的。试验研究表明，新工艺（Controlled Short Circuit，CSC）相比 GMAW 工艺能效提高 18%，送丝速率可达 12m/min。

由于 WAAM 自身较高的热输入，对增材堆积层的层间温度控制对于提高增材效率至关重要。所以，研发高效 WAAM 增材冷却系统对进一步提高 WAAM 增材效率具有重要意义。德国亚琛工业大学（RWTH Aachen University）的 U. Reisgen 等人研发了伴随式气雾冷却系统，并将其冷却效果与水浴式冷却系统进行了对比（图9）[13]。实验结果表明，480mL/min 流量的气雾冷却在一定程度上加快了堆积层冷却速率并相应引起了堆积金属硬度提高，但相比于水浴冷却，现有气雾冷却效率较低。从工艺角度来说，该工艺基于 2010 年左右关桥院士研发的低应力小变形焊接工艺（Low Stress No Distor-

tion，LSND），使用干冰进行跟随式冷却应会取得更好的效果。LSND 已于 2017 年在澳大利亚伍伦贡大学（University of Wollongong，UOW）进行过相关试验并取得了预期低应力、小变形的效果，但是系统的集成化还需进一步提高。

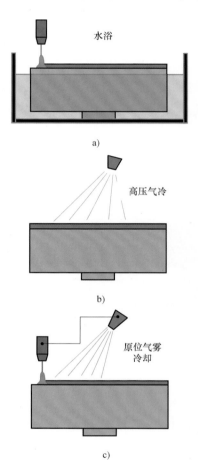

图9 电弧增材制造冷却系统
a）水浴式冷却系统 b）非原位高压气体冷却系统
c）原位气雾冷却系统

钨极氩弧焊（Gas Tungsten Arc Welding，GTAW）一直是不锈钢、钛、镁、铝合金的常用焊接工艺。对于 WAAM 来说，该工艺也是这些合金的常用增材工艺。然而受限于 GTAW 自身特性，其堆积效率相比 GMAW 较低，所以提升其堆积效率是其发展的关键。韩国釜庆国立大学（Pukyong National University）的 S. M. Cho 等人运用超级钨极氩弧焊（Super-Tungsten Inert Gas，Super-TIG）工艺，采用 C 形 TIG 焊接材料进行增材堆积进而提升堆积效率（图10）[14]。

研究结果表明，通过将 Super-TIG 控制在桥接过渡，该工艺可以达到最大堆积效率，且熔池全程保持稳定。该工艺对于厚壁构件的 WAAM 增材具有实用价值，但冷却与增材控形依然是该工艺当前不足的地方。

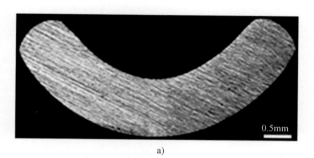

a)

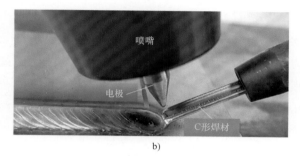

b)

图 10　超级钨极氩弧焊接系统中
C 形焊接材料截面图和实验装置图

a）C 形焊接材料截面图　b）实验装置图

增材制造过程同步监测对于控制堆积构件

质量具有重要意义，德国勃兰登堡应用科技大学（TH Bradenburg）与荷兰代尔夫特理工大学（TU Delft）的 S. F. Geocke 等人实现了对 WAAM 增材熔池及其冷却时间的多重信号同步监测（图 11）[15]。实验结果表明，该多传感器集成系统成功实现了熔池温度场、冷却时间（可换算热输入）、电弧等离子体的实时监测。但是该同步监测方法在实际应用中，会极大地限制熔丝电弧增材制造行走机构的自由度，并挤占机器人载荷与焊枪位置角度调整空间。

WAAM 过程中的热积累对于增材效率、成形与增材合金性能有很大影响，德国伊尔梅瑙工业大学（Technische Universitat Ilmenau）的 P. Henckell 等人针对 WAAM 热积累开展了系统性研究[16]。通过建立热积累引起的温度上升与增材电弧行走时间之间的关系模型，并分析 WAAM 增材过程中的热传导、热辐射、热对流，揭示了 WAAM 增材过程中热转换机制及热输入与合金性能间的关系。由结果可知，WAAM 过程中热积累主要集中在增材顶层并通过热辐射进行散热，对于增材顶层的温度控制最直接有效的是层间温度控制方法。

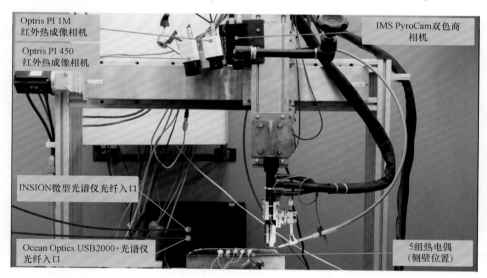

图 11　电弧增材制造中多重信号采集系统

由于 WAAM 热输入比较高，会导致增材合金初始态晶粒尺寸较大，所以对初始态合金晶粒的细化对于提升增材合金性能具有重要意义。印度理工学院马德拉斯分校（IIT Madras）的

J. Baby 与 M. Amirthalingam 通过对 WAAM 过程中电弧模式的调整，对增材 Cu3SiMn 中柱状晶进行调控（图 12）[17]。通过将 GMAW 增材模式从脉冲模式控制为短路过渡模式，增材 Cu3SiMn 合金中晶粒得到了有效细化，力学性能也得到了相应提高。该研究本质还是通过热输入量与模式的控制，实现增材合金组织调控并获得更优化的增材工艺。由该研究可见，针对 WAAM 的工艺参数研究是一个较大空白。此外，对新型 WAAM 专用焊接材料的设计也是细化增材合金组织的主要手段之一，当前对于这个方向的相关研究刚刚起步[18]。

20mm

a)

20mm

b)

图 12　分别通过脉冲模式和短路过渡模式
电弧增材制造试样纵截面的微观结构

a）脉冲模式　b）短路过渡模式

钛合金增材制造一直是增材制造业内比较难的课题，包括氧含量控制、增材大尺寸柱状晶引起的增材各向异性等。由于氧含量控制要求较高，增材钛合金往往难以达到工程应用要求，尤其对于 WAAM 这种开放空间增材工艺来说。一般为确保较低的焊缝氧含量与熔池稳定性，对于钛合金的 WAAM 增材使用的是 GTAW 工艺，奥地利福尼斯公司（Fronius International GmbH）的 H. Staufer 与 R. Grunwald 采用 GMAW-CMT 工艺对 Ti6Al4V 合金进行 WAAM 增材，并研究了增材合金的相关性能（图 13）[19]。从实验结果来看，GMAW-CMT 增材的钛合金与 GTAW 增材结果类似，具有组织各向异性与粗大晶粒，其导致增材合金在无热处理的条件下力学性能相比基板较低，可见 CMT 工艺并不能根本性改变增材组织各向异性的问题。鉴于 GMAW 的增材效率相比 GTAW 很高，该工艺在未来钛合金 WAAM 应用方面有着较好的前景。

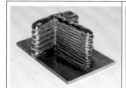

图 13　基于电弧增材制造的 Ti6Al4V 合金结构件

（尺寸：70mm×70mm×70mm）

镁合金的焊接本身就是比较难的课题，其需要解决熔融金属铺展、凝固过程合金氧化以及飞溅等问题。所以，对镁合金的 WAAM 增材更是一个值得研究的课题。德国勃兰登堡应用科技大学（TH Bradenburg）的 S. F. Goecke 针对 WAAM 的镁合金增材开展了研究[24]，并在本届会议上展示了其初步增材样件。通过解决镁合金在 GMAW 过程中不融合与过分燃烧的问题，该研究成功实现了基于 GMAW 的 AZ31 镁合金增材。研究者基于单色红外相机和双色热成像仪实现了对焊缝表面温度分布的精确测量，并在此基础上分别获得每幅图像中焊缝冷却时间，以及通过滑移画幅的方法（Sliding Frame Method）获取单点温度冷却时间的信息。同时，研究者采用光谱仪获取了焊接过程中电弧等离子的光谱特征。通过对 GMAW 和 TIG 焊接过程中不同原子发射谱强度的时域变化分析，研究者提出可利用电弧焊接过程中光谱特征信号的采集对热输入量进行反馈控制和优化，从而获得稳定的加工过程。然而，该反馈控制方法的有效实时性与采集信号对之后过程的预测性需要着重进行研究。此外，该研究还改造了镁合金丝的送丝机构，通过增加氧化皮剥除装置实现镁合金焊丝表面氧化膜减薄进而优化 WAAM 增材效果。未来该课题将聚焦于精确的同步增材温度、冷却速度和电弧等离子体的监测。

激光增材制造技术当前已经进入对于特定高价值特殊金属的参数设计与开发阶段[20]。此外，使用增材制造技术实现原位合金化是增材制造应用的一个重要方向。天津大学的 D. Lin 等人使用激光选区熔化（Selective Laser Melting, SLM）工艺对含一定量 Si 元素的 FeCoCrNi 高熵合金进行了原位合金生成[21]。通过合金设计—SLM 原位合成—微观组织分析—成分评估对原位合成的 FeCoCrNi 高熵合金进行了研究。实验结果表明，通过 SLM 增材的多次重熔，使元素混合的均匀性得以提高，进而不断提高合金熵值，最终该工艺在增材合金内部部分生成了目标胞状结构，并获得了目标力学性能。

增材制造构件与传统制造构件间的焊接将是增材制造广泛应用后的重要研究课题，由于增材合金中氧含量相比于传统制造工艺成形合金高，相应氧含量差别对于合金间焊接性能会有一定影响。D. S. Gonzales 等人针对激光增材 304L 不锈钢与传统构件在 GTAW 连接过程中氧含量的影响开展了研究[22]。实验结果表明，同性合金间连接不存在大的问题，但是由于增材合金中氧含量较高，导致增材合金一侧裂纹敏感性较高，同时在焊接过程中引起增材合金一侧由表面张力驱动的金属液体流动，进而造成增材合金一侧熔深较大，导致熔池在增材侧与锻造侧不对称。

由于普通焊接技术对激光增材制造合金进行焊接时会使激光增材合金内部扩散气体元素逸出，导致焊接气孔，激光增材制造合金构件之间的连接也是增材制造进一步应用中面临的问题。德国亚琛应用技术大学（FH Aachen University of Applied Sciences）的 B. Gerhards 等人研发了基于真空激光焊（Laser in Vacuum, LaVa）的激光束增材制造构件连接技术[23]。实验结果表明，在 LaVa 设备腔体中焊接的增材制造构件内部气孔问题得到了解决，其性能也达标。但是，激光增材制造合金焊接气孔问题的源头在于激光增材过程中扩散气体元素的控制，而不在传统焊接工艺自身，提升激光增材制造合金质量才是解决问题之本，且 LaVa 工艺依然受制于 LaVa 焊接真空腔体的尺寸，在激光增材制造构件尺寸大幅受限于设备尺寸的背景下，该研究的 LaVa 工艺进一步限制了被焊接的激光增材构件的自身尺寸。在激光增材制造自身成本居高不下的背景下，LaVa 焊接的高成本会使激光增材制造构件更难以被制造应用端接受。

2.2 熔丝电弧增材制造技术应用推广

欧洲焊接协会（European Welding Federation, EWF）的 E. Assuncao 等人主持的大型增减材模块化集成设备（Large Additive Subtractive Integrated Modular Machine, LASIMM）项目由欧盟出资支持，目的是建立基于 WAAM 技术的大型增减材混合制造装备[25]。该项目当前已经完成 LASIMM 系统的初步版本，以福尼斯焊机为增材设备，以并联平行机床为减材设备，各高精度测量设备为校准工具，同时开发针对 LASIMM 系统的信息传输技术软件，以实现对系统各模块的协同控制。从当前 LASIMM 系统的运行情况来看，初步样件的打印已经成功完成，钢的增材速率达到 8kg/h，铝合金增材速率能达到 2kg/h。鉴于该系统自带两套机器人 WAAM 设备，故实际增材速率是翻倍的。经过高精度测量后，该系统减材设备运行顺利，使样品在减材后达到制造精度指标。为确保质量，多种无损检测设备也被集成于系统中对制造构件进行同步检验。虽然该系统还存在诸如模块间连接不协调等问题，但是 LASIMM 系统依然是当前已有 WAAM 系统中最完整与先进的设备，其并行实现了同一套系统内的多尺寸工件增材前序准备、增材、变形控制、质量监测、后处理的整合。

一项基础从科研成果到工业应用间的状态被称为技术的"死亡之谷（Valley of Death）"。激光增材制造经过多年的发展，即使在近年来许多政府牵头的研究项目带领下，依然难以在企业的实际生产中得到成功批量化应用。欧洲从欧盟层面与国家层面都有大量针对创新的资金支持，来自葡萄牙 IDMEC 与 EWF 的 L. Quintino 等人通过三个增材制造实际项目案例，介绍了欧盟运作政府、企业、科研机构间合作项目的方式方法[26]，旨在为激光增材制造在世界范围内进一步发展与推广提供思路。ENCOMPASS 项目旨在基于 SLM 技术开发空天卫星构件的激光增材制造，由于该应用领域成本较低，推广很快也很成功，达到了该项目为激光增材制造技术在应用领域打开缺口的目标。OPENHYBRID 项目定位在解决当前包含激光增材制造的复合制造系统在技术与商业运作方面所受的限制。通过针对具体客户设计定制复合制造系统设备，成功地在发电、汽车与采矿领域实现激光增材制造技术的应用推广。SLM-XL 项目定位在解决当前 SLM 构件增材尺寸受限于增材腔体尺寸的具体问题，通过由 SLM 设备制造商牵头进行设备研发，在该项目支持下定制的 SLM 样机已经可以制造 920mm×200mm×50mm 尺寸的中大型构件（图 14）。整体来看，欧盟对于增材制造的项目资金支持是很有力度的，且有计划地按梯次进行渐进式技术推广，通过准确地对激光增材面临难题的定位，由专业制造业企业与科研机构牵头开展研究并已经获得了一定成果，也助力欧洲在金属增材制造领域处于世界领先地位。

图 14　通过 SLM 设备制备的中大型结构件
（920mm×200mm×50mm）

3　电弧焊接技术

3.1　电弧焊接工艺

埋弧焊（Submerged Arc Welding, SAW）得益于其快速的熔敷速率与低成本，是厚板焊接的常用焊接工艺。然而由于工艺中坡口尺寸很大，往往需要过多堆积道次来完成焊接，比如对于一个 200mm 厚的对接焊缝，需要 130～140 道埋弧焊来完成焊接。所以，窄间隙坡口成了减少焊接时间与进一步降低成本的重要方式。然而窄间隙也带来了熔合不完全、焊渣夹杂与焊缝冲击韧度降低的缺陷。日本日立造船（Hitachi Zosen）的 Y. Abe 等人的研究表明[27]，窄间隙埋弧焊的效果受电弧-焊缝侧壁间距（L，如图 15 所示）的影响很大：L 过小时焊缝会出现咬边与焊渣夹杂缺陷；L 过大时堆积层间与焊缝侧壁会产生未熔合缺陷；只有将 L 控制在中间区间方能保证焊缝成形良好。图 15 中虚线代表焊缝侧壁在已熔合处的位置。Y. Abe 等人还基于遗传算法开发了相应的焊接环境优化程序来控制堆积层形貌并经过了实验验证（图 15）。

芬兰拉彭兰塔理工大学（Lappeenranta-Lahti University of Technology LUT）的 P. Layus 等人对极寒环境温度（≤-40℃）下高强钢埋弧焊技术开展了研究[28]。以 TMCP-E500 与 QT-F500W 两种高强钢为例，相比于常规焊接温度条件

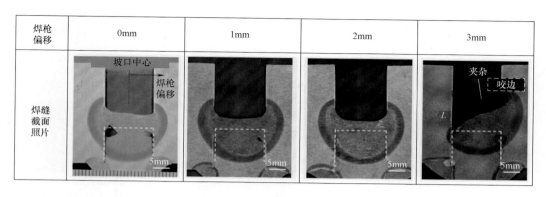

图 15　窄间隙埋弧焊接电弧-焊缝侧壁间距对焊缝缺陷的影响

（≈60℃），极低温度条件下成形的焊缝中魏氏组织与马氏体组织含量显著提高，故而导致相应的冲击韧度与抗裂纹扩展性能降低。同时，低温环境下焊缝往往冲击韧度达标而抗裂纹扩展性能不达标，但由于冲击韧度试验是当前焊缝低温性能的主要评价指标，焊缝低温下的抗裂纹扩展性能是否达标易被忽略。研究结果表明，对于 TMCP-E500 来说。埋弧焊焊缝冲击韧度到 -40℃ 可大部分达标，但焊缝抗裂纹扩展性能在 -40℃ 就已几乎不满足标准要求；QT-F500W 埋弧焊焊缝虽然表现出很高的冲击韧度，但其高合金含量会导致成本急剧上升。所以，高强钢在低温环境的高质量与高效焊接工艺开发对于极寒地区海洋工程设施的建造意义巨大。

埋弧焊单面焊双面成形工艺可以通过单道焊接高效完成造船领域外壳结构的连接，但是该工艺有一个比较大的缺陷在于其焊缝根部的凝固裂纹。日本神户制钢（Kobe Steel, Ltd.）的 H. Yokota 等人与日本船舶联合公司（Japan Marine United Corp.）的 S. Tanioka 等人通过有限元模拟提取出焊接应变控制因子，并使用焊接实验对该因子进行了验证[29,30]（图 16）。研究结果表明，对于 25mm 以下厚度的钢板，埋弧焊单面焊双面成形工艺通过降低焊接速度，调整第二、三级焊枪距离控制多道焊缝之间的凝固结构，添加打底焊，增加对接焊缝尾部点焊间隙等方法完成单次焊接成功，无须修复。

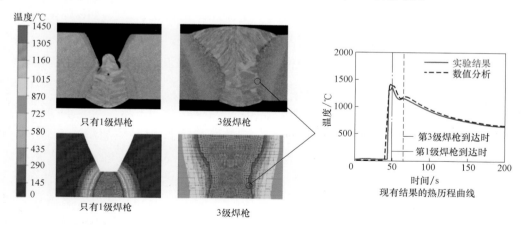

图 16　基于有限元对埋弧焊单面焊双面成形工艺的热循环曲线的计算

为了进一步提高埋弧焊效率、降低成本、增加熔深、简化焊前坡口准备工序，德国亚琛工业大学的 O. Engels 将激光焊复合到埋弧焊工艺中，并对新工艺进行了初步的数值模拟，以求对熔池实现可控调整（图 17）[31]。该工艺将激光束前置于埋弧焊电弧，并使用隔板分隔两个热源使埋弧焊熔渣不对激光束产生影响，需要注意的是，激光束与电弧始终作用于同一熔池。实验研究表明，在对22mm对接焊缝的连接中，该工艺可以完成单次熔透成形，同时激光-电弧间距在15mm以下时，该工艺激光与电弧可以同时保持稳定。

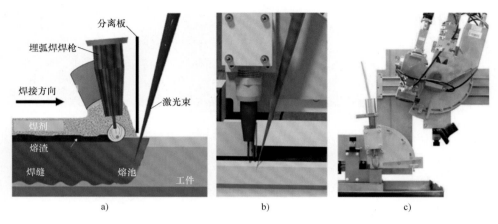

图17　激光-埋弧焊复合焊接示意图和实验装置

电渣焊（Electroslag Welding，ESW）相比于埋弧焊具有焊接效率高、坡口准备简单、熔池体积大的特点，适用于大尺寸焊缝的连接。由于其熔池体积很大，导致熔池稳定性较低，飞溅较大，所以很多飞溅会污染电极，同时电渣排出引起的熔池金属外溢导致焊缝成形不规律。日本川田工业（Kawada Industries，Inc.）研发了一套大型电渣焊系统，专用于钢结构建筑与桥梁箱型柱的大厚度角焊缝焊接[32]。与传统电渣焊工艺不同的是，该室内电渣焊系统将箱型柱盖板两侧两条焊缝在箱型柱垂直摆放的条件下同时焊接，焊缝两侧分别由水冷纯铜板与箱型柱内侧背条辅助成形，实现60~80mm厚度焊缝一次性成形，焊接过程无须保护气，同时焊接过程中基本无飞溅与烟尘，也不必排出熔渣，且设备只需一个焊工操作。对该工艺的进一步研究表明，该电渣焊工艺熔深受两个电极极性与相互间距的影响。

激光电弧复合焊（Laser Hybrid Welding，LHW）近年来得到了广泛关注，通过将激光焊复合至传统气体保护焊（MIG）中，一方面提高了MIG的熔深，另一方面解决了激光焊工艺气孔的问题。德国焊接学会哈雷焊接研究所（DVS SLV Halle）的J. Brozek与S. Keitel在本届年会

对LHW近年来的进展进行了总结[33]。在德国正在进行的工程项目中，LHW被应用于窄间隙高强钢船舶结构，并取得了良好的效果，由于LHW相较传统MIG热影响区小、焊前坡口准备简易、焊后变形小，大幅降低了制造成本，也提高了制造效率。当前LHW在相关制造业企业中还较少应用，可见德国在该技术投入应用的方面已经走在世界前列。

3.2 电弧焊接设备

本届年会中，焊接设备的发展也获得了一定关注。钨极氩弧焊（TIG）是铝/镁合金焊接的常用工艺，为了在焊接过程中有效去除铝/镁合金表面氧化层，交流钨极氩弧焊（AC-TIG）得到了应用，然而AC-TIG工艺的电弧集中性与能量密度较差。为进一步提高AC-TIG电弧的集中性与稳定性进而增加熔深，日本大阪大学的K. Kadota等人研发了交直流钨极氩弧焊（AC-DC TIG）工艺（图18）[34]。相应工艺实验表明，该工艺可在5~500A电流范围内实现高达500Hz的高频焊接，同时受益于直流过程的高熔深特点，AC-DC TIG工艺相比传统AC-TIG有着更高的稳定性与熔深，可在纯氩气保护下实现AC-TIG氩氦混合气（30% He+70% Ar）保护下同等熔深，进而降低焊接成本。

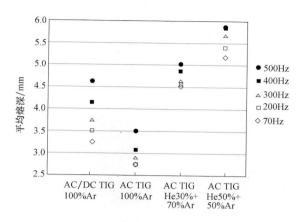

图18 传统 AC-TIG 焊和 AC-DC-TIG 焊接
JIS A5052 铝合金板的熔深对比

为了在现有热丝金属气体保护焊的基础上进一步提高其熔池润湿度与熔深，德国德累斯顿工业大学的 E. Spaniol 等人研发了二维磁性驱动电弧偏转装置[35]。该装置通过附加在焊枪周围的电磁线圈（图19），实现电弧在沿焊缝方向与垂直焊缝方向的可控偏转，实现增加熔池润湿度（垂直焊缝偏转）与熔深（沿焊缝偏转）的功能。相应工艺实验发现，当偏转频率控制在 20Hz 以下时，焊缝氧含量（质量分数）可以控制在标准 0.005% 之下，但是该频段会导致惰性气体保护不完全；20～80Hz 频段会导致焊缝氧含量超过标准值；当频率进一步提升至 100Hz 时，焊缝氧含量（质量分数）降回 0.005% 左

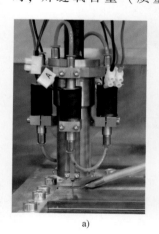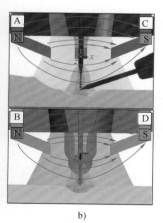

a)　　　　　　　　b)

图19 二维磁性驱动电弧偏转装置的
设备装置图和磁极分布示意图

a）设备装置图　b）磁极分布示意图

右。其后续的研究定位为进一步提高保护气流量与进一步提升二维电弧偏转频率。

扩散氢导致的焊缝冷裂纹一直是高强钢焊接的难点，为了解决该问题，日本神户制钢的 N. Mukai 等人研发了带有电极气体回吸功能的金属气体保护焊焊枪[36]。该焊枪通过对熔化极焊丝周边气体的回抽，使得由焊丝引入电弧的氢元素被抽离焊缝，进而减少焊缝内扩散氢含量。该研究是对从基板与保护气角度控制焊缝扩散氢来源的重要补充，相关实验结果表明，该焊枪设计在同等条件下相比于传统 GMAW 焊枪焊接有效地消除了高强钢焊缝的冷裂纹缺陷。未来对该工艺装备相关扩散氢控制的量化机理研究将对该工艺的推广产生重要推动作用。

4　焊接物理过程数值模拟

焊接过程涉及复杂的能量和质量传递过程。焊接过程中电弧等离子体温度特征、熔池流动行为、熔滴过渡行为等物理现象，与焊接工艺的物理机制紧密相连。此次会议中，研究者们针对焊接中各类物理现象，基于试验测量和数值模拟，获得了一系列最新的研究进展。这些研究进展加深了对焊接过程本质的理解，同时为焊接过程质量控制和工艺改善丰富了理论依据。本届 C-Ⅻ 专委会有关数值模拟论文集中在激光焊接过程的数值模拟。

焊接接头的氢含量是影响焊接接头力学性能，导致接头出现冷裂纹的主要因素之一。日本大阪大学的研究者设计在保护气喷嘴内部加入了一个吸气管（图20），用于抽除 GMAW 和 FCAW 焊接过程中焊丝表面蒸发产生的含氢气源，实现对氢的扩散抑制作用[37]。研究者基于数值模拟的方法研究了这种双层结构的新型保护气喷嘴对氢气扩散的抑制作用和对保护气的影响。研究发现，内置吸气管对焊接保护气的保护作用影响很小。研究者进一步研究了保护气条件和内置吸气管尺寸对吸气管抽除气体的极限高度的影响。结果表明，保护气流速相对

于吸气管抽取流速的比值越大，吸气管抽除气体的极限高度越低，对焊丝表面含氢气源的去除作用越小。吸气管长度越大，吸气管抽除气体的极限高度越低。然而由于吸气管延伸的作用，对含氢气源的去除作用反而增加。因此，研究者认为，当吸气管长度延伸出保护气罩的范围时，有助于降低氢气的扩散，同时不会对电弧产生干扰。

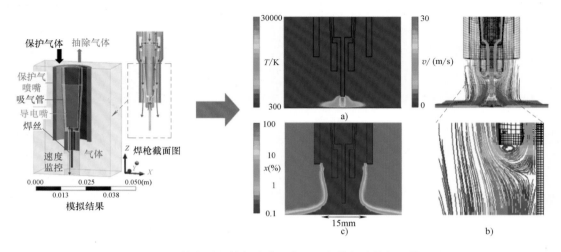

图20 双层结构新型保护气喷嘴示意图和保护气流的数值模拟结果

a）温度 b）气体流速 c）氮气的摩尔分数

德国联邦材料实验所（Bundesanstalt für Materialforschung und-prüfung，BAM）的学者研究了激光复合焊接S690QL高强钢厚板时部分熔透的焊缝根部产生的凝固裂纹现象（图21）[38]。研究者在通过实验研究不同焊接速度、电弧功率以及激光离焦量对熔合区底部出现裂纹的影响中发现，焊接速度对焊缝根部裂纹出现数量的影响最明显，降低焊接速度可以显著地减少根部裂纹的出现。同时，当激光作用于试板的离焦量为0时，也能明显抑制根部裂纹的出现。而电弧送丝速度对根部裂纹影响不明显。研究者进一步通过数值模拟的方法计算了焊接接头截面应力-应变分布，计算的结果表明，横向应力和纵向应力分布均在焊缝根部集中，导致焊缝根部出现横向和纵向以及交叉开裂的情况。当焊接速度降低时，焊接截面激光作用区域侧翼向外张开，熔合区的宽深比例增大。焊缝形状的改变一方面有助于减小焊缝根部的应力集中；另一方面改变了焊缝熔合区底部金属凝固的方向，抑制了杂质在焊缝根部中心线的偏析。

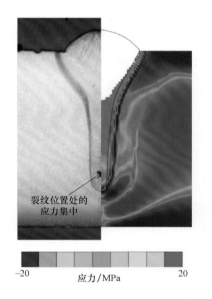

图21 激光复合焊接接头焊缝根部的凝固裂纹现象和横向应力分布数值模拟结果对比

焊接过程的温度场分布是影响接头形状、组织变化、应力分布、焊接变形及裂纹萌生等问题的主要因素。通过有限元法解决焊接过程三维热传导问题存在计算量大的困难。边界元法能够将复杂的热传导问题降低一维，有效地减少计算量。同时，边界元法能够从真实熔池形状中提取等效热源模型，适用于不同材料焊接过程中动态熔池周围的二维/三维稳态温度场分布。德国联邦材料实验所的研究者基于边界元法分别对激光焊接铝镁合金薄板和厚板过程中的热循环进行计算，计算的温度分布结果与实验测得的热循环曲线取得了一致的结果[39]。

激光填丝焊能够提高激光焊接的桥接能力，并且可调节焊缝的合金成分。但是，填入的焊丝容易导致焊缝成分不均匀的现象。在激光焊接过程中通过引入动态磁场可以有效地提高焊缝成分的均匀性。然而，引入动态磁场对焊接

过程的影响机制难以通过实验手段进行分析和研究。德国联邦材料实验所的研究者通过多物理场耦合模拟对交变磁场作用下激光填丝焊接过程中熔池流动行为和元素分布规律进行研究（图22）[40]。研究发现，在交变磁场的作用下，熔池纵向截面内向下流动的趋势增强。在洛伦兹力作用下，匙孔容易在顶部发生坍塌。同时，由于熔池向下和向前流动的增强，填入的焊丝更容易使成分向下传递，改善焊缝元素成分分布的均匀性。

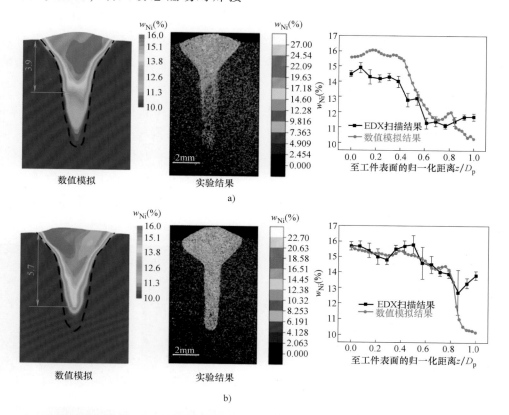

图22　传统激光填丝焊接和交变磁场作用下激光填丝焊接焊缝元素分布的对比
a）传统激光填丝焊接　b）交变磁场作用下激光填丝焊接

焊接过程涉及复杂的物理变化过程，基于有限体积法（FVM）实现对焊接过程中传质和传热过程模拟，同时存在计算量大、所需时间长的问题。基于有限元的方法可以有效地获得焊接过程中的温度分布，并且计算时长合理。但是，有限元法只能考虑焊接过程的热传导问题，无法真实地反应焊接过程的物理变化。西

安交通大学的研究者研究了基于流体力学实现激光焊接过程中热循环过程、冶金性能和力学性能的参与式设计[41]。研究者通过有限体积的方法实现焊接过程传质传热过程计算，同时结合有限元法考虑体积和表面热源，实现热传导的计算。研究表明：①激光焊接过程中，相比单束光进行追踪，通过多束光追踪能够更有效地

获得激光与试板之间的交互作用；②金属蒸发和产生的反冲压力对激光焊接过程中匙孔行为和焊缝成形具有决定性的作用；③在激光负压焊接过程中，试板上方金属羽烟粒子对激光的吸收具有决定性的作用；④基于流体力学获得的模拟结果能进一步用于对焊接接头组织和力学性能的分析。最后，研究者展望了在实际焊接零件和结构中实现焊接模拟的参与式设计，以及进一步应用在激光熔覆和增材制造中。

日本日立造船（Hitachi Zosen，Hitz）的研究者基于数值模拟的方法，采用商业软件研究了单面 V 形槽中激光焊接铝合金过程中保护气流对气孔的影响[42]。研究发现，保护气流作用于单面 V 形槽时，气流直接作用位置的压力升高，并且在气嘴后方区域产生一个低流速区域。进一步地，研究了不同保护条件下，气嘴后方的低流速区域对焊接接头气孔率的影响。研究表明，保护气嘴作用于激光前方时，焊接接头气孔率始终保持很低的水平；保护气嘴作用于激光后方时，气体在激光作用位置向厚度方向流动速度越高，接头的气孔率越低。研究者认为，激光作用点位置与保护气作用于槽内形成的低流速区域越接近，保护气效果越差，匙孔越容易卷入空气，产生气孔。

上海交通大学的研究者基于过程模拟的方法研究了激光深熔焊 NiCrMoV 低碳合金钢过程中匙孔的稳定性和气体产生的机理（图 23）[43]。研究发现，激光向后倾斜时，由于激光的倾角，匙孔向后方熔池倾斜，使匙孔底部后壁易向内凹陷。同时，匙孔内的金属蒸气流作用于匙孔后壁，导致匙孔后壁的变形，以及匙孔径向的振荡，如图 23 所示。这两个因素导致了激光焊接过程容易产生工艺性气孔。此外，激光能量沿匙孔深度方向的波动和衰减导致匙孔沿深度方向的振荡以及焊缝底部熔合线的波动，最终导致气孔在匙孔后方熔池的不同深度位置出现。

韩国工业技术研究所（Korea Institute of Industrial Technology）的研究者基于实验和数值模

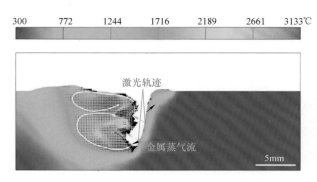

图 23　激光焊接过程中金属蒸气流对
匙孔后壁冲击作用的数值模拟

拟研究了激光真空焊接过程中窗口污染现象的产生过程和应对对策（图 24）[44]。研究发现，激光真空焊接过程中，激光输出窗口受焊接羽烟和飞溅不断积累的污染，最终影响焊接的质量。研究者通过在激光输出窗口下方设计了一个开有小孔的半密度舱，并在舱内通入 2.0L/min 的氮气侧吹保护气，有效地抑制了激光焊接过程中羽烟的产生，改善了焊接的质量。通过流体力学模拟，研究者发现半密封舱内的保护气产生的压力差能够有效地阻止羽烟通过小孔进入半密闭舱。

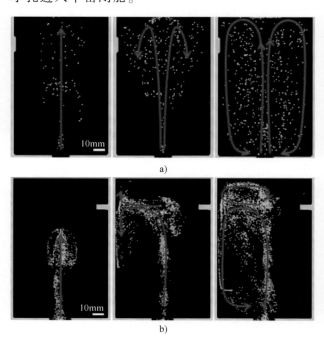

图 24　激光真空焊接过程中完全
密闭舱 a）和通入 2.0L/min 侧吹
保护气 b）后金属羽烟粒子行为

除以上具体焊接相关技术发展报告外，本届 C-XII 专委会也对焊接大数据系统建立进行了介绍。德国联邦材料实验所正在推动基于 WelDX 焊接数据格式的大数据系统[45]。该系统将囊括焊接相关的所有数据以及科研文献，通过采取统一的数据格式，增加现有焊接科研与实验成果的可见度，同时通过数据多重加密处理提高焊接相关数据的知识产权保护力度。

5　结束语

当前在焊接方法与相关生产系统的发展上，过程检测与实时智能化反馈调整、新型电弧焊接工艺、熔丝电弧增材制造、焊接物理数值模拟仿真等多方面都取得了进一步的发展。但是在熔丝电弧增材制造方向尚处于起步阶段，还有很多研究空白，包括焊接过程的实时监测与反馈控制、增材堆积材料组织与性能的提升与优化等，但需要注意的是，针对熔丝电弧增材制造的相关研究需要紧贴工程应用实际背景。同时，基于机器学习的各种算法在焊接工艺控制方面的应用很值得开展系统性研究。相关领域的研究及应用成果，对我国焊接技术的发展具有重要的参考价值。

参考文献

[1] ASAI S, NOMURA K, MATSUIDA T, et al. In-situ defect detection system using laser ultrasonic for welding robot [Z]// XII-2341-19.

[2] NITTAS, OGINOY, ASAIS. In-process monitoring of weld quality in thin plate lap welding by using image sensing [Z]// XII-2437-19.

[3] HENRYJ, DANIELJ, MELFIT. The importance of sample rate in Heat Input calculation for Waveform Controlled Welding [Z]// XII-2349-19.

[4] NOMURA K, YAMASHITA S, IMURA F, et al. Estimation of the weld penetration depth by the surface measurement in TIG arc welding [Z]// XII-2356-19, 212-1632-19.

[5] KUGLER H, VOLLERTSEN F. Separation of the arc-stabilizing effects of surface heating and metal vapor injection by laser radiation [Z]// XII-2345-19.

[6] UNGETHÜM T, SPANIOL E, HERTEL M, et al. Analysis of metal transfer in hot-wire GTAW with indirect resistive heating [Z]// XII-2350-19.

[7] HE J P, ZHANG H, LIN-YANG S L, et al. Discovery of High-frequency Effects on Arc Light Radiation in Microplasma Arc Welding with Pulsed Current [Z]// XII-2358-19, 212-1603-19.

[8] WANG F X, HE J P, WANG A Y, et al. Dynamic Variations in Two-peak Distribution of Arc Light Radiation in Pulsed Microplasma Arc Welding [Z]// XII-2359-19, 212-1604-19.

[9] TSUJIMURA Y, OGAWA T, SAKAI T, et al. Development of In-process Welding Torch Position Control System using AI Technology [Z]// XII-2438-19.

[10] ZHANG G K, LIU X F, JIA C B, et al. Deep learning algorithm-based prediction of keyhole status/penetration in PAW [Z]// XII-2347-19.

[11] JOSTEN A C. Arc-welding based additive manufacturing for body reinforcement in automotive engineering [Z]// XII-2428-19, I-1425-19, IV-1451-19, 212-1641-19.

[12] KURUSHKIN D, MUSHNIKOV I, POPOVICH A, et al. Optimization of the controlled short circuit GMAW metal transfer process for the deposition rate increasing in Wire Arc Additive Manufacturing [Z]// XII-2352-19, I-1426-19, IV-1452-19, 212-1642-19.

[13] REISGEN U, SHARMA R, MANN S, et al. Increasing the manufacturing efficiency of WAAM by advanced cooling strategies [Z]// XII-2357-19, I-1427-19, IV-1453-19, 212-

1643-19.

[14] CHO S M, SEO G J, PARK J H, et al. Arc Characteristics and Metal Transfer Mode in Super-TIG Welding of Thick Wall Metal Additive Manufacturing [Z]//212-1625-19, I -1428-19, XII-2363-19, 212-1644-19.

[15] GOECKE S F, GOTTSCHALK G F, BABU A, et al. Multi Signal Sensing, Monitoring and Control in Wire Arc Additive Manufacturing [Z]//212-1639-19, I -1429-19, IV-1454-19, XII-2364-19.

[16] HENCKELL P, ALI Y, REIMANN J, et al. Characterisation of heat transfer in wire arc additive manufacturing (WAAM) [Z]// I -1417-19, IV-1455-19, XII-2365-19, 212-1645-19.

[17] BABY J, AMIRTHALINGAM M. Microstructural development during wire arc additive manufacturing of copper based components [Z]//XII-2353-19, I-1430-19, IV-1456-19, 212-1646-19.

[18] WINTERKORN R, PITTNER A, LAHNSTEINER R, et al. Wire arc additive manufacturing of high strength Al-Mg-Si aluminum alloys using similar filler wires with additional grain refiner [Z]// I -1410-19, IV-1457-19, XII-2366-19, 212-1647-19.

[19] STAUFER H, GRUNWALD R. Mechanical properties of Wire Arc Additive Manufactured Components of Ti-6Al-4V [Z]//IV-1434-19, I-1431-19, XII-2367-19, 212-1648-19.

[20] MONTGOMERYC. Streamlining parameter development and minimizing material costs in laser powder bed fusion [Z]// I -1403-19, IV-1459-19, XII-2368-19, 212-1650-19.

[21] LIN D Y, XU L Y, JING H Y, et al. In situ synthesis of a novel Si-containing FeCoCrNi high-entropy alloy fabricated by selective laser melting [Z]//XII-2354-19, I -1432-19, IV-1458-19, 212-1649-19.

[22] GONZALES D S, LIU S, JAVERNICK D. The effect of oxygen on the gas tungsten arc weldability of laser-powderbed fusion fabricated 304L stainless steel [Z]// I -1405-19, IV-1461-19, XII-2369-19, 212-1652-19.

[23] GERHARDSB. Innovative Laser Beam Joining Technology for Additive Manufactured Parts [Z]//IV-1449-19, I-1434-19, XII-2371-19, 212-1654-19.

[24] GOECKE S F, LUBOSCH D, BAUM S. Wire Arc 3D Printing of Magnesium-a new Approach on MIG Additive Manufacturing [Z]//XII-2362-19.

[25] ASSUNÇÃO E, BARROS F, BARBOSA D. Multifunctional Large-Scale Machine for Additive Manufacturing-LASIMM [Z]//XII-2435-19, I-1433-19, IV-1460-19, 212-1651-19.

[26] BOLA A, ASSUNÇAO E, QUINTINO L. Bridging the "valley of death" in laser based metal additive manufacturing [Z]//IV-1432-19, I-XXXX-19, XII-2370-19, 212-1653-19.

[27] ABE Y, NAKATANI M, FUJIMOTO T, et al. Investigation of Welding Condition for Narrow Gap Submerged Arc Welding [Z]//XII-2342-19.

[28] LAYUS P, BELINGA E M, KAH P. Submerged arc welding process peculiarities in application for Arctic structures [Z]//XII-2433-19.

[29] YOKOTA H, KOMURA M, YAMASHITA Y, et al. A Technique for Preventing Solidification Cracking at the End Part of a Weld Joint in One-side Submerged Arc Welding [Z]//XII-2340-19.

[30] TANIOKA S, KIKKAWA M, KUSABA T, et al. Application of Solidification Cracking Prevention Technique in One-Side Submerged Arc Welding [Z]//XII-2343-19.

[31] ENGELS O. Laserbeam Submerged Arc Hybrid

Welding-A novel hybrid welding technique for thick plate applications [Z]//IV-1446-19, I-1438-19, XII-2375-19, 212-1658-19.

[32] TSUYAMA T, NANBU S, TSUJI T, et al. High productive Electroslag welding process for thick corner joint of built-up BOX column [Z]//XII-2439-19.

[33] BROZEK J, KEITEL S. Laserbeam-Hybrid-Welding-current results and prospect [Z]// IV-1431-19, I-1436-19, XII-2373-19, 212-1656-19.

[34] KADOTA K, LIU Z, TAKADA K, et al. Development of new AC TIG Welding Power Source and its Improvement of Productivity [Z]//XII-2382-19.

[35] SPANIOL E, TRAUTMANN M, UNGETHÜM T, et al. Development of a highly productive GMAW hot-wire process using a two-dimensional arc deflection [Z]//XII-2351-19.

[36] MUKAI N, INOUE Y, SASAKURA S, et al. The Effects of Cold Cracking Prevention by the Welding Process for Reducing Diffusible Hydrogen [Z]//XII-2344-19.

[37] TASHIRO S, MUKAI N, INOUE Y, et al. Numerical simulation of gas flow in a novel welding process for reducing diffusible hydrogen [Z]//XII-2360-19, 212-1617-19.

[38] BAKIR N, ÜSTÜNDAGÖ, GUMENYUK A, et al. Experimental and numerical study of the influence of the Laser hybrid parameters in partial penetration welding on the solidification cracking in the weld root [Z]//IV-1441-19, I-1437-19, XII-2374-19, 212-1657-19.

[39] ARTINOV A, KARKHIN V, KHOMICH P, et al. Rethmeier Assessment of thermal cycles by combining thermo-fluid dynamics and heat conduction in keyhole mode welding processes [Z]//212-1607-19, I-1439-19, IV-1461-19, XII-2376-19.

[40] MENG X, ARTINOV A, BACHMANN M, et al. Numerical analysis of weld pool behavior in wire feed laser beam welding with oscillating magnetic field [Z]//212-1608-19, I-1440-19, IV-1462-19, XII-2377-19.

[41] HAN S W, ZHANG L J, ZHANG J X, et al. Participatory Design of Laser Keyhole Welding Process using CFD-based Coupled Simulations of Thermal, Metallurgical and Mechanical Behavior [Z]//212-1612-19, I-1441-19, IV-1463-19, XII-2378-19.

[42] FUJIMOTO T, HIRANO M, FUJIMOTO E, et al. Effects of the Shielding Gas Flow on the Blowhole Generation for Aluminum Alloys Laser Welding [Z]//212-1613-19, I-1442-19, IV-1464-19, XII-2379.

[43] SUN Y, CUI H C, TANG X H, et al. Numerical modeling of keyhole instability and porosity formation in deep-penetration laser welding on NiCrMoV steel [Z]//212-1623-19, I-1443-19, IV-1465-19, XII-2380-19.

[44] LEE Y K, CHEON J, MIN B K, et al. The visualization of contamination phenomena and countermeasure performance on vacuum laser beam welding via experimental and numerical approaches [Z]//212-1628-19, I-1444-19, IV-1466-19, XII-2381-19.

[45] FABRY C, PITTNER A, RETHMEIER M. WelDX-towards a common file format for open science in arc welding [Z]//XII-2348-19.

作者简介：华学明，男，1965 年出生，博士，教授，博士生导师。研究方向为先进焊接方法与智能装备、异种材料连接、增材制造等。获得授权专利 20 余项，发表论文 180 余篇。E-mail：xmhua@ sjtu. edu. cn。

焊接构件和结构的疲劳（IIW C-XⅢ）研究进展

邓德安　冯广杰

（重庆大学材料科学与工程学院，重庆　400045）

摘　要： 基于国际焊接学会（IIW）XⅢ分委员会在2019年会上提交的49篇论文和研究报告，经过分类和整理，综合介绍了有关焊接接头和结构疲劳研究方面的最新成果。主要内容包括焊接构件与结构的疲劳强度评定与寿命预测、实际工程中焊接结构疲劳寿命的提高手段与方法、焊接残余应力测量与分析、低温相变材料（LTT）对焊接构件疲劳寿命的影响以及疲劳方面的理论研究进展等。从提交的论文和研究报告来看，多数研究与实际工况结合十分紧密，部分研究注重了焊接结构的细节分析，也有不少论文和研究报告提供了非常翔实的基础试验数据。

关键词： 焊接结构；疲劳；残余应力；强化技术；LTT焊接材料

0　序言

每年一度的国际焊接学会（IIW）XⅢ分委员会主要关注焊接构件和结构疲劳失效方面的最新理论研究进展以及提高焊接接头与结构疲劳寿命的新技术与新方法，核心任务是为工程实际中焊接结构的疲劳设计与疲劳寿命改善提供科学指南。2019年国际焊接学会年会期间，XⅢ委员会总共有49篇会议论文与研究报告参与了交流。其中，关于焊接构件与结构疲劳强度评定的论文和报告有25篇，关于焊接接头与结构疲劳强化技术研究的有10篇，关于研究LTT焊接材料对焊接构件疲劳寿命影响的研究有3篇，关于焊接残余应力的测量与数值模拟的研究论文和报告有4篇，关于疲劳理论方面的研究报告有10篇。总体而言，关于焊接疲劳问题的论文和报告总量显著增长。从世界范围来看，日本和德国在这一领域的研究成果最多、最活跃，而我国在这方面研究较少，今年没有中国学者提交论文和研究报告。本章将按照"分类整理、详简兼顾、综合评述"的原则来介绍在本次年会上提交的论文和报告的总体情况，同时针对每个方面的研究给予适当评述。

1　焊接构件与结构的疲劳强度评定

关于焊接构件与结构疲劳强度评定的研究，本次会议提交的论文和报告较多，这里选取具有代表性的几个例子进行介绍。在兼顾传统研究的基础上着重介绍一些新的研究动向，如低温下的疲劳问题、金属增材制造的疲劳问题以及CT技术在疲劳研究方面的应用。

芬兰的Antti Ahola等人[1]对超高强钢横向角接接头的疲劳问题进行了分析。为了提高接头的疲劳强度，实际工程中通常采用焊后处理的方式（如高频机械冲击处理HFMI、TIG整形等）对接头进行强化。在该领域研究中，以往的疲劳试验主要在低应力比条件下（$R < 0.16$）进行，且很少关注平均应力水平的提高对超高强钢焊接接头疲劳强度的影响。在此研究中，作者对无载荷状态下的S960和S1100超高强度钢横向角焊接T形和X形接头进行了疲劳分析。试验包括焊接态、高频机械冲击处理和TIG整形处理条件下的焊接接头。疲劳试验采用单向等幅加载，应力比设定在$R = 0.1 \sim 0.5$的范围内，并对焊缝几何形状和残余应力进行了测量。对于每一个焊接接头，采用4R方法（Notch-stressbased Fatigue Strength Assessment Approach） 对其疲劳强度进行了评估。关于 4R 法的详细介绍可以参考 NYKÄNEN、BJÖRK 等最近发表的相关论文[2-4]。图 1 所示为采用 4R 方法所得的平均与特征 S-N 曲线。图 2 所示为经过 R_{local} 修正过的 4R 法 S-N 曲线。评估过程考虑了基于焊趾半径（r）的实际缺口应力（$\Delta\sigma_k$）、材料强度极限（R_m）、残余应力（σ_{res}）和外载荷的实际应力比（R），获得了其循环弹塑性行为。采用 Smith-Watson-Topper （SWT） 参数进行平均应力校正，将所有结果综合成一条 S-N 曲线。结果表明，采用传统的基于应力的方法（即名义应力、结构热点应力和有效缺口应力），在焊态和焊后处理条件下，焊接接头的疲劳强度与应力比 R 有关。无论接头状态或实际应力比如何，4R 方法都能使用经过 SWT 平均应力修正后的单一 S-N 曲线较准确地评估超高强钢横向角接接头的疲劳强度。虽然该研究结果初步表明了 4R 法对超高强钢焊接接头的疲劳强度评估的有效性，但仍需进一步验证，需要进行额外的疲劳试验，并对不同等级钢材经焊后处理的残余应力状态进行详细研究。同时，和许多其他疲劳设计理念一样，4R 方法还需通过大尺寸试件和结构的试验来进一步验证。

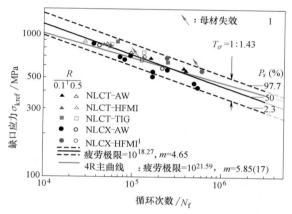

图 1　采用 4R 方法所得的平均与特征 S-N 曲线

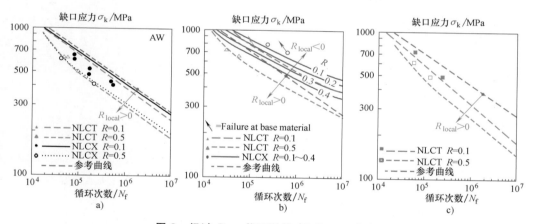

图 2　经过 R_{local} 修正过的 4R 法 S-N 曲线

a） 焊态　b） 高频机械冲击处理　c） TIG 整形处理

日本学者 Morita 等介绍了一种称为 “疲劳 SS 模型”[5]（以下简称 FSS 模型） 的非常规弹塑性模型，并采用该模型预测了非承载圆角焊接接头的疲劳寿命。FSS 模型是基于次加载曲面理论，通过弹性边界和循环损伤来描述不同宏观弹性应力状态下的应变软化过程。在此项研究中，FSS 模型用于研究 SM490A 在不同循环载荷条件下的非弹性响应。疲劳寿命（N_f）通常可以视为裂纹萌生寿命（N_c）和裂纹扩展寿命（N_p）的总和。在此项研究中，作者采用 FSS 模型计算了局部应变场，得到非承载圆角焊接接头的裂纹萌生寿命，并且进行疲劳试验校准了 FSS 模型的材料参数。随后，通过有限元分析计算了非承载圆角焊接接头的疲劳寿命。最后通过扩展有限元分析方法（X-FEM） 预测了裂纹传播路径和扩展寿命。研究结果表明，数值模拟结果与试验结果吻合良好，试验和数值模拟得到疲劳寿命的 S-N 曲线如图 3 所示。因此，采用局部应变方法单独计算裂纹萌生和扩展寿命可以很好地估算焊接接头的疲劳寿命，有效验证了 FSS 模型用于预测非承载圆角焊接接头疲劳寿命的有效性。

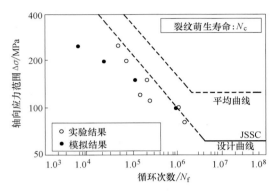

图3 试验和数值模拟得到疲劳寿命的 S-N 曲线

德国的 Moritz Braun 等人[6] 研究了角焊缝在 0℃ 以下低温时的疲劳强度。由于船舶和海上结构（包括风力涡轮机）需要在季节性冰冻地区运行，其结构和材料的设计必须满足极端的环境要求。虽然现行标准规定要考虑低温下疲劳设计曲线的可靠性，但材料的选取通常是基于设计温度下的断裂韧性，而对材料低温疲劳强度的研究较少。该研究对低温下普通钢和高强钢焊接接头的疲劳强度进行了试验分析，在 −20℃ 和 −50℃ 下对角焊缝试样进行了测试，并与室温下的结果进行对比。试验采用两种接头形式，分别为十字形接头和横向加强筋型接头，

形貌如图4所示。研究表明，在 0℃ 以下的低温状态下，焊接接头的疲劳强度会随着温度的降低而升高。在环境温度为 −50℃ 时，十字形接头焊缝局部疲劳强度相比室温有了较大的提高，S235J2+N 普通钢和 S500G1+M 高强钢接头的疲劳强度均比室温提高约 20%；相比之下，S235J2+N 普通钢和 S500G1+M 高强钢横向加强筋接头焊缝局部的疲劳强度相比室温分别增加了 12% 和 6% 左右。两种接头的 S-N 曲线分别如图5和图6所示。同时该研究表明，由于材料的杨氏模量是一个随温度变化的量，在估算低温下焊缝的疲劳强度时，可能不是特别适合反映温度对疲劳强度的影响。室温下的焊接接头疲劳设计曲线，即使在 −50℃ 的低温下也可以安全使用。但接头在低温下的真实疲劳强度将远高于室温，对于十字形接头来说，这种情况更加明显。

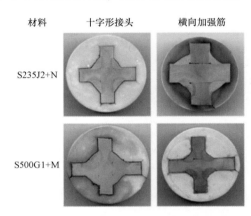

图4 十字形接头和横向加强筋型接头形貌

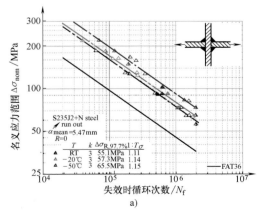
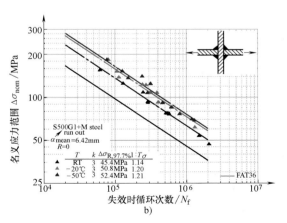

图5 十字形接头的 S-N 曲线

a）S235J2+N b）S500G1+M

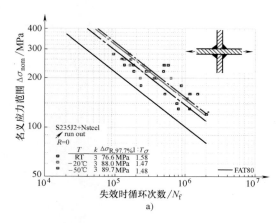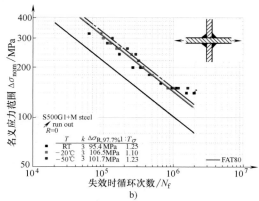

图 6　横向加强筋型接头的 S-N 曲线

a）S235J2+N　b）S500G1+M

　　为了满足低温下的结构完整性要求，SUS304L、镍合金和高锰钢已被广泛用于液化天然气（LNG）储罐的制造。尽管不少研究者对低温合金的断裂、疲劳等问题进行了较深入的研究，但目前仅有少数研究者考虑了焊接工艺和焊接填充材料对焊接接头的断裂和疲劳性能的影响。在本年度 IIW 年会期间，韩国国立釜山大学的 Park 等[7] 报告了他们对 SUS304L、9Ni钢及高锰钢的断裂与疲劳行为的研究结果。在该研究中，他们考虑了合金元素对材料断裂和疲劳性能的影响，同时也研究了不同的焊接方法（如 FCAW、TIG、SMAW 和 SAW 等）对焊缝金属断裂和疲劳行为的影响。该研究根据美标 ASTM E647 和英标 BS 7448 进行疲劳和断裂试验，并系统地比较了母材和焊缝金属的力学性能。图 7 所示为三种材料（母材）在常温和–163℃时的裂纹扩展率与应力强度因子 K 之间的关系，图 8 所示为三种材料在不同焊接工艺条件下的焊缝金属在常温和–163℃时的裂纹扩展率与 K 之间的关系。研究结果表明，SUS304L 在采用 FCAW 焊接工艺条件下获得的焊缝金属具有最小的裂纹尖端开口位移（CTOD）和最慢的疲劳裂纹扩展速率（FCGR）。在此研究中，作者通过观察焊缝金属的微观组织，还探讨了母材和焊缝金属的微观组织与断裂和疲劳性能之间的关系。对于 SUS304L 钢，在裂纹尖端处由奥氏体

转变成马氏体时，裂纹扩展率会大幅降低。

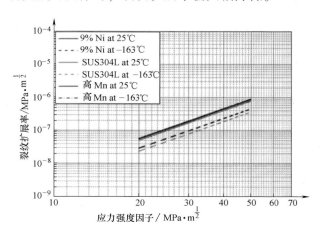

图 7　三种材料（母材）在常温和–163℃时的
裂纹扩展率与应力强度因子 K 之间的关系

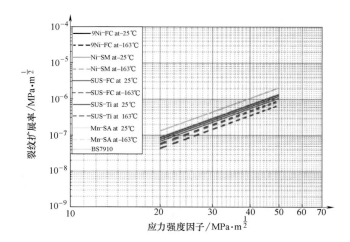

图 8　三种材料在不同焊接工艺条件下的
焊缝金属在常温和–163℃时的
裂纹扩展率与 K 之间的关系

近年来，有关3D打印和增材制造方面的疲劳研究正逐渐成为热点问题。由于增材制造技术可以快速制造复杂结构，其材料利用率高，受到了研究者的广泛关注。目前，对增材制造的研究主要集中在工艺优化上，很少涉及制造缺陷对疲劳性能的影响。德国的Kai Schnabel等人[8]研究了增材制造金属结构的缺陷问题。该研究考虑了增材制造样品中的缺陷对材料疲劳行为的影响，为后续增材制造构件的疲劳评定打下基础。他们采用计算机断层扫描技术（CT）对实际铝合金增材制造构件进行数据采集，并结合数值模拟将材料性能与制造缺陷的影响进行关联。图9所示为铝合金增材制造构件以及CT扫描结果。根据扫描结果获得边界区域的气孔缺陷数据，并建立了有限元模型，如图10所示。研究表明，通过将气孔对材料性能的影响进行量化，可以将其等效为杨氏模量变化对材料性能的影响。此方法同样适用于其他类型的缺陷，进而可以建立不同类型的体积单元（即结构单元），通过定义各个体积单元的材料性能来等效各类型缺陷的影响。图11所示为建立的增材制造结构示意图。由此，便可根据缺陷的类型和密度，将增材制造构件进行模块化分析，进而简化计算过程，提高计算效率。该研究还建议在今后对增材制造构件进行有限元分析时，无须模拟每个缺陷的影响，只需采用结构单元进行等效处理，可以大大降低分析难度。虽然该方法的思路是合理的，但是其实施需要解决以下两个关键问题：①如何合理地建立不同类型的结构单元。②如何无损地精确获得增材制造构件中各缺陷的分布状况。因此，未来该方法还需大量的研究工作来完善。

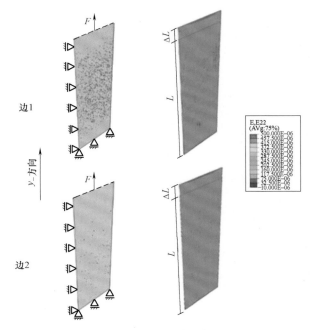

图10 实际扫描结果与有限元模型

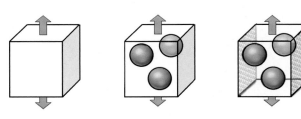

图11 建立的增材制造结构示意图（分别为无缺陷、有气孔、有气孔并考虑表面粗糙度）

在铝合金高压压铸件的焊接研究中，很少有关焊接缺陷对接头抗拉强度和疲劳性能影响的报道。德国学者Teichmann和奥地利学者Leitner等[9]采用基于X射线计算断层扫描数据的方法，对铝合金压铸件的激光焊接接头进行了结构有限元分析。其研究旨在将基于X射线计算机断层扫描的图形结果用于建立相应的有限元模型，进而模拟多孔铝合金压铸件的激光焊接接头在单轴加载下的力学行为，并将研究结果作为评估不同缺陷对疲劳性能影响的基础。该研究基于有限元模拟方法，将单轴加载对焊接缺陷区域应力分布的影响进行了可视化处理。

图12所示为有限元网格划分算法流程图，图13所示为对四个试样的X射线计算断层扫描

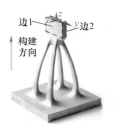

图9 铝合金增材制造构件以及CT扫描结果

结果。该研究利用生成的 XCT 数据库，采用特定算法[9]生成有限元网格，进而建立结构有限元仿真模型并进行单轴加载应力计算。图 14 所示为试样特定焊道的有限元模拟得到的应力分布结果。以上结果表明，该数值模型能够直观地反映出应力在四种具有不同复杂几何形状接头中的分布，可以直观地看到气孔、变形在焊缝表面和根部等焊接缺陷区域的应力分布。同时，模拟结果与弹性材料的拉伸试验结果相吻合；采用该算法，其生成的网格能完整地描述试样的内部和外部缺陷。鉴于该方法的有效性，该研究团队还计划进一步扩展所建立的有限元模型，一方面基于体素数据预测单轴加载下塑性材料的行为，另一方面研究不同缺陷对疲劳行为的影响。

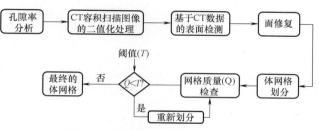

图 12　有限元网格划分算法流程图

图 13　对四个试样的 X 射线计算断层扫描结果

a）试样 A　b）试样 B　c）试样 C　d）试样 D

德国学者 Nitschke-Pagel 等[10]提出了一种新方法来考虑当前焊接结构疲劳设计规范中的残余应力（包括焊接及焊后处理引起的残余应力）。目前，在疲劳设计中人们仅从定性的角度、基于经验和假设来考虑残余应力的影响，而没有具体地从残余应力分布、大小以及残余应力类型等方面来考虑。该方法使用残余应力

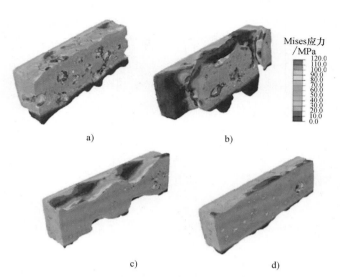

图 14　试样特定焊道的有限元模拟得到的应力分布结果

a）试样 A　b）试样 B　c）试样 C　d）试样 D

敏感度（也就是说残余应力对疲劳强度的影响程度）这一指标来评估初始残余应力在过程中的应力松弛程度，并将残余应力与平均应力组合处理，来获得疲劳强度值。由于缺少与焊接材料及焊接接头类型相关的可靠残余应力分布和大小，有时会造成对残余应力效应的过高估计。残余应力敏感度这一概念假设了残余应力在足够高时以至于可以产生应力松弛效应，但它无法确定在发生应力松弛的较低残余应力情况下，残余应力对疲劳强度的敏感度会如何变化。同时，在该新方法中，提出了有效平均应力这一概念，将其定义为平均应力与循环加载 10^4 次后的稳定残余应力的叠加组合（经验表明，在没有随机过载的恒定振幅载荷下，残余应力松弛主要发生在 10^3 循环期间），从而获得疲劳强度值。

日本学者 Murakawa 等[11]针对焊接结构的疲劳强度与抗疲劳设计问题，开发了有限元计算方法，采用"特征张量法"来计算裂纹尖端附近的平均应力强度因子。在此报告中，较详细地介绍了计算原理和计算手法，同时基于数值结果与试验结果的比较证明了该方法的有效性。同时，该学者采用数值模拟方法，研究了各种因素（焊核尺寸、载荷类型、板厚和板宽等因素）对点焊接头疲劳裂纹扩展的影响。

美国密歇根大学学者 Dong 等[9] 对增材制造成形部件的缺陷进行了分析，对比了锻造与机加工打磨后零件的疲劳强度差异，并研究了表面粗糙度对零件疲劳强度的影响。结果表明，增材制造零件内部缺陷主要为气孔，会造成零件内部的不连续，显著降低其疲劳强度。该研究又通过有限元方法解释了多重缺陷下的 K 方法[12]，确认了有限元方法的有效性。

还有一些论文[13-18] 延续了 2018 年的研究，在 2018 年 IIW 进展报告中有较详细介绍，在此不做逐一赘述。

2 疲劳强度的改善方法与强化技术

德国的 Weinert 等[19] 采用数值模拟和试验相结合的方法研究了腐蚀环境下高频机械冲击处理对 S355 低碳钢接头疲劳强度的改善作用。该研究对板厚为 15mm 的对接接头试样和板厚为 25mm 的 T 形接头试样进行了试验，图 15 所示为焊接接头的几何形状。同时，采用人工海水对试样进行预腐蚀，并在腐蚀介质中同时进行疲劳试验，以模拟腐蚀对裂纹扩展的影响。在轴向拉伸和四点弯曲循环载荷作用下（应力比 $R=0.1$），对焊态和高频机械冲击处理的接头试样进行了腐蚀疲劳试验。图 16 和图 17 所示为两种接头在焊态和高频机械冲击处理状态下的名义 S-N 曲线。采用名义应力法的研究结果表明，高频机械冲击处理能显著提高两种焊接接头在腐蚀条件下的疲劳强度。与 IIW 设计方案的比较表明，对于经 HFMI 处理的对接焊缝，无须考虑腐蚀环境而降低其 FAT 等级，IIW 推荐的 FAT 等级仍然有效；在腐蚀环境下，HFMI 处理（High Frequency Mechanical Impact，高频机械冲击处理）的 T 形接头的疲劳试验结果略低于 IIW 推荐的设计曲线，在这种情况下应考虑腐蚀因素对接头疲劳强度的不利影响。通过采用缺口应力法进行数值研究，该研究确定了有效的缺口应力曲线。数值分析结果也表明（图 18），在腐蚀环境下焊态接头不能达到 IIW 规定的 FAT

等级（疲劳等级），需要考虑腐蚀的影响；但是，IIW 推荐的有效缺口疲劳强度仍然适用于腐

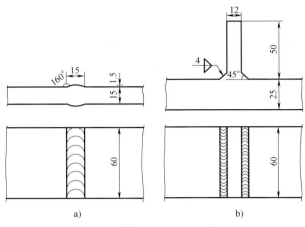

图 15　焊接接头的几何形状

a）对接接头　b）T 形接头

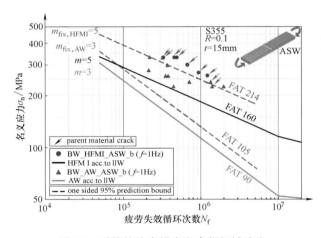

图 16　对接接头在焊态和高频机械冲击
处理状态下的名义 S-N 曲线

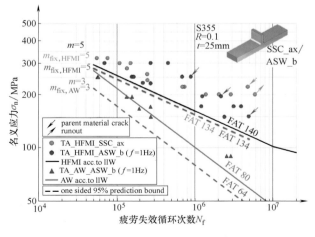

图 17　T 形接头在焊态和高频机械冲击
处理状态下的名义 S-N 曲线

蚀环境下经过 HFMI 处理的结构。

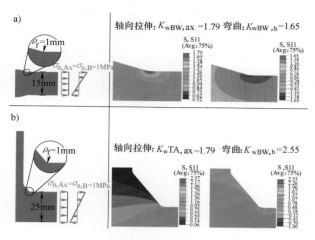

图18　数值模拟计算结果

a）对接接头　b）T形接头

日本学者 Yokozeki 等[20] 研究了超声波冲击处理（UIT）对非破坏性方法［磁粉测试（MT）、渗透测试（PT）等］无法测量的具有小疲劳裂纹的桥梁构件的适用性。首先在角接接头中引入预裂纹，采用 UIT 之后进行疲劳试验，以此来研究 UIT 抑制裂纹扩展的条件。研究结果表明，经过 UIT 的接头的疲劳强度明显高于传统焊接接头的疲劳强度，UIT 可以通过引入深度 ≥ 0.2mm 的 UIT 沟来有效抑制未扩展到母材中疲劳裂纹的传播。同时，对于平面外角撑板焊接接头，当预裂纹深度 ≤4mm 时，UIT 也可以有效抑制疲劳裂纹的传播。因此，如果预裂纹深度 ≤4mm 且 UIT 沟槽深度 ≥0.2mm，则 UIT 可以有效抑制疲劳裂纹的传播。

日本学者 Ono 等[21] 为了揭示通过 ICR 装置（即通过在焊接接头的焊趾位置或疲劳裂纹尖端附近导入塑性变形使裂纹闭合的一种技术）和 UIT 对 SBHS700（780MPa 级钢）焊接接头进行锤击强化来提高疲劳强度的效果，对平面角撑板焊接接头的小疲劳试样进行了连续的疲劳测试。在疲劳测试之前，先通过 X 射线测量了接头焊趾部位在经过 ICR 和 UIT 后的压缩残余应力大小。疲劳试验结果表明，ICR 装置和 UIT 锤击使 SBHS700 焊接接头的疲劳强度至少提高了 3

级。同时研究发现，当焊趾与处理边缘之间的距离超过 2mm 时，通过 ICR 装置进行锤击的改善效果会有一定减弱。因此，在通过焊后处理来引入有益的压缩残余应力时，焊道的形状同样需要被考虑。

使用诸如毛刺研磨、TIG 整形技术和喷丸处理技术可以改善焊接接头的疲劳寿命。高频机械冲击（HFMI）是最近通过改变焊缝几何形状和残余应力方面来增加焊接疲劳强度的方法。瑞典学者 Pandian1 等[22] 从产品开发的观点出发，综述了上述疲劳强度强化技术的效率和效果。从疲劳寿命改善的角度看，TIG 整形样品具有最长寿命，虽然该方法导致焊趾处的半径（形状）变化较大，但效率较低；HFMI 方法尽管效率最高，但疲劳寿命的分散度最大。毛刺研磨样品的分散度较小，该方法效率适中，虽然具有中等的疲劳寿命，但仍然大幅超过了设计要求。总之，如何选择具体疲劳强度强化技术或方法，需要在生产率与质量要求（疲劳寿命或强度要求）之间进行平衡。

此外，加拿大学者 Yuri Kudryavtsev[23] 介绍了他们近 30 年来采用超声波冲击技术提高焊接构件疲劳强度的案例和成果。丹麦学者 Yildirim 等[24] 研究了 HMFI 处理对服役载荷条件下的焊缝疲劳强度的影响。

3　残余应力的测量与数值模拟

残余应力对焊接构件疲劳裂纹的诱发和扩展过程都具有显著影响，也是导致许多工程结构（如桥梁、车辆等）产生疲劳失效的主因。因此，在桥梁的设计、建造和维护的所有阶段，对残余应力大小、分布及其性质的了解至关重要。加拿大学者 Jacob Kleiman 等[25] 采用便携式仪器 UltraMARS（图 19）测量了铁路和公路桥梁结构中焊接接头处表面和次表层的残余应力，并简要介绍了主要原理和操作方法。所获得的残余应力分布数据表明，这种非破坏性超声波检测方法是桥梁维护和修理中实用而有效的工具。

图19 残余应力与载荷应力的超声波测量装置

瑞典学者 Zhu、Khurshida 等[26] 采用数值模拟方法计算了箱形结构的焊接残余应力，并采用 X 射线法测量了焊接残余应力，建立的有限元模型和焊道布置如图 20 所示。在以往的绝大多数研究中，采用数值模拟方法的研究对象基本以焊接接头为主，而以焊接结构为对象来研究残余应力的报道相对较少。在此研究中，作者采用了传统的考虑移动热源的"热-弹-塑性有限元法"以及"焊道合并法"和"预置温度法"三种计算方法模拟了箱形结构的焊接残余应力。不过，在该研究中，作者并没有详细给合并焊道具体方案以及如何定义合并焊道后的热输入。整体而言，这个计算略显粗糙。由于该结构是高强度钢，在材料模型中作者利用 SYSWELD 软件中的材料数据库考虑了固态相变对残余应力的影响。在该研究的试验和数值模拟中，作者考虑了全焊透和部分焊透的两种情况（图 21）。数值模拟结果显示，全焊透模型和部分焊透模型的残余应力分布并没有显著的差异。基于数值模拟结果，作者详细比较了传统热-弹-塑性 FEM 法、焊道合并法和预置温度法的计算时间与计算精度。从计算效率（计算时间）上说，合并焊道法和预置温度法的计算效率有显著的提高，但是计算精度并不理想。

这里简要评述一下该研究的主要特点和存在的问题。首先值得肯定的是，该研究将焊接残余应力的研究对象从接头转移到结构，这是一个值得肯定的方面。由于焊接过程中的热-冶

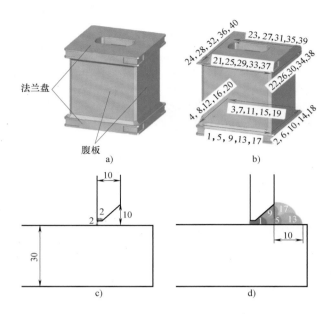

图20 有限元模型及焊道布置

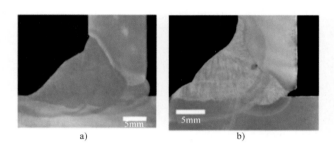

图21 全焊透和部分焊透的角接头

a）全焊透　b）部分焊透

金-力学多场耦合是一个高度多重非线性问题，因此采用考虑移动热源的热-弹-塑性有限元方法计算焊接残余应力时往往需要很长的时间。该研究尝试性地提出了合并焊道法和预置温度法来模拟焊接残余应力。虽然这两种方法可以提高计算效率，但是该研究有明显的技术缺陷。①对于需要考虑固态相变对残余应力有影响的材料（如该研究中的高强钢），合并焊道法是不可取的。因为合并焊道不仅改变了原有的热输入，同时材料的热循环次数也发生了变化，这样的处理给材料模型的准确描述会带来很大的偏差。理论上而言，材料模型（本构方程）会对焊接残余应力的计算精度产生至关重要的影响。②如果只是关注焊接残余应力，采用瞬间热源可能比采用合并焊道+移动热源的计算效率

更高。由于该研究的材料模型并不十分精确，尽管计算得到的焊接残余应力与测量结果在分布上有一定的相似度，但在数值上偏差过大。

日本大阪大学的 Osawa 等[27] 研究了焊接接头处在带峰尖循环载荷的 HFMI 条件下压应力的稳定性，有限元模型如图 22 所示。在这项研究中，作者采用 In-house 程序 JWRIAN 完成了焊接残余应力的数值模拟，之后采用 MSC. Dytran 软件模拟了 HFMI 处理过程。同时，该研究详细比较了数值模拟结果与试验结果。在这项研究中，他们模拟了恒定振幅和压缩峰值载荷下各种应力幅值下的残余应力变化情况，对应力响应中的模拟参数进行了灵敏度分析，并提出了残余应力松弛模型。从残余应力松弛模拟结果可以

看出：①对于恒定振幅循环加载情况，HFMI 处理引起的残余应力的横向分量和 Von Mises 应力显示出较大的松弛。当循环载荷的最大应力较大时，残余应力的纵向分量略有增加。②对于带尖峰加载和恒定振幅的循环加载情况，残余应力的纵向和横向分量以及 Von Mises 应力均有较大幅度的松弛。随着尖峰载荷的增加，除了顶面上纵向分量之外的恒定振幅载荷中最大应力，其余应力的松弛程度变得更加显著。仅当循环载荷的最大应力小于塑性变形的最小标称应力时，顶面上的纵向残余应力才显示出较显著的变化。该研究的数值模拟结果对于理解焊接残余应力在 HFMI 处理下的变化过程非常有帮助。

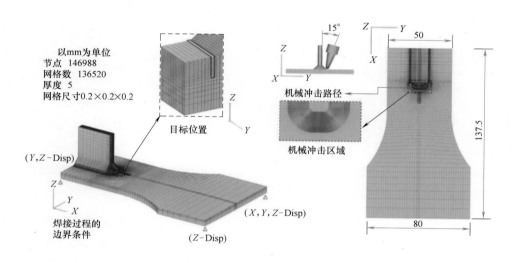

图 22　有限元模型及 HFMI 数值模拟

如前所述，HFMI 是近年来开发的一种用于改善焊接接头疲劳强度的方法。经过 HFMI 处理后，接头表面附近会产生压缩残余应力，焊趾处的应力集中系数会降低；此外，材料的加工硬化效应也会增强。上述这三个因素对于提高焊接接头的疲劳强度都有贡献。但是，也有研究指出，如果接头在可变幅值和服役负载下的单个"过载"峰值作用下，经历过 HFMI 处理接头残余应力的松弛效应会显著降低。针对这一问题，德国学者 Jan Schubnell 等[28] 以 S355J2 钢和 S960QL 钢的角接头为研究对象，采用试验

方法（X-Ray 法与中子衍射法）和数值模拟方法研究了焊接接头在焊态、HFMI 处理，单个拉伸加载和单个压缩加载后接头的残余应力分布。其中，拉伸和压缩的加载载荷都接近材料的屈服极限。

在这项研究中，数值计算方法比较有特点，它可以较好地帮助我们理解残余应力在不同阶段的变化情况。图 23 所示为用于模拟 HFMI 处理的有限元模型，图 24 所示为数值模拟得到的 S355J2 钢和 S960QL 钢角接头在焊态、HFMI 处理、拉伸加载和压缩加载条件下的应力分布。

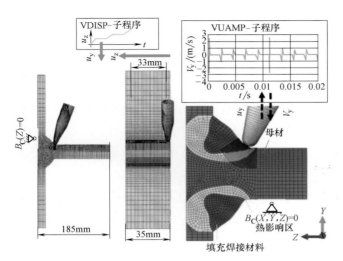

图23 用于模拟 HFMI 处理的有限元模型

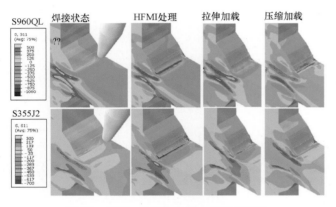

图24 焊态、HFMI 处理、拉伸加载和
压缩加载条件下的应力分布

从数值模拟结果可以看到，经过 HFMI 处理后，不论是 S355J2 钢焊接接头还是强度更高的 S960QL 钢接头，焊趾处表面附近都产生了横向压缩应力。在过载压缩载荷的作用下，经过 HFMI 处理过的 S960QL 接头焊趾处的残余应力被完全释放了，而对应 S355J2 钢接头焊趾处的残余应力只有部分释放。在过载拉伸载荷的作用下，对于这种强度级别的接头，在焊趾处的残余应力都只有少许的释放。实验结果也证实了相同的倾向。

该论文没有详细介绍焊接残余应力的计算方法和采用的材料模型。对于 S960QL 高强度钢，由于相变强化作用显著，因此在计算焊接残余应力时建议考虑固态相变的影响。

整体上而言，专门讨论残余应力测量和数值模拟的论文所占比例并不高，但是有相当比例的论文和报告都涉及了残余应力。在这些报告中，不管是残余应力的实际测量还是数值模拟，主要目的都是建立残余应力与结构的疲劳寿命之间的联系。就残余应力研究水平而言，本年度提交给 IIW 的 XIII 委的论文和报告并不能代表当今残余应力测量与数值模拟方面的最新成果和最高水平。不过，值得可喜的是还是看到了不少例子将焊接残余应力与焊后 HFMI 处理应力状态集成起来考虑[27-29]。

4 LTT 焊接材料对接头疲劳行为的影响

如前所述，对于焊接接头，可以通过优化焊趾处的几何形状来减小应力集中系数，延长疲劳寿命，也可通过调整焊接残余应力来延长接头的疲劳寿命。近年来，HFMI 越来越广泛地用于延长焊接接头的疲劳寿命。在各种方法中，通过 HFMI 处理不仅使焊趾处的几何形状得到优化，同时还可以在该处的表面附近引入压缩残余应力。除了这个方法外，研究者也正在试图通过采用低温相变（LTT）焊接填充材料调整接头的残余应力分布来改善疲劳强度。在 IIW 年会期间，有多篇论文报道了关于如何采用 LTT 材料提高接头的疲劳强度，这里从中选择几篇代表性的论文进行介绍。

日本学者 HANJI 等[30] 以桥梁用钢为例，研究了 LLT 材料对焊接接头疲劳行为的影响。在该研究中，母材是屈服强度约为 300MPa 普通钢材，焊接材料采用了常规焊接材料（熔敷金属屈服强度为 478MPa）和 LTT 焊接材料（熔敷金属屈服强度为 768MPa）。试板尺寸和接头形式如图25所示。焊接完成后，分别测量了接头焊趾附近的特征形状和尺寸。结果显示，采用 LTT 焊接材料与常规焊接材料得到的结果没有显著差异，可以认为采用两种焊接材料制备的焊接接头焊趾处的应力集中系数基本相同。从图26中的横向残余应力分布可以看出，采用 LTT 焊接材料接头的横向残余应力比采用常规焊接材料的接头低一些。采用图 27 所示的装置对焊接接头进行了疲劳试验，试验结果如图 28 所示。结果表明，采用 LTT 焊接材料可以提高接头的疲劳强度，其原因在于 LTT 材料在焊趾附近减缓了焊接残余应力。

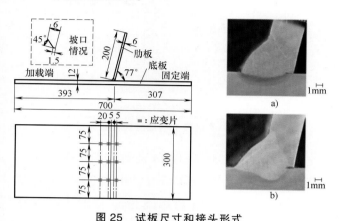

图 25　试板尺寸和接头形式

a）低温转变焊接材料　b）传统焊接材料

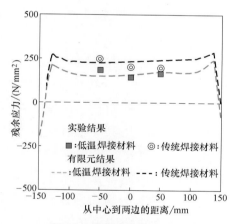

图 26　横向残余应力分布

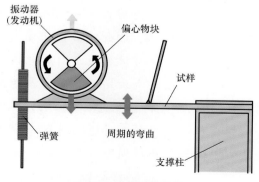

图 27　疲劳试验装置

德国学者 Jonas Hensel 等[31] 以 S355NL 钢

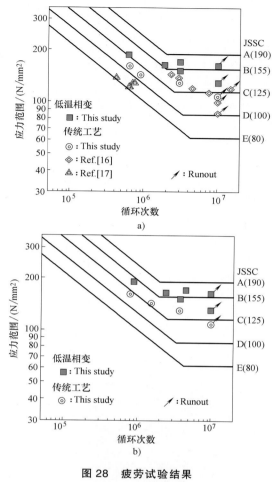

图 28　疲劳试验结果

a）N_5　b）N_f

的焊接接头为研究对象，采用常规焊接材料和 LTT 焊接材料制备焊接接头也得到了与上述类似的结果，进一步证明了 LTT 材料对于强度级别不太高的钢材而言的确有减缓接头焊接残余应力的效果，从而可以在一定程度上提高接头的疲劳强度。

瑞典学者 EbrahimHarati 等[32] 以屈服强度为 1300MPa 超高强钢 T 形接头为研究对象，详细比较了采用常规焊接材料和 LTT 焊接材料获得的焊接接头的疲劳强度，同时他们研究了 HF-MI 处理和喷丸处理对采用常规焊接材料制备的接头和采用 LTT 焊接材料制备的接头疲劳寿命的影响。图 29 所示为 T 形接头的焊道布置和几何形状。在制备常规焊接接头时，焊根处焊道采用的是一种商用焊接材料（OK Tubrod 14.11，熔敷金属屈服极限为 420MPa），其他焊道采用另一种高强度的商用焊接材料（Coreweld 89，屈服强度为 910MPa）来填充。而制备 LTT 焊接材料接头时，5 个焊道均采用自制的 LTT 填充材料（熔敷金属屈服极限为 736MPa）。焊接接头制备后，分别经过 HFMI 处理和喷丸处理，采用的疲劳实验装置如图 30 所示。

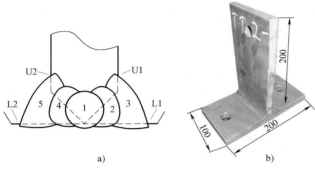

图 29　T 形接头的焊道布置和几何形状

图 30　疲劳实验装置

图 31 是基于试验数据建立的 T 形接头在各状态下的有效缺口应力与循环次数之间的关系图。从图中可知，在焊接状态下，采用 LTT 材料制备的焊接接头疲劳强度并未高于采用常规焊接材料制备的接头，两者之间没有明显差异。虽然 HFMI 处理和喷丸处理能够提高各接头的疲劳强度，但在经过 HFMI 处理后，LTT 焊接接头的疲劳强度依然略低于常规焊接材料接头，但两者的疲劳强度仍远高于 IIW FAT 225。在经过喷丸处理后，两种接头的疲劳强度都有大幅提

高，并且 LTT 焊接材料接头具备最高的疲劳强度，略优于经喷丸处理后的常规焊接材料接头。

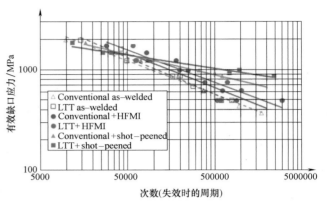

图 31　T 形接头的疲劳实验结果

图 32 和图 33 分别是焊趾附近横向残余应力与纵向残余应力的分布情况。由图 32 可知，焊态下的 LTT 接头中，离焊趾 2mm 位置处的横向残余应力为拉伸应力，而且应力值高于常规接头的对应值。而对于焊态下的纵向残余应力（图 33），LTT 接头与常规接头在离焊趾 2mm 处的残余应力并没有显著差异。对于该研究中采用的常规焊接材料（Coreweld 89），其马氏体开始转变温度约为 400℃，转变完成温度约为 250℃，母材的马氏体开始转变温度约为 350℃；而 LTT 材料的马氏体开始转变温度约为 230℃。通过这些数据可以判定，由于焊接材料与母材的马氏体开始转变温度的差异并不显著，对于强度级别为 1300MPa 的超高强度钢，采用 LTT 焊接材料对焊趾处残余应力的改善似乎效果甚微（这一点与强度较低的钢不同）。从图 32 和图 33 给出的残余应力的位置来看，离焊趾 2mm 的位置属于 HAZ 区域，因此在焊接热输入一定的情况下，此处的应力状态应该由焊缝填充金属性能与母材性能共同决定。如果作者能采用考虑固态相变的热-弹-塑性有限元方法计算各个接头的焊接残余应力分布并进行比较，应该可以澄清 LTT 焊接材料对强度为 1300MPa 钢的焊接残余应力分布没有显著影响的原因。另外，对于 LTT 焊接材料，仅在盖面层焊道使用或许更有效也更经济。另外一方面，从图 32 和图

33 可知，与 HFMI 处理相比，喷丸处理可以在焊趾附近产生更高的压缩残余应力，因此对提高疲劳强度更为有效。

从以上三个研究可以看出，如果采用 LTT 焊接材料焊接强度相对较低的钢，焊接接头的残余应力能获得一定程度的缓解，进而可以提高疲劳强度。但是，如果采用 LTT 焊接材料来焊接强度级别为 1300MPa 的钢，由于母材本身的马氏体相变温度也相对较低，LLT 焊接材料对残余应力的改善非常有限甚至根本没有，这样对接头的疲劳强度也几乎没有影响。所以，在实际工程中，也要根据母材本身的特点来确定是否选用 LTT 焊接材料来提高接头的疲劳强度。

当然，关于如何有效使用 LTT 焊接材料来提高疲劳强度，还有很多工作需要展开。目前，国内在这方面的研究还很少，建议从焊接材料开发、焊接工艺制定、焊道形状设计及工程实用化等方面开展工作。

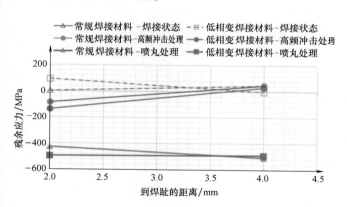

图32　焊趾附近的横向残余应力

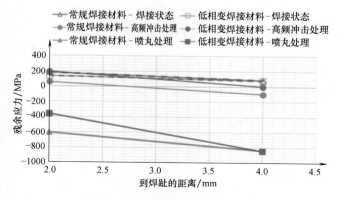

图33　焊趾附近的纵向残余应力

5　部分国家的焊接疲劳问题研究动态

法国学者 Huther 和 Lieurade[33] 综合报告了法国在焊接结构疲劳方面的工作进展，主要内容包括：①研究了激光喷丸工艺对疲劳寿命的改善以及通过焊接修复裂纹的后续处理；②通过红外线测温技术快速表征焊接接头的疲劳破坏；③拉伸载荷下断续凹槽对构件疲劳寿命的影响；④角焊缝发展战略评估；⑤焊缝端部（起弧端与收弧端）对疲劳寿命的影响；⑥通过使用更薄的高强度钢来提高底架焊接件的疲劳寿命；⑦试验载荷对焊接件疲劳强度的影响；⑧装卸设备焊接接头高周疲劳强度的评定。

Fabien LEFEBVRE, Isabel HUTHER 等[34] 在 IIW 会议期间提交了一份长达 120 页的"基于疲劳结果统计分析的最佳实践指南"，该指南由英国 TWI 完成的"疲劳数据统计分析最佳实践指南"（Doc-XIII-2138-06）、法国 Bureau Veritas、Arcelor Research 和芬兰的拉彭兰塔理工大学多家机构完成的"应用疲劳统计分析最佳实践指南的指南"（Doc XIII-WG1-188-17）两份 IIW 文档构成。

日本大阪大学的 Osawa 和东京工业大学的 Sasaki[35] 代表日本焊接学会XIII委向国际焊接学会提交了一份日本学者和工程技术人员撰写的关于焊接接头疲劳强度方面的调查报告。此调查报告中，包含一份关于低周疲劳、四份关于高周疲劳、一份关于裂纹扩展和七份关于疲劳强度改善与修复的研究报告。其中，代表性的研究包括：①名古屋大学的 Hanji 等提交了一份题目为"低周作用下承载十字形焊接接头的疲劳裂纹萌生评估"的报告：当有缺陷的焊接接头因大地震而发生大塑性变形时，缺陷处的应力集中容易使焊接接头处萌生低周疲劳裂纹；在这项研究中，作者采用疲劳试验和弹塑性有限元分析相结合的方法阐明了在低周载荷情况下不完全焊透十字接头的疲劳行为。②大阪大学的 Osawa 和日本海事协会的 YAMAMOTO 等提交了题目为"间歇性叠加波浪载荷下作用下的接头疲劳强度研究"的报告。③名古屋大学的 Tateishi 等提交了题目为"激光清洗处理后焊接接头的疲劳强度"的报告，在这个报告中，他们尝试了采用激光清洗法处理焊缝来提高接头的疲劳强度。

瑞典学者 Haglund 等[36] 报告了瑞典有关部门合作开展焊接接头疲劳强度研究的情况。报告显示，长期以来，在焊接结构件的疲劳分析中，最大的困难在于如何确定合适的载荷。他们的调查报告表明，在以箱形结构周向环焊缝为对象，使用名义应力法和局部应力法（包括热点应力法和有效缺口法）对焊缝进行疲劳寿命评估并进行对比发现，这些方法在评估疲劳寿命方面存在较大差异：名义应力法高估了构件的疲劳寿命，而有效缺口法低估了构件的疲劳寿命。

在提交给 IIW 的 XIII 委的论文和报告中，还包括了有关于焊接接头与抗振性能[37]、焊接缺陷的统计建模分析[15] 等方面的研究，由于这些研究的完整性并不充分，在此就不详细介绍。

6 结束语

在 2019 年第 72 届国际焊接学会 IIW 年会期间，来自世界 16 个国家或地区的学者共在 XIII 分委员会提交了 47 篇论文和研究报告，与 2018 年相比有了大幅度增加，说明这一领域的研究受到了越来越多的重视，这方面的学术活动也越来越活跃。总体而言，47 篇论文和研究报告中，超过半数来自日本、德国和瑞典学者，这一点充分体现了先进工业国家对焊接结构疲劳问题和抗疲劳设计等方面的高度重视。本次年会的交流内容除了涉及焊接构件及结构的疲劳评定、疲劳强化技术的研究与工程应用、残余应力的测量与数值模拟等方面外，也有多篇文献对金属增材制造领域的疲劳问题进行了报道。此外，还有论文报道了采用断层扫描技术

研究材料的缺陷问题及其对疲劳行为的影响。这些研究体现了当今国际焊接界关于焊接疲劳问题的最新动态。很遗憾，在本年度中，没有中国学者独立向 XIII 委提交该研究领域的论文或研究报告，这也侧面反映了我国在焊接结构疲劳方面尚缺乏明确的方向以及研究人员严重不足的问题。今后，焊接学会应该多鼓励和引导国内学者（尤其是年轻学者）从事焊接疲劳方面的研究，积极参加国际焊接学会 XIII 委的学术活动与交流，促进国内焊接结构疲劳研究的发展，为我国大型复杂工程和尖端装备中焊接结构的设计、制造和完整性评估提供科学基础。

参考文献

[1] AHOLA A, SKRIKO T, BJÖRK T. Fatigue analysis on the transverse fillet-welded joints made of ultra-high-strength steel—mean stress correction using 4R method [Z]//XIII-2779-19.

[2] NYKÄNEN T, BJÖRK T. Assessment of fatigue strength of steel butt-welded joints in as-welded condition-Alternative approaches for curve fitting and mean stress effect analysis [J]. Marine Structures, 2015, 44: 288-310.

[3] NYKÄNEN T, BJÖRK T. A new proposal for assessment of the fatigue strength of steel butt-welded joints improved by peening (HFMI) under constant amplitude tensile loading [J]. Fatigue & Fracture of Engineering Materials & Structures, 2016, 39 (5): 566-582.

[4] NYKÄNEN T, METTÄNEN H, BJÖRK T, et al. Fatigue assessment of welded joints under variable amplitude loading using a novel notch stress approach [J]. International Journal of Fatigue, 2017, 101: 177-191.

[5] MORITA K, MOURI M, TSUTSUMI S, et al. Fatigue life prediction method for non-load carrying fillet joints using an unconventional elastic-plasticity model [Z]//XIII-2812-19.

[6] BRAUN M, SCHEFFER R, FRICKE W, et al.

Fatigue strength of fillet-welded joints at sub-zero temperature [Z]//XⅢ-2780-19.

[7] PARK J Y, KIM M H. Investigation of fatigue and fracture characteristics for low temperature metals considering the effect of various alloying components [Z]//XⅢ-2789-19.

[8] SCHNABEL K, BAUMGARTNER J, MÖLLER B. Consideration of defects in a fatigue assessment of additively manufactured metallic structures [Z]//XⅢ-2796-19.

[9] TEICHMANN F, ZIEMER A, LEITNER M, et al. Structural FE-analysis of porous laser welded aluminium die castings based on X-ray computed tomography data [Z]//XⅢ-2791-19.

[10] NITSCHKE-PAGELTh, HENSEL J. An enhancement of the current design concepts for the improved consideration of residual stresses in fatigue loaded welds [Z]//XⅢ-2826-19.

[11] MURAKAWA H. Numerical study of crack growth in welded structures using characteristic tensor method [Z]//XⅢ-2816-19.

[12] DONG P, SONG S. Defect assessment of AM components and interpretation of recent fatigue test data [Z]//XⅢ-2823-19.

[13] MENEGHETTI G, CAMPAGNOLO A, BERTO D, et al. Fatigue properties of asustempered ductile iron-to-steel dissimilar arc-welded joints [Z]//XⅢ-2786-19.

[14] ZANETTI M, BABINI V, MENEGHETTI G. Fat classes of welded steel details derived from the master design curve of the peak stress method [Z]//XⅢ-2787-19.

[15] DIEKHOFF P, DREBING J, HENSEL J, et al. Influence of competing notches on the fatigue strength of cut plate edges [Z]//XⅢ-2790-19.

[16] DEINBÖCK A, WÄCHTER M, ESDERTS A, et al. Increased accuracy through consideration of the statistical size effect within the notch stress concept [Z]//XⅢ-2792-19.

[17] HESSE A, HENSEL J, DEINBÖCK A, et al. Influence of weld geometry on notch stress distribution and stress concentration factors [Z]//XⅢ-2793-19.

[18] MUCCI G, BERNHARD J, Baumgartner J, et al. Fatigue assessment of laser beam and friction stir welded joints made of aluminium [Z]//XⅢ-2797-19.

[19] WEINERT J, GKATZOGIANNIS S, Engelhardt I, et al. Application of high frequency mechanical impact treatment to improve the fatigue strength of welded joints in corrosive environment [Z]//XⅢ-2781-19.

[20] YOKOZEKI K, TOMINIGA T, SHIMANUKI H, et al. Experimental investigation on its application to e XI sting steel bridge girders [Z]//XⅢ-2811-19.

[21] ONO Y, BAPTISTA C P, Kinoshita K, et al. A reanalysis of fatigue test data for longitudinal as-welded gusset joints [Z]//XⅢ-2817-19.

[22] PANDIAN K T, HARATI E, Åstrand E. Evaluating fatigue life improvement methods (HM-FI, TIG dressing and burr grinding) from a production standpoint [Z]//XⅢ-2801-19.

[23] KUDRYAVTSEV Y. Fatigue improvement of welded elements by ultrasonic impact treatment—30 years of practical application [Z]//XⅢ-2803-19.

[24] YILDIRIM H C, REMES H, HURME S, et al. High frequency mechanical impact (HM-FI) treated welds at service loading to increase fatigue life for lightweight design [Z]//XⅢ-2828-19.

[25] KLEIMAN J, KUDRYAVTSEV Y. Non-destructive measurements of residual stresses in structural details of bridges [Z]//XⅢ-2804-19.

[26] ZHU J, KHURSHID M, BARSOUM Z. Assessment of computational weld mechanics con-

cepts for estimation of residual stresses in welded box structures ［Z］//ⅩⅢ-2785-19.

［27］ RUIZ H, OSAWA N, GRACIA L D. Study on the stability of compressive residual stress induced by high frequency mechanical impact under cyclic loadings with spike loads ［Z］//ⅩⅢ-2813-19.

［28］ SCHUBNELL J, CARL E, FARAJIAN M, et al. Residual stress relaxation in HMFI-treated fillet welds after single overload peaks ［Z］//ⅩⅢ-2829-19.

［29］ SCHILLER R. Sequence effect of p（1/3）spectrum loading on fatigue strength of as-welded and high frequency mechanical impact（HMFI）-treated transverse stiffeners of mild steel ［Z］//ⅩⅢ-2782-19.

［30］ HANJI T, TATEISHI K, KANO S, et al. Fatigue strength of transverse attachment joints with single-sided weld using low transformation temperature welding consumable ［Z］//ⅩⅢ-2809-19.

［31］ HENSEL J. Mean stress correction in fatigue design under consideration of welding residual-stress ［Z］//ⅩⅢ-2795-19.

［32］ HARATI E, SVENSSON L, KARLSSON L. Comparison of effect of shot-peening with HMFI-treatment or use of LTT consumables on fatigue strength of 1300MPa yield strength steel weldments ［Z］//ⅩⅢ-2821-19.

［33］ HUTHER I, LIEURADE H P. 2019 report of work in progress in France ［Z］//ⅩⅢ-2806-19.

［34］ LEFEBVRE F, HUTHER I, Parmentier G, et al. Best practice guideline for statistical analyses of fatigue results ［Z］//ⅩⅢ-2807-19.

［35］ OSAWA N, SASAKI E. 2019 report of work in progress of fatigue strength on welded joints in Japan ［Z］//ⅩⅢ-2808-19.

［36］ HAGLUND P, KHURSHID M, BARSOUM Z. Mapping of scatter in fatigue life assessment of welded structures—a round robin study ［Z］//ⅩⅢ-2827-19.

［37］ TAHERI H, CLIFTON G C, DONG P, et al. The use of effective full penetration of T-butt welds in welded moment connections ［Z］//ⅩⅢ-2824-19.

作者简介：邓德安，男，1968年出生，工学博士，教授，博士生导师。目前主要从事集成计算焊接力学、焊接过程数值模拟、焊接物理冶金、钢结构焊接及焊接新材料与新工艺开发等方面的研究工作。在日本和国内工作期间主持完成了40余项计算焊接力学方面的项目，撰写研究报告40余部，发表论文170余篇，论文被引用4000多次。E-mail：deandeng@ cqu. edu. cn。

焊接教育与培训（IIW C-XIV）研究进展

胡绳荪[1,2]　申俊琦[1,2]

（1. 天津大学材料科学与工程学院，天津　300354；2. 天津大学现代连接技术天津市重点实验室，天津　300354）

摘　要： IIW 2019 教育与培训专委会（IIW C-XIV）于 2019 年 1 月 14 日在法国巴黎以及 7 月 10—11 日在斯洛伐克布拉迪斯拉发召开了学术会议，对焊接教育与培训领域的相关问题进行了研讨。会议报告内容涉及了高等教育人才培养以及焊工的教育与培训。在高等教育人才培养中，重点探索了如何加强校企合作解决高等教育毕业生能力与企业需求人才能力差异较大的问题。在焊工教育与培训中，探索了如何通过强化教育与培训机制解决焊工能力水平问题，如何采用一体化培训走向国际及区域互认，解决焊工匮乏问题等。作者针对相关内容结合国内情况进行了讨论。

关键词： 焊接教育与培训；认证；企业需求；校企合作

0　序言

随着国际经济技术一体化的迅速发展，焊接领域越来越需要专业知识、技能水平达到标准化、统一化和国际化的技术人才。而使焊接人员的培训与资格认证实现标准化、统一化和国际化是一个需要解决的关键问题。在 2000 年 1 月 IIW 的会议上，成立了国际焊接资格认证委员会（International Authorization Board，IAB）来管理国际统一的焊接培训与资格认证工作。IAB 主席由 IIW 主席任命，IAB 执委会成员由欧洲、大洋洲、亚洲和美洲代表和 A 组（教育、培训与资格认可）、B 组（实施与授权）主席及秘书长组成，IIW 和 EWF 主席都将列席 IAB 执委会会议，体现了 IIW 和 EWF 执委会对国际统一人员资格认证工作的高度重视。截至目前，共有 42 个国家加入国际焊接学会资格认证与培训体系，形成了较为广泛的授权国家团体（Authorized National Body，ANB）组织。

IIW2019 教育与培训专委会（IIW C-XIV）会议日程为 2019 年 1 月 14 日和 2019 年 7 月 10—11 日。1 月 14 日为 C-XIV 专委会的学术交流以及专委会发展目标讨论，7 月 10—11 日为 C-XIV 专委会的学术交流。

本届专委会主席为美国林肯电气公司（Lincoln Electric）Carl Peters 工程师，参会代表主要来自中国、美国、英国、加拿大、乌克兰、日本、澳大利亚、泰国、斯洛伐克、卢森堡和葡萄牙等。会议内容主要包括讨论并确定专委会会议主题，增加了关于机器人与工业 4.0，焊接培训与企业需求差距等主题内容，并根据相关主题内容进行学术报告与经验交流。

学术交流报告内容涉及焊接教育与培训、资质认证与质量保障、焊接教育与企业需求、世界焊接技能大赛等内容，报告人分别来自泰国、乌克兰、美国、卢森堡、英国、瑞典、斯洛伐克、澳大利亚、葡萄牙、加拿大、中国和日本等国家。

根据交流报告内容，可以看到国外在焊接教育与培训方面的发展动态主要表现在以下两个方面。

1　基于成果导向，实施校企合作

目前国内高等教育正在进行一场改革，其核心就是提升高等教育的质量，改革的措施之一就是开展高等教育的专业认证。高等教育的专业认证是国际上保证教育质量的通行做法。认证是为了教育质量保证和改进而详细考察高等院校或专业的外部质量评估过程。高等教育认证最早起源于美国，是一种资格认证。认证是对达到或超过既定教育质量标准的高校或专业给予认可，可以协助高等院校和专业进一步提高教育质量。我们国家的认证参考了国际工程教育专业认证《华盛顿协议》的核心理念，即"以学生为中心、结果导向教育、持续改进的质量保证"。最主要的措施之一就是引进企业，根据社会与企业需求，设定专业的人才培养目标，也就是人才培养的成果，基于成果导向，开展教育教学活动与成果质量评价。

目前世界上很多国家的高等教育，特别是工程专业的高等教育为了提高教育质量都引入了认证的理念，实施校企合作，开展质量提升工程。

1.1 基于认证的教育教学质量保证体系的建立

来自泰国国王科技大学的Sethakul对泰国国家教育认证机制进行了讲述，重点对泰国教育体系、泰国国家教育认证目标、教育认证与职业标准的联系、教育认证标准与职业标准的对标、认证实施中遇到的挑战、高等教育认证以及外部评价等进行了讲述[1]。

在泰国的教育体系中，工程职业教育主要分为技术类院校培养的毕业生和普通大学培养的技术学士。学生的年龄集中在16～22岁范围内。

图1所示为泰国教育体系示意图。图1中的教育类型分别有正规教育、非正式教育及非正规教育。所谓正规教育主要是指由国家正规教育机构开展的学历、学位教育；非正规教育则是非学历、学位教育，如国外实施的成人识字教育计划、社区教育计划等，我们国家中的各种培训教育等；非正式教育是指无组织、无系统的，甚至有时是无意识的，然而，它却对所有人发生影响，并占有了人生中学习活动的很大部分，比如看书、读报、看电视电影、与人进行有意义的交谈等，也可以理解为人们的自主学习，特别是互联网迅速发展的今天，利用网络自主学习对人们学习活动的影响会越来越大。

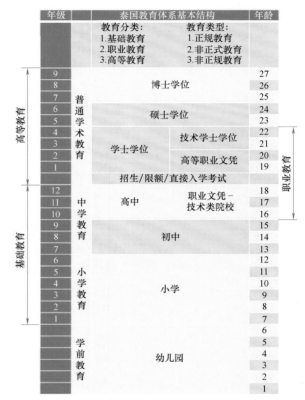

图1　泰国教育体系示意图

同时，泰国建立了学分银行系统。由图2可以看出，通过学分银行系统（Credit Bank System，CBS）建立起了教育机构与企业之间的紧密联系，从而实现校企合作教学。

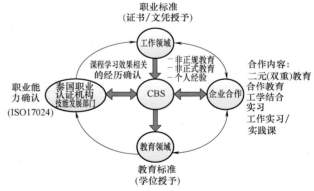

图2　泰国基于学分银行制度的教育与企业联系

泰国国家教育认证机制的建立是以建立工作能力与教育认证之间联系、配套泰国国家第二轮教育改革计划以及建立国际化教育认证机制为目标。建立的泰国国家教育认证机制（National Qualification Framework，NQF），实现了专业教育认证与职业标准之间的联系。在国家认证机制下，各个相关的政府部门、社会团体和组织等之间实现了有效的联系。

在国家认证机制实施的过程中，还将会遇到管理体系建立、现有课程体系提高及新课程体系开发和为学校体系外人员提供学习途径等方面的挑战。这也是高等教育认证的根本目标，即促进教育教学改革，提升教育教学质量。

泰国高等教育认证机制建立后，可以明确各阶段学生学习成果（Learning Outcome）的预期标准；同时，还可以促进所有高等学校内部质量保证机制的建立，并可以用来对比泰国国内与国外高等教育的质量标准。这也就是国际工程教育《华盛顿协议》倡导的"学习成果导向教育"，也被称为"OBE"教育。

对于学生的学习成果：伦理与道德（Ethics and Moral）、知识（Knowledge）、认知技能（Cognitive Skills）、人际/交流/信息与通信技术技能［Interpersonal/Communication/ICT（Information and Communication Technology）Skills］和分析技能（Analytical Skills）等五个领域，泰国国家高等教育认证都给出了明确的定义。

为了保证高等教育质量，泰国还建立了较为完善的外部质量评价体系，见表1、表2所示

表1 泰国高等教育机构外部质量评价体系

质量评价体系	项目（专业）层面	院系层面	制度层面
国际	AUN-QA ABEST21 EPAS WFME	AACSB EQUIS EdPEx	EdPEx
专业	国内机构：护理委员会 医疗技术委员会 药品委员会 物理治疗委员会 工程师委员会 泰国教师委员会 国际机构：美国工程与技术认证委员会(ABET) 国际焊接学会(IIW)		
自己开发	CUPT-QA	CUPT-QA	CUPT-QA

表2 主要的外部质量评价机构

缩写	具体描述
AUN-QA	东盟大学联盟质量保障标准
ABEST21	21世纪管理教育与学术联盟
EPAS	教育政策与评估标准（电子协议应用软件）
WFME	世界医学教育联合会
AACSB	国际商学院协会
EQUIS	欧洲质量发展认证体系
EdPEx	绩效优异教育标准
ABET	美国工程与技术认证委员会
IIW	国际焊接学会
CUPT-QA	泰国大学校长委员会-质量保障标准

为主要的外部质量评价机构。引入外部质量评价也是国际工程教育专业认证的核心做法之一，可以更好地评价专业的教育教学质量，保证高等教育培养的人能够满足社会、企业的需求。

1.2 基于企业需求，校企合作教学改革

基于工程教育专业认证理念以及新工科理念，高等教育教学要从传统的"学科"导向转变为"产业需求"导向，要培养引领产业发展的科技人员。要实现向产业需求转变，就必须开展校企合作模式的高等教育教学改革。

1.2.1 项目驱动、校企合作

来自瑞典西部大学的Bermejo介绍了西部大学在2018年9月制定并实施的先进制造工程合作教育（Advanced Manufacturing Engineering with Co-Operative education，AMECO）项目，该项目旨在设置一个为期两年的先进制造工程硕士项目[2]，见表3。

表3 AMECO硕士项目课程

第1年	Q3	运营管理	先进材料科学	机器人许可
	Q4	机器人系统	先进制造方法1	学术写作
	Q1	先进制造方法2	焊接方法	
	Q2	焊接冶金	统计过程控制/实验设计	
暑期		合作/积累经验/产学合作		
第2年	Q3	表面工程	团队项目	
	Q4	增材制造		
	Q1	论文/合作		
	Q2			

表3给出的Q没有特别的说明，不妨可以理解为季度，也就是说，该项目学生秋季入学，也就是一年中的第三季度入学，首先学习"运营管理""先进材料科学""机器人许可"三门课程，以此类推。

采取校企合作办学是这个教育项目的基础。在这个项目中，合作的企业具有三个重要作用：参与该项目的咨询委员会，参与课程内容与教学活动的设计与实施，为该项目的学生在企业公司内部提供实习生岗位并进行指导。

在这个硕士生项目中有两门与焊接相关的课程：焊接方法与焊接冶金。在这两门课程教学内容的设计过程中，召开了两次研讨会。首次研讨会是在2018年11月7日举行的，第二次研讨会是在2018年12月13日举行的。来自33家企业的53名人员受邀参加了研讨会。11家企业的20名专家参加了教学活动。

在第一次教学研讨会上，AMECO项目负责人阐述了硕士项目、校企合作的教育理念。AMECO项目的教学负责教师讲述了焊接方法与焊接冶金学课程主要内容的建议。然后，校企专家们进行了热烈的讨论。企业专家建议，应根据企业的实际需求在课程中增加部分内容，例如，焊接中的标准化、无损检测，增加更多的实用性焊接实验，包括埋弧焊和搅拌摩擦焊等。企业专家可以通过多种方式参与到课程教学中，如特邀报告、企业的学习参观等。针对企业专家如何能够更好地参与并服务于课程的教学进行了初步的讨论。

在第二次研讨会中，项目负责教师阐述了根据第一次研讨会中企业界代表所提出的建议、企业专家确认可以在课程教学中参与和合作方面内容所做出修改后的课程计划。

在项目实施过程中，邀请了企业专家针对焊接标准做了一次报告；无损检测是通过在西门子涡轮器械公司（Siemens Turbo Machinery）的实验室教学和参观学习来加强的；而关于搅拌摩擦焊和埋弧焊的学习则是通过在瑞典伊萨（ESAB）公司的演示实验和讲座来完成的。并且开发了新的媒体辅助教学实验课程，给学生提供了更有效的实验学习方法。

目前，这两门课程的首次教学已经完成。下一步的计划是汇总和分析由学生提供的课程评价表。然后，2019年夏季之后，再召开一次企业界代表参加的研讨会来评估课程，对今后的课程教学进行持续改进。

通过该项目的制定与实施，发现在焊接教育方面，为了弥合焊接工程实际需要和大学所提供的产出之间的差距，请企业界代表参与到课程的设计与实际教学中，例如举办讲座报告、企业学习参观等，使学生真正进入企业中学习是一种提升学生学习成果的有效策略。西部大学称该项目的探索是"在焊接领域架起工业与高等教育间的桥梁"。

1.2.2　面对社会需求，强化校企合作

美国焊接学会副主席Polanin针对如何弥补企业需求与高等教育产出之间的差距进行了分析，指出焊接教育与培训方面的技能差距所带来的结果就是毕业生不能够进行焊接操作以及分析遇到的焊接工程问题。技术与计算机应用技能、机器人及自动化装置编程技术、批判性思维、使用工程工具与技术以及数字技术等五个核心技能是第四次工业革命中企业技术人员应该具有的能力。为了满足美国对各个级别焊接专业人员的需求，就需要教育工作者、企业和政府的共同努力。

由于教学与研究的压力，教师与企业合作在一些时候变得非常困难。然而，不与教育产品（学生）的最终使用者（企业）紧密联系，教师就无法真正了解学生所需要的技能。而要从企业获得这些数据，就应该采取相应的措施：

首先，选择成立顾问/咨询委员会（Advisory Committees）是一个很好的办法。成立顾问委员会的目的就是验证（Validate）、建议（Recommend）和指导（Guide）新的以及已经存在的教育教学人才培养方案。

1）验证。审阅课程设置（Course Offer-ings）、课程内容（Course content）和实验设备（Equipment）。确定培养方案是否符合国家及地域的企业需求。

2）建议。建议增加或更改课程设置、课程内容和实验设备。提供行业企业中当前所采用的相关技术（Current Technology）信息。

3）指导。为课程体系的合理设置指明方向，有助于职业需求特定技能的培养。

寻找顾问委员会恰当的人选是非常耗时且困难的，而一线技术人员（Operational Employ-ees）作为委员会成员则是最为有效的。

其次，借助专业团体（专业学会/协会 Pro-fessional Societies）的指导也是较为容易实现的途径。专业团体提供了与专业人员联络并与之讨论企业中工作类型的机会，而非正式的会议常常可以提供企业所需技能类型的相关信息。

美国焊接学会（AWS）、美国制造工程师协会（SME）、美国金属学会（ASM）、美国质量控制协会（ASQC）和美国无损试验学会（ASNT）等都是非常不错的专业团体，这些团体都是可以选择的。

再次，较为费时的办法是咨询、与企业直接的接触与合作。在企业直接工作提供了学生直接应用所学知识的机会，理解对于特定工作的需求会使教师指导学生为职业生涯做好准备。这样教师可以获得最直接的观察，而不是推测学生需要什么，以获得成功。同时，教师可以将观察结果转化为课程内容，以模拟特定的工作职能并将其直接转移到职业生涯中。

学生学习最终目标就是获得所需的知识与能力。一部分教育过程就是将之前学过的课程知识综合到解决复杂问题的能力当中。对于学生，更高程度的思考为他们对于实际工程问题的解决提供了基础。

例如采取机器人焊接项目式学习，在项目中要求学生团队降低机器人系统焊接产生的飞溅。而所学过的统计学理论、过程控制、视频和声音等分析技术被用来实现项目目的。

再如，在建筑设备制造中经常会进行大型焊接结构件的制造，而对于这方面的培训需要在理解焊接顺序、焊道规划、焊接尺寸要求和焊接变位机等的基础上去解决问题。

同时，Polanin 指出高等教育教学质量是需要进行监督（Oversight）的，目前美国的焊接教育认证主要有以下三种：

1）美国国家焊接教育与培训中心认证（Weld-Ed Accreditation）是一个非政府的同行评议过程，该评议过程遵守国家认可的认证标准。

2）焊接专业教育认证的目的是保证焊接专业可以对焊接企业、高等教育和学生等利益相关者负责，保证焊接毕业生的质量。

3）ABET 认证（ABET Accreditation）是美国工程与技术认证委员会负责的，该委员会是一个非营利性的非政府组织。ABET 认证主要对自然科学、计算机、工程和工程技术等专业进行教育认证。ABET 认证提供了学院或大学专业满足质量标准的保证。

4）美国焊接学会 SENSE 认证（AWS SENSE Accreditation）是针对使用 AWS SENSE 焊工培训标准的培训项目。培训机制包括项目实施的培训人员、培训课程、组织、程序、设备、能力和保证机制等。

高等教育以及专业培训需要通过以下方式跟踪焊接的前沿技术：

1）会议和专业发展（Conferences & Profes-sional Development）。每年参加 IIW 会议可以帮助教师始终保持能够跟踪科技前沿；同时，还可以通过其他的方式，如阅读 Weld-Ed，AWS，FABTECH 等专业期刊，以加深对于一些概念的理解。

2）设备和软件解决方案（Equipment & Software Solutions）。在焊接实验室中使用先进的设备和焊接管理软件可以保证学生和教师了解工业实践中的最前沿技术。

3）应用研究（Applied Research）。通过短

期研究项目协助本地企业解决问题，可以使学生将书本中的知识通过动态教学得以应用。

4）咨询（Consulting）。为企业提供咨询服务可以使教师扩展自己的知识和专长。

5）教学实践（Teaching Practice）。通过为保证教学质量而开展的理论学习和教学方法实践可以保证教学与科技前沿的紧密联系。

对于 Polanin 的报告，可以概括总结为以下几个方面：

1）需求（Need）。在美国乃至世界其他国家，对于人和技能都有明确的需求。

2）数据（Data）。相关课程设置需要从当前企业实际中获得数据。

3）课程开发（Curriculum Development）。有用的课程需要当前数据和对学习理论的深入理解。

4）准则和规范（Codes & Specs）。设计、制造、资格、修复和检查。

5）新兴技术（Emerging Technology）。与前沿和新兴技术保持一致将会是一个持续的问题。随着焊接技术、数字技术的快速发展和应用，作为教师必须进行不断的学习与跟踪。

美国专家所提出的问题与我们国家存在的问题有着极高的相似度，我们国家在专业教育，特别是在焊接专业的高等教育方面还是延续了几十年前的课程设置，教学内容老化，既没有跟随上科技的发展，更新教学内容比较少，也不能满足社会、企业的需求，特别是有关工程设计、制造中所采用的标准、规范的制定与应用方面的内容，在教学中体现的较少，因此，使高校培养的人才不能满足企业对人才能力的需求，如何跟随科技发展，满足国家、社会和企业对焊接人才能力的需求，是我国高校教师需要认真思考的问题之一。

1.3 小结与思考

综上所述，国外与国内一样，都存在着高等学校毕业学生的能力与企业对人才能力需求的差异，而只有在高等教育培养过程中采用校企合作的模式，才能够有效地解决这一问题。从国外采用的具体做法可以看出，校企合作必须要落到实处，从而在焊接领域架起工业与高等教育间的桥梁。可以借鉴的做法包括：

1）通过建立教学咨询委员会（国内称为教学指导委员会），聘请企业、焊接学会和协会等的专家进入委员会，结合企业实际需求，对专业的培养方案、课程体系、课程设置、课程的教学内容、教学过程等进行咨询。

2）与企业密切合作，在教学过程中，通过聘请专家讲座、参观实习，使学生近距离接触企业，了解企业需求、了解实际工程。如果能够与企业合作参与解决一些工程问题的科研项目，对于学生能够应用知识解决工程问题将是很好的实际训练。目前我国的工程教育专业认证特别明确毕业设计应该有企业专家参与指导与答辩，也是试图能够让学生更多地接触工程实际。企业专家参与指导毕业论文不是简单形式上的，而应该做到实处，首先是企业专家参与指导的毕业论文题目应该来源于企业，具有明确的工程背景和要解决的工程技术问题，要针对实际问题开展分析研究或设计；其次，要对担任毕业论文指导的企业专家有明确的要求与考核，也要进行必要的培训，使企业专家知晓毕业论文的教学大纲要求，按照大纲要求对学生毕业论文给予指导，当然也应该给予必要的酬金，学校至少是学院层面要有明确的毕业论文企业导师遴选、管理方面的文件规定，由制度来保证企业导师在高校人才培养方面的作用。

3）专业通过教育认证（我们国家现在已经开始了工程教育专业认证），加强与企业的联系。根据专业教育认证要求，专业从培养目标的设定、课程体系建立、教学过程乃至教学评价等多个环节都必须与企业结合，从而可以缩小毕业生的能力与企业要求的人才能力之间的差异，提升学生的培养质量。

2 强化培训机制、实现国际互认

随着时代的发展、科技的进步，一方面先

进的焊接技术及其工程应用得到了迅速的发展，对焊接技术人员以及操作工人提出了新的要求，对人员需求量大大增加；另一方面焊接工程技术人员与焊接操作工人却越来越缺乏。因此，面对存在的问题如何开展焊接技术人员特别是焊接操作工人的培训成为世界面临的问题。

2.1 强化新焊工培训机制，提升焊工数量与能力

美国卡特彼勒公司的 Adcock 在 2018 年会议的报告中指出，种种信息表明，到 2024 年，美国将缺少焊工 200000～400000 名；同时，目前 42% 现役的焊工年龄超过 45 岁。因此，每年必须要有 30000 名新焊工补充才能满足实际需求和工人退休更替[3]。来自林肯电气的 Scales 在对焊接教育的现状与未来进行讲述时指出，截至 2020 年，预计印度需要 120 万焊接专业人员，主要集中在重工业、造船厂、汽车厂和建筑领域等。在日本，由于长期的经济衰退、生产转移到中国和其他亚洲国家、焊接部门萎缩、焊工和焊接工程师需求量减少等各方面原因致使焊工、焊接工程师、焊接培训人员以及焊接研究人员数量减少。而目前，由于建设部门的增长以及制造业回归日本，使焊接人才需求大大增加，从而就需要提高焊工、焊接工程师、焊接培训人员以及焊接研究人员的数量。

由此可见，无论是发达国家还是发展中国家，焊工短缺是现在共有的问题，对于焊接制造业有巨大影响。为了解决焊接人才短缺的问题，俄罗斯、乌克兰、美国、日本、巴西和印度等国都开始采取措施加以应对。

2.1.1 实施国家培训计划

乌克兰巴顿焊接研究所（Paton Welding Institute）开展了以提高焊工与焊接教育工作者技能等级为目标的乌克兰国家计划，该计划的重点是针对乌克兰焊工资格评定存在的主要问题以及企业需求与培训等级之间的差距。乌克兰焊工资格主要存在等级划分不确定、职业需求与培训水平不平衡等问题。为了解决上述问题，

成立了乌克兰焊工资格委员会，制定并实施了焊工培训与资格的新标准，在新标准的制定过程中，主要有焊接类学校、企业、高等教育机构、国内及国际焊工资格团体等参与。在新标准中明确了专业焊工的资格特征以及焊工的课程结构。由巴顿焊接研究所培训与资格中心开发的针对焊接教师与培训人员的特殊课程也得到了教师资格发展学会的认可，并且相应的培训也可以得到乌克兰教育与科学部的费用补贴[4]。

2018 年 2 月 21 日，乌克兰已经将焊工作为 25 个职业之一列入国家优先级职业名单，并在当年得到了国家的财政支持，以更新职业学校的设备、进行相关人员的再培训。在 2019 年将有更多的国家财政支持投入职工培训中心的组织当中。2018 年乌克兰教育国家奖对焊工培训与资格体系的建立与实施进行了奖励。

2.1.2 引发兴趣、强化培训、区域互认

日本焊接工程协会的 Mizunuma 介绍了日本如何应对技能焊工短缺的问题。他首先分析了造成目前焊工短缺一些错误的认识：

1）焊接技术已经过时并且没有发展空间。

2）焊接技术人员的工资非常低。

3）焊接工作脏、危险且身份卑微。

4）未来自动化将使工作机会大大减少。

5）男人在这个工作中占主导地位。

针对这些错误认识，日本焊接工程协会采用了很多策略来解决相应的问题：

1）通过宣传，提升焊接印象。采用各种宣传、广告等手段，如画册、连环漫画，制作用于提升女性对焊接感兴趣的新网页，举办女性焊工比赛等，引发儿童、年轻人和女性对于焊接的兴趣，提升焊接在人民心中的印象，支持、教育和激发年轻人和女生进入焊接领域。

2）增加女性以及外籍焊工的数量。通过增加女性以及外籍焊工的数量，以提高焊工的数量。

3）加强培训，保证焊工质量。针对年轻人和女性焊工的加入，为其获得焊接技能认证，

开始新的教育计划。通过对新焊工、外籍焊工进行强化培训来保证焊工的高质量。

为此，日本焊接工程协会制定了严格的焊工培训计划，包括入门培训和专业培训。

① 入门培训。使刚接触焊接的人员更熟悉焊接，使焊接操作更加简单，引导焊接人员熟悉焊接操作。

② 专业培训。为企业培训焊接专家，帮助企业获得所需要的认证，在短期进行有效培训。

4）激发焊接研究。为了激发焊接研究，日本焊接工程协会与日本焊接学会开展了强力合作，同时支持地区教育与研究机构的合作，并开放实验室供学生课外研究学习，设立DIY课程等。协会每年对10位45岁以下的年轻学者每人提供100万日元的奖学金，以支持其进行焊接相关研究，吸引更多的年轻人投入焊接领域。

5）通过认证，加强国际互认与区域服务。日本积极推动各种认证工作，一方面保证焊接产品和结构的可靠性：

① 通过ISO 9606和JIS的认证确保焊接技术人员的技能水平，从而保证产品的焊接质量。

② 通过各种认证，向社会表明认证体系对保证焊接产品质量的重要性。

③ 通过认证，促进了基础设施的维护，最终保证焊接产品的可靠性。另一方面，为焊工、焊接工程师进行认证服务，包括：

① 为在国外的日本公司以及来日本的外国临时焊工提供焊工认证服务。

② 为与日本企业中有合作的亚洲国家提供焊接工程师认证服务。这些认证服务促进了焊接技术人员的国际互认，促进焊工、焊接工程师的国际化，为提高亚洲国家的焊接质量做出了贡献。

强化培训机制，实现国际、区域间的焊接技术人员、操作人员资质互认，可以实现国际上的交流，该方法也是今后焊工培训的趋势之一。

2.1.3 强化企业内部培训机制

美国的一些大公司（如美国卡特彼勒公司）也同样面临经验焊工短缺的问题，因此，企业通过扩大招聘、加强培训、提供实习与轮岗以及扩展职业发展路径等办法，以解决焊工短缺问题[3]。

在扩大招聘方面，卡特彼勒公司与当地技工学校、中学（高中生）和美国焊接学会紧密合作，扩大对于焊工的招聘与培养。

同时，卡特彼勒公司还建立了基于网络、教室、虚拟仿真以及现场教学等学习模式的焊工培训课程，为大学在校生提供了实习生项目。

对于入职后的职员，提供焊接工程轮转培训计划，通过为期一年3轮轮转的安排，使焊接技术人员能够更好地了解焊接在内的制造全流程，同时为焊接人员提供了从焊接工人到焊接工程师，直至焊接技术管理人员的职业发展路径。

目前，我国的焊接继续教育还不完善，除了对焊工及焊接检验员的定期认证外，对其他层次焊接人员的继续教育几乎没有。这对于跟随科技发展与国民经济建设发展，提升焊接技术人员的技术水平是极为不利的。目前有些省市、高校开展了一些焊接技术人员的继续教育活动，例如，天津市焊接学会在天津市人社局的支持下，从2017年开始连续举办了3年的焊接专业技术人员继续教育高研班，取得了很好的效果。但是在全国范围内缺少有组织的、系统的继续教育体制，中国焊接学会可以考虑在此方面做一些工作，编写高水平的继续教育教材、讲义，调动各个地方学会的积极性，建立焊接技术人员继续教育体系，为企业的焊接技术人员知识、能力提升做出贡献。

2.2 发展新焊接技术培训，满足社会需求

众所周知，随着经济的发展、科技的进步，大量新材料、新焊接技术，包括机器人焊接、大数据、互联网、智能控制等在焊接工程中的研究与应用越来越多，因此，对焊接技术人员、焊

接操作工人有了新的要求，需要进行继续教育与培训，提升技术人员与工人的知识与能力，才能适应时代的发展。为了应对焊接技术的更新与应用，各个国家也采取了相应的措施。

2.2.1 欧盟国家新技术培训的一体化

欧洲焊接、连接与切割联盟（European Feferation for Welding, Joining and Cutting, EWF）启动了聚焦于焊接新技术的欧洲评价系统、欧洲资质架构和基于职业教育培训的 CARBOREP 项目。该项目为车身修理技术人员开发了一个职业教育的培训课程。该项目的参与者包括了欧洲三个职业教育与培训的组织（TWI、CESOL 和 ISQ）和一个欧洲协会（EWF）。

项目的参与者结合企业的实际需求，共同实现在汽车车身修理领域资质认证的统一标准的制定，从而促进欧洲范围内相关专家的进一步流动与交流。

伴随着各个领域新的、颠覆性的创新，以及制造需求受到的持续冲击，该项目在汽车生产企业经历深刻变革的时候孕育而生。其中一个重要的改变就是车体结构件由粘接取代了传统的焊接，这就使车身修复人员需要更新他们的资质。

启动该项目的目的就是在考虑内容、方法以及欧洲国家间互认的基础上，提高与汽车制造行业相关人员的资质。项目是从英国、葡萄牙和西班牙这三个国家开始的，为了获得欧洲车身修复技师（European Car Body Repair Technician, ECBRT）资质认证而开展的培训，主要构建了两个能力的培训单元。这两个能力培训单元主要是 21h 的实操培训以及 7h 的理论培训。

该项目的培训指南包括获得欧洲车身修复技师资质的三种可能的不同方法的讲述，同时给出了各个方法的实现条件。培训包括了能力单元的必修的能力点。CU01 课程（钢结构车体结构-焊接修复）重点是对 MAG、电弧钎焊（Gas Metal arc Brazing）和电阻点焊相关的基本和特定问题开展认知和操作能力的培养，从而

可以对损坏的车身结构进行修复。CU02 课程（钢/铝/多种材料车体结构-粘接以及机械连接修复）则主要是侧重于使用粘接和机械连接方法进行损坏车身修复的能力培养。理论考核的过程是建立在问题的数据库上的，实操测试的内容已经建立并投入到实际考核中。支撑培训课程的材料还在开发当中。

该资质认证与欧洲资质框架（European Qualification Framewor, EQF）等级 4（level 4）一致，认证指南包括对于知识、能力和责任等产出的描述。

为了保证专业人员的能力可以满足制造业中新技术的要求，本项目旨在使维修人员可以应对制造过程中的绝大多数问题。一个欧洲车身修复技术能够使用连接工艺来修复受损的车身，修复的内容从非结构部件的小损伤修复，直至使用复杂和特定的连接方法（电弧和电阻点焊，粘接和铆接）对汽车重要结构单元进行处理的车身结构部件的严重损坏的修复。

实施 CARBOREP 项目，可以实现以下内容：

1）在内容、方法上达到欧洲国家间的互认（使用共同用的欧标工具），进一步改进了与汽车行业相关的认证项目。

2）创建并改进了认证资质项目，加强了欧盟国家间更底层的融合、互通和开发。

3）通过多国间的材料供给和培训，促进了语言学习和语言多样化。

4）增强了汽车部门的能力和认证的透明性。欧盟课程的设置推动了 I-Vet（初步职业教育与培训）和 C-Vet（继续职业教育与培训）体系的互通互信。

5）保证认证能够通过不同利益相关者（微小企业、大企业、欧洲协会或组织、职业教育与培训组织等）的参与，有效考虑了劳工市场需求。

6）在一个较容易进入的且与将来的事业相关的职业教育与培训层面，提供了新的学习机会。

由于欧洲希望在工业竞争中保持其领导地位，这就迫切需要建立一个欧洲国家和区域层面的先进制造技术的技能培训平台，培训相应的技术工人，例如，增材制造技能平台。与传统制造方法相比，增材制造可以进一步提高构件生产中材料的利用率和增加设计的自由度。同时，增材制造也可以提高工人的数字技术素养（Digital Literacy，运用计算机及网络资源的能力），并且有助于实现欧洲工业的数字化。

为了满足增材制造方向的需求，以应对不断增加的劳工市场需求以及增材制造领域的持续发展，由基于 ERASMUS+ Blueprint Initiative 框架的欧洲委员会资助，建立了增材制造技能培训平台（SAM）。

SAM 的主要特征如下：

1）SAM 提供了能够培养和支持 AM（增材制造）方面发展、创新和竞争力的解决方案。

2）提出针对 AM 领域现在和未来技能需求的可持续的连续评价方法。

3）设计、评价和调整 AM 领域的相关资质认证，建立一个学习型培训平台，并与欧洲工业联盟（例如 EQF，e-CF，EnterComp，ECVET 和 ECT）相联系。

4）对于基础教育、普通教育、职业教育和高等教育的学生，增强了 AM 领域作为职业选择的吸引力。

5）一个在线的资质认证可以不断地更新和扩大欧洲增材制造资质认证体系。

欧盟委员会资助的基于 ERASMUS+蓝图计划框架的增材制造技能培训项目，通过该项目的实施，增加了 AM 领域对于基础教育、普通教育、职业教育和高等教育的学生为职业选择的吸引力。

2.2.2 基于网络平台开展新技术培训

澳大利亚针对新技术带来的焊工培训进行了改革，根据国际标准 AS/NZS/ISO 9606-1，建立了焊工资格考核与测试的国家系统 AWCR，它具有以下特点：

1）企业可以有权使用注册焊工数据库。

2）能够生成焊工技能差异的分析数据。

3）该系统在 WeldQ 网络信息平台上运行。

WeldQ 网络信息平台具有以下特点：

1）所有焊接相关人员都可以访问该平台。

2）在平台上，焊接人员可以建立一个可查询到的在线个人用户资料窗口。

3）个人用户资料只对授权的使用者可见。

4）平台具有在线测试入口。

5）平台具有考核与测试数据的分析和报告模块。

6）平台可以实时更新数据库，终止认证的焊工个人信息将不会出现。

7）由 WeldQ 平台签发的培训文凭、证书等不能被伪造。

2019 年以来澳大利亚设立了 9 家先进焊工培训中心，到 2020 年可以增加到 19 家，中心设立了 AR/VR 焊接实验室，通过采用交互式、点对点的培训方法，再加上焊工个人的自修以及游戏化的激励机制，实现了高效率焊工培训的目的。

2.2.3 企业通过培训促进新技术推广

一些焊接设备生产企业为了推销先进的焊接设备也开展了相应的培训工作，这对于焊接新技术的推广具有重要作用。日本发那科机器人公司，结合最新的焊接机器人技术进展，特别是基于物联网和工业 4.0 的机器人弧焊技术对用户进行培训[5]。

同时，发那科公司从机器人制造商的角度认为，产品的供应环节是产品生命周期的一部分，需要对其进行相应的技术培训。以机器人弧焊培训为例，公司从机器人焊接仿真、实际的焊接机器人系统以及机器人焊接技术等方面开展培训。

发那科公司开发了机器人焊接新技术教育培训方案（包），该培训方案最初是为高等院校学生学习设计的，由硬件设备、课程和训练包组成，所有的源代码都是开放的。该教育培训包已经被 250 家单位使用，已成为实际上的标准培训平台。

2.3 小结与思考

综上所述，国际上与国内一样，由于经济建设的飞速发展、科技进步等原因，焊接技术人员、焊接操作工人在数量上和技术水平上都不能满足社会的需求，如何吸引更多的人进入焊接领域进行研究与工作，并使其具有所需要的技术与能力水平已成为各个国家普遍存在、又亟待解决的问题。

很多国家开展了国家层面的焊接技术人员、焊接操作工人的培训工作，包括建立先进的培训机构、制定相关的培训与考核标准，开展有效的培训工作。特别是加强了各个焊接组织间的合作，将焊工培训与国际相关标准进行关联，实现区域乃至国际的互认与合作。

我国地域辽阔，各行各业对焊接的要求差异大，造成焊工培训标准不同，其焊工资质得不到行业间的互认，更不用说国际互认。缺少国家层面焊接培训的顶层设计，各种焊接培训参差不齐，造成大量资源的浪费。因此，需要在国家管理机制改革的基础上，成立全国性的焊接培训联盟，依据国际标准，建立不同行业、不同层次的培训与考核标准，实行焊工培训机构资质制，负责相应的焊接技术人员、操作人员的培训，保证培训质量与水平，从而首先实现国内焊接技术人员与焊工的互认。

3 结束语

纵观国际在焊接专业高等教育以及焊接技术人员和焊工培训方面的研究与实践，可以看出，如何提升焊接工作者的地位和影响、提升焊接工作者操作技术水平，如何解决高等教育产出成果——毕业生的能力与企业需求的差异是目前关注的主要问题。解决问题的措施和方法有很多，但是总体思路就是要针对企业需求、强化培训机制、实行校企合作、走向国际互认。这些都是可以借鉴的。

我国高等教育自 2018 年开始正在掀起一场教育改革、质量革命的浪潮，改革的理念就是要"应对变化、塑造未来、主动变革"。改革的核心是要满足当前社会的科技进步与社会发展对人才的需求，改革的内容首先是根据国家、社会和企业的需求，结合学校的人才培养定位与办学条件，制定合理的专业人才培养目标、毕业要求，并将其落实到课程体系的制定与教学中，提升并保障人才的培养质量。提出的高等教育人才培养质量的理念就是"树立以学生为中心的教育理念、实施成果导向的教育教学活动、建立持续改进的教学质量评价与反馈机制"。该理念与国际工程教育专业认证的《华盛顿协议》提出的核心理念是完全一致的，即中国的高等教育正在走向国际化，与国际先进的教育理念保持一致。

目前国内工程教育专业认证中，也在强调培养目标、毕业要求、培养方案、课程建设以及课程教学中（如毕业论文的指导）要与工业（企业）界相结合，要有企业专家的参与。这些在工程认证标准中有明确的要求，否则就不满足认证要求。

中国高等教育特别是中国的高等工程教育在 2016 年加入国际工程教育专业认证的《华盛顿协议》组织以后，各个高等学校的工程教育都在积极申请中国工程教育专业认证。截至 2018 年年底，全国 227 所高校 1170 个专业通过了工程教育专业认证，2019 年又有 688 个专业的申请被认证协会受理后开展自评报告的撰写。

由于中国高等教育的焊接专业分布在机械类专业包含在材料成形及控制工程专业中，在材料类则是作为特色专业——焊接技术与工程专业。天津大学等学校的 25 个材料成形及控制工程专业已经先后通过了工程教育专业认证，而焊接技术与工程专业 2020 年才开始进行工程教育专业认证，直接影响了"焊接"专业的高等教育改革，国际先进的高等教育理念以及我国目前正在推行的先进的高等教育理念在"焊接"专业人才培养中的落实情况应该引起中国焊接高等教育工作者的重视与关注。

建议如下：

1）焊接学会可以与中国机械工业教育协会焊接学科教学分委员会联合，建立焊接专业教育教学联盟，共同研讨有关焊接专业的教育教学问题。该联盟以学校专业名义参与，并吸收相关企业专家。

2）加强国际工程教育专业认证体系及核心理念的宣传、培训与交流。

3）结合新工科、国际工程教育专业认证理念，提出"焊接"专业人才培养体系及核心素养、知识、能力的框架建议，指导各个学校的专业建设与改革。

4）集全国焊接科技人员的智慧，应用现代化教育技术，分批打造专业核心共享课程，出版一批新教材、教学新视频材料。

参考文献

［1］ SETHAKUL P. National Qualifications Framework and Quality Assurance in Thailand ［Z］// XIV-0882-19.

［2］ BERMEJO M A V, Scotti A, Eynian M, et al. Co-Op concept：a strategy to bridge the gap between industry and higher education in welding ［Z］// XIV-0892-19.

［3］ ADCOCK L. Welder Talent Pipeline ［Z］// XIV-0869-18.

［4］ CHVERTKO Y. Harmonized standard of training and qualification of welders ［Z］// XIV-0883-19.

［5］ REMSDEN N. Robotics and Education Challenges in Preparing the Workforce ［Z］// XIV-0885-19.

作者简介：胡绳荪，男，1956年出生，教授，博士生导师。主要从事焊接自动化、焊接新工艺和焊接过程控制等方面的科研和教学工作。发表论文100余篇。E-mail：huss@ tju. edu. cn。

焊接结构设计、分析和制造（IIW C-XV）研究进展

张建勋

（西安交通大学金属材料强度国家重点实验室，西安 710049）

摘　要：2019 年 7 月 7—12 日国际焊接学会（IIW）在斯洛伐克首都布拉迪斯拉发召开了第 72 届年会和国际会议。本文仅对第十五专委会（C-XV）的主要职责目标与组织结构，以及年度主要工作进行简要回顾，并介绍了在本次会议期间的交流论文研究成果，主要包括：风机壳体焊接结构制造工艺优化、氨合成转炉焊接压力容器的优化设计、消防安全设计火焰模型改进、桥梁结构残余应力无损检测、退役桥梁钢的修复焊接、空心截面悬臂梁的变形和翘曲等。会议交流表明，焊接结构的设计、分析与制造涉及面非常广泛。特别关于报废钢材的性能测试研究，对于充分发挥退役钢的作用、节能减排与环境保护都具有重要意义。

关键词：国际焊接学会；焊接结构设计；焊接结构制造；有限元分析

0 序言

国际焊接学会第十五专委会（IIW C-XV）主要针对建筑、桥梁、管状结构、机械设备以及其他焊接结构的分析、设计、制造和构建，发现、创造、发展并转化世界最佳的实践方法。包括：启动和发展全球最佳的实践方法、组织科学和技术信息交流，并提供一个鼓励和支持知识转移的环境，对推动标准化的活动进行总结，鼓励和支持建造一个安全、健康、环保的世界。

IIW C-XV 专委会约有来自 40 余个成员国的 250 余名注册代表、专家或观察员，参加本次会议的有 20 余人。根据焊接结构类型和研究关注主题的不同，C-XV 专委会又细分了分析、设计、制造、平面结构、管状结构以及经济分析等分专委会。

2019 年 7 月 8 日，在 C-XV 专委会上，主任简要回顾了 2018 年的年会情况，各分专委会主任汇报了主要的工作，随后几天进行了三次技术交流与讨论。会议交流分为二次 XV 专委会交流和一次与 C-XIII 专委会的合作交流。

1 风机壳体焊接结构制造工艺优化

中国西安交通大学的张建勋教授报告了风机壳体焊接结构的制造工艺优化[1]。风机机壳通常采用铸造的方法制造，具有材料损耗大、铸造工艺复杂等缺点。虽然将风机机壳从铸造结构改变为焊接结构可以节省材料，但由于焊接结构本身的局部加热冷却特点，如果组装焊接工艺选择不当，则可能导致焊接机壳的大变形和残余应力，这将影响机壳的装配精度和使用寿命。

风量为 9000m³/min 的 AV100-22 空气压缩机组是某装置用主要动力设备之一，其主要运行特征是低负压进气和间歇运行，其负压变化范围宽、运行周期短等。AV100-22 空气压缩机组采用间歇运行方式，全年运行次数小于 150 次，每次运行不超过 20h。该机组除了应具备良好的独立运行状况外，还要具备与 3730m³/min 空气压缩机良好的匹配特性。优良的技术方案和优质加工、安装调试质量是保证机组长期、安全、可靠运行的关键。

AV100-22 空气压缩机本体主要由机壳、进气室、叶片承缸、调节缸、转子、叶片、密封套、进口圈、扩压器、轴承及轴承箱等构成。其

中机壳采用焊接而成，为水平剖分型，轴向进气，径向朝下排气，中分面采用预应力螺栓联接。该机壳也称为外壳。机壳精加工完成后，需进行水压试验，以检查机壳的密封性与内在质量。机壳排气端固定，受热后向进气端膨胀。机壳与叶片承压缸一起构成双层缸结构，使机壳坚固耐用，把由于温度改变而造成的内部压力和扭曲变形减少到最小，并有利于降低噪声。图1所示为风机机壳由铸造到焊接分别与上机壳和下机壳的制作过程。

图1　AV100-22 的风机机壳焊接结构

a）上机壳　b）下机壳

针对风机机壳在实际施工过程中分为上下两机壳单独制造的情况，在有限元计算中将机壳分为上下两部分分别进行建模。机壳焊接接头上下两部分结构基本相似，下机壳比上机壳只多了进出气管道两个部件。图2所示为利用Pro-E软件建立的焊接机壳基本结构剖面图。

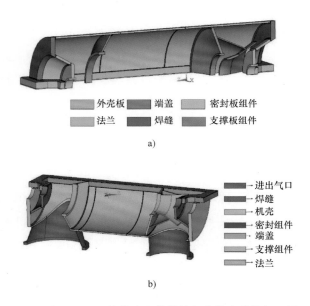

图2　利用 Pro/E 软件建立的焊接机壳基本结构剖面图

a）上机壳实体模型　b）下机壳实体模型

ANSYS是一种功能强大的大型通用有限元分析商用软件，适用于结构应力、变形和热工过程分析，可在微型计算机或工作站上使用。由于ANSYS软件的功能、可靠性和开放性等优点，应用于焊接过程的仿真研究越来越多。因为焊接加热和冷却过程的急剧变化特征，如温度、压力和变形等，焊接需要精确计算处理。在计算模型的网格划分中，采取区域网格法，即细网格用于焊缝部分，在靠近焊缝的相邻部位适当加密，在远离焊缝区域，采用粗网格。在有限元模型中，温度场计算采用SOLOD 70三维四面体实体单元，应力场采用SOLID185三维四面体实体单元。图3所示为通风机机壳模型整体网格划分及各部件网格尺寸对比图，其中单元数245440，节点数59641，最小网格尺寸24mm。在后续计算中，采用了不同的网格进行了不同的计算，采用网格死亡法模拟焊缝形成。

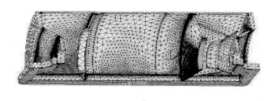

图3　通风机机壳模型整体网格划分及

含部件网格尺寸对比图

a）上机壳　b）下机壳

根据熔化焊的物理过程，热源模型采用在焊缝上施加线性温度的方式，其本质是一种忽略升温过程的简化热源加载方法。有限元计算中，如果对温度升高过程进行精细的计算，会耗费大量的计算时间。由于在熔化填充过程中，熔化金属滴入坡口时既已具有熔点以上的温度，因此可以利用能量守恒方式，忽略其升温过程，可大大减少升温过程中非线性计算所耗费的大量计算时间。

在壳体焊接制造过程的应力变形计算中，首先进行部件焊接分析，如法兰焊接和壳体焊接等，在此基础上，再进行整体焊接过程计算。通常是设想多种装焊工艺，从计算焊接变形最小的角度优化装焊工艺，以得到最优的焊接过程。

对于上机壳的装焊计算，为了比较装焊工艺对壳体应力变形的影响，选择了下述四种工艺：

装焊工序 N1（预先不进行点固焊）。

装焊工序 N2（预先进行点固焊）。

装焊工序 N3（预先安装内部构件）。

装焊工序 N4（优先焊接法兰和密封板元件）。

图 4 所示为上机壳典型装焊工艺变形图。由图可见，上机壳变形最大的部位为法兰中心、外壳板顶端以及右侧支撑板组件部位。

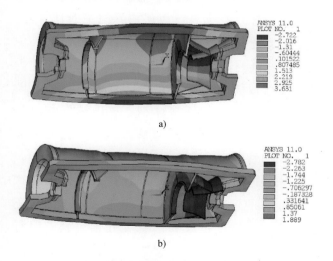

图 4 上机壳典型装焊工艺变形图

a）径向变形 b）高度方向变形

表 1 所示为四种工艺产生的焊接变形。从表 1 可以看出，装焊工艺 N4 是变形最小的上套管焊接方法，同时该焊接工艺也可应用于下套管的制造工艺。按照装焊工艺 N4 进行施工，上套管法兰底部最终形成向上拱变形，最大变形量约为 1.4mm。装焊工艺 N1 是仅次于 N4 的可供施工的方式，其次是 N2，而 N3 因在法兰最后装焊之前，接头变形过大，实际上是无法进行的。

表 1 四种工艺产生的焊接变形 （单位：mm）

装焊工艺	法兰长度方向		法兰短边		密封板组件		外壳板
	高度	径向	高度	径向	径向	轴向	
一	1.0	1.4	0.7	0.6	1.2	2.0	0.7
二	2.7	1.6	0.9	0.4	1.1	1.4	1.5
三	0.3	0.6	0.2	4.0	1.7	8.0	0.3
四	1.2	0.7	1.6	1.4	1.4	0.6	0.4

为了研究焊后热处理对装焊应力的影响，在对机壳焊后存在残余应力与残余变形的基础上进行热处理过程计算，如图 5 所示。

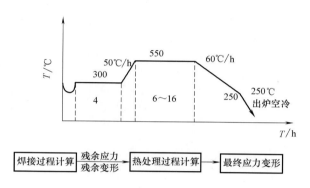

图 5 机壳焊后热处理工艺

计算结果如图 6 所示，由图可见，热处理后，焊缝中心的应力峰值明显减小，应力分布

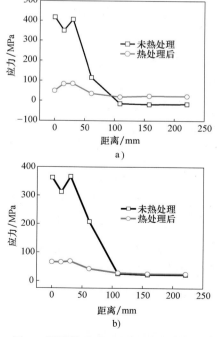

图 6 焊接热处理对残余应力的影响

a）Z 方向 b）Mises 应力

趋于平缓。与未热处理的高应力状态相比，焊后应力消除热处理的应力降低效果非常明显。

有限元分析结果的正确性需要用实际试验进行验证。图7所示为风机机壳上下法兰实测变形量及测试布置图。取法兰最左侧（进气管道一侧的边界点）的变形为0，即以此点为基准点，其余变形均相对于此参考点，其中以法兰各点在高度方向向内凹陷（相对于进出气管道向内的方向）为正位移。

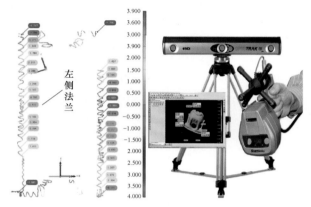

图7 风机机壳上下法兰实测变形量及测试布置图

由于在模拟中法兰两边的变形是对称的，因此本文只取了左侧一边法兰的变形与实测结果进行对比。由于实测的变形并没有曲线，所以把法兰长度分为21等份，依次递增作为横坐标。

从图8可以发现上下机壳法兰底部的模拟结果与实测结果的变形趋势基本一致，只是模拟值要比计算值略小一些，无论上下机壳都存在着这样的现象，且分布更加均匀。从图中可知，上机壳法兰底端最重要的变形趋势为单侧翘起，即靠近出气管一侧的法兰相对进气管端更加向内凹陷（或称为向上拱起）。而下机壳法兰最主要的变形方式为法兰中心的向内凹陷。从图中的变形趋势可知，如上下两侧法兰均发生图示变形，则在法兰中心靠近出气管道一侧会出现相对约6.5mm的张开位移，可能会对机壳的密封性带来影响。

论文通过有限元分析方法，对于风机机壳由铸造结构改为焊接结构的制造精度问题，通过对不同焊接工艺过程中焊接变形的数值模拟，得到优化的焊接工艺。

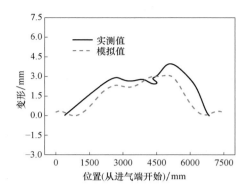

图8 机壳法兰焊接变形检测与模拟结果对比

2 氨合成转炉焊接压力容器优化设计

匈牙利米什科尔茨大学的Antal ERDÖS教授等[2]研究了用于氨合成转炉的焊接压力容器的设计分析与优化过程，首先进行材料选择，然后进行壁厚优化设计、焊接成本与工时计算等，达到总体优化设计的目的。

2.1 制造材料选择

氨合成转炉用压力容器通常采用三种不同类型的钢制造，如铁素体钢、奥氏体钢和双相钢。每种类型都有优点和缺点，是否合适则取决于钢的性能，尤其是腐蚀性和应力状态。

铁素体钢的韧性最差，但它是唯一能抵抗含硫介质的钢，因此其重要的用途之一是汽车排气系统。钢中最重要的合金元素是铬，但有些类型含有硅和铝，以提高耐蚀性，它们在铁素体的形成中起着重要作用。铁素体钢的焊接性最差，因为在焊接过程中韧性和冲击强度会下降。为了避免这种情况，焊接后应进行热处理，如退火热处理。铁素体钢焊接后的热处理工艺，其主要目的是减少焊件在焊后或冷成形后的残余应力，其次是消除475℃脆化引起的析出，提高钢的均匀性和耐蚀性。

奥氏体钢是工业上应用最广泛的不锈钢。这种类型的焊接性相对较好，适应大多数焊接方法的焊接，并且有多种不同种类的填充材料可供选择。这种钢有两类，一类含有 δ 铁素体，另一类不含纯奥氏体钢。奥氏体不锈钢的性能与其微观组织密切相关，尤其是铁素体的数量和分布，这主要取决于钢在凝固过程中的化学成分和冷却速度。它通常通过舍弗勒图（又称舍弗勒组织图，它表征不锈钢焊缝金属的化学组成与相组织的定量关系）可以确定铁素体的数量。奥氏体钢焊接的主要问题是因为 $Cr_{23}C_6$ 复合碳化物的晶界析出引起的晶间腐蚀。防止晶间腐蚀，通常有三个方法：选用低碳含量的钢（ELC 钢）、利用固溶热处理（图 9）、采用微合金化形成更稳定的碳化物（Ti、Nb、Ta、Mo）。

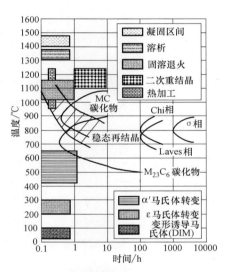

图 9　奥氏体钢常用的热处理工艺

双相钢结合了铁素体钢和奥氏体钢的性能。这些钢通常是热轧制造，因为其成形性在 1230℃ 左右非常好，用小载荷就足够了。如果热轧温度不够高，则可能导致裂纹，特别是在铁素体区。此外，在较低的热轧温度下，σ 相的形成机会更大。焊接后可进行两种热处理：固溶退火和回火。回火温度在 900℃ 左右，保温时间为 30min、45min 或 60min，在空气中冷却。随着保温时间的增加，冲击强度随之增大，但硬度下降。因此，该热处理方法适用于改善焊接接头的力学性能。溶液退火的温度通常在 800 ~ 1100℃ 范围内，保温时间约为 10min，可用水冷却。

2.2　压力容器壁厚确定与优化

氨合成转炉的压力容器是氨生产的中心部件。氨合成反应通常发生在 200 ~ 700℃ 的高温下。在此温度下，耐热耐腐蚀钢的力学性能随温度的升高而变化，抗拉强度和屈服强度的降低。在 DIN EN 10028 标准和 TableCurve 2D 软件中，用多项式函数描述为力学性能随温度的变化，也可以用线性插值代替多项式函数。因此，压力容器的壁厚设计，应考虑温度对力学性能的影响。MSZEN 13445-3 给出了圆柱壳体壁厚的计算公式为

$$s = \frac{D_e P}{2f_d z + P} + c$$

式中　D_e——外径；

$\quad\quad\quad P$——内压；

$\quad\quad\quad f_d$——设计应力；

$\quad\quad\quad z$——焊接参数；

$\quad\quad\quad c$——腐蚀余量。

焊接参数通常是 1 或 0.85，取决于压力容器试验方式。腐蚀余量取决于腐蚀、介质和环境温度，这里取 1.6mm。设计应力与屈服强度和安全系数有关。

氨合成转炉压力容器外壳高度为 16700mm，外径为 1400mm，内径为 1200mm。壁厚的计算等于外半径与内半径之差。该容器的体积变化最大可达到原值的 10%。

在这些条件下，可以完成优化过程。优化的主要目标是在以下条件下找到壁厚的最优值；壁厚必须大于设计值（这是必要的，因为壁厚和半径是优化过程的变量）；半径差必须等于优化产生的壁厚，优化半径计算的体积和壁厚必须在极限之间。

由于压力容器的质量是已知的，只要已知了钢材价格，基础材料的成本也就可以计算出来，它可以作为钢材选择的基准。

2.3　计算焊接成本和焊接时间

压力容器制造成本的另一方面是焊接过程的成本。因此，必须知道焊缝长度和横截面，填

充材料和焊接工艺。填充材料选择的重点是焊接接头的耐蚀性以及基材的耐蚀性。通常都是根据钢材的化学成分来选择填充材料。研究中比较了四种焊接方法，分别为 SMAW、SAW、MIG 和 TIG。计算结果表明，该容器壁厚相对较厚，在制造过程中需要对板材进行弯曲。由于壁厚值较大，可弯曲的最大宽度为 2000mm。所以对于 16700mm 高的压力容器应该由 2000mm 钢环拼接。这就意味着生产过程中需要 9 块钢环，要完成 10 条环向焊接接头才能制造出转炉的总高度。由于压力容器的最优壁厚取决于温度和压力，因此焊缝总长度也随着温度和压力变化。其次是焊缝的横截面积，取决于板厚和焊接工艺。不同的焊接工艺，其焊缝形状、角度、根部间隙和倒角等有所不同。典型焊缝截面的尺寸如图 10 所示。

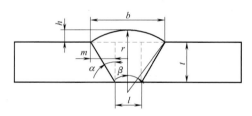

图 10　典型焊缝截面的尺寸

根据图 10 的几何关系，可以计算焊缝面积，再依据焊缝长度，可以计算焊缝金属的质量，同时要考虑到不同焊接方法的不同。焊接时间可以通过焊接长度和焊接材料熔化率来计算。也可以用实测方法来确定熔化率。在焊接前测量钢板的质量，然后在工件上完成一条焊缝，记录焊接时间，然后测量工件质量。

3　消防安全设计的火焰模型改进

匈牙利米什科尔茨大学的 Károly JÁRMAI 教授等[3] 阐述了虚拟固体火焰概念在局部火灾中轧制和焊接工字钢截面耐火计算中的应用。

该模型最重要的发展是火焰的离散化，其中火焰的建模是用一个虚拟的实体形式，它由最简单的圆柱体和圆环组成。该模型与以往的实验结果相比，具有更精确的逼近性。

对钢结构防火设计的要求是采用全封闭的均温室模型，但这种假设对大型钢结构特别不利。发展的基于行为化防火设计可以考虑火灾现场实际，甚至可能是高度局部化的情况。在规范 EN 1991-1-2 的附录 C 中描述的局部消防行为规划中，提供了在局部火灾中计算火焰长度和温度的方法，在 EN1993-1-2 说明了钢结构火灾时的火焰大小（热量输出和直径）和其他相关参数，包括火焰高度和内部温度的计算方法。模型考虑了火焰到达天花板所呈放射状蔓延的情况。

EN 1991-1-2 附录 C 未提供评估给定结构单元在距离火源一定距离的情况下所接收到的温度和热流的方法。欧盟煤炭和钢铁研究基金（RFCS）支持的局部防火项目（LOCAFI），以改进局部火灾消防安全设计方法。经过多次数值模拟和其他试验，提出了改进方法和克服计算限制的建议。

比利时列日大学（University of Liege）的研究主要集中在钢柱完全被火焰覆盖的钢结构方面，包括钢柱的存在对火焰高度和温度的影响。研究表明，钢柱的存在会导致火焰升高。而在 EN 1991-1-2 中，火焰温度和沿垂直轴的预测火焰温度保持在安全范围内，无论在燃烧区和非燃烧区是否有钢柱存在。

阿尔斯特大学（University of Ulster）的研究集中在钢柱位于火焰外的情况。结果表明，EN 1991-1-2 中预测的火源沿垂直轴线的火焰温度是在安全范围内。此外，这些试验为标定场外热流预测方法提供了大量的数据。有无顶棚的研究表明，风对火焰附近的温度和热流有显著影响，而远离火焰的热流几乎不受影响。

火焰模型最基本的概念是火焰离散化，即以最简单的圆柱体和圆环组成的虚拟实体对火焰进行描述，或使用先进的建模方法进行平滑建模（图 11）。

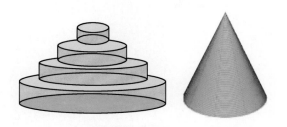

图 11　局部火焰模型的圆柱形或锥形离散化

虚拟固体火焰的辐射通量可以通过标准的辐射传热模型技术在空间的任意点计算。如果流量已知，则可以在给定的空间中确定任意位置钢柱的温度。

如图 12 所示，如果钢柱位于火焰上，温度主要由对流换热形成，如果钢柱位于火焰外，温度更多地由辐射换热形成。

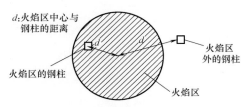

图 12　钢柱与火焰的相对位置

对于图 13 的局部火灾模型，假设地面火灾呈圆形，局部火焰区不超过 10m。钢柱所接收的热量取决于其所处的位置，可分为四种情况：①在火外；②在火内；③在火内的烟层；④在火外的烟层。

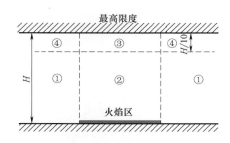

图 13　模拟局部火焰影响的区域

在局部防火项目（LOCAFI）之前，通常有几个模型适用于②、③和④区，但没有一个模型适用于①区，新模型涵盖了所有区域。大多数火焰是锥形的，圆锥体中心在风的影响下会移动。因此，该模型将②区和③区作为一个滚

筒，它的侧面与火的边缘相吻合，③区和④区的高度推荐值为 H/10，但可以根据实际情况进行调整。

图 14 所示为典型的钢结构防火设计实例，按照欧洲委员会提供的欧洲规范：背景及应用-结构防火设计-工作实例。钢结构的防火安全设计是相似的，但力学计算和热工况计算是不同的，材料的力学性能随温度变化是计算的重要数据。

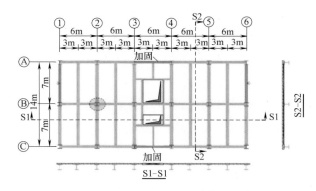

图 14　典型的钢结构防火设计实例

由图 15 可见，对于每层的钢柱，有两主梁和两侧梁连接。在遇火灾时，侧梁的机械负荷为 14105kN/m，主梁跨度中心有 202.4kN 的集中力和均匀分布载荷 1.12kN/m。钢柱的载荷由主梁和侧梁载荷决定。

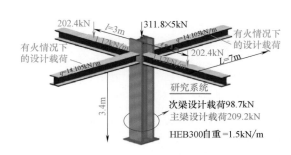

图 15　遇火灾时钢柱的机械载荷计算

根据钢柱的制造技术，可以有两种方案，即热轧工字钢和焊接工字钢，其截面如图 16 所示。根据发展的局部火焰模型，通过系统计算，可以计算得到钢柱对于火焰的承受能力，它和钢柱受到的载荷以及钢柱截面面积有关。结果表明，采用焊接工字钢，钢柱的重量可减轻 18%。

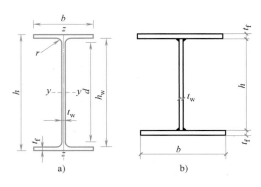

图 16　钢柱的截面形貌

a）热轧工字钢　b）焊接工字钢

通过对火灾的离散化，用最简单的圆柱体和圆环组成的虚拟实体形式对火灾进行建模。该模型可用于局部火灾，与以往的实验结果相比，具有更精确的逼近性。结果表明，采用焊接工字钢，在不增加利用率的情况下，柱的重量可减轻 18%。

4　桥梁结构残余应力无损检测

加拿大的 Jacob Kleiman 等，使用了一种便携式超声检测仪器-UltraMARS®，采用不同频率的超声波测量受损桥梁的厚度、表面和次表面的残余应力[4]。残余应力对焊接结构疲劳裂纹的萌生和扩展有重要影响，是造成许多桥梁失效的原因之一。因此，充分了解残余应力及其分布和性质在桥梁设计、建造和维修的所有阶段都是至关重要的。

采用 UltraMARS® 系统测量残余应力，其原理是以声弹理论、测试技术和精密仪器为基础的。根据超声波与固体的交互理论，在一定的应力范围内，超声传播速度的变化（或频率）依赖于材料的应力状态。一般情况下，结构材料在机械力作用下的超声波波速变化仅为千分之一。因此，实际应用超声技术测量残余应力的设备应具有高分辨率、可靠性和全计算机化的特点。图 17 所示为使用的残余应力检测系统 UltraMARS®，主要包括带配套软件的测量单元，带磁性、电磁或机械支架的前置放大器和可互换换能器等。

图 17　使用的残余应力检测系统 UltraMARS®

1—测量单元　2a—前置放大器　2b—磁座
3—换能器　4—示波器　5—试样

在测量零部件、焊接构件和结构的残余应力时，首先是确定材料的声弹系数。通常采用标定方法确定声弹系数，即在不同载荷下对试样进行加载并用超声波进行测量，计算声弹系数。确定了声弹系数后，就将其加入 UltraMARS® 系统中，进行残余应力计算。

用于测定声弹性系数的试样可以在压缩或拉伸下加载。根据加载方案，选择试样的几何形状。图 18a 所示为用于受拉标准试样示意图，图 18b 所示为受压标准试样示意图。在试样的加载过程中，三种超声频率（纵向和两个正交偏振剪切）对所施加力的范围应保持线性依存关系。图 19 显示了用拉伸试样和压缩试样测量声弹系数的实验室装置。图 20 所示为三种超声频率与声弹系数确定过程中所得到的作用力之间的线性关系。

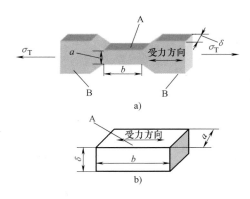

图 18　确定材料声弹系数试样

a）拉伸试样：$a = 50 \sim 60mm$；$b = 70 \sim 80mm$；
δ 材料厚度；A 区安装超声波仪

b）压缩试样：$a = 50 \sim 60mm$；$b = 70 \sim 80mm$；
δ 材料厚度；A 表面用于安装超声波仪

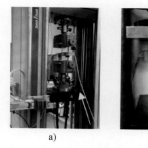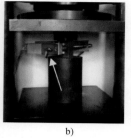

a)   b)

图 19 　声弹系数测定用加载装置

a）拉伸试样　b）压缩试样。箭头所指是测量传感器安装位置

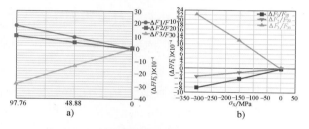

a)   b)

图 20 　超声频率随外加应力的变化曲线图

a）拉伸应力　b）压缩应力

采用 UltraMARS® 系统测量了受损钢桥主梁区域的残余应力状态。图 21a 所示为受损桥梁跨的初始检测，图 21b 和图 21c 所示为未损伤桥梁跨的检测，同时也检测了梁上的残余应力，评价残余应力状态。

a)   b)   c)

图 21 　对受损钢桥进行残余应力测量评估

根据标准方法，确定了声弹系数后，对受损跨内和跨外的残余应力进行了实测。图 22 所示为受撞击影响的桥梁区域，在测量区域去除多个漆层，确保超声信号不衰减。

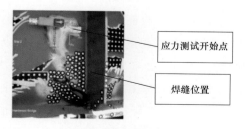

应力测试开始点

焊缝位置

图 22 　对桥梁损伤区域进行残余应力评估

撞击区残余应力的测量结果如图 23 所示。图 23 所示的距离是从图 22 所示的起始点到图 22 所示的焊缝的距离。两个测量构件的残余应力包括垂直于焊缝的应力（σ_y）和平行于焊缝（σ_x）。图 24 所示为在远离撞击区域的区域内测量残余应力的结果（图 21b 中用箭头标出）。

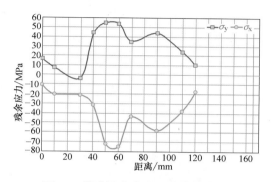

图 23 　撞击区残余应力的测量结果

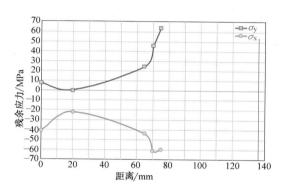

图 24 　未受损桥梁跨的残余应力 σ_y 和 σ_x 分布

从图 23 和图 24 中可以看出，两个被测区域的残余应力分量的值和符号是相似的，说明撞击并没有给桥梁结构引入任何危险的应力水平。

图 25 所示为某一铁路桥梁的典型结构，在 A、B 区域，利用 UltraMARS® 系统进行超声喷丸

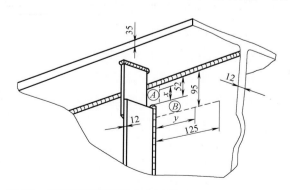

图 25 　铁路焊接桥梁的应力测量（图中 A 和 B 区域）

处理前后的残余应力的测试，这些区域通常为焊接疲劳裂纹起源和传播敏感区域。

图26给出了超声喷丸处理前后的测量结果。由图可见，在超声喷丸处理前，焊缝附近的残余拉应力达到240MPa，这是导致焊接件疲劳裂纹产生和扩展的主要因素之一。超声喷丸处理后的焊接区附近残余应力大幅降低，从240MPa的拉应力降低到−10MPa的压应力。

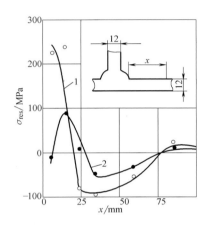

图26　铁路桥跨径角焊缝附近残余应力分布
1、2—改进处理前后

需要指出的是，超声喷丸作为一种焊缝后处理过程，能使残余应力重新分布，减少或消除残余应力，并能产生压应力。这是一种非常有用的技术，已成功应用于桥梁的修复和维护。

5　退役桥梁钢的修复焊接

日本大阪大学的HIROHATA Mikihito教授等[5]通过一系列试验，研究了退役桥梁钢构件的修复焊接。研究以1912年建成且已报废的一座铁路桥为研究对象，提取了该桥所用的一种钢材。虽然这种桥梁钢的化学成分基本适合焊接，但钢中含有大量的硫。采用该桥梁钢制作了十字形焊接接头，焊缝未见焊接缺陷或裂纹。此外，对焊接件进行维氏硬度试验，没有出现极端硬化或软化现象。静拉伸试验表明，焊接件屈服后，十字形接头发生断裂。其中一个试样在桥梁钢厚度方向的中部发生断裂。钢中含有的大量硫可能是造成这种断裂的原因。如果

对钢进行无缺陷或无裂纹的修复焊接，应进行拉伸试验，以研究接头的安全性。

公路、铁路桥梁等基础设施应当长期保持良好的使用状态。老旧桥梁中使用的钢构件普遍受腐蚀或疲劳损伤，损坏的钢构件有时需用新构件替换。由于腐蚀或疲劳裂纹而减薄的钢构件通过附加新的构件进行修复。然后在结构和施工条件下选择合适的连接方式。螺栓由于其结构简单、质量可靠，广泛应用于新构件更换损坏部位或附加新构件。但螺栓连接存在着螺栓孔钻孔、自重增加、防腐涂装薄弱环节、施工空间狭小等问题。

研究从1912年建成的一座老铁路桥中提取了一种钢材（图27）。由于栈桥桥墩结构的独特性，这座古老的钢桥曾是日本的标志性建筑。桥梁钢构件受到了严重的腐蚀破坏。在使用期间多次对损坏构件进行防腐重涂和更换，花费了巨大的维护费用。此外，这座桥暴露出很多的弯曲和扭曲变形。在1986年发生了一起火车车厢从桥上坠落的大事故。鉴于这些情况，该桥于2010年完成服役并被拆除。

图27　建设于1912年的老桥梁

研究用退役桥梁钢是老桥梁板拆除后的腹板，厚度约为10mm，钢的类型和等级不详。为了研究其基本力学性能，进行了拉伸试验和冲击试验。图28所示为退役桥梁钢的应力-应变曲线，屈服应力约为270MPa，抗拉强度约为400MPa，断后伸长率在30%以上。力学性能达到目前SM400A钢级标准。图29所示为几种试验温度下的冲击吸收能。冲击试样为V型缺口，

厚度为 7.5mm，脆性断裂主要发生在 0℃ 以下。

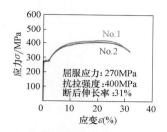

图 28 退役桥梁钢的应力-应变曲线

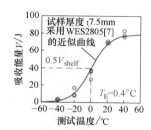

图 29 冲击试验结果

表 2 所示为退役桥梁钢的化学成分，用下式计算碳当量 C_{eq} 和裂纹敏感系数 P_{CM}。将退役桥梁钢的化学成分与现行的 SM400A 进行比较，发现退役桥梁钢中含碳量高且含有较多的硫，但 C_{eq} 和 P_{CM} 值均低于 SM400A 钢的限制值。

$$C_{eq}(\%) = C + \frac{Mn}{20} + \frac{Si}{24} + \frac{Ni}{40} + \frac{Cr}{5} + \frac{Mo}{4} + \frac{V}{14}$$

$$P_{CM}(\%) = C + \frac{Mn}{20} + \frac{Si}{30} + \frac{Cu}{20} + \frac{Ni}{60} + \frac{Cr}{20} + \frac{Mn}{10} + 5B$$

表 2 退役桥梁钢的化学成分（质量分数,%）

	C	Si	Mn	P	S	Cr	Ni	C_{eq}	P_{CM}
退役桥梁钢	0.145	0.002	0.495	0.020	0.086	0.024	0.017	0.23	0.18
JIS SM400A	≤0.23	—	≥0.25C	≤0.035	≤0.035	—	—	≤0.44	≤0.28

采用退役桥梁钢制作了三个图 30 所示的十字形焊接接头。用厚度为 12mm 的 SM400A 钢夹住退役桥梁钢。采用 JIS Z3313 通用焊丝进行气体保护金属电弧焊。焊接电流和电压分别为 250A 和 31V，焊接速度为 70cm/min，焊脚长为 4.0mm。

图 31a 所示为焊接接头的宏观照片，未发现缺陷或裂纹。图 31b 所示为焊缝金属、热影响区

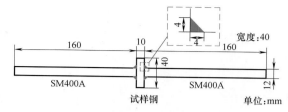

图 30 十字试样的尺寸与形状

和基体金属的微观组织。由于退役桥梁钢中含有较多的硫，在焊缝金属和热影响区中的黑色点是非金属夹杂物。然而，在焊缝金属中也可以观察到这些非金属夹杂物，这可能是由于焊缝金属和基体金属的混合。

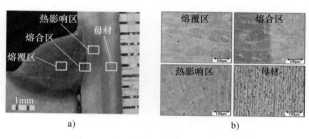

图 31 焊接接头的形貌与组织

a）焊接接头的宏观照片　b）焊缝金属、热影响区和基体金属的微观组织

图 32 显示了维氏硬度分布。焊缝金属和基体金属的硬度分别为 280HV 和 160HV 左右。焊接部分未见极端硬化或软化。焊接接头的静态拉伸试验的加载方向及应力应变测量如图 33 所示。通过将施加的载荷 P 除以横截面面积 A 得到应力 ε，应变是用两个量规之间的伸长除以原长度得到的。位移传感器固定在两侧的螺栓上，用于测量伸长率。

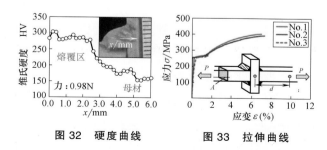

图 32 硬度曲线　　图 33 拉伸曲线

图 34 所示为试件的断裂位置。拉伸试件的屈服应力均为 250MPa。断裂在焊缝的两个试样出现了应变硬化，最大应力为 400MPa，断裂应变在 7% 以上，断口包括脆性断口和韧性断口。3 号试

样断裂在钢板中部，属于层状撕裂，脆性断口。

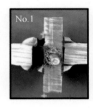

图 34　试件的断裂位置

图 35 所示为 SEM 观察断裂在焊缝的试样的断口形貌。断裂形态为脆性断裂和韧性断裂。在脆性断裂部位观察到一些非金属夹杂物，韧性断口处的韧窝形状呈椭圆形拉伸。这意味着脆性断裂由非金属夹杂物先发生，断裂模式转变为韧性断裂模式。

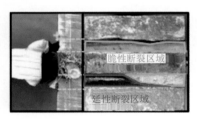

a)

b)

图 35　SEM 观察断裂在焊缝的试样断口形貌

a) 断裂表面形貌　b) SEM 照片

图 36 所示为 SEM 观察到的时效钢中部断裂试样断口形貌。在断口处发现了一些非金属夹杂物，在焊接处发现了断裂试样。这些非金属夹杂物似乎是脆性断裂的起源。用 EDX 分析了这些非金属夹杂物周围的化学成分，见表 3。这

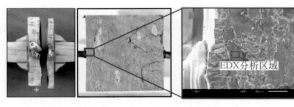

图 36　SEM 观察到的时效钢中部断裂试样断口形貌

些非金属夹杂物的主要成分是硫和锰。

表 3　EDX 分析结果

元素	C	Si	S	Mn	Fe
摩尔分数（%）	9.96	0.27	31.03	44.13	14.60

不仅焊接件有脆性断裂的危险，而且退役桥梁钢的中间层也有脆性断裂的危险。在对退役桥梁钢进行补焊时，必须对其化学成分进行分析。虽然 C_{eq} 和 P_{CM} 低于焊接结构钢的标准，但应注意硫的含量。如果对已老化的钢进行无缺陷或无裂纹的修复焊接，应进行拉伸试验，以保证焊接接头的安全性。

6　空心截面悬臂梁的变形和翘曲

芬兰 LUT 大学钢结构实验室的 Timo Björk 教授等[6] 提出了一种计算矩形中空截面翘曲和变形引起的横向和纵向应力的解析方法，并采用有限元进行了验证分析，阐明了临界点终板的细节有不同程度的使用有效缺口应力的概念，并针对隔板提出设计建议，以减少扭曲变形。

作者研究了悬臂箱形梁在脉动扭矩作用下的应力分析。从强度的角度看，这样的梁可能有多个关键位置，第一个是梁的横截面，也就是施加载荷的地方。然而，通常这种细部可以设计成光滑的形状，以降低应力集中，避免疲劳失效。然而，截面的畸变变形引起横向弯曲应力是非常严重的，特别是在焊接箱梁。此外，梁通常焊接在端板上的固定位置可能会成为一个临界点。

在研究中，对悬臂梁自由端支架处施加力偶加载 F，如图 37 所示。梁的另一端由刚性端板固定，表示完全刚性的边界条件。梁的受载端设有隔板，防止梁内固定支架处截面变形。然而，由于板的厚度较薄，隔板并不能防止梁在这一段的自由翘曲。

通过理论分析和计算，可以得到由于扭转载荷引起的翘曲。沿箱形梁长度方向的内力和横截面的弯曲应力如图 38 所示。在悬臂梁情况下，双弯矩只发生在梁的加载端和固定端。

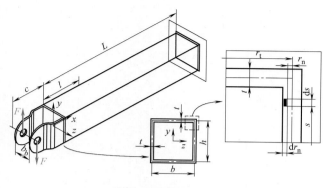

图37 箱形梁的结构

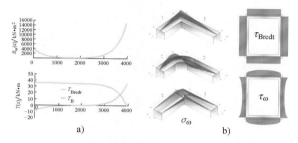

图38 矩形中空梁的应力分布

a）加载应力分布 b）翘曲应力分布

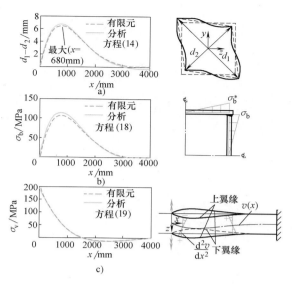

图39 梁扭曲变形

a）扭曲变形 b）拐角横向弯曲应力 c）拐角纵向薄膜应力

二次翘曲发生在矩形中空截面的角部，但在防止二次翘曲的情况下，会产生有害应力，例如，如果梁通过焊接固定在构件上，以防止局部弯曲变形。值得注意的是，即使一次翘曲可以完全防止，但为了防止截面弯曲而采取的局部边界条件对于二次翘曲引起的应力是至关重要的。

除了翘曲外，扭转载荷，或者实际上是梁受载端局部的双弯矩，也会产生畸变载荷。区别翘曲，横截面在变形过程中并没有保持原来的形状，而是变形为平行四边形。由于箱体截面的角是刚性的，变形引起横向弯曲应力。翘曲变形和扭转变形都包括纵向变形和应力，其中沿剖面周向的分布是仿射的，但在梁的纵向方向上是有区别的。基于箱形梁设计理论的弹性地基梁比拟法，图39给出了变形的纵向和横向分布。

有限元中所用悬臂梁的尺寸如图40所示。悬臂梁材料的 $E = 210\text{GPa}$，$v = 0.3$，以梁长 $L = 2000\text{mm}$ 为基础，采用 NxNastran 软件，采用线性四节点板单元（CQUAD4）模型进行线性静力分析。此外，采用线性 8 节点实体单元（CHEXA）模型计算了截面的二次翘曲，并利用有效缺口应力概念对焊接端板的细节进行了分析。

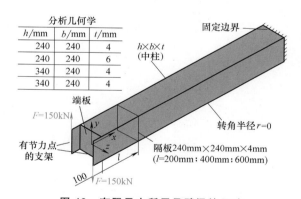

图40 有限元中所用悬臂梁的尺寸

在具有尖角的悬臂梁中，由于一次翘曲引起的变形和应力均为零。然而，二次翘曲发生在梁的固定端。图41a和b分别给出了利用平板和实体单元计算得到的固定端尖角处的正应力分布和内、中、外表面的正应力分布。水平板和垂直板中相邻的正应力分量是相反的，从而在尖角处产生平行于梁纵轴方向的局部剪应力。由于正应力和剪应力只发生在局部，对悬臂梁结构的静承载力没有影响，但在疲劳分析中必

须考虑，因为它们对结构性能和耐久性有显著
的负面影响。

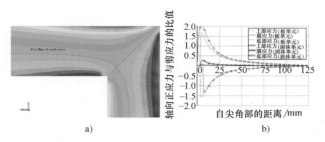

图41 利用平板和实体单元计算得到的固定端尖角处
正应力分布和内、中、外表面正应力分布

a）悬臂梁尖角处二次翘曲引起的正应力

b）正应力沿剖面内、中、外表面的分布

如果箱体截面为圆角，除二次（弯曲）应
力外，由于悬臂梁的翘曲还存在一次应力。图
42描述了悬臂梁剖面的典型应力分布，角半径
与梁高比对角区一次翘曲程度的影响。如果圆
角半径与型材高度之比（r/h）接近零，则一次
翘曲消失；如果圆角半径与型材高度之比接近
0.5，则所有翘曲消失。由图6b可知，$r/h =$
0.18时达到最大值。

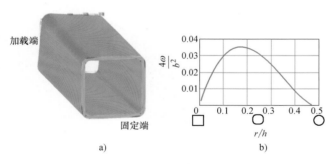

图42 悬臂梁剖面的典型应力分布

a）固定点的轴向应力分布

b）梁比转角半径与高度对悬臂梁翘曲的影响

图43所示为悬臂梁和矩形中空截面梁沿剖
面周向正应力与剪应力之比。可以看出，在尖
角区，轴向膜应力约为剪切应力的一半。

为了采用有效缺口应力概念研究带圆角的
悬臂梁的疲劳，在几何建模中，焊趾和焊根圆
角半径为1.0mm。由图44a可见角部的轴向应力
最大，悬臂梁截面外形尺寸如图44b所示。

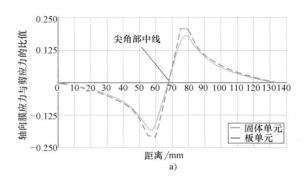

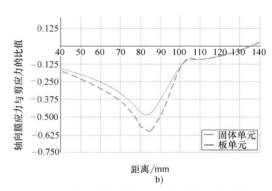

图43 悬臂梁和矩形中空截面梁沿剖面同
向正应力与剪应力之比

a）悬臂梁 150mm×150mm×8mm

b）矩形中空梁 200mm×100mm×8mm

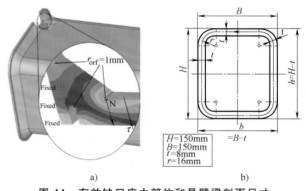

图44 有效缺口应力部位和悬臂梁剖面尺寸

a）有效缺口应力部位　b）悬臂梁剖面尺寸

不同穿透程度的焊趾应力分布如图45所示。
在有限元计算中，焊缝厚度均为1.1t，由于焊透
程度不同，因此在建模中有完全焊透、半焊透
和角焊缝三种情况。计算表明，在所有的情况
下，焊趾是焊接接头的关键部分，而不是根部。
这可能与加载方式有关。因此，只给出了焊趾
的应力分布。通过将正应力除以剪应力，对应

力进行归一化处理。

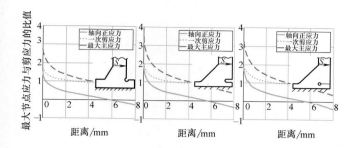

图 45　不同穿透程度的焊趾应力分布

在图 46 中，梁长为 2000mm 时，给出了不同型材尺寸下的变形。变形是由变形几何定义的截面对角线尺寸之间的差值。

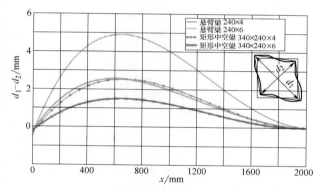

图 46　截面尺寸对梁变形的影响

从图 46 可以看出，梁在第一横隔板位置（$x=0$）也存在一定的变形，这是由横隔板剪切变形引起的，横隔板厚度为 t_p。

$$v_0 = \gamma_b = \frac{\tau_b}{G} = \frac{F_b}{Ght_p} = \frac{150000 \times 240}{80000 \times 240 \times 4} mm = 0.47mm$$

图 47 所示为板厚 t 对尺寸为 $240mm \times 240mm \times t$ 的悬臂梁剖面扭曲变形的影响，板厚增加 50%，变形减小约 50%。图 47 还展示了具有上述尺寸的第二隔板在悬臂梁中位置的影响。距离的最佳位置似乎是梁高的尺寸。

图 48 所示为隔板对悬臂梁和矩形中空梁轴向应力的影响。在双弯矩作用下，横向板像内弹簧一样对翘曲变形起轻微阻碍，但局部有效地防止了翘曲变形。

在主要受静扭载荷作用的结构中，由于扭曲和翘曲变形引起的正应力和剪应力可以忽略

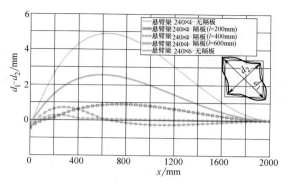

图 47　板厚和第二膜片位置对截面畸变的影响

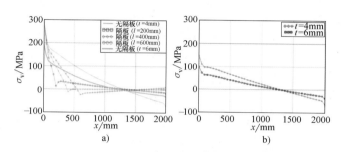

图 48　隔板对梁纵向薄膜应力的影响
a）悬臂梁 $240mm \times 240mm \times t$　b）矩形中空梁 $340mm \times 240mm \times t$

不计。然而，在分析空心截面焊接接头的柔性、稳定性和极限承载力时，应始终考虑扭曲变形。

梁的长度对沿其纵向的翘曲和扭曲变形分布有重要影响。在矩形中空梁中，初次翘曲一般比较小（如果 $h/b<2$），局部峰值只出现在加载点和固定点。扭曲变形在距离为 $0.412b$ $\sqrt{(b/t)}$ 时达到最大值，然后会非常平稳地衰减。即使是截面尺寸为 $240mm \times 240mm \times 4mm$ 的 $4000mm$ 长梁也不足以完全消除扭曲变形和应力。

由于翘曲和扭曲变形引起的应力对梁在脉动扭转载荷作用下的疲劳性能有显著影响。角半径引起的一次翘曲和二次翘曲可能是悬臂梁疲劳破坏产生的。由于翘曲应力或正应力引起的剪应力，在梁的焊趾或内角处会发生疲劳破坏，如图 49 所示。

在梁受载端的隔板虽然能局部阻碍变形，但不能防止变形的发生。加强肋和隔板的最佳位置通常设在没有加强肋时发生最大变形的位置。根据本研究的结果，在考虑翘曲行为时，该

图49　在扭转载荷作用下，横截面尺寸为100mm×100mm×5mm的悬臂梁发生翘曲疲劳破坏

方法不适用。如果隔板之间的距离太远，隔板之间就会发生畸变，如果隔板之间的距离太近，则第二块隔板的效率就不够。端部隔板后的第二块隔板很重要，它在梁内作为横向扭转杆起到连接扭转力矩的作用。刚性扭转杆能有效消除托槽内力引起的双弯矩。

7　结束语

本文简要介绍了国际焊接学会第XV委员会的主要职责、工作目标、组织结构以及年度主要工作，重点介绍了该委员会在2019年国际会议期间提交的技术论文成果。主要成果如下：

1）采用有限元数值模拟方法，对风机壳体焊接结构制造工艺进行优化，获得了焊接变形最小的优化制造工艺，可以节省制造费用；对于氨合成转炉焊接压力容器的优化设计，主要从材料选择、结构厚度设计、焊接材料与工时计算的角度进行。

2）通过对火灾的离散化，用最简单的圆柱体和圆环组成的虚拟实体形式对火灾进行建模，具有更精确的逼近性。利用模型对轧制和焊接工字钢进行防火能力计算表明，采用焊接工字钢，在不增加利用率的情况下，柱的重量可减轻18%。

3）采用超声波技术对桥梁结构残余应力进行无损检测，结果表明撞击对桥梁结构残余应力无影响；从理论与数值计算的角度，对空心截面悬臂梁的变形和翘曲进行了详细分析，获得了防止梁柱结构扭曲变形的方法。

4）关于退役桥梁钢的修复焊接研究，提出了退役桥梁钢的修复焊接，需要进行的焊接试验，并提出了焊接性能的检测方法。

纵观IIW C-XV的交流论文，交流论文数量少，我国在这方面的论文也少，参加人员不多，但论文内容涉及面广，从焊接结构优化设计、理论与数值分析到制造工艺优化等，特别对于报废钢材的焊接性能研究，对于充分发挥退役钢的作用有重要的意义。

参考文献

[1]　ZHANG J X, NIU J. Numerical simulation on welding stress and deformations of an axial compressor welded fan casing ［Z］// IIW XV -1581-19. ［2］　ERDÖS A, JÁRMAI K. Optimum design of a welded pressure vessel using different heat resistant steels ［Z］// IIW XV -1582-19.

[3]　JÁRMAI K, SZÁVA J. Application of a virtual solid flame concept for fire resistance calculation of rolled and welded steel cross-sections at a local fire, ［Z］//IIW XV -1583-19.

[4]　KLEIMAN J, KUDRYAVTSEV Y. Non-destructive Measurements of Residual Stresses in Structural Details of Bridges ［Z］// IIW XV -1585-19.

[5]　MIKIHITO H, ATSUSHI U, TAISHI N. Applicability of Repair Welding on Steel Used in Aged Bridge ［Z］// IIW XV -1586-19.

[6]　BJÖRK T, AHOLA A, SKRIKO T. On the distortion and warping of cantilever beam with hollow section ［Z］// IIW XV -1606-19.

作者简介：张建勋，博士、二级教授、博士生导师。长期从事先进材料焊接与接合、机器人智能焊接、增减材制造与修复、焊接结构可靠性等教学科研工作。发表论文300余篇，发明专利50余件，获得国家级、省部级教学与科技奖10余项。E-mail：jxzhang@ mail. xjtu. edu. cn。

钎焊与扩散焊技术（IIW C-XVII）研究进展

熊华平　裴冲　李能

（中国航发北京航空材料研究院焊接与塑性成形研究所，北京 100095）

摘　要：本文综述了第72届国际焊接学会（IIW）年会钎焊扩散焊会议报告的主要内容，主要涉及 6 个方面：陶瓷基复合材料及高温结构材料钎焊、新型硬钎料及钎焊工艺、扩散焊工艺、激光或电弧钎焊、软钎焊工艺以及钎焊扩散焊工业应用。报告内容在一定程度上反映出当今国内外钎焊扩散焊的主要研究进展与发展趋势。

关键词：钎焊；扩散焊；陶瓷；新型钎料；工业应用

0　序言

IIW C-XVII专委会下设硬钎焊、扩散焊和软钎焊三个分专委会。IIW 第72届年会 C-XVII专委会于 2019 年 7 月 8～10 日三天的上午举行了工作会议，并于 7 月 8 日的下午与 C-VII（微纳连接），7 月 9 日的中午和 C-XVIII（焊接过程质量管理）分别举行了联合会议。三天会议共有来自 15 个国家 87 位代表（其中中国代表 27 位），累计 161 人次参加。共交流技术报告 29 篇，主要包括陶瓷基复合材料及高温结构材料连接、新型硬钎料及钎焊工艺、激光或电弧钎焊、软钎焊工艺、扩散焊工艺、钎焊扩散焊工业应用等 6 个方面。

1　陶瓷基复合材料及高温结构材料连接

SiC 陶瓷在高温应用领域如飞机发动机中的应用不断增加，在高温服役过程中，陶瓷部件又容易开裂，因此针对 SiC 陶瓷的钎焊连接以及钎焊修复技术的研究显得十分重要。同时，通过热暴露实验来研究 SiC 陶瓷钎焊接头在高温环境下的组织和性能的稳定性和演变过程以及接头表面和内部氧化行为十分必要。

美国科罗拉多矿业大学 Juan Wei 等人用 Si-Al-Ti 活性钎料对 SiC 陶瓷进行钎焊[1]，钎焊规范为 1250℃/30min，接头平均剪切强度为 88MPa。

然后对 SiC 陶瓷接头进行热暴露实验，热暴露温度为 800℃、900℃和 1000℃，暴露时间为 20h、50h 和 100h。可以发现热暴露时间和温度均会对接头强度产生影响，如图 1 所示。但在特定温度下，热暴露时间对连接强度的影响更大。

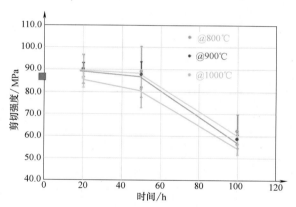

图 1　不同热暴露时间和温度下的接头强度

研究了经过热暴露后钎焊接头的组织变化，经过 1000℃/100h 后，接头暴露表面形成了富 Al 和 O 的氧化产物，同时由于 Al 元素的消耗，重新抛光后接头外表面形成了孔洞。在热暴露过程中，钎焊接头表面发生的变化主要是 Al 元素的氧化。

为了研究接头内部在高温下的组织演变，将钎焊接头在真空环境下进行 1000℃/8h 时效处理，可以发现接头内部 α-Al 的含量明显降低，富 Al 区缩小，$TiSi_2$ 颗粒发生 Ostwald 熟化，小颗粒溶解而大颗粒继续长大。而 Si 相内部出现蜂窝状结构，即发生了部分熔化，形成枝晶，局部微观组织及时效前后的组织演变过程的模拟图如图2所示。

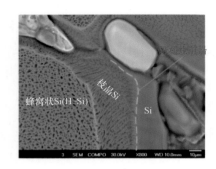

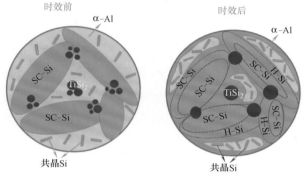

图2　局部微观组织及时效前后的组织演变过程的模拟图

本研究针对陶瓷接头高温下容易开裂的难题，重点研究了SiC陶瓷钎焊接头在高温下组织和性能的演变，为其高温服役环境下的稳定性提供了参考。

针对ZrC-SiC陶瓷与TC4钛合金钎焊接头中残余应力过大的问题，西北工业大学石俊秒等人提出采用激光熔覆技术在TC4钛合金表面制备SiC颗粒体积分数梯度分布的复合材料层，随后对表面熔覆梯度材料层的TC4与ZrC-SiC进行钎焊，从而实现钎焊接头中从TC4侧到ZrC-SiC热膨胀系数的梯度过渡，以缓解接头的残余应力，提高接头强度[2]。研究结果表明，分别采用纯SiC粉末及TC4+60vol.%SiC混合粉末，通过分层激光熔覆方法可在TC4表面获得SiC体积分数分别为20%与39%的梯度材料。熔覆过程中，SiC与TC4发生界面反应，生成TiC及Ti_5Si_3相。采用TiCuNi钎料对ZrC-SiC与表面熔覆梯度层的TC4钎焊，获得致密无缺陷钎焊接头（图3）。对ZrC-SiC侧反应层进行TEM分析（图4），发现在钎焊过程中，来自钎料及梯度层中的Ti与ZrC-SiC反应生成TiC及$(Ti,Zr)_5Si_3$，从而实现对ZrC-SiC陶瓷的可靠连接。对钎焊过程中接头的残余应力进行了数值模拟，发现激光熔覆梯度层可使接头残余应力由564MPa降低至452MPa。残余应力的降低使接头承载能力显著提高，接头剪切强度由43MPa提高至91MPa，实现了对接头的增强。激光熔覆方法能实现梯度层的高效率制备，可以用来缓解较大钎焊结构中的残余应力。然而，激光熔池温度较高，TC4与SiC过渡界面反应会产生脆性相，不利于接头的韧性。因此，在未来研究中需要对激光熔覆过程中的脆性相生成进行抑制。

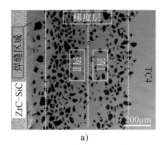

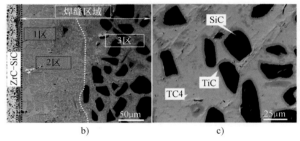

图3　表面熔覆梯度层的TC4与ZrC-SiC钎焊接头组织

a）接头整体形貌　b）焊缝区域　c）梯度层区域

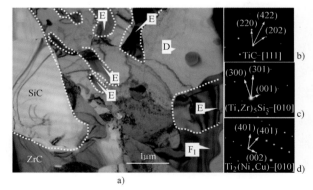

图4　ZrC-SiC侧反应层TEM分析

a）反应层形貌观察　b）TiC衍射斑点

c）$(Ti,Zr)_5Si_3$衍射斑点　d）$Ti_2(Ni,Cu)$衍射斑点

Ti₃SiC₂陶瓷具有良好的导电导热性以及耐磨自润滑性，广泛应用于制作导电构件以及耐蚀电极。在微型精密复杂结构件的制造中，异种材料尤其是陶瓷与金属材料的精密连接难度较大。陶瓷钎焊主要依赖在钎料中添加大量的活性元素促进钎料的反应润湿，但这导致接头界面有害化合物的产生，降低了接头综合性能。同时，缺少抑制液态钎料润湿铺展行为的手段，使液态钎料铺展进入非钎焊区，导致接头连接精度降低。因此，为促进惰性钎料的润湿铺展并保证接头连接精度，在陶瓷表面制备二元协同微纳米界面成为重要的解决方法。二元协同微纳米界面结构利用微结构对液体的毛细作用力改变液态钎料的润湿行为，对实现钎料润湿行为及润湿铺展区域的控制提出了一个可行的方案，促进了钎焊技术在微型结构及精密器件等制造领域的应用。

西北工业大学陈海燕等人在 Ti₃SiC₂ 陶瓷基体上设计二元协同微纳米界面结构（图5），通过解析计算及数值模拟的方法探索了二元协同微纳米界面结构对钎料润湿行为的影响规律及作用机制，并采用润湿实验研究了润湿工艺参数、二元协同微纳米界面结构参数和钎料成分对液态钎料在二元协同微纳米界面润湿行为的影响规律，实现二元协同微纳米界面对钎料润湿行为的精确控制，进而达到精确控制钎料在特定区域润湿铺展的目的[3]。图6所示为面结构中铜相区宽度 a 变化的试验结果与解析计算结果对比，可以看出两者规律和趋势保持一致。

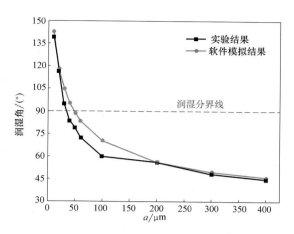

图6　面结构中铜相区宽度 a 变化的试验
结果与解析计算结果对比

石英纤维增强二氧化硅陶瓷基复合材料（SiO_{2f}/SiO_2）是一种具有优异的承载、耐热及透波性能的航空航天用复合材料。工程使用时需将其与金属连接制成复合材料与金属的复合构件，以期发挥两者各自的优异性能。常规活性钎料在复合材料表面很难润湿，哈尔滨工业大学张丽霞等人提出一种在 SiO_{2f}/SiO_2 复合材料表面生长少层石墨烯（下文简称 VFG），改善 AgCuTi 钎料对复合材料表面润湿性，以期获得高可靠、高强度的连接接头[4]。

这里采用 PECVD 法在 SiO_{2f}/SiO_2 复合材料表面生长了 VFG，发现花瓣状的 VFG 均匀地生长在纤维表面，如图7所示。采用透射电子显微镜及高分辨方法对 VFG 进行表征，发现靠近 VFG/催化剂粒子界面的 VFG 相对较厚，约为 8~10 层。而 VFG 暴露在外侧的边缘部分较薄，约为 4~6 层。

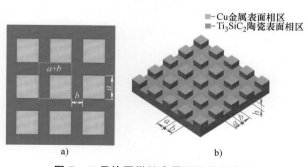

图5　二元协同微纳米界面结构示意图

a) 俯视图　b) 立体图

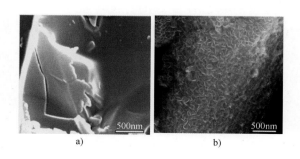

图7　生长 VFG 前后复合材料表面形貌对比

a) 生长前宏观形貌　b) 生长后宏观形貌

经过对比润湿试验结果，作者发现液态 AgCuTi 钎料在生长 VFG 的 SiO_{2f}/SiO_2 复合材料表面铺展更快并且表现出较佳的润湿性（图8）。生长 VFG 后，在 850℃/10min 条件下，AgCuTi 钎料在复合材料表面的润湿角为 50°，这比未处理态的润湿角降低了 60%。在 600℃ 退火甚至直接蒸镀 Ti 原子后，VFG 由于其具有极高化学反应活性的边缘，易与 AgCuTi 钎料中的 Ti 发生化学反应，促进其在 SiO_{2f}/SiO_2 复合材料表面快速铺展。

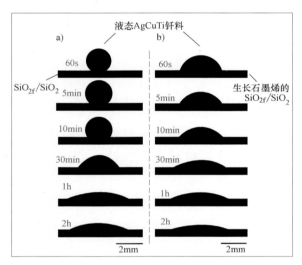

图8　850℃条件下 AgCuTi 液滴在 SiO_{2f}/SiO_2
复合材料表面铺展轮廓图像

a）生长 VFG 前　b）生长 VFG 后

另一项工作报道，C/C 复合材料因其具有出色的高温强度、低热膨胀系数和极低的密度而成为航空航天领域热保护系统的理想材料。工程应用中，C/C 复合材料需加工成复杂形状，以满足不同的服役需求。钎焊是一种高效、无须施加压力的有效加工方法。目前研究发现，C/C 复合材料活性钎焊的钎缝中极易产生大量脆性化合物，降低了钎缝的塑性变形能力。哈尔滨工业大学孙湛等人开发了一种三维石墨烯增强的复合钎料[5]，实现了钎缝塑性、强度的同时提高，最终完成了 C/C 复合材料可靠的钎焊连接。作者研究了有无三维石墨烯海绵增强的钎料自身拉伸强度及试样断口结果，如图9所示。可以看出三维石墨烯海绵使钎料的塑性与强度都得到了提高。采用三维石墨烯海绵增强

的钎料，钎焊接头强度由 36MPa 提高至 55MPa，提高幅度为 53%。总结原因，首先是三维石墨烯增强的钎料塑性得到提高，有利于缓解接头的残余应力。其次三维石墨烯增强的钎料热膨胀系数降低，与 C/C 复合材料更匹配，也有利于降低接头的残余应力。最后钎料基体与三维石墨烯海绵结合良好，可以有效实现载荷的传递。以上三方面特性共同决定了三维石墨烯海绵增强的复合钎料可以实现 C/C 复合材料的可靠连接。

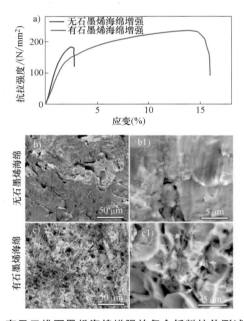

图9　有无三维石墨烯海绵增强的复合钎料拉伸测试结果

a）有无三维石墨烯海绵增强的钎料拉伸曲线

b）、b1）无三维石墨烯海绵增强的原始钎料拉伸断口

c）、c1）有三维石墨烯海绵增强的复合钎料拉伸断口

关于 TiAl 金属间化合物，它具有密度低、比强度高的特点，在高温下具有良好的蠕变行为和抗氧化性能，是极具应用潜力的轻质高温结构材料。航空航天领域中，用 TiAl 合金替代镍基高温合金可实现重要结构件大幅减重。工程化应用需解决 TiAl 合金与镍基高温合金的连接问题。北京航空材料研究院任海水等人采用 FeNiCoCrSiB 体系钎料研究了 TiAl 合金与镍基高温合金的连接[6]，钎料熔化区间为 1085 ~ 1120℃，在 1180℃/10min 条件下，钎料在母材表面表现出良好的润湿性，在镍基高温合金表

面的润湿角为 23°，在 TiAl 合金表面的润湿角为 41°，润湿形貌如图 10 所示。由于与镍基高温合金之间有更好的相容性，钎料在镍基高温合金上表现出更好的铺展性，润湿角也更小。

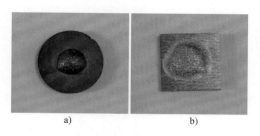

a)　　　　　　　b)

图 10　FeNiCoCrSiB 体系钎料在母材表面的润湿试验结果

a）TiAl 合金　b）镍基高温合金

采用上述 FeNiCoCrSiB 钎料获得的 TiAl 合金/镍基高温合金的典型接头微观组织如图 11 所示。接头组织由溶有 Co 的 $AlNi_2Ti$ 相、$Ni(Co)_3Al$ 相、（Ni，Cr，Co）固溶体和母材扩散影响区构成。在 1180℃/5min 焊接规范下得到的接头平均剪切强度达到 267MPa。由于钎料熔点较高，加之钎料成分的影响，在钎焊过程中镍基高温合金熔入钎料的倾向较大。后续有必要进行钎料成分和钎焊参数的优化，降低钎料熔点，减弱被焊母材在钎焊过程中的熔入倾向。

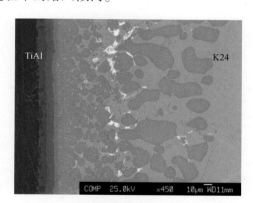

图 11　TiAl 合金/镍基高温合金典型
接头形貌（1180℃/5min）

Nb-Si 基难熔合金作为极具潜力的超高温结构材料，与传统 Ni 基高温合金相比，具有相对高的熔点、相对低的密度和优异的高温强度，因此在航空领域具有广泛的应用前景，有望在未来替代 Ni 基高温合金。Nb-Si 系多元合金相组

成主要为 Nb_{SS}/Nb_5Si_3 两相共晶组织，将 Nb 的塑性和 Nb_5Si_3 相的高强度相结合，从而获得优异的综合性能。为了实现其工程应用，Nb-Si 基合金的连接问题尤为关键，尤其是在未来 Nb-Si 合金涡轮叶片的制造过程中，焊接是必不可少的关键技术。事实上，由于 Nb-Si 基合金高熔点（>1700℃）和金属间化合物的脆性问题，这种材料的焊接几乎无资料借鉴。钎焊由于其连接温度相对熔焊较低，连接过程中变形小以及适用于连接复杂结构等优点，几乎是唯一可行的方法。

由于 Nb-Si 基材料合金体系与物相组成与传统镍基、钴基高温合金截然不同，传统 Ni 基钎料并不适用于这种材料的连接，因此需要开发新型专用钎料，但由于其熔点较高，设计制备具有合适焊接温度的钎料具有较大难度。考虑到 Nb、Ti 元素均为基体材料组成元素，但其熔点过高，参照三元相图，尝试加入元素 Ni 作为降熔元素，北京航空材料研究院任新宇等人设计制备了 Ti-Ni-Nb 三元体系钎料。

采用 Ti-Ni-Nb 三元体系钎料在 1200℃ 保温 10~60min 工艺条件下，Nb_{SS}/Nb_5Si_3 两相复合材料自身实现了连接[7]。结果表明，当保温时间为 10min 时，钎缝中物相主要包括 Nb_{SS}、Nb_5Si_3 和连续的 $NiTi_2$ 相，如图 12 所示，其中 $NiTi_2$ 相在接头中的体积分数约为 12.3%，接头室温剪切强度为 327MPa。

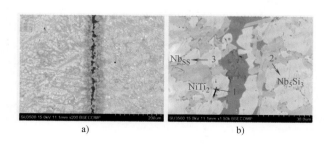

a)　　　　　　　b)

图 12　1200℃保温 10min 下的接头微观组织

a）低倍下接头微观组织　b）高倍下接头微观组织

低熔点的 $NiTi_2$ 相（熔点为 942℃）对 Nb-Si 合金接头未来服役将产生不利影响（服役温度

为1200～1400℃）。因此，考虑延长钎焊保温时间，研究不同保温时间对钎缝中低熔点化合物相NiTi₂分布的影响规律。如图13所示，随着钎焊保温时间的延长，界面反应和元素扩散更为充分，钎缝中NiTi₂相含量逐渐降低。保温30min时，钎缝中NiTi₂相体积分数降至9.5%，接头室温剪切强度为353MPa。保温60min时，钎缝中NiTi₂相体积分数降至7.8%，且变得不连续，接头剪切强度为319MPa。保温时间延长，接头强度总体呈接近水平，这是由于在室温条件下，NiTi₂化合物相对接头强度的影响不是特别明显。但考虑到该低熔点物相的存在势必会对接头的高温性能产生不利影响，因为后续还需继续优化钎焊体系及焊接工艺，来消除该低熔点物相，以期获得具有优异室温及高温强度的接头。

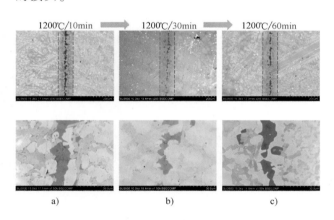

图13 不同保温时间下的接头微观组织及相应的局部放大图
a）10min b）30min c）60min

航空航天领域对高温材料的耐热温度、减重的需求不断提高，陶瓷及陶瓷基复合材料、TiAl合金、Nb-Si合金等高温轻质材料正成为应用替代材料。为实现工程化应用，材料自身以及与其他材料的钎焊技术研究十分关键。为了解决接头脆性、残余应力等问题，国内外学者针对具体母材的特性，研究了不同的解决手段。如对于陶瓷材料，通过对陶瓷表面改性（加工纳米结构、生长石墨烯层等）、设计新型钎料（添加三维石墨烯海绵等）、在陶瓷/金属间增加中间过渡层等多种方式进行了探索性研究。对

于TiAl、Nb-Si等金属间化合物的连接，通过设计新型钎料以及对钎焊工艺进行调整，以达到调控接头组织、提升接头性能的目的。此外，对于服役环境对接头性能影响的研究也十分重要，如高温热暴露温度、时间对接头强度影响，国内外开展了相关研究，其实，这些方面的研究后续还有待进一步加强。

2 新型硬钎料及钎焊工艺

镍基高温合金广泛应用于叶片、喷管等飞机发动机的耐热部件中，主要采用钎焊方法实现连接，钎料主要为Ni-Cr-B系和Ni-Cr-Si-B系等镍基钎料，然而接头中容易形成熔点低、脆性较大的硅化物或硼化物，使接头性能与母材相差较大，接头的热稳定性、强度和抗氧化性等性能均需要进一步提高。

为了降低高温合金接头中脆性化合物含量，提升接头中固溶体相的比例，进而提升接头强度和高温抗氧化性，多特蒙德工业大学的Tim Ulitzka开发了CoCrCuFeNi系列高熵合金钎料[8]。该钎料主要由球状的CoCrFeNiCu相"1"和网状的富Cu和Ni元素的"2"相组成（图14）。钎料液相线温度为1349℃。

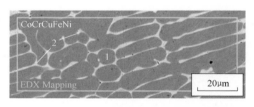

图14 CoCrCuFeNi高熵合金微观组织（等原子比）

这里研究了Ge、Sn、Ga、Si、Al、Mg、Zn、La和Ce降熔元素对CoCrCuFeNi钎料液相线温度的影响。在CoCrCuFeNi钎料中分别加入16at%的上述各元素，液相线温度能够降低在1270℃以下的钎料只有含Ge、Sn和Ga元素的三种钎料（图15）。

在CoCrCuFeNi中加入不同含量的Ga元素，研究钎料的液相线温度变化。可见随着Ga元素含量由0增加到16at%，合金熔点不断降低。当

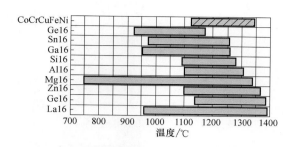

图 15 加入降熔元素后 CoCrCuFeNi(X)$_x$
钎料的液相线温度

含量在 3at% 以下时，液相线温度无明显变化，当含量增到 16at% 时，除了高熵合金相外，出现了低熔点的第三相。

采用含 Ga 的 CoCrCuFeNiGa 钎料在 1275℃ 钎焊 MM-247 高温合金，接头中间部位含有大量 FCC 固溶体高熵合金组织，其他部位还存在一些其他物相。使用各含 16% Ga（摩尔分数）、Ge 和 Sn 的 CoCrCuFeNi 钎料钎焊 MM-247 合金的接头剪切强度分别可达（388±73）MPa、（407.3±81）MPa 和（306.8±56）MPa。断口形貌表明断裂位置在接头中间的 FCC 固溶体处，表现出明显的韧性断裂特点。

高熵合金作为高温钎料，其独特的固溶体组织对降低接头脆性化合物含量，改善接头组织，提升接头性能具有重要的作用，是一类非常有潜力的钎料。但是高熵合金为超级固溶体结构，熔化温度一般较高，需要加入 Ga、Ge 和 Sn 等降熔元素来调整其熔化温度，提高可焊接性，但目前能够有效降低熔化温度的元素种类较少，还需要研究新的降熔元素。同时，目前高熵合金钎料体系主要集中于 FeCoNi 系合金，而其他体系的合金研究较少，有待开发新体系高熵钎料，且研究多集中于工艺与性能，缺少包括固溶体相的转变、强化和控制，以及新物相形成等方面的深入研究。

石墨是极好的耐高温材料，还有良好的导电性、导热性及化学稳定性等优点，但抗拉强度很低，作为结构件使用受到极大限制。石墨与异种金属的连接是增加其在复杂场合应用可能性的较好途径。钎焊是一种较优的连接方法。钼及钼合金具有熔点高、高温力学性能良好和导电导热性能优良的优点。钼及钼合金与石墨作为高温材料在原子能、电真空器件、航空航天等领域应用广泛。

石墨的线膨胀系数比钼低，导致接头存在较大的残余应力，石墨抗拉强度低，在钎焊热应力的作用下易产生裂纹或断裂；石墨中的 C—C 以共价键结合，具有高的表面稳定性，使用一般的钎料难以润湿。故采用在钎料中加入强碳化物生成元素，如 Ti、Zr、Cr、Al、Si、Mo 等，可以润湿母材，形成良好的接头。但采用活性钎料特别是高温活性钎料在钎焊钼及钼合金时，极易出现晶间渗入现象，脆化接头，限制接头使用性能。

郑州机械研究所有限公司路全彬等人采用 Ti-56Ni、Ti-8.5Si、Ti-33Cr 和 Ti-30V-3Mo 钎料在 1300～1700℃ 的高温下真空钎焊 TZM[9]，研究了钎料与 TZM、钎料与石墨之间的界面反应机制，并探讨了界面反应行为对钎焊接头钎缝组织与性能的影响规律。结果表明：

① Ti-56Ni 钎料钎焊 TZM 与石墨，钎缝中心由 NiTi 和 Ni$_3$Ti 化合物组成，Ti-56Ni/石墨侧形成不连续的 TiC 化合物（图 16a）。

② Ti-8.5Si、Ti-33Cr、Ti-30V-Mo 钎焊 TZM 与石墨，在 TZM 与钎料侧形成 Ti-Mo 固溶体，在钎料与石墨侧形成 TiC 化合物层，（图 16b～d）。

③ 钛基钎料高温钎焊 TZM 与石墨，接头剪切强度范围为 9～12MPa，断裂发生在 TiC 化合物与石墨的界面处，界面强度相差不大。

该研究成功实现了 TZM 与 TZM、TZM 与石墨在高温下的钎焊，解决了 TZM 高温钎焊接头脆化的问题。但该研究对 TZM、石墨钎焊接头的耐高温性能未能全面开展，后续重点关注 TZM、石墨钎焊接头在高温环境下的表现，研究钎焊接头高温演变机制，分析钎焊接头高温性能，为 TZM、石墨高温应用提供参考。

在加工用刀具制备过程中，经常采用感应

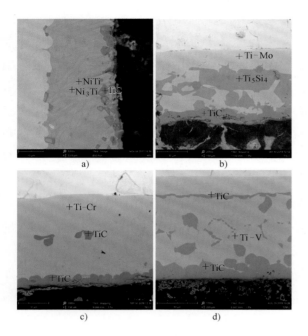

图16 不同钎料钎焊 TZM 与石墨接头形貌

a）Ti-56Ni 钎料 b）Ti-8.5Si 钎料

c）Ti-33Cr 钎料 d）Ti-30V-3Mo 钎料

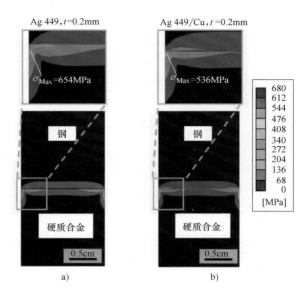

图17 钢与硬质合金感应钎焊接头中应力分布

a）银基钎料 b）银基钎料复合 Cu 箔

钎焊进行钢与硬质合金的连接，但由于两种母材热膨胀系数的差异，接头中会有较高的残余应力；同时，不合适的焊接温度也会引起接头中脆性相的生成。为此德国亚琛工业大学 Julian Hebing 等人提出，在感应焊接过程中，加入钎料/中间层，同时精确控制焊接温度，有利于减少接头中的残余应力[10]。并采用数值模拟计算了接头中的残余应力，模拟计算选用的模型是两种尺寸都为 $\phi16mm \times 15mm$ 的母材对接后的接头，边界条件包括母材与钎料/中间层之间保持固定连续、均匀的温度分布、母材与钎料/中间层成分不变，采用银基钎料（Ag-16Cu-23Zn-7.5Mn-4.5Ni，质量分数）与复合 Cu 箔复合中间层时，接头中的残余应力比仅采用该银基钎料时要低，如图17所示。同时试验结果显示，适当增加钎料/中间层厚度、施加一定的压力、采用激光传感器精确控制焊接温度等，都有利于减小接头中的残余应力。

抑制钎焊接头脆性，是很多材料钎焊时必须解决的问题。设计新型钎料是一种有效手段。研究高温合金钎焊用高熵钎料并添加 Ge、Sn 和 Ga 等传统高温钎料成分中没有的元素，为高温合金钎焊提供了新的思路。控制钎料中活性元素含量，从而控制石墨钎焊的界面反应程度。通过软的中间层与钎料复合并精准控制钎焊温度，从而降低硬质合金/钢的接头残余应力。

在电力电子领域，散热器为常见部件。目前，散热器采用的材料通常为铜合金和铝合金，采用的连接方式有钎焊、胶结、螺接和刚性紧固等。电力电子领域的发展趋势是在功率密度提升的同时结构要小型化，半导体产品的连接温度也越来越高。对于散热器结构，由铜合金材质向铝合金材质转变，可降低重量和成本，但是对钎焊技术的要求更高。对于铝合金散热器和铜合金电子元器件的连接需求，德国德累斯顿工业大学的 Ann-Kathrin Sommer 等人制备新型含 Cu 的 Al-Si 钎料用于真空钎焊 3A21 铝合金和铜合金[11]。通过适当降低新钎料的液相线温度和 Cu 含量来达到避免腐蚀的目的。经分析，钎料主要成分质量分数（%）为 Cu：26~29，Si：4~5，Mg：1~2，Al 余量。该钎料的液相线温度约为540℃，可制成箔状或通过热喷涂方式添加。

研究发现，Cu 是 AlSiCu 钎料中活性最强的元素，由于钎料和母材的 Al 元素氧化层的存在，Cu 元素很难渗透过氧化层，难以形成有效接头。钎料中如添加 Mg 元素，可进一步降低熔化温度，并促进有效接头的形成，AlSiCuMg 新型钎料通过热喷涂的方式添加。

该研究针对铝合金和铜合金异种材料连接提出了新型钎料，得到了较好的钎焊接头，但是研究还处于起步阶段，没有对接头的微观组织进行足够的分析，也没有接头力学性能的相关测试。该研究是着眼于散热器的钎焊，但是目前还没有工程应用实际构件钎焊的相关研究。

北京航空材料研究院裴冲等人采用 0.1mm 厚箔状 Al-20Cu-5Si-2Ni 钎料钎焊 6063 铝合金[12]，钎剂为 KCsAlF$_4$（97% KAlF$_4$ + 3% CsAlF$_4$）和 Nocolok（KAlF$_4$），采用 570℃/20min 和 580℃/10min 两种钎焊参数。钎料铺展润湿性和填缝试验结果表明，570℃/20min 钎焊，使用 KCsAlF$_4$ 钎剂的钎料平均铺展面积为 68.63mm^2，平均润湿角为 9.8°，平均填缝率为 92.2%，钎料展现了良好的铺展润湿性和填缝性。

试验对比两种钎剂的能力，发现使用 Nocolok 钎剂，两种钎焊工艺下钎料的平均铺展面积都低于 40mm^2，填缝率甚至为 0，未形成钎缝，由此可见 Nocolok 钎剂并不适用。KCsAlF$_4$ 钎剂效果更佳的原因如下：

① KCsAlF$_4$ 钎剂中 CsAlF$_4$ 熔化温度为 440～480℃，按比例加入 KF-AlF$_3$ 中，使熔点降到 556～565℃。KCsAlF$_4$ 钎剂的活性温度比 Nocolok 钎剂低，试验温度下反应更充分。

② CsAlF$_4$ 分解产生的 CsF 加热时会与 MgO、Al$_2$O$_3$ 反应生成 MgF$_2$ 和 AlF$_3$，钎剂中产生的 HF 会与 MgO、Al$_2$O$_3$、MgAl$_2$O$_4$ 反应生成 MgF$_2$ 和 AlF$_3$ 加速钎剂去膜进程，提高钎剂活性。

采用 KCsAlF$_4$ 钎剂，两种钎焊规范下的钎缝组织如图 18 所示。A 为 θ（Al$_2$Cu）金属间化合物，B 为富 Si 的 Al-Si 组织，C 为 α（Al）固溶体，D 为 Al$_2$Cu（Ni）金属间化合物。采用较高钎焊温度的钎缝区域更窄，且元素扩散速率较快，θ（Al$_2$Cu）金属间化合物 A 和 Al$_2$Cu（Ni）金属间化合物 D 变得更加细小，钎缝脆性降低，力学性能提升。拉伸性能结果表明（图 19），580℃/10min 钎焊工艺的接头性能普遍较好。

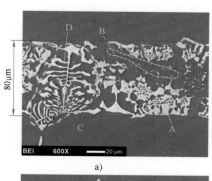

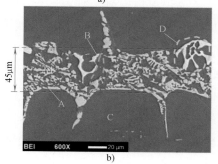

图 18　两种钎焊规范下的钎缝组织

a）570℃/20min　b）580℃/10min

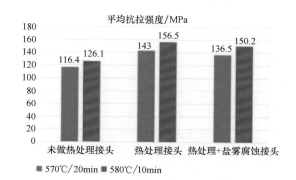

图 19　接头力学性能

研究针对 6063 铝合金提出了新的低熔点钎料，并通过实验确定了匹配的钎剂和钎焊工艺，得到了具有较高强度的钎焊接头，为 6063 铝合金钎焊及二次钎焊提供方法，可以进行工程应用推广，用于导向器、散热器等结构的钎焊。

对于铝合金钎焊，无论是真空钎焊还是加钎剂钎焊，铝合金氧化膜都是首先要解决的问题。KCsAlF4 钎剂比 Nocolok 钎剂更有利于促进钎料的润湿性。

3 扩散焊

对于一些具有内冷却结构零部件的焊接，扩散焊有着非常明显的优势。德国 Guenter-Koehler 研究所的 A. Fey 等人对扩散焊过程的热和力因素进行了模拟研究[13]，发现在焊接小尺寸试样时，600℃以上模拟温度与实测温度的差值较小，最大 25℃，但当焊接大尺寸构件时，温度的差值较大。此外，在被焊试样的芯部，会产生不均匀的表面应力。针对扩散焊内冷却结构的零部件，该报道指出有三种方法，分别是：①直接焊接成形：将构件的两部分焊接在一起，内冷却结构即在焊接区域，该方法焊接过程相对简单，适合于焊接冷却结构简单的构件；②多层结构焊接成形：将具有特种结构的多层薄板焊接在一起，如图 20 所示，该方法具有较强的灵活性，可以根据零件的不同结构特征，加工出不同尺寸和形状的薄板，然后完成焊接，不足之处就是焊前定位要求较高，零件内存在较多的焊缝；③三维焊接成形：采用立体化焊接结构设计，确定合理的焊接部位进行焊接成形，如图 21 所示，该方法将冷却结构成形与焊接过程集成在一起，并适合于存在多维度焊接面的构件制备，可以获得高质量接头和较高的制备效率。

图 20 多层结构焊接成形

镁合金和铝合金是 21 世纪应用较为广泛的轻金属，采用镁合金和铝合金代替钢板材料的

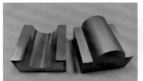
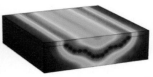

图 21 三维焊接成形

焊接，符合工业发展所倡导的轻量化的宗旨。但是镁合金和铝合金的物理化学性质差异较大，两者直接焊接易生成大量的脆性金属间化合物。吉林大学谷晓燕等人采用熔点相对较低的纯锡箔作为中间层来进行镁/铝异种金属的超声波辅助扩散焊接，以期使用更小的焊接能量获得较为优质的焊接接头[14]。

上述研究以厚度为 55μm 的纯锡箔作为中间层，在超声振幅为 95%、焊接静压力为 0.4MPa 条件下，通过改变焊接能量对镁/铝合金进行扩散焊接试验。图 22 所示为镁/锡/铝扩散接头界面成形形貌及相应的分区情况。根据界面成形特点，将接头界面划分为 A、B、C、D 四个区域。图 23 所示为不同焊接能量下镁/锡/铝超声扩散接头界面各区微观成形形貌。可以看出，A 区界面层相对较厚且具有小幅度波浪状起伏特征，B 区界面层薄且平直，C 区界面层出现明显的旋涡状塑性变形，D 区界面层厚且平直。

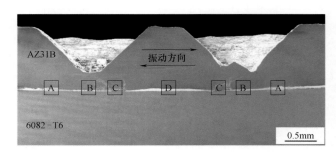

图 22 镁/锡/铝扩散接头界面成形形貌及相应的分区情况

图 24 所示为不同焊接能量下镁/铝和镁/锡/铝扩散接头剪切力变化趋势对比图。当焊接能量为 1100J 时，镁/锡/铝扩散接头剪切力就已达到最高，为 3465.5N，比镁/铝扩散接头最高剪切强度提高了近 180.51%。由此可以看出，由于锡中间层的添加，有效提高了接头强度。接头两侧断口 XRD 分析可知，两侧断口除均检测到

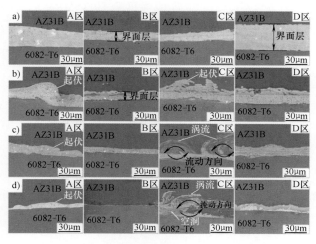

图23 不同焊接能量下镁/锡/铝扩散接头
界面各区微观成形形貌

a）500 J b）800 J c）1100 J d）1400 J

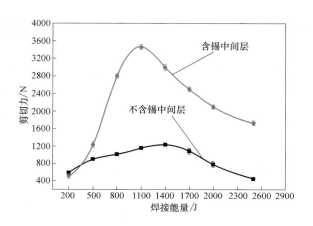

图24 不同焊接能量下镁/铝和镁/锡/铝扩散接头
剪切力变化趋势对比图

Sn 和 Mg_2Sn 相的衍射峰外，并未检测到 Mg-Al 系 IMC 存在。添加锡中间层有效阻隔了镁和铝的直接扩散，抑制了脆硬的镁-铝系 IMC 生成，避免了镁/铝接头中 $Al_{12}Mg_{17}$ 导致的脆性，与镁/铝直接扩散接头相比，在更低的焊接能量下，获得了成形质量和力学强度更高的优质接头，减小了镁/铝异种金属的焊接难度，节能效果更为显著。

该研究针对镁合金和铝合金异种金属，采用熔点相对较低的纯锡箔作为中间层来进行镁/铝异种金属的超声波辅助扩散焊接，分析了不同焊接能量对截面形貌、界面成形和力学性能的影响。论文研究具有较好的应用价值和创新性，试验方案设计合理，方法正确，论述条理清楚。对推进镁与铝异种金属焊接研究及应用有一定的意义。但还有内容需要完善：①需要模拟接头的温度场和应力场，以便能更准确地了解焊接接头的热循环和应力分布。②两种金属的界面微观组织是本文研究的重点，建议腐蚀接头界面进行组织分析。

为了缩短低温过渡液相扩散焊（TLPB）的连接时间，提高连接效率，清华大学包育典等人以 SnAgCu（SAC）-70%Ag 混合粉末为连接材料，烧结连接 SiC 功率芯片与 DBC 基板，研究

接头组织与性能以及接头在 350℃下保温时组织和性能的演变过程[15]。采用的 Ag 粉粒径在 1~2μm 范围内，SAC 粉为 $w_{Ag}=0.3\%$、$w_{Cu}=0.7\%$ 的 Sn 基钎料粉，粒径约为 20μm，SAC 粉与 Ag 粉的重量百分比为 3：7，混合粉末加质量分数 10%左右的助焊剂配成焊膏使用。功率芯片与 DBC 基板的连接装配示意图如图 26 所示，焊膏厚度约为 50μm。在 260℃、保温 10min、加压约 1MPa 条件下烧结形成的接头剪切强度可达 50MPa，接头的相结构及剪切断裂路径如图 25 所示。

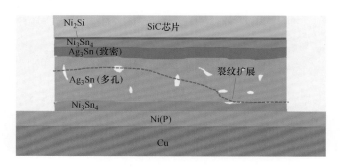

图25 接头的相结构及剪切断裂路径

在大气中 350℃下热时效时，随着保温时间的延长，烧结层的 Ag_3Sn 转变成 Ag（Sn）固溶体加少量的 Cu_3Sn，DBC 侧的 Ni-Sn IMC 厚度增加，并由 Ni_3Sn_4 转变成（Ni，Cu）$_3Sn_2$、Ni 层中存在少量 Kirkendall 孔洞；而在芯片侧，Ni-Sn 的 IMC 层厚度基本不变，但在芯片与 Ni-Sn IMC

之间出现孔洞缺陷，保温20天后制备金相试样时，芯片沿 Ni-Sn IMC/芯片界面与 DBC 基板分离。随着保温时间延长，接头剪切强度降低，保温20天后接头室温剪切强度降到15MPa左右，保温30天后剪切强度只有10MPa左右。

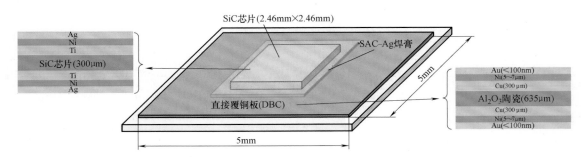

SiC芯片(2.46mm×2.46mm)

Ag
Ni
Ti
SiC芯片(300μm)
Ti
Ni
Ag

SAC-Ag焊膏

直接覆铜板(DBC)

5mm

5mm

Au(<100nm)
Ni(5~7μm)
Cu(300μm)
Al₂O₃陶瓷(635μm)
Cu(300μm)
Ni(5~7μm)
Au(<100nm)

图 26　功率芯片与 DBC 基板的连接装配示意图

研究发现，大气中350℃保温时，芯片与 Ni-Sn IMC 之间的孔洞缺陷是 Ni_2Si 氧化造成的，氧来源于烧结层助焊剂残留和大气，Ni_2Si 氧化后生成 SiO_2 和富 Ni 相。Ni_2Si 是 SiC 芯片起欧姆接触作用的重要物质，为保持 Ni_2Si 的高温稳定性，本研究提出在芯片表面脉冲激光沉积 $10\mu m$ 左右的 Ag 层，之后采用混合粉末焊膏与 DBC 基板在 260℃、1MPa 压力、保温 10min 的条件下进行低温烧结连接，接头剪切强度可达 60MPa，大气中 350℃ 时效 30 天后接头剪切强度仍保持 33MPa，接头中未见氧在芯片与 Ni-Sn IMC 之间富集，芯片和 Ni-Sn IMC 之间也未见缺陷出现。

采用复合粉末焊膏实现了 SiC 芯片和 DBC 基板的低温快速 TLP 烧结连接，获得的接头由全 IMC 组成，接头强度高，重熔温度高，使 SiC 芯片的高温应用成为可能，此外又采用脉冲激光沉积 Ag 的方法阻碍了 O 的扩散，为避免 SiC 芯片中 Ni_2Si 的氧化，从而显著提高接头的高温稳定性。

扩散焊是解决难焊材料连接的有效手段之一。添加中间层通常是调整界面组织，提高扩散焊接头质量的有效措施。超声辅助扩散焊 Mg/Al 接头中加 Sn 中间层，不仅提高接头强度，还减小焊接功率。对于 SiC 基片与 DBC 板低温 TLP 连接，在 SiC 表面激光沉积一层 Ag，可显著提高接头质量和强度。

4　激光或电弧钎焊

对于镀锌厚钢板结构的焊接，目前行业内通常采用熔化极气体保护焊，但是其较高的热输入会导致表面镀锌层的破坏，从而引起飞溅、孔洞等焊接缺陷，进而影响接头强度。此外，后续的腐蚀防护不仅耗费大量时间，又会导致较高的成本。德国罗斯托克大学的 Philipp Andreazza 等人开展了造船领域镀锌厚钢板的电弧钎焊研究[16]，提出一种电弧钎焊的方法来替代目前的熔化极气体保护焊工艺。采用 Cu 基钎料，可减少焊接过程中的热输入，在低于母材熔化温度的条件下进行焊接，同时可减少对镀锌涂层的损伤，焊后无须采取特别的腐蚀防护措施，具有较为显著的优势（图27），但目前仅限于针对薄板的研究，对于造船行业实际选用的厚板，后续仍需进一步深入研究。

研究先从薄板入手，对不同钎料体系开展了试验研究。分别选用材料牌号为 EN10025-2-S235JR，厚度为 5mm 的母材以及不同钎料（CuSi3Mn，CuAl7，CuAl5Ni2Mn，CuAl8Ni2Fe2Mn2，CuAl9Ni5，CuMn12Ni2）进行了对比研究。结果表明，CuMn 和 CuAl7 两种钎料的焊缝成形最好，CuMn12、CuAl9 和 CuAl5 钎料的焊接接头强度较高。断裂均发生在母材部位。对比未镀锌表面，镀锌以及显微组织分析中发现的液态金属渗透在一定程度上会降低接头强度（图28）。后续进一步将板厚加大至 8mm，并对焊缝的腐蚀行为进行研究。

图 27　电弧钎焊镀锌钢管接头

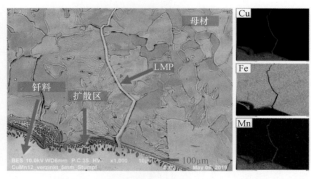

图 28　采用 CuMn12Ni2 钎料中接头的液态金属渗透现象

激光钎焊在工业生产中主要应用于连接汽车车身零件，对焊缝表面质量要求较高。在热镀锌钢钎焊过程中容易出现波纹状的焊缝边缘，工业上采用电解镀锌工艺解决问题，但热浸镀锌工艺成本低，耐蚀性高，工业应用上仍希望采用热浸镀锌工艺，德国不来梅激光应用研究所（BIAS）Mattulat T. 等人开展了不同镀锌钢激光钎焊润湿过程对焊缝边缘质量影响的研究[17]。镀锌层厚度

均为 7.5μm，铜焊丝直径为 1.2mm。

焊缝成分分析结果表明，电解镀锌层试样焊缝边缘及附近无锌元素，在润湿前蒸发。而对于热镀锌层试样，焊缝边缘存在锌元素。认为液态锌的存在将会增加局部润湿长度，从而导致焊缝外观质量变差。

使用积分球测试法测量了基体材料对激光的吸收。结果显示热镀锌层试样的吸收率比电解镀锌层的吸收率要低 16%。由于激光功率不足，导致热镀锌层试样无法蒸发锌元素。

观察两种镀锌层的湿润面形貌（图29），电解镀锌层试样的润湿面更陡（陡角润湿）。热浸镀锌层试样由于液态锌的存在增加了润湿性，润湿面变得平坦（平角润湿）。

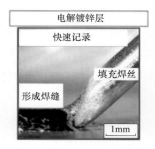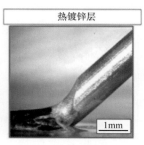

图 29　电解镀锌层及热镀锌层试样润湿面形貌

图 30 显示，在高激光功率下电解镀锌钢板焊缝上同时观察到，左侧锌蒸发，陡角润湿，焊缝边缘平直；右部锌未蒸发，平角润湿，焊缝边缘弯曲不平，与左侧焊缝边缘相比，相对质量较低。在同一镀锌层试验焊缝上发现两种润湿状态和焊缝边缘质量，因此，可推断出影响焊缝边缘质量的关键因素不是锌层的类型，而是具体的工艺参数。

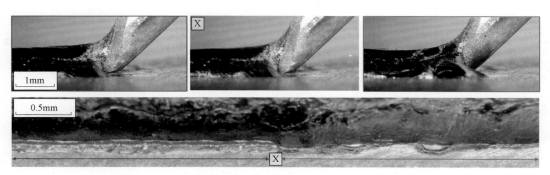

图 30　锌元素蒸发和不蒸发的两种润湿情况发生在同一个焊缝

对不同激光功率下的焊缝边缘质量进行分析，随着激光功率的增大，平角润湿比例增大。熔池温度提高又导致熔池黏度降低，使润湿前沿可以更容易地连接到液态锌上，并发生自稳定机制。焊接过程中润湿状态的变化会使焊缝形状发生变化并产生焊缝缺陷，降低焊缝边缘外观质量。因此，必须防止润湿状态的变化。

本项目从工业界对成本考虑的实际需求出发，对比研究了电镀锌板和热镀锌板对焊接材料润湿性的区别，从理论上分析了两种不同工艺基板对于钎焊焊缝质量影响的原因。为未来实际工程应用的需要，提供了可靠的理论支持。

镍基高温合金熔焊时易产生应变裂纹和凝固裂纹，尤其是热影响区中产生的液化裂纹，对修复后零件使用性能影响很大。钎焊是一种适宜的连接方法。近年来国内外学者对镍基高温合金钎焊用高熵合金钎料进行了研究，北京工业大学李红等人采用 $Ni_{20}Mn_{30}Fe_5Co_{20}Cu_{25}$ 新型高熵合金钎料激光钎焊 GH4169 镍基高温合金，研究了激光功率对接头组织性能的影响，揭示了高熵合金钎料的应用潜力[18]。研究发现，激光功率对接头压剪性能影响较大，压剪强度随激光功率变化情况如图 31 所示。接头压剪强度相对较低，激光功率为 1300W 时，最大压剪强度达 70.2MPa。

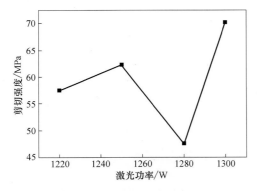

图 31　激光功率对接头压剪强度的影响

随着激光功率的增大，激光作用区域焊缝深宽比增大，高熵合金填充金属与母材熔合情况变好，如图 32 所示。

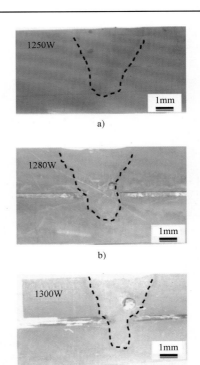

图 32　激光辅助钎焊焊缝形貌图
a）激光功率 1250W
b）激光功率 1280W　c）激光功率 1300W

组织分析显示，焊接接头处存在明显的两相区，与母材成分近似的 Ni、Cr、Fe 元素富集区以及和高熵合金钎料成分相似的 Ni、Mn、Fe、Co、Cu 元素富集区，可以推断母材与钎料并未完全熔合。并且，钎焊缝内的 Ni、Fe 和 Cr 元素含量与高熵合金钎料中的元素含量相比，均大幅增加。而 Mn 和 Cu 元素含量有一定下降，这说明存在母材中的 Ni 和 Fe 元素向焊缝中扩散，而高熵合金钎料中的 Mn 和 Cu 元素向母材扩散的现象，元素的过度扩散可能是导致钎焊接头强度较低的重要原因。

熔钎焊方法由于能量密度高、适于局部区域钎焊、速度快等优点，广泛应该用于多个工业领域。电弧钎焊、激光钎焊适用于焊接不同厚度的镀锌钢板，焊接过程中不同的能量输入对于锌元素进入焊缝进而影响焊缝质量具有显著影响。高温合金熔焊易产生裂纹，采用激光钎焊时，不同激光功率是影响焊缝形状及接头强度的重要因素。

5 软钎焊

美国桑迪亚国家实验室的 Rebecca Wheeling 针对增材制造工艺制备的 Cu 金属的表面焊接性开展研究[19]。对于铝合金、钛合金和高温合金等，国际上都开展了大量激光增材制造的研究，但对于铜及铜合金，由于低的激光吸收率、发射辐射、残余应力导致的变形等因素，激光增材工艺未见报道。该研究选用黏结剂喷射成形增材技术，在铜基板表面制备得到四种不同铜涂层，并开展其焊接性研究。

作者认为，在成分上，尽管和传统的铜材料并无区别，但是基于以下三方面的原因，增材制造得到的铜材料的焊接性与传统的铜存在本质区别：首先，由于制备加工过程中保护气氛、操作温度的不同，会导致部分元素流失、损耗以及氧化膜的生成，从而影响其表面张力；其次，若存在孔洞和疏松等缺陷，在毛细作用下将导致钎料向反应层的流动，从而改变钎料的铺展行为；最后，不同的制备工艺会获得不同的微观组织，最终导致不同的表面张力。

对钎料在被焊材料表面焊接性的研究主要包括润湿和铺展两个阶段，其中润湿角可通过平衡润湿法来定量测定，将 Cu 试片插入液态钎料池后取出，通过测定该过程中的最大深度 H 和最大黏附力 W 可计算得到润湿角。

图 33 所示为钎料在四种涂层的润湿性界面

图 33　四种不同涂层材料截面微观组织示意图

组织。可以看出，除 CP-008 表面未能实现良好连接，其余三种涂层均得到了纯度较高且热传导率较好的 Cu 涂层，但其润湿性差异较大，其中 CP-007 涂层呈现出较好的润湿行为。因此，表面制备过程的不同对焊接性有着很大影响，该研究同时可为后续制备工艺的优化提供一定的理论指导。

6 钎焊扩散焊工业应用

德国弗朗霍夫结构耐久和系统可靠性研究所 J. Baumgartner 等人开展 1.4301 钢与 Cu110 两种材料的钎焊接头疲劳性能研究，评估疲劳应力极限[20]。结果表明（图 34），获得的最大缺口应力可用于评估疲劳强度，剩余的分散数据可能与钎焊接头质量有关。后续还将开展钎焊质量对疲劳强度影响的研究。

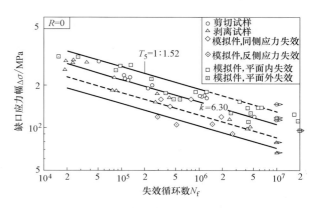

图 34　缺口应力 S-N 曲线

6061 铝合金具有较高的强度、塑性、导热率和优良的耐蚀性能，主要应用于要求有一定强度和耐蚀性高的各种工业结构件，如雷达、卫星、飞机、船舶、机车等工业的承力结构和散热部件等。铝合金真空钎焊常用的钎料为 4004，其缺点是钎料液相线温度接近 6061 母材的固相线温度，钎焊时极容易产生晶粒长大、熔蚀或过烧。国内外专家做了大量中温钎焊的研究发现，锗、铟、镱和铜均可作为 Al-Si 钎料的添加剂，降低钎料的熔点，但锗、铟、镱的加入会使钎料的脆性和耐蚀性均遭到恶化，且价格昂贵，难以应用于实际生产。北京有色金属与稀土应用研究所张国清等人设计了系列新型 Al-Si-Cu-Ni-Mg 钎料（名义成分见表1)[21]。钎料组织中含有大量脆性金属间化合物，是钎料制备成形的主要难点。该研究采用"快速凝固-等温轧制"方法，制备出厚0.1mm，宽40mm的可用钎料带材。

研究了 Cu、Si 元素含量对钎料差热分析（DSC）曲线的影响规律，结果表明，随着 Cu 含量增加（Si 含量降低），钎料固相线温度基本不变，液相线温度逐渐降低，Cu 含量达 20%（质量分数）时液相温度降低至 517.8℃。且随着铜含量的增加，DSC 曲线两个吸热峰逐渐靠近，当 Cu 含量达 20%时，两个吸热峰基本重叠，对应的钎料固液相线温度范围收窄。

表1 Al-Si-Cu-Ni-Mg 钎料名义成分

钎料编号	主要成分（质量分数，%）				
	Al	Cu	Si	Ni	Mg
1	余量	5	10	2	0.5
2	余量	10	9.5	2	0.5
3	余量	15	7	2	0.5
4	余量	20	6	2	0.5

对钎料合金组织进行观察，发现随着 Cu 含量增加（Si 含量降低），钎料中共晶组织逐渐减少，白色的 $CuAl_2$（Ni）金属间化合物相逐渐增多，形态上从细小的鱼骨状变成粗大的骨骼状，可以预见钎料塑性加工性能将逐渐恶化。同样，不同钎料钎焊接头中，随着钎料 Cu 含量增加（Si 含量降低），接头组织中白色的 $CuAl_2$（Ni）金属间化合物相也逐渐增多，初生 Si 相逐渐减少。从接头剪切性能分析可以看出（图35，其中钎料1~4的铜含量分别为5%、10%、15%、20%），随着钎料中 Cu 含量增加，接头剪切强度先增加然后逐渐降低，钎料2对应的接头剪切强度最高，最大值达97MPa。钎料1接头存在部分孔洞，一定程度上影响了接头强度，随着钎料 Cu 含量增加，接头中化合物含量显著增加，呈硬脆特征，故降低了接头强度。

结果表明：加入适量的铜元素，以降低钎料熔点，同时不会导致加工性能和耐蚀性严重恶化，当 Cu 的质量分数为10%时，钎料液相线

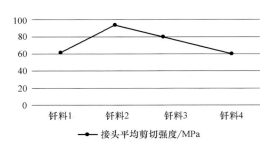

图35 系列钎料接头剪切强度

温度不高于 550.2℃，与 6061 铝合金固相温度 582℃，相差 31.8℃，能够满足钎焊要求。且钎料的固相线温度达到 522.9℃，可以满足焊后母材固溶处理（不低于520℃）的条件，对后期构件热处理强化起支撑作用，具备应用于工程实际的可行性。

该研究研制了系列低熔点铝基真空钎焊材料，阐述了铜含量对钎料 DSC 曲线、化合物形态及数量的影响，经验证在较低钎焊温度（570℃）下可以获得完整钎焊接头，接头剪切强度最高达到97MPa，能够适用于6061铝合金真空钎焊，同时为3A21、6063等铝合金二次真空钎焊提供了可用钎料，满足承压散热部件工程化应用要求。

世界范围内制造业加快向数字化、服务化、绿色化和智能化转变，焊接技术与装备的发展面临重大机遇。杭州华光焊接新材料股份有限公司王浩等人着重从钎焊材料的设计和制造方面，提出为实现智能化转型升级和高质量发展，钎焊材料行业现在和未来需重点关注的几个研究方向和发展趋势[22]。

钎料设计方面出现了"材料基因组计划"和"精确需求驱动钎焊材料正向设计"两种新开发模式以及界面和复合化技术两种新技术趋势。

自2011年起，美国、欧盟、日本和俄罗斯等国先后提出"材料基因组计划"并基于本国研发技术平台，先后完成高通量材料研发能力的建设，中国版"材料基因组计划"重大项目也已启动。通过高通量计算、高通量实验和材

料数据库三大技术要素协同作用，建立以"材料基因组计划"为基础的研究数据库和钎料开发新模式，实现钎料设计中理论与实验的紧密结合，加快钎料从研发、制造到应用的速度，降低开发成本是新型钎焊材料研发的必然趋势，对达成材料科学按需设计的终极目标具有重要意义，但目前国内外尚未开展针对钎焊材料的基因工程技术的研究。

如图 36 所示，杭州华光焊接新材料股份有限公司与浙江大学开展的"数据驱动的钎料产品正向设计平台开发"项目，通过对钎料需求的识别，约简和扩展进行需求正向表达，通过仿真模拟，智能加工和物理验证进行钎料性能表现正向验证，通过性能匹配，相元解析和元素选择进行钎料元素配方正向求解，通过配比优化，方案决策和配方推送进行元素配方的正向优化，由此实现精确需求驱动的钎料正向设计。

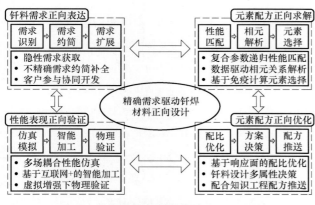

图 36　精确需求驱动钎焊材料正向设计

通过在钎料中添加活性元素和金属或陶瓷材料形成金属间化合物等方法，有针对性地对钎焊界面构成进行设计，以达到界面改性的目的，并可结合钎焊工艺，通过物理和化学方法对界面进行诱导，从而实现接头的高质量钎焊。

此外，将钎料合金、助焊剂和部分功能材料等设计加工成一体化钎料的复合化技术也是业界技术发展的重要方向。

现有钎料制造存在产线断点多，工序质量波动大，物料周转慢和人料界面混杂四类问题，

为适应智能化制造的需要亟须在钎料制造技术、制造过程仿真设计和数字化制造管理三方面有新发展。

在钎料制造中应用并发展变质精炼、低氧压熔炼、大铸锭快冷铸造、大压余脱皮挤压、近净成形等先进制造技术将大幅提升钎料产品质量。

在钎料制造过程设计中大量应用仿真设计和仿真验证工具，对生产设备自动化给予充分能力评估。同时如图 37 所示，通过在生产线上进行物联，利用多种数据终端，将生产现场所有人员和设备信息感知并互通，使生产计划指令下发到机台并实时采集生产数据，形成可用于分析决策的多种数据和信息并增强对过程工序的远程控制能力，从而加快钎料智能制造的推进速度。杭州华光焊接新材料股份有限公司与浙江大学所进行的"高精度钎焊材料数字化改造"项目即为对这一制造过程设计和管理新思路的有效实践。

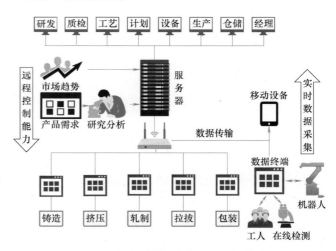

图 37　钎焊材料制造数字化生产管理

7　结论

对上述报告内容进行归纳总结，可以看出：

1）陶瓷及高温结构材料钎焊的研究主要集中在新型钎料设计、陶瓷表面改性等方法增加润湿性、改善接头脆性和残余应力问题。TiAl、Nb-Si 合金钎焊的研究重点是设计新型钎料和控

制钎焊工艺，从而调控接头组织，提升接头性能。在陶瓷表面制备二元协同微纳米界面结构促进了钎焊技术在微型结构及精密器件等制造领域的应用。

2）新型钎料设计为抑制接头脆性提供了新思路。包括添加 Ge、Sn 和 Ga 元素的高熵钎料钎焊高温合金，但目前能够有效降低其熔化温度的元素种类较少，还需要研究新的降熔元素，开发新体系高熵钎料；控制 Ti 基钎料中活性元素含量钎焊石墨/TZM 合金；Cu 箔与 Ag 钎料复合钎焊硬质合金/钢。

对于铝合金钎焊，AlSiCuMg 新型钎料可用于铝合金和铜合金异种材料的真空钎焊连接；KCsAlF₄ 钎剂有助于提高 AlSiCuNi 钎料对 6063 铝合金材料润湿性，形成的钎焊接头具有较好的剪切强度，但是相关研究都缺乏工程应用探索。钎焊材料的设计和制造方面，提出为实现智能化转型升级和高质量发展，钎焊材料行业现在和未来需重点关注并实践的新开发模式、新技术趋势以及几方面技术水平提升。

3）在超声辅助扩散焊 Mg/Al 接头中加 Sn 中间层，可提高接头强度并降低焊接功率。在 SiC 表面激光沉积 Ag 层可提高 SiC 基片/DBC 板低温 TLP 扩散焊接头质量和强度。

4）电弧钎焊、激光钎焊镀锌钢板，能量输入会影响锌元素进入焊缝，从而影响焊缝成形。采用高熵钎料激光钎焊高温合金时，激光功率会影响焊缝形状及接头强度，为未来实际工程应用的需要，提供了可靠的理论支持。

5）增材制造得到的铜材料焊接性与传统的铜有显著区别。原因在于制备工艺不同得到材料组织、内部质量会影响表面张力，进而影响钎料润湿行为。

6）对钢、铜钎焊接头疲劳性能研究表明，获得的最大缺口应力可用于评估疲劳强度。研制 Al-Si-Cu-Ni-Mg 新型钎料钎焊铝合金发现，适量铜元素可降低钎料熔点，同时不会导致加工性能和耐蚀性严重恶化，新型钎料可满足承压散热部件工程化应用要求。对钎焊材料设计制造实现智能化转型升级和高质量发展需重点关注的领域进行了展望。

参考文献

[1] WEI J, RODGERS B, LIU S, et al. Effect of Thermal Exposure on Shear Strength of SiC/Si-Al-Ti/SiC Braze Joint [Z]// XVII A-0169-19.

[2] SHI J M, ZHANG L X. Relieving the residual stress in the ZrC-SiC ceramic and TC4 alloy brazed joint using laser deposited functionally graded material layers [Z]// XVII A-0183-19.

[3] CHEN H Y, MIAO L L. Controlled spreading of melted fillers and precision micro-brazing based on a micro-scale binary cooperative [Z]// XVII A-0182-19.

[4] ZHANG L X, SUN Z, FENG J C. Wetting of AgCuTi alloy on the quartz fiber reinforced composite modified by vertical few-layer graphene [Z]// XVII A-0170-19.

[5] SUN Z, ZHANG L X, ZHANG B, et al. Development of a 3-dimensional graphene sponge modified composite braze filler for joining of C/C composites [Z]// XVII A-0165-19.

[6] REN H S, XIONG H P, CHEN B, et al. Microstructure and strength properties of TiAl/Ni-based superalloy joints brazed with FeNiCoCrSiB filler metal [Z]// XVII A-0168-19.

[7] REN X Y, LI N, XIONG H P. Vacuum brazing of Nbss/Nb₅Si₃ composites using TiNiNb filler alloys [Z]// XVII A-0173-19.

[8] ULITZKA T. Development of high entropy alloys for brazing applications [Z]// XVII A-0171-19.

[9] LU Q B, LONG W M, QIN J, et al. TZM/Graphite Interface Behavior in High Temperature Brazing by Ti-based Brazing filler materials [Z]// XVII A-0175-19.

[10] BOBZIN K, ÖTE M, HEBING J. Approaches and possibilities for reducing internal stresses

in induction brazed cemented carbide-steel joints [Z]//XVII A-0180-19.

[11] SOMMER A K, TÜRPE M, FÜSSEL U, et al. Considerations on a New Brazing Concept for Vacuum Brazing of Al and Cu [Z]//XVII A-0164-19.

[12] PEI C, CHENG Y Y, WU X, et al. Brazing of 6063 aluminum alloy with Al-20Cu-5Si-2Ni filler metal [Z]//XVII A-0174-19.

[13] FEY A, JAHN S, GEMSE F, et al. Simulation for Diffusion Bonding Process and Application of Diffusion Bonded Parts [Z]//XVII B-0050-19.

[14] GU X Y, SUI C L, LIU J, et al. Study on microstructure and mechanical properties of Mg/Al ultrasonic bonded joint with Sn interlayer [Z]//XVII C-0050-19.

[15] BAO Y D, WU A P, ZHAO Y, et al. Low temperature transient liquid phase sintering with SnAgCu-Ag mixed powders for Power Device Packaging [Z]//XVII B-0047-19.

[16] ANDREAZZA P. Investigations on arc brazing for galvanized heavy steel plates in steel- and ship building [Z]//XVII A-0166-19.

[17] MATTULAT T, KÜGLER H, VOLLERTSEN F. Investigations on the occurrence of different wetting regimes in laser brazing of zinc-coated steel sheets [Z]//XVII A-0181-19.

[18] LI H, HAN Y, LIU X S, et al. Laser brazing of Inconel 718 using a $Ni_{20}Mn_{30}Fe_5Co_{20}Cu_{25}$ high entropy alloy filler metal [Z]//XVII A-0167-19.

[19] WHEELING R, WILLIAMS S, VIANCO P. Solderability of Additive Copper Surfaces [Z]//XVII C-0051-19.

[20] BAUMGARTNER J. A brief overview of the fatigue behavior of brazed components [Z]//XVII A-0177-19.

[21] ZHANG G Q, WANG W, HUANG X M, et al. Study on aluminium-based moderate temperature filler metals for vacuum brazing of 6061 aluminium alloy [Z]//XVII A-0178-19.

[22] WANG H, GAI X Y, JIN L M. Design and manufacture of brazing alloys for intelligent manufacturing [Z]//XVII A-0179-19.

作者简介：熊华平，男，1969 年出生，博士，研究员，博士生导师。研究方向为航空新材料的焊接技术、异种材料连接、新型焊接材料研制、增材制造等。获得授权专利 50 余项，发表论文 170 余篇。E-mail：xionghuaping69@ sina. com。

焊接物理（IIW SG-212）研究进展

武传松　陈姬　贾传宝

（山东大学材料连接技术研究所，济南　250061）

摘　要： 本文对在斯洛伐克布拉迪斯拉发举办的第 72 届国际焊接学会年会期间焊接物理研究组（IIW SG-212）交流的报告和论文总体情况给予了简要评述。选取了若干篇研究进展和创新性明显的代表性论文，介绍了国内外焊接科技人员在焊接与丝-弧增材制造过程中电弧物理、熔池行为、熔滴过渡和金属蒸气等方面取得的最新研究结果，并给予了简要评述。

关键词： 国际焊接学会年会；焊接物理；研究进展

0　序言

在 2019 年第 72 届国际焊接学会年会期间，国际焊接学会 IIW SG-212（焊接物理）研究组单独举办了两个半天的研讨会（7 月 8 日上午，10 日上午），交流了 27 篇文章。另外，7 月 9 日还与ⅩⅡ委（电弧焊工艺与生产系统）、Ⅳ委（高能束流焊接）和Ⅰ委（增材制造、表面工程与热切割）共同主办了一整天的联合研讨会，交流的论文中，以 SG-212（焊接物理）研究组编号为主的论文 8 篇。7 月 10 日下午在ⅩⅡ委的会上，也交流了 4 篇投稿 SG-212 但内容与电弧焊有关的论文。总体来看，SG-212（焊接物理）研究组在第 72 届国际焊接学会年会期间交流了 38 篇论文，日本 16 篇，德国 8 篇，中国 5 篇，加拿大 3 篇，澳大利亚 3 篇，韩国 2 篇，美国 1 篇，反映了焊接科技工作者针对焊接与丝-弧增材制造过程中的电弧物理、熔池行为、熔滴过渡和金属蒸气等各类物理现象，开展理论分析、数值模拟和实验测试而取得的最新研究进展。现选取某些与 2018 年相比有较大进展、新颖性明显的论文，概述相关领域的研究现状和发展趋势。

1　焊接电弧及其各区域物理特性

对于焊接电弧，尽管经过了几十年的研究，但仍有许多尚未完全清晰的基础科学问题。作为熔焊和丝-弧增材制造的主要热源-力源，焊接电弧及其各区域（阴极区、阳极区、弧柱区）的物理特性直接影响和决定了焊接和丝-弧增材制造的质量和效率。

日本大阪大学接合科学研究所 Tanaka 小组研究了铝合金交流氩弧焊接阴极斑点行为[1]。工件为 A1050 铝板，观测工件接负极时的阴极斑点行为。试验观测装置如图 1 所示。高速摄像机（SHIMADZU，HPV-1）采样频率为 50 万帧/s，曝光时间为 1μs。焊接工艺条件如下：交流，频率为 70Hz，焊接电流为 200A，反极性（EP）的时间占比为 30%，氩气保护，流量为 20L/min，钨极直径为 3.2mm。

图 2 所示为负极性时铝板上的阴极斑点图像。图 3 所示为观测到的阴极斑点在工件上的分布。引弧后，在 0.5ms、1ms、2ms 和 3ms 时刻，熔池区域内阴极斑点的数量分别为 20、30、23 和 25；在 0.5ms 时刻，全部的阴极斑点都在熔池内（100%）；在 1ms、2ms 和 3ms 时刻，熔池内阴极斑点数量占比分别为 77.8%、57.4% 和 37.4%。另外，在熔池中心部位，没有阴极斑点。阴极斑点不均匀和环形的分布特点，首先影响焊接电流在工件表面的分布，进而影响电弧对母材的热输入和氧化膜的清理。在熔池内、外，阴极斑点的运动速度分别为（142±59）m/s、（87±44）m/s。阴极斑点分布从熔池内向外扩展的速度为 1m/s。

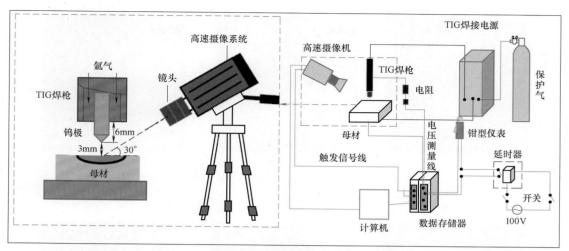

图 1　铝合金交流氩弧焊接阴极斑点的观测装置

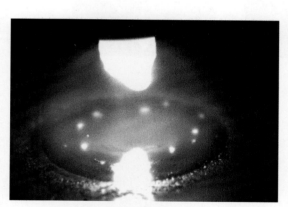

图 2　负极性时铝板上的阴极斑点图像（交流 TIG）

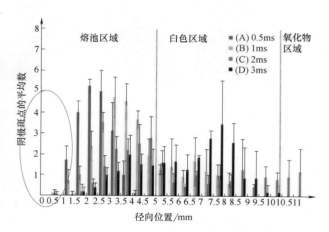

图 3　阴极斑点在工件上的分布

另外一个传感器，是双波长视觉传感器（滤光片中心波长分别为 980nm 和 950nm，采样

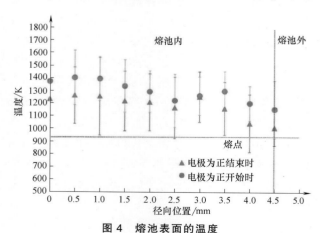

图 4　熔池表面的温度

频率为 500fps），通过采集两个波段的红外辐射，经特殊算法可在不经标定的前提下得到温度数

值。采用该双波长视觉传感器测量了负极性开始和结束时刻的熔池表面温度，如图 4 所示。预测在母材表面上的热流分布，正极性时呈高斯分布，负极性时呈环形分布。负极性时，随着阴极斑点从中心向外运动，熔池表面接收的热输入降低。熔池中心部位温度高，使此处几乎没有阴极斑点。

Tanaka 小组通过实验，研究了 TIG 焊接时金属蒸气对钨极损耗的影响[2]。实验条件如下：钨极直径为 3.2mm，含 2%（质量分数）的 La_2O_3，端部尖角为 60°，弧长为 3mm，纯氩气保护，流量为 25L/min，焊接电流为 150A，焊接时间为 60s，正极性（DCEN）。采用高速摄像机观测钨极表面，滤光片中心波长为 950.42nm，采样频率为 100fps。母材分别采用水冷铜板、纯铁板和纯铬板。

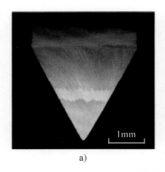 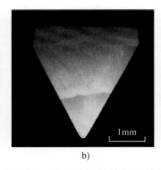 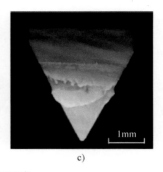

a)　　　　　　　　　　　b)　　　　　　　　　　　c)

图 5　燃弧 20s 时三种母材情况下的钨极图像

a）水冷铜板　b）纯铁板　c）纯铬板

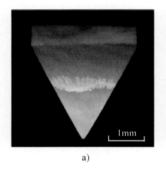 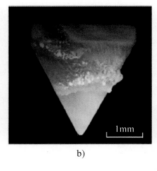 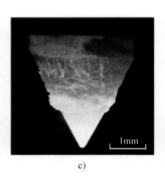

a)　　　　　　　　　　　b)　　　　　　　　　　　c)

图 6　燃弧 60s 时三种母材情况下的钨极图像

a）水冷铜板　b）纯铁板　c）纯铬板

图 5 和图 6 分别展示了燃弧 20s 和 60s 时三种母材情况下的钨极表面。燃弧 20s 时，当水冷铜板和纯铁板母材时，钨极表面没有变形，但纯铬板母材对应的钨极表面发生变形。燃弧 60s 时，对于水冷铜板母材，钨极表面没有变形，但纯铁板和纯铬板母材对应的钨极表面发生变形，并且纯铬板母材对应的钨极表面变形比 20s 时更为严重，还基于光谱分析在距端部 1.4mm 处测到了铬粒子的辐射光。钨极表面的变形，是熔池发出的金属蒸气冲击到钨极而导致的。钨极表面变形发生的时刻以及变形量，取决于传输到钨极的金属蒸气量。由于铬的沸点低于纯铁的沸点，铬作为母材时传输到钨极的铬蒸气分子多。基于以前的测量数据，铬母材熔化时钨极表面温度也比水冷铜阳极时高，因此钨极端部的光发射也较强。图 7 所示为纯铬板母材时焊后钨极截面上元素分布的电子探针微区分析结果。可见，钨极表面变形区域没有氧，说明不是氧化造成的钨极表面变形。钨极表面的 La 元素也没有减少，说明也不是钨极添加元素的损失导致了这种变形。钨极变形区域由 W 和 Cr 组成，说明熔池表面产生的金属蒸气传输到钨极

表面，该处传热状态变化，改变了钨极表面的温度分布，使其发生变形。

澳大利亚联邦工业与研究组织（CSIRO）Murphy 小组计算了 Ar-He 混合气体保护 TIG 焊接时金属蒸气对电弧电流密度和熔池形状的影响[3]。补充一个金属蒸气的质量守恒方程，将金属蒸气考虑进来；同时考虑铁蒸气相对 Ar-He 的扩散系数，将其结合进压力、电场和温度场驱动的综合扩散系数中。算例条件如下：焊接电流为 150A，弧长为 3mm，保护气流量为 30L/m；Ar 与 He 的摩尔分数分别为 0.01/0.99、0.05/0.95、0.1/0.9 和 0.3/0.7。图 8 展示了是否考虑金属蒸气时不同 Ar-He 摩尔分数组合情况下熔池上方电流密度的径向分布。可以看出，不考虑金属蒸气时，电流密度局限在半径 1mm 的范围内；随着 Ar 摩尔分数的增加，电流密度下降。考虑金属蒸气时，电流密度分布区域扩展到半径 2.5mm 的范围；靠近电弧轴线的区域内，不管 Ar 摩尔分数的大小，电流密度远低于不考虑金属蒸气的情况。这说明当考虑金属蒸气时，电流密度主要受金属蒸气的影响。

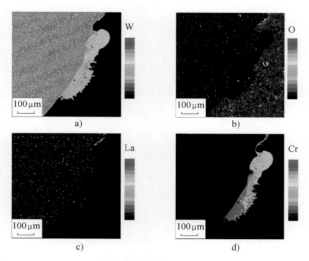

图7 纯铬板母材时焊后钨极截面上元素
分布的电子探针微区分析结果

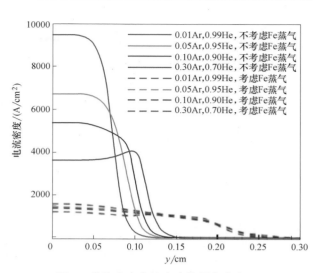

图8 熔池上方电流密度的径向分布

图9展示了不同Ar-He摩尔分数组合情况下，在是否考虑金属蒸气的情况下，熔池的形状。不考虑金属蒸气时，增加Ar摩尔分数，会使熔深减小。当Ar摩尔分数从0.01升高到0.3，熔深从9mm下降为7mm，这是因为电流密度也随Ar摩尔分数的增加而减小了（图8）。考虑金属蒸气时，预测的熔深减小。当Ar摩尔分数从0.01升高到0.3，熔深从3mm下降为2mm，熔宽有所增加。这也与图8电流密度的分布情况吻合。总体来说，金属蒸气对电弧有冷却作用。

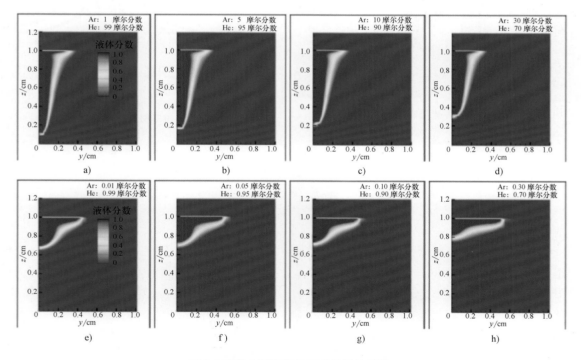

图9 考虑金属蒸气与否时的熔池形状

如图10所示，德国德累斯顿工业大学Fuessel小组在TIG焊枪上安置四个小线圈，产生横向磁场，使电弧发生偏转[4]。基于麦克斯韦方程组，建立了线圈产生的电磁场模型和电弧模型，重点处理了钨极鞘层内的热阻。鞘层内网格尺寸为 1μm，计算出的电流密度连续。采用水冷铜阳极，阳极开微小通孔，放置力传感器，测量了电弧压力。线圈磁芯材料分别采用 AISI 1008、AISI 1010 和高合金（Higher Alloy），线圈通励磁电流 750mA。测试结果如图 11 所示。不加横向磁场时，电弧压力测试值与计算值吻合良好（图中峰值最高的对称曲线）。磁芯是高合金并加横向磁场时，电弧压力测试值与计算值吻合良好，但电弧压力分布曲线向右偏转。当磁芯材料分别采用 AISI 1008 和 AISI 1010 时，电弧压力分布曲线向右偏转更多。电弧偏转较大时，电弧压力下降幅度较大。

日本新日铁工程公司 Miki 等考虑坡口侧壁对电弧的拘束，在调整电弧电流密度和热流密度分布的情况下，建立电弧与工件温度场模型，研究了高锰钢 TIG 焊接时坡口形状对熔深的影响[5]。如图 12 所示，坡口高度为 11mm，角度为 15°。工艺条件为：钨极伸出长度为 15mm，弧长为 0.8mm，钨极直径为 2.4mm，尖角为 30°，纯氩气保护，流量为 20L/min，焊接电流为 76A。如图 13 所示，有坡口时，电弧受到拘束，其流速、压力和温度的数值都有所提高。因此，熔深有所增加，熔宽有较大减小，如图 14 所示。当焊接高锰钢时，Mn 蒸气分布受到坡口影响，电弧电压和电流密度改变，导致熔深增加。

图 10　TIG 焊枪与磁控线圈

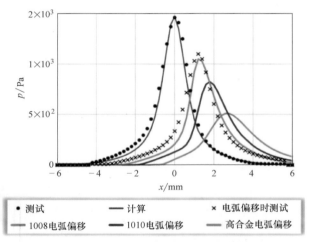

图 11　线圈磁芯材料对电弧压力的影响

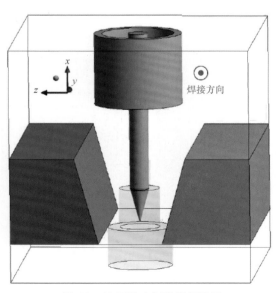

图 12　坡口尺寸与形状示意图

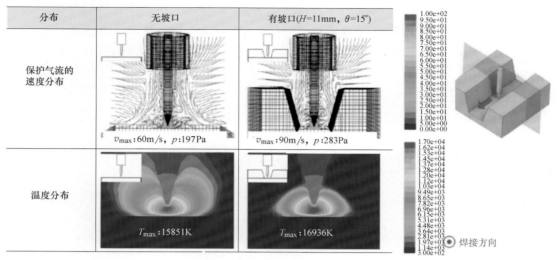

图13　有无坡口时等离子体流速、电弧压力和温度分布

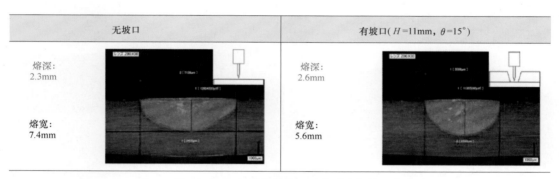

图14　高Mn钢TIG焊接时坡口形状对底板熔深的影响

2　熔池行为

韩国机械与材料研究所Cho等人应用CFD方法对一脉一滴GMAW熔池行为进行了数值模拟[6]。模型所用到的控制方程组与其他作者一样，都是熔滴内的质量、动量和能量守恒方程以及熔滴表面追踪的流体函数方程，不同之处是考虑了脉冲焊接电流的瞬时变化。首先实测了脉冲焊接电流和电弧电压的波形，使用视觉传感器拍摄了电弧和熔滴过渡的序列图像，获得了不同瞬时与脉冲焊接电流波形对应的熔池表面上电弧的有效半径（即95%以上的电弧热流以高斯函数形式分布在该半径的圆形区域内），如图15所示。焊接工艺条件为：焊丝ER70s-6，直径1.0mm，保护气体95% Ar+5% CO_2（指体积分数），流量20L/min，送丝速度

7m/min，焊接速度8m/min，CTWD15mm。图16所示为纵截面熔池的流场与温度场计算结果，展示了随脉冲波形变化的熔池形状及其中的流场与温度场瞬时演变过程。

德国亚琛工业大学Reisgen小组建立了基于蒸发的电弧-阴极耦合模型（Evaporation Determined Arc-cathode Couple Model，EDACC）[7]。在阴极（熔池）表面上，焊丝中心附近，半径为$R_{HS,inner}$的区域内等离子弧温度取为9000K，间接考虑金属蒸气对电弧的冷却作用。$R_{HS,inner}$以外、半径为R_{HS}的区域，电弧温度取为13000K。这一假设符合熔化极电弧的试验观测结果。假设熔滴半径为0.5mm，熔滴温度为2300K，熔滴以连续液体流形式进入熔池，质量流为0.0005kg/s。图17所示为EDACC的预测结果。图17上图是熔池的热流分布，也画出了熔池形状和流速矢

量。图17中图是熔池横断面，其右侧画出了电流密度矢量。图17下图是熔池温度场，画出了熔池内的最高温度，白线表示熔池表面的熔点和沸点。该图对应的工艺条件为：$R_{HS,inner}$ = 1mm，R_{HS} = 5mm，焊接速度为 300mm/min，电弧电压为 20V，焊接电流为 85.6643A。

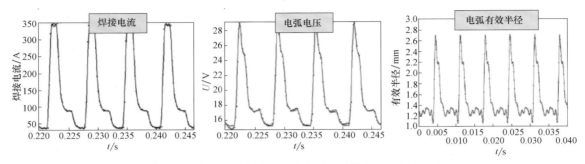

图 15　焊接电流、电弧电压和电弧有效半径随时间的变化

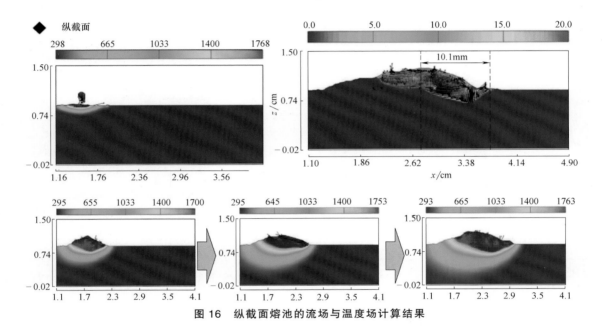

图 16　纵截面熔池的流场与温度场计算结果

澳大利亚联邦工业与研究组织（CSIRO）Murphy 小组介绍了其研发的电弧焊模拟软件 Arc Weld[8]，它针对熔化极惰性气体保护电弧焊，预测热物理性能的动态变化和熔池形成过程。它包括了若干核心计算模型，图形化的用户界面友好，用户可方便地输入主要焊接参数并开展数值模拟。可展示焊缝的动态变化、余高和熔深以及金属与等离子体的重要物理性能预测结果。图 18 所示为三种合金工件的温度分布与焊缝横断面的计算结果，对应的工艺条件为：Al-Si-Mg 合金（工件 AA5754，焊丝 AA4043），Al-Mg-Zn 合金（工件 7N01，焊丝 ER5087），

AZ31 镁合金；焊接电流 95A，送丝速度 4.32m/min，保护气流量 14.16L/min，熔滴过渡频率 931/s，焊接速度 900mm/min；工件厚度 3mm，搭接角接头，焊丝的工作角和前进角分别为 60°和 90°。图 18 显示，Al-Si-Mg 合金和 Al-Mg-Zn 合金的温度分布基本相同，尤其是焊丝端头和熔池区域；最高温度处在相近的范围内；熔池形状相近，Al-Si-Mg 合金熔深稍大一点。然而，镁合金试件的情况则与前两种合金完全不同，温度低很多，熔池更浅，说明对镁合金来说选定的焊接电流过低。

德国莱布尼茨等离子体科学与技术研究所

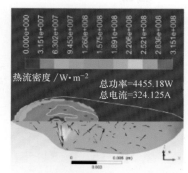
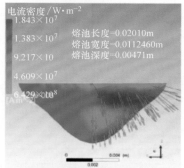
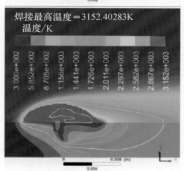

图 17　EDACC 的预测结果

Uhrlandt 小组研究了有无涂层钢板上的脉冲 GMAW 熔池行为[9]。采用双色高温测试仪分别从焊枪前面和侧面观测熔池。图 19 比较了有无涂层钢板上的 GMAW 温度场。相应的工艺参数为：送丝速度 8m/min，焊接速度 45cm/min。可以看出，钢板有涂层时，高温液态金属流动范围更广。

德国联邦材料实验研究院 Rethmeier 小组[10] 研发了振荡磁场控制的填丝激光焊，以改进厚板焊接熔池的流动状态，使添加元素在焊缝中的分布更为均匀。图 20 为原理示意图，磁体安置在工件表面上方 2mm 处，磁通量密度为 235mT，脉冲频率为 3600Hz。建立了多物理场耦合模型；外加磁场与熔池中的焊接电流作用产生额外的电磁力，这个力成为熔池流体流动的驱动力之一；熔池流体动力学状态的改变使温度分布发生变化，熔池形状与尺寸随之改变；变化了的熔池形状与尺寸又使附加电磁力的作用区域发生变化，因此，多物理场相互耦合与作用。分析计算了磁场、流场、温度场，采用流体体积函数法追踪了小孔界面。图 21 比较了是否施加振荡磁场时的激光焊接熔池流体流动状态。由图可见，虽然基本的流动模式没有大的改变，但施加磁场之后，纵截面内向下流动的趋势得以强化。由于熔池内向下流动加强，使元素 Ni 的分布情况改变。如图 22 所示，不施加磁场时，元素 Ni 主要集中在焊缝上部 3.9mm 区域内；施加磁场后，元素 Ni 分布更为均匀，分布在焊缝深度 5.7mm 区域内。

北京工业大学陈树君小组与日本大阪大学接合科学研究所 Tanaka 小组合作，在铝合金变极性等离子弧穿孔平焊过程中，观测了熔池内液态金属围绕小孔的流动情况[11]。焊前，在工件待焊中心线上钻一系列直径为 1mm、深度为 1~4mm 不等的细孔，将直径小于 0.1mm 的示踪粒子置于其中，并用铝合金焊丝将细孔封闭。示踪粒子选用熔池表面熔渣或氧化锆（ZrO_2）。由于氧化锆不能覆盖整个熔池表面，甚至不能覆盖大部分熔池表面，因此在对表面流动进行测量的时候部分区域选择熔渣进行观测，选择熔渣尺寸为 0.1~0.5mm 的作为追踪目标。氧化锆粒子在焊接过程中进入熔池表面。利用视觉系统追踪氧化锆粒子或熔渣，间接表征熔池表面液态金属的流动速度。图 23 所示为检测到的熔池表面上示踪粒子流动轨迹。1~4 号摄像头分别拍摄小孔后壁、前壁、侧壁和小孔底部的流动轨迹。

图 24 所示为熔池表面小孔侧壁处的示踪粒子流动轨迹。液态金属在侧壁的流动存在两种流动模式：一种是从小孔底部流向小孔顶部；另一种是从小孔前部流向后部。后者在小孔后部的趋势比小孔前部更明显。

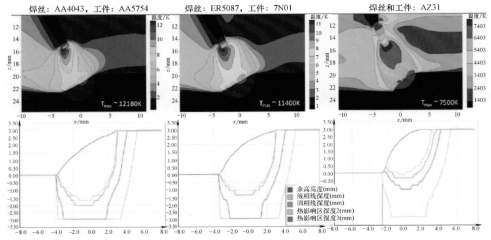

图18　三种合金工件的温度分布与焊缝横断面计算结果

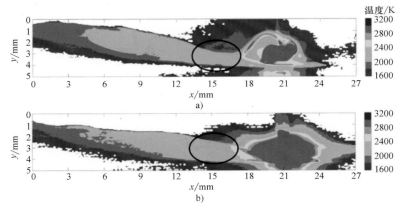

图19　GMAW温度场的侧面图像

a）无涂层钢板　b）有涂层钢板

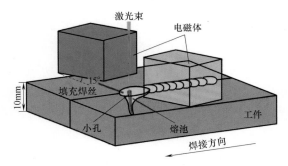

图20　振荡磁场控制的填丝激光焊示意图

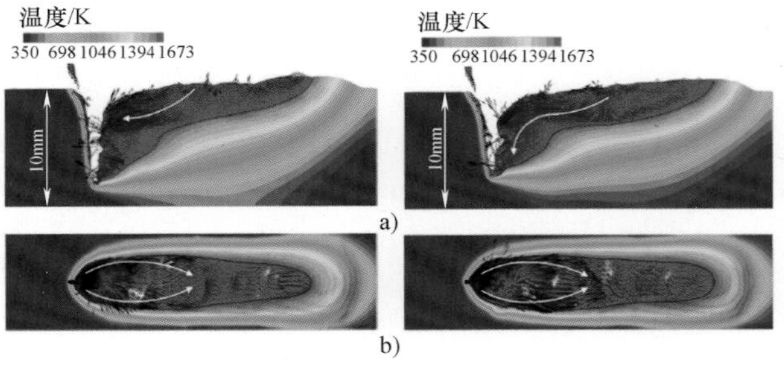

图21　激光焊接熔池流体流动的比较

a）常规的填丝激光焊　b）振荡磁场控制的填丝激光焊

　　图25所示为从小孔底部观测的熔池内示踪粒子流动情况。可以看出，小孔前壁的金属熔化之后贴壁绕过小孔流向小孔背面，金属在绕流的同时从小孔底部流向小孔顶部。

　　对于熔池内部的流动，直径0.3mm的钨颗粒作为示踪粒子，利用X射线视觉系统观测钨颗粒的流动轨迹。图26所示为通过X射线成像系统追踪示踪粒子获得的穿孔熔池三维绕流过程。图中一条流线代表一个钨颗粒的运动轨迹和速度矢量。

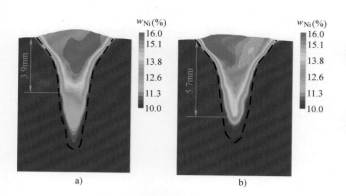

图 22　元素 Ni 在熔池中的分布

a）常规的填丝激光焊　b）振荡磁场控制的填丝激光焊

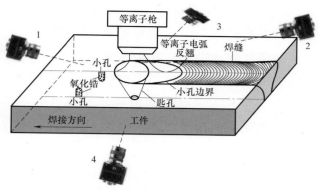

图 23　示踪粒子 X 射线视觉检测原理示意图

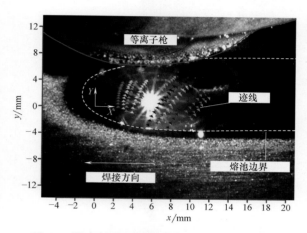

图 24　熔池表面小孔侧壁处的示踪粒子流动轨迹

图 25　从小孔底部观测的熔池内示踪粒子流动情况

上海交通大学芦凤桂小组研究了 NiCrMoV 钢激光深熔焊时小孔不稳定性与气孔形成的数值模拟[12]。10mm 板厚试件的模拟结果表明，沿小孔后壁向下流动的液态金属，在各种力的联合作用下，使小孔后壁的液态金属表面弯曲；如果激光能量波动或衰减引起小孔在深度方向上振荡或焊道底部的熔化前缘起伏塌陷，在小孔底部形成空穴，如图 27a 和 b 所示。如果空穴随液态金属流动，离开小孔运动到熔池内部，空穴就演变成气泡，如图 27c 和 d 所示。有时气泡也会合并，就会导致尺寸较大或不规律形状的气泡。如图 28a 所示，气泡 1 迁移到熔池尾部的凝固前缘，并缓慢地移动到图 28b 的凝固前缘。同时，气泡 2 很快地靠近气泡 1（图 28c），如图 28d 所示，气泡 1 被凝固前缘捕获，气泡 1 和 2 合并，形成尺寸较大或不规

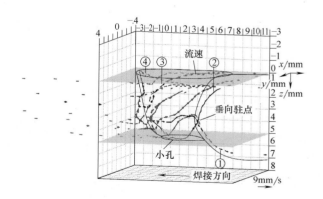

图 26　通过 X 射线成像系统追踪示踪粒子
获得的穿孔熔池三维绕流过程

律形状的气泡。

上海交通大学华学明小组研究了铝合金激光焊接时羽烟速度变化与匙孔尺寸波动之间的相关性[13]。所采用的实验装置如图 29 所示。AA5083 铝合金板厚度为 10mm，焊接速度为

4m/min，激光功率为5kW，离焦量为0。带滤光片的高速相机观测小孔和羽烟。如图30所示，原始图像经处理之后，可提取出匙孔以及与其相关的金属蒸气羽烟。实验结果表明，焊接时匙孔处于张开和塌陷闭合的动态变化过程中。当匙孔张开时，其尺寸连续波动直至塌陷；在

匙孔张开的初始时刻羽烟速度达到最大，随后羽烟速度的变化与匙孔尺寸波动同步。在羽烟速度的波动过程中，匙孔壁的凸起部位发生局部蒸发；羽烟速度的波动导致匙孔壁面上力的平衡状态发生变化，从而引起匙孔的扩张或缩小，如图31所示。

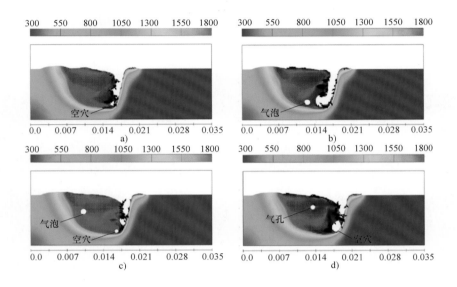

图27　熔池纵截面上小孔导致的气孔形成过程

a）$t=0.758s$　b）$t=0.759s$　c）$t=0.761s$　d）$t=0.766s$

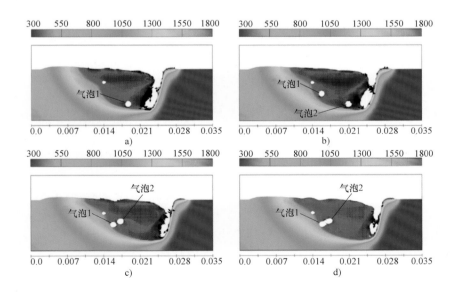

图28　熔池纵截面上气泡的合并过程

a）$t=1.202s$　b）$t=1.263s$　c）$t=1.317s$　d）$t=1.318s$

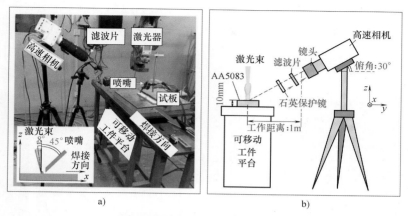

图 29　铝合金激光焊接实验装置

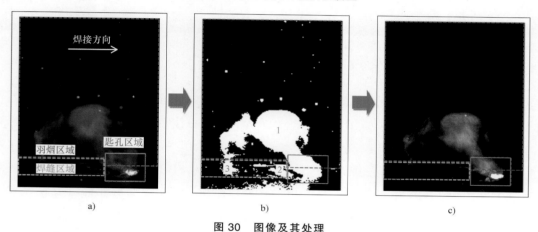

图 30　图像及其处理

a）原始图像　　b）二值化处理　　c）保留匙孔区域内面积最大的单元

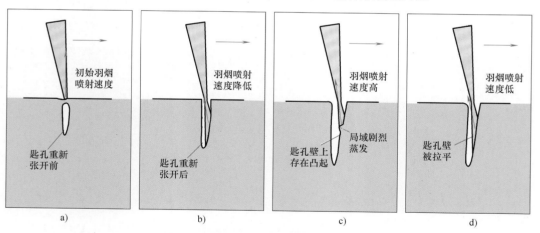

图 31　匙孔不同状态时羽烟速率的变化

a）匙孔重新张开前　　b）匙孔重新张开后　　c）匙孔壁存在凸起时　　d）匙孔壁被拉平后

3　熔滴过渡

　　日本大阪大学工学部 Ogino 等建立了 CO_2 气体保护焊焊接时同时考虑电弧和熔滴的数学模型[14]。分析了两种初始条件下熔滴的长大过程。

图 32 所示为电弧和熔滴的初始条件（左-电弧和熔滴处于焊丝轴线中心；右：熔滴和电弧向左偏移 0.6mm）。对应的工艺条件为：焊丝直径 1.2mm，CTWD 15mm，焊丝端头距工件表面 5mm，焊接电流 300A，送丝速度 10m/min。

100ms 之后，熔滴有所长大，电弧温度和 Fe 蒸气分布如图 33 所示。可以看出，在对称情况下，电弧中心充满了 Fe 蒸气，温度较低；偏移情况下，熔滴仍以偏移方式长大，Fe 蒸气不处于电

弧中心，电弧高温区与 Fe 蒸气区域分离。图 34 展示了非对称熔滴中的电流、热输入和温度分布。该模型只适用于 CO_2 气体保护焊接时上述两种初始条件下熔滴长大过程的模拟。

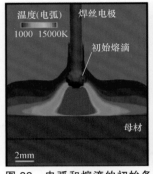

图 32　电弧和熔滴的初始条件（左-电弧和熔滴处于焊丝轴线中心；右：熔滴和电弧向左偏移 0.6mm）

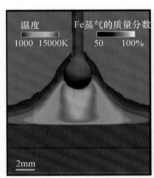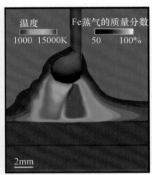

图 33　100ms 之后的电弧温度和 Fe 蒸气分布

日本大阪大学接合科学研究所 Tanaka 小组采用光滑粒子动力学方法（SPH）模拟了药芯焊丝电弧焊（FCAW）过程中的熔滴脱离机制[15]。FCAW 过程中，药芯焊剂受热分解，排放出气体，对熔滴产生推力（图 35）。图 36 所示为 FCAW 电弧模型示意图。图 37 比较了低、高两种焊接电流情况下焊丝和焊剂熔化、形成熔滴和熔滴脱离的计算结果。图 38 比较了低、高两种焊接电流情况下熔滴脱离时间的预测结果。SPH 是一种无网格

数值方法。通常有限元分析中需要定义节点和单元，而该方法用点的集合来描述给定的部件，无须定义单元。在 SPH 中这些点通常被称为粒子或虚拟颗粒。SPH 的主要优势是无固定网格，对于流体流动、结构大变形和自由表面等难题，该方法处理得相对自然恰当。对于变形不明显的问题，该方法不如拉格朗日有限元分析准确，对于变形较大的问题，该方法不如耦合欧拉-拉格朗日（CEL）方法准确。

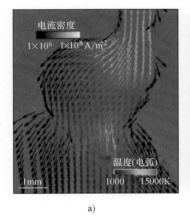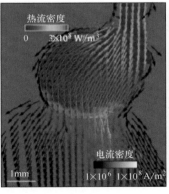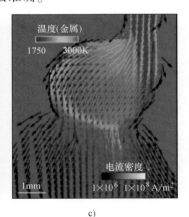

a)　　　　　　　　　　b)　　　　　　　　　　c)

图 34　非对称熔滴中的电流和能量状态

a）电流密度　b）热输入　c）温度

日本大阪大学工学部 Asia 小组[16] 采用特殊的脉冲焊接电流波形，对短路过渡过程加以主动调控并建立了数学模型，主要特点就是针对图 39 所示的受控短路过渡过程开展了数值模

拟。图 39 所示为采用的特殊脉冲焊接电流波形以及不同时刻的短路过渡图像。图 40 所示为不同时刻熔滴温度场的计算结果，分别对应燃弧、送丝和回抽的时刻。

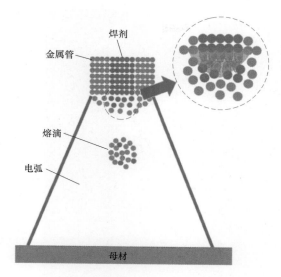

图 35　FCAW 药芯造气产生的推进力

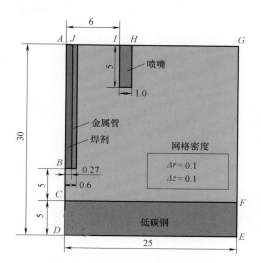

图 36　FCAW 电弧模型示意图

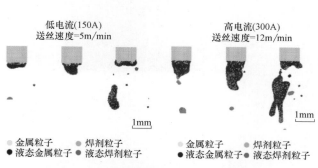

图 37　FCAW 熔滴过渡的数值模拟结果

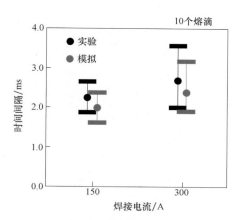

图 38　熔滴脱离时间

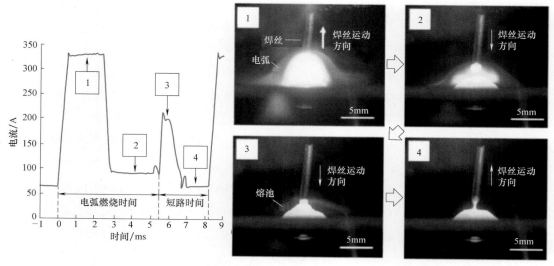

图 39　采用的特殊脉冲焊接电流波形以及不同时刻的短路过渡图像

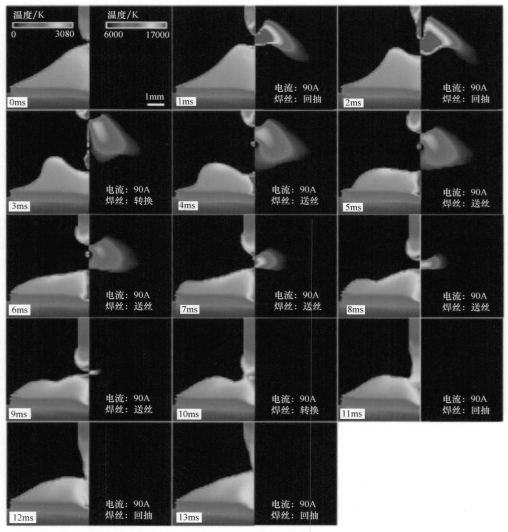

图40 不同时刻熔滴温度场的计算结果

4 丝-弧增材制造中的物理现象

韩国釜庆大学 Cho 等人研究了 Super-TIG 焊厚壁金属件增材制造过程中的电弧特性与熔滴过渡模式[17]。Super-TIG 焊采用 C 形焊丝，如图 41 所示。C 形焊丝阻挡了一部分电弧压力，使熔池流动状态改变，从而可以在高焊接电流情况下不出现驼峰焊道，熔敷率可达 30kg/h（普通-TIG 焊熔敷率只有 2kg/h）。因此，Super-TIG 焊适用于厚壁金属件增材制造。Cho 等人进一步改进 Super-TIG 焊，左右摆动焊枪，以增加熔敷的宽度。图 42 所示为采用摆动 Super-TIG 焊获得的厚壁件。Cho 等人通过实验观测焊枪摆动过程，以及在中心点和两侧返回点的焊接电压波形与熔滴过渡情况。发现 Super-TIG 焊可获得稳定和规则的搭桥过渡模式。

德国勃兰登堡应用科技大学 Goecke 与荷兰代尔夫特理工大学 Hermans 合作，开展了丝-弧增材制造过程的多信号传感检测[18]，目的在于研发一套快速从熔池红外温度场图像中确定冷却时间的方法。图 43 所示为采用红外传感器拍摄的熔池温度场图像。根据拍摄的熔池图像，确定焊缝中心线，在同一幅图像上找出高低两个温度值的点，然后根据焊接速度算出从高温到低温的冷却时间。这一结果将用于丝-弧增材制造过程中不同层间热输入的控制，以及有限元模拟结果的验证。

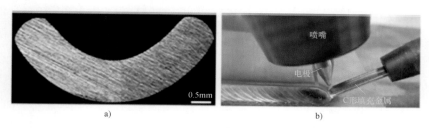

图 41　Super-TIG 焊接

a）C 形焊丝横断面　b）实验布置的侧视图

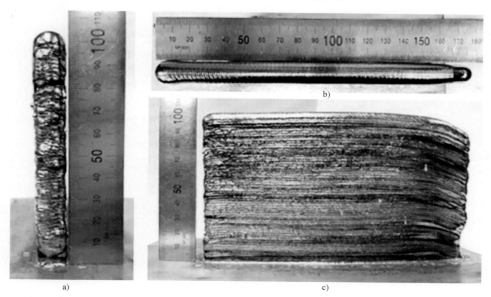

图 42　采用摆动 Super-TIG 焊获得的厚壁件

a）前视图　b）俯视图　c）侧视图

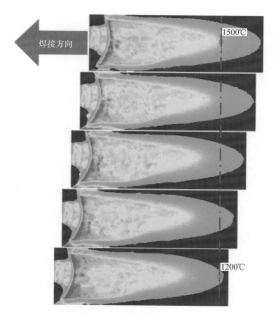

图 43　采用红外传感器拍摄的熔池温度场图像

5 结束语

2019年国际焊接学会年会上，SG-212焊接物理研究组交流的学术报告和论文，涉及焊接与丝-弧增材制造过程中的电弧物理、熔池行为、熔滴过渡和金属蒸气等领域，展示了相关领域焊接科技工作者取得的最新研究进展。国际上著名的几个研究小组，例如，日本大阪大学接合科学研究所Tanaka小组、澳大利亚联邦工业与研究组织（CSIRO）Murphy小组、德国亚琛工业大学Reisgen小组、德国德累斯顿工业大学Fuessel小组、德国莱布尼茨等离子体科学与技术研究所Uhrlandt小组等，是焊接物理的主要研究基地，贡献了SG-212焊接物理研究组的大部分报告。

总体来看，焊接与丝-弧增材制造过程中的电弧物理、熔池行为、熔滴过渡和金属蒸气等的数理模型，还都依赖于一定的简化和假设条件，虽能描述过程的基本物理特性，但仍有许多方面需要进一步的深入研究。焊接与丝-弧增材制造的物理现象测试技术，仍需继续改进和完善。如何建立可靠的多物理场耦合模型并加以充分的实验验证，如何兼顾数值模拟的精度与效率，如何实现多传感器信息融合并提高焊接与丝-弧增材制造物理量的检测精度等，都是下一步亟待系统和深入研究的关键问题。

参考文献

[1] PHAN L H, TASHIRO S, BUI H V, et al. Investigating cathode spot behavior in argon AC TIG welding of aluminum through experimental observation [Z]//212-1618-19.

[2] TANAKA K, SHIGETA M, M Tanaka. Effect of metal vapor transport on tungsten electrode consumption during TIG welding [Z]//212-1624-19.

[3] XIANG J, CHEN F F, MURPHY A B. Modelling of tungsten inert-gas welding in argon-helium mixtures with metal vapour [Z]//212-1635-19.

[4] TRAUTMANN M, HERTEL M, FÜSSEL U. Numerical and experimental investigation of magnetically deflected TIG-arcs [Z]//212-1633-19.

[5] MIKI S, KISAKA Y, KIMURA F, et al. The effect of groove shape on penetration depth in the GTA welding of high Mn steel [Z]//212-1614-19.

[6] CHO D W, PARK J H, MOON H S, et al. Modeling of molten pool behavior for one pulse one drop in GMAW using CFD [Z]//212-1611-19.

[7] MOKROV O, SIMON M, SHARMA R, et al. Effects of evaporation determined model of arc-cathode coupling on weld pool formation in GMAW process simulation [Z]//212-1626-19.

[8] CHEN F F, XIANG J, THOMAS D G, et al. MIG welding software benchmarking [Z]//212-1636-19.

[9] ZHANG G, GOETT G, UHRLANDT D, et al. Study on the weld pool behavior in paint coating in GMAW [Z]//212-1631-19.

[10] MENG X, ARTINOV A, M Bachmann, et al. Numerical analysis of weld pool behavior in wire feed laser beam welding with oscillating magnetic field [Z]//212-1608-19.

[11] XU B, CHEN S, JIANG F, et al. In-situ observation of keyhole detouring flow in VPPA flat welding of aluminum alloy by X-ray transmission system and tracer particles [Z]//212-1673-19.

[12] SUN Y, CUI H, TIAN X, et al. Numerical modeling of keyhole instability and porosity formation in deep-penetration laser welding on NiCrMoV steel [Z]//212-1623-19.

[13] HUANG Y, SHEN C, JI X, et al. Investigation on the correlation between the variation of the plume velocity and the oscillation of keyhole size during the laser weldingof 5083 Al-alloy [Z]//212-1640-19.

[14] OGINO Y, ASAI S, HIRATA Y. Visualization of arc plasma and molten wire behavior in CO_2 arc welding process by three-dimensional numerical simulation [Z]//212-1615-19.

[15] SHIGETA M, SUGAI T, TANAKA M, et al. Computational study of droplet detachment mechanism in flux-cored arc welding by SPH method [Z]//212-1616-19.

[16] EDA S, OGINO Y, ASAI S. Numerical simulation of dynamic behavior in controlled short circuit transfer process [Z]//212-1627-19.

[17] CHO S M, SEO G J, PARK J H, et al. Arc characteristics and metal transfer mode in super-TIG welding of thick wall metal additive manufacturing [Z]//212-1625-19.

[18] GOECKE S F, GOTTSCHALK G F, BABU A, et al. Multi signal sensing, monitoring and control in wire arc additive manufacturing [Z]//212-1639-19.

作者简介：武传松，山东大学教授，博士生导师，美国焊接学会会士（AWS Fellow）。国际焊接学会 C-XII "焊接质量与安全" 分委会主席，国际焊接学会 SG-211 "焊接物理" 研究组委员，中国焊接学会常务理事兼计算机辅助焊接工程专业委员会主任，国际刊物《Science and Technology of Welding and Joining》编委、《Chinese Journal of Mechanical Engineering》编委会副主任。E-mail：wucs@ sdu. edu. cn。

焊接标准（IIW WG-STAND）研究进展

朴东光　苏金花

（机械科学研究院哈尔滨焊接研究所，哈尔滨　150028）

摘　要： 2019 年 7 月 7—13 日，第 72 届 IIW 年会在斯洛伐克召开。作者在年会期间参加了标准工作组（WG-STAND）、教育、培训和资格认证（IAB-Group A）、焊接材料型号分类及标准化（C-Ⅱ-E）、焊接及相关工艺的质量管理（C-ⅩⅧ）、术语（C-Ⅵ）等分支机构的会议。IIW 目前承担着 10 项 ISO 标准的制修订任务，是当前国际焊接领域标准化工作的重要力量之一。在 IIW 内部，这些标准化工作由多个分支机构承担。本文结合 IIW 最近一年开展的主要标准化活动，对其标准化现状及动态进行介绍，对我国参与的部分项目和转化国际标准情况做了说明，并提出了后续开展标准化工作的建议。

关键词： 焊接标准化

0　序言

标准工作组（WG-STAND）是 IIW 执委会直属的一个工作组。工作组成员由各国成员学会指派。IIW 的标准化官员承担 WG-STAND 的秘书职责。

WG-STAND 的目标是在 IIW 的工作机构和 ISO 之间建立工作联系，并在 IIW 内部履行标准化管理职能，对标准化文件进行处理后提交给 ISO。

WG-STAND 的商务战略已被执委会纳入了 IIW 的战略规划中。

WG-STAND 一般每年召开两次会议，中期会议一般在年初召开，全会则在每年的 IIW 年会期间举行。

2019 年的两次会议分别为：1 月 16 日的中期会议（在法国巴黎召开）和 7 月 11 日的全体会议（在斯洛伐克召开）。本文以这两次会议的正式报告为主线，结合年会期间各分支机构的工作情况，总结概述近期的 IIW 标准研究进展及动态。

1　IIW 的标准现状

截至 2019 年 7 月，IIW 制定了各类 ISO 标准文件，共计 38 项（其中包括：国际标准 31 项、技术规范 1 项、技术报告 6 项），约占整个 ISO 焊接标准总数的 10%。

IIW 已编制的 38 项标准文件（包括技术规范和技术报告在内）分别归属于 6 个专委会，应用领域涉及焊接材料及相关检验、焊缝的试验检验、电阻焊、焊接健康与安全、焊接结构设计、断裂分析，具体标准项目明细见表 1。

表 1　IIW 制定的标准项目明细

序号	标准编号	标准名称	专委会
1	ISO 3690:2018	焊接　铁素体钢弧焊熔敷金属中氢含量的测定	C-Ⅱ
2	ISO 6847:2013	焊接材料　焊接熔敷金属化学分析试样	C-Ⅱ
3	ISO 8249:2018	焊接　镍铬钢焊条奥氏体熔敷金属中铁素体的测定	C-Ⅱ
4	ISO/TR 13393:2009	焊接材料　耐磨堆焊的分类　显微组织	C-Ⅱ
5	ISO/TR 22281:2018	二委专家现状说明——焊接材料规程中使用微量元素分析的使用	C-Ⅱ
6	ISO/TR 22824:2003	焊接材料　规程中预测及确定的铁素体数量　IIW 九委专家的现状报告	C-Ⅱ

（续）

序号	标准编号	标准名称	专委会
7	ISO 10447:2015	电阻焊 焊缝的试验 电阻点焊及凸焊接头的剪切及抗凿试验	C-Ⅲ
8	ISO 14270:2016	电阻焊 焊缝的破坏性试验 电阻点焊、缝焊及凸焊接头的机械剥离试验试样尺寸及程序	C-Ⅲ
9	ISO 14271:2017	电阻点焊、缝焊及凸焊接头的维氏硬度试验(低载荷及显微硬度)	C-Ⅲ
10	ISO 14272:2016	电阻焊 焊缝的破坏性试验 电阻点焊、缝焊及凸焊接头的十字拉伸试验试样尺寸及程序	C-Ⅲ
11	ISO 14273:2016	电阻焊 焊缝的破坏性试验 电阻点焊、缝焊及凸焊接头的剪切试验试样尺寸及程序	C-Ⅲ
12	ISO 14323:2015	电阻焊 焊缝的破坏性试验 电阻点焊及凸焊接头的冲拉剪切试验及十字拉伸试验的试样尺寸及程序	C-Ⅲ
13	ISO 14324:2003	电阻点焊 焊缝的破坏性试验 点焊接头的疲劳试验方法	C-Ⅲ
14	ISO 14329:2003	电阻焊 焊缝的破坏性试验 电阻点焊、缝焊及凸焊接头的断裂类型及几何测量	C-Ⅲ
15	ISO 14373:2015	电阻焊 带镀层和不带镀层低碳钢的电阻点焊规程	C-Ⅲ
16	ISO 16432:2006	电阻焊 带涂层及不带涂层低碳钢的凸焊规程(自带浮起凸点)	C-Ⅲ
17	ISO 16433:2006	电阻焊 带或不带镀层低合金钢缝焊程序	C-Ⅲ
18	ISO 25239-1:2011	搅拌摩擦焊 铝 第1部分:术语搅拌摩擦焊 铝	C-Ⅲ
19	ISO 25239-2:2011	搅拌摩擦焊 铝 第2部分:焊接接头的设计	C-Ⅲ
20	ISO 25239-3:2011	搅拌摩擦焊 铝 第3部分:焊接操作工的资格	C-Ⅲ
21	ISO 25239-4:2011	搅拌摩擦焊 铝 第4部分:焊接工艺规程及评定	C-Ⅲ
22	ISO 25239-5:2011	搅拌摩擦焊 铝 第5部分:质量及检验要求	C-Ⅲ
23	ISO 18785-1:2018	搅拌摩擦点焊 铝 第1部分:术语	C-Ⅲ
24	ISO 18785-2:2018	搅拌摩擦点焊 铝 第2部分:焊接接头的设计	C-Ⅲ
25	ISO 18785-3:2018	搅拌摩擦点焊 铝 第3部分:焊接操作工技能评定	C-Ⅲ
26	ISO 18785-4:2018	搅拌摩擦点焊 铝 第4部分:焊接工艺评定	C-Ⅲ
27	ISO 18785-5:2018	搅拌摩擦点焊 铝 第5部分:焊接质量及检验要求	C-Ⅲ
28	ISO 24497-1:2007	无损检测 金属磁记忆 第1部分:术语	C-Ⅴ
29	ISO 24497-2:2007	无损检测 金属磁记忆 第2部分:一般要求	C-Ⅴ
30	ISO 24497-3:2007	无损检测 金属磁记忆 第3部分:焊接接头的检测	C-Ⅴ
31	ISO 18211:2016	无损检测 地面管道及工厂管道的轴向导波远程检验	C-Ⅴ
32	ISO 19675:2017	无损检验 超声波检验 相控阵检测校准试块(PAUT)规程	C-Ⅴ
33	ISO/TR 13392:2014	焊接及相关工艺的健康与安全 电弧焊烟尘成分	C Ⅷ
34	ISO/TR 18786:2014	焊接及相关工艺的健康与安全 焊接活动风险评估指南	C Ⅷ
35	ISO/TR 14345:2012	断裂 焊件的断裂试验 指南	C-ⅩⅢ
36	ISO/TS 20273:2017	与断裂强度相关焊缝质量指南	C-ⅩⅢ
37	ISO 14346:2013	焊接空心结构接头的静态设计程序 推荐方法	C-ⅩⅤ
38	ISO 14347:2008	疲劳 焊接空心结构接头的设计程序 推荐方法	C-ⅩⅤ

2 主要工作动态

2.1 标准制修订

2018年，IIW完成了5项标准的制定、2项标准的修订和1项技术报告的修订任务。共有8项标准文件得到发布，具体见表2。

目前IIW承担的在研标准项目共计10项，其中制定项目2项，修订项目8项。具体见表3。

表2　2018年IIW完成的ISO标准项目情况

标准编号	标准名称	制修订
ISO 3690:2018	焊接　铁素体钢弧焊熔敷金属中氢含量的测定	修订
ISO 8249:2018	焊接　镍铬钢焊条奥氏体熔敷金属中铁素体的测定	修订
ISO 18785-1:2018	搅拌摩擦点焊　铝　第1部分:术语	制定
ISO 18785-2:2018	搅拌摩擦点焊　铝　第2部分:焊接接头的设计	制定
ISO 18785-3:2018	搅拌摩擦点焊　铝　第3部分:焊接操作工技能评定	制定
ISO 18785-4:2018	搅拌摩擦点焊　铝　第4部分:焊接工艺评定	制定
ISO 18785-5:2018	搅拌摩擦点焊　铝　第5部分:焊接质量及检验要求	制定
ISO/TR 22281:2018	二委专家现状说明——焊接材料规程中使用微量元素分析的使用	修订

表3　IIW的在研标准项目情况

标准项目编号	标准项目名称	说明
ISO/DIS 22688	金属材料硬钎焊质量要求	制定,审查阶段
ISO/CD 23864	焊缝的无损检测　超声波检测　全自动(或半自动)矩阵捕获和整体聚焦技术的应用	制定,征求意见阶段
ISO/DIS 24497-1	无损检测　金属磁记忆检测　第1部分:词汇	修订,征求意见阶段
ISO/DIS 24497-2	无损检测　金属磁记忆检测　第2部分:一般要求	
ISO/DIS 24497-3	无损检测　金属磁记忆检测　第3部分:焊接接头的检测	
ISO/DIS 25239-1	搅拌摩擦焊　铝　第1部分:术语	
ISO/DIS 25239-2	搅拌摩擦焊　铝　第2部分:焊接接头的设计	
ISO/DIS 25239-3	搅拌摩擦焊　铝　第3部分:焊接操作工技能评定	修订,审查阶段
ISO/DIS 25239-4	搅拌摩擦焊　铝　第4部分:焊接工艺评定	
ISO/DIS 25239-5	搅拌摩擦焊　铝　第5部分:焊接质量及检验要求	

此外,在斯洛伐克年会期间,标准工作组还讨论汇总了有关分委会标准项目的变动情况,具体如下:

C-Ⅱ委报告了ISO/TR 22824:2003"焊接材料规范中铁素体数的预测和测量　九委专家的现状说明"技术报告的状况。这份技术报告最初由九委提出,但由于九委目前没有标准化活动,故二委将承担修订任务。该技术报告的修订将于2020年3月启动,目前尚未出台草案,ISO方面也没有提出注册的时间要求。

C-Ⅲ委应ISO/TC44/SC6的要求,同意将搅拌摩擦焊和搅拌摩擦点焊以外的所有标准项目移交给SC6。WG-STAND所有成员同意向IIW的执行委员会和技术管理委员会提出相关决议。

C-Ⅵ委和ISO/TC44中"术语及表示方法"分技术委员会(SC7)保持着合作,协助ISO/TR 25901术语系列技术报告的制修订。

ISO/TR 25901-2"安全与健康"的制定由SC7负责,C-Ⅵ委通过route Ⅰ的渠道提供协助。该项目已经完成了CD阶段的征求意见,将进行审查表决。

此外,C-Ⅵ委还将以同样的方式参与其他几部分术语技术报告的编制,具体如下:

ISO/TR 25901-6　电阻焊;
ISO/TR 25901-7　激光焊;
ISO/TR 25901-8　电子束焊;
ISO/TR 25901-9　硬钎焊;
ISO/TR 25901-10　软钎焊;
ISO/TR 25901-XX　热喷涂。

C-ⅩⅧ委在去年启动的"焊接检验　任务与职责"立项工作,在后续表决中未能获得足够的赞同票。该项目的立项表决结果为6:6(赞同票和反对票均为6票),争议较大。本次WG-STAND会议通报了这一情况,大家也做了短暂的讨论。投反对票的成员说明了他们为何反对此标准提案，主要的顾虑就是可能增加过多的认证成本。

会议还讨论了这项提案可能的后续安排，一是将现有文件草案整理后作为 IIW 的 Best Practice 文件发布；另一种可能就是避开 IIW 渠道，通过某个 ISO 成员直接向 ISO/TC44/SC11 提出立项申请。

本次 WG-STAND 会议还通报了下列一些新项目的筹备情况：

除 C-Ⅱ委讨论可能修订 ISO/TR 22824：2003 外，IIW 将在 6—12 月内提出下列项目提案：

C-Ⅴ委：有关涡流检验的标准；

C-Ⅲ委：有关钢搅拌摩擦焊标准项目；

C-ⅩⅧ委：钎焊管理 任务与职责（类似弧焊的 ISO 14731）。

本次 WG-STAND 会议虽然未收到正式提案文件，但一旦有正式提案，将启动立项程序。

2.2 IIW 战略规划的更新

随着 IIW 战略规划的更新，WG-STAND 的商务计划也将做相应的调整，WG-STAND 要求其成员通过各种途径了解 IIW 的新战略规划，并结合标准商务计划、目标和任务的变化需求提出相应的建议。

目前确认的 WG-STAND 的目标如下：

1）开发全球适用标准满足需要。

2）开发指南和报告推进国际标准的应用。

3）鉴别解决方案，以克服冲突。

4）保留 ISO 理事会对 IIW 能力的信任。

其主要任务包括如下：

1）实施上述目标。

2）监督并帮助分支机构。

3）在需求、任务和协调方面，提供与 ISO 和 CEN 的联络。

4）符合 ISO 导则。

5）项目在技术内容上与现行 ISO 标准保持一致。

2.3 WG-STAND 职责范围的划定

随着 IIW 战略规划的更新，各分支机构的职责范围需要定期审核划分。IIW 对各分支机构的职责范围有专门的文件做规定。但 WG-STAND 的职责不在其中。

WG-STAND 的职责范围草案在上次会议上已经讨论通过，但一些成员认为某些条款有必要做更正/修正。本次会议同意在目前版本基础上再进行一次征求意见、表决，以便下次会议之前可以向执委会提出最终版。

2.4 托马斯奖的奖励规则

本次 WG-STAND 会议还对托马斯奖的奖励规则文件进行了讨论。

这次提交会议的规则草案包括七部分内容，分别为：引言、奖励目的、入选条件、提名程序、评奖小组、评奖规则和时间进度要求。

有关托马斯奖的评奖规则修改意见已经做了考虑，并准备提交进行认可程序。会议同意向执委会提交修改后的评奖规则做最后审批。

3 我国参与的项目进展情况

3.1 ISO/DIS 22688 钎焊质量要求

该项目于 2016 年 11 月 16 日完成立项注册，项目实施期限为 36 个月。该项目在 2018 年 10 月 25 日至 2019 年 1 月 18 日完成了 DIS 表决。表决结果：10 票赞同、1 票反对、4 票弃权。本次 IIW 年会期间，钎焊分委会和质量管理分委会召开了联席会议，对 DIS 表决意见进行了处理。会后处理后的更新版本将提交 ISO 进行 FDIS 表决。

该标准草案主要包括：范围、规范性引用文件、术语及定义、总则、质量要求相应等级的选择、完整质量要求、基本质量要求、声明符合质量要求所需的文件。此外草案还增设了四个附录，便于标准的应用。

和熔焊质量要求有所不同的一点是：钎焊质量要求只划分为两个等级（完整质量要求和基本质量要求）；而熔焊由于工艺复杂的原因，

其质量要求分为三级（完整质量要求、一般质量要求和基本质量要求）。

在项目的进行过程中，我国作为工作组成员之一提交了中国的意见和建议。钎焊质量要求标准草案基本以熔焊质量要求（ISO 3834-1-6）为基准，结合钎焊操作的实际条件，提出了针对钎焊质量有影响的15项质量要素（完整质量要求）。

我国共有11项钎焊材料及试验方法标准被纳入该草案的附录中。

熔焊的质量要求系列标准在整个国际焊接界得到了积极应用，相关的焊接企业认证体制也建立并在全球范围得到实施。我国作为制造大国，焊接在装备制造业中具有重要作用。钎焊的质量要求标准一直是空白状态，我国积极参与ISO钎焊质量要求系列标准的制定，对于今后我国拓展该领域的标准化工作，强化和提升我国钎焊工艺技术具有积极意义。

3.2 ISO/DIS 25239系列标准的修订

2015年7月，国际焊接学会标准工作组决定对ISO 25239系列标准（2011版）进行修订。

2017年6月29—30日标准修订工作组会议在我国上海召开。上海航天设备制造总厂代表中国承办了这次会议。

该系列标准由五部分组成，分别针对铝合金搅拌摩擦焊的词汇、接头设计、技能评定、工艺评定、质量检验及验收。

本次标准修订主要针对自动化、机械化搅拌摩擦焊过程、焊接操作人员与自动化操作人员等其他术语定义等进行了重新界定，对搅拌摩擦焊缺陷、质量评价等级及检验要求进行了重新划分，并在原有基础上加入了搅拌摩擦焊过程控制的相关内容。

本次IIW年会期间，该五项系列标准草案正在进行DIS表决，表决期限为：2019年5月22日至2019年8月15日。目前，DIS表决已经结束，结果是表决通过。工作组将根据DIS表决意见对相关文件草案进行更新处理，然后提交ISO进行FDIS表决。

3.3 ISO电阻焊接头破坏性试验方法标准的转化

2018年12月，我们启动了ISO电阻焊接头破坏性试验方法标准的转化工作。

电阻焊接头破坏性试验方法共包含5个项目，均由IIW-C-Ⅲ分委会负责，具体项目如下：

ISO 10447：2015 电阻点焊及凸焊接头的剥裂试验方法；

ISO 14270：2016 电阻点焊、缝焊及凸焊接头的机械剥离试验方法；

ISO 14271：2011 电阻点焊、缝焊及凸焊接头的硬度试验方法；

ISO 14272：2016 电阻点焊及凸焊接头的十字拉伸试验方法；

ISO 14273：2016 电阻点焊及凸焊接头的拉伸剪切试验方法。

中国焊接学会标准化工作委员会于2018年组织国内有关单位提出了转化这5项国际标准的立项申请，2018年12月立项申请获得国家标准化管理委员会批复。

目前5项国标的制定工作正在按计划进行。5个项目均按采用国际标准的方式进行转化。2019年9月完成了标准征求意见程序。在征求意见基础上，各个工作组将根据反馈意见整理完善送审稿草案，在2019年11月中下旬审查通过了标准送审稿，审查通过后将在年底前完成标准报批稿。

4 结束语

我国作为全球第一制造大国，在国际焊接领域具有重要的影响。作为IIW的主要成员，我们参与了现有10项在研工作项目中的6项标准制修订工作。而且，我国还是ISO重要成员之一，在实质性参与国际标准化工作中正在发挥越来越多的作用。

2018年我国参与完成的搅拌摩擦点焊（ISO 18785-1～5）系列标准已经颁布实施，这些标准均属于新型焊接技术领域，对我国装备制造业的转型升级和质量提升具有积极影响，我们应积极跟踪和掌握国际上的标准动态，结合我国焊接行业质量提升的需求，进行国际标准的适时转化。

———————————

作者简介：朴东光，男，1961 年出生，研究员、国际焊接工程师、全国焊接标准化技术委员会秘书长、国际授权（中国）焊接培训与资格认证委员会副秘书长、中国焊接协会副秘书长。主要从事焊接领域的标准化、培训及认证工作。发表论文 50 余篇。E-mail：parkdg2004@163.com。

焊接培训与资格认证（IIW IAB）研究进展

解应龙

（1. 国际授权（中国）焊接培训与资格认证委员会；2. 机械工业哈尔滨焊接技术培训中心，哈尔滨　150046）

摘　要：IIW IAB 国际焊接学会国际授权委员会建立的三个体系分别是人员培训资格认证体系（PQS）、企业资质认证体系（MCS）和人员资质认证体系（PCS），目前已有授权的人员资格机构 ANB 42 个，认证各类人员总数达 15.4 万多人，较上年增加 6.18%，授权的企业认证机构 ANBCC 仍为 25 个，认证企业总数 2300 多家，较上年增加 9%，授权的人员资质认证机构 ANB/PCS 14 个，人员资质认证数量 1800 多人，上述各类认证数量每年度均稳步增长。2019 年 IIW IAB 会议上远程教育的推广、机器人 IMORW 培训认证、数字证书等受到关注，中国 CANB 通过了 IWE 入学资格修改的调整，为更多焊接技术人员取得国际资格创造了新的条件。

关键词：焊接培训；国际认证；企业认证

0　引言

国际焊接学会（IIW）国际授权委员会（IAB）自 20 世纪末建立以来，得到各成员国的广泛参与和支持，目前已经建立了焊接人员资格认证体系（PQS）、焊接企业认证体系（MCS）、焊接人员资质认证体系（PCS）三个认证体系，这三个体系在各成员国和授权机构的努力下得到了持续稳定的发展，IMORW 和 IWSD 培训认证取得新进展，其数量的增长和质量的提升为全球焊接产品的生产提供了人才资质与质量体系的双重保障。并且焊接人员培训与认证的范围也在不断拓展，相关技术规程和体系文件不断更新完善，远程教育及网络数字技术的应用均有利地促进了三个体系的发展。

1　焊接人员培训与资格认证体系的最新发展

1.1　IIW 人员资格认证体系的最新发展状态

在工作报告中（图 1），IIW-IAB 在全球授权的人员培训与资格认证机构（ANB）截至 2018 年年底为 42 个，另外还有三个申请 ANB，2018 年度统计发证数为 8969，见表 1 和表 2。

总数累计达 154055 份证书，较上年增长 6.18%。

由表 1 可见，2018 年度 IWIP 略高于上年度，而 IWSD 增幅达 20 倍，但总数仅为 21。值得关注是 IMORW 作为新的人员认证数据增列在表 1 中，使原有的认证种类由七类增至八类。更关键是体现了 IAB 人员培训与资格认证体系的发展与机器人焊接的应用发展的同步性。其他各类人员年度培训认证数量均有所减少，总数减少约 10%。

表 1　各类资格认证 2018 年度发证数量与上年度对比

MC + OMC 2018		MC + OMC 2017		增长
IWE	3.464	IWE	3.722	−7%
IWT	650	IWT	749	−13%
IWS	1.937	IWS	2.295	−16%
IWP	146	IWP	175	−17%
IWI-C/S/B	863	IWI-C/S/B	763	13%
IMORW	10	IMORW	0	NV
IW	1.878	IW	2.250	−17%
IWSD	21	IWSD	1	2000%
合计	8.969	合计	9.955	−10%

注：MC 在授权 ANB 国内颁证；OMC 在授权 ANB 国外颁证；IWE—国际焊接工程师；IWT—国际焊接技术员；IWS—国际焊接技师；IWP—国际焊接技士；IWI—国际焊接质检员；IMORW—国际机械自动机器人焊接人员；IW—国际焊工；IWSD—国际焊接结构师。

图 1　IAB 主席 C. Ahrens 先生在本次会议上做工作组报告

表 2　2018 年在授权 ANB 国内颁证数及
累计数量汇总表

级别	2017 仅 MC 累计	MC 2018	2018 累计
IWE	48206	3421	51627
IWT	10548	644	11192
IWS	40527	1899	42426
IWP	3732	146	3878
IWI-C/S/B	12932	842	13774
IMORW	0	10	10
IW	24922	1878	26800
IWSD	192	21	213
合计	141059	8861	149920

MC 2018		MC 2017		增长
IWE	3.421	IWE	3.687	-7%
IWT	644	IWT	744	-13%
IWS	1.899	IWS	2.275	-17%
IWP	146	IWP	176	-17%
IWI-C/S/B	842	IWI-C/S/B	737	14%
IMORW	10	IMORW	0	NV
IW	1.878	IW	2.250	-17%
IWSD	21	IWSD	1	2000%
合计	8.861	合计	9.870	-10%

1.2　IIW 人员培训与资格认证统计与分析

2018 年度从统计数据上看，欧洲以 6545 份认证占总数 73%，占 PQS 体系颁证比例略高于去年。

亚洲、大洋洲与非洲地区以 2403 份证书占总数 27%，而美洲地区仅以 21 份证书占 0.23%，由此可见，地区发展不均衡的状况仍在继续增大。

而 2018 年的另一特点就是在授权国外培训认证的数量为 108 份，连续两年均有所增加，见表 3，开展此方面的 ANB 有 6 个，见表 4。它们是德国、葡萄牙、奥地利、塞尔维亚、西班牙和英国，总计 108 人，其中 IWE 最多占比达 40%。

表 3　2018 年度在授权国外开展认证情况

级别	2017 仅 OMC 累计	OMC 2018	2018 累计
IWE	1941	43	1984
IWT	278	6	284
IWS	325	38	363
IWP	222	0	222
IWI-C/S/B	1185	21	1206
IMORW	0	0	0
IW	76	0	76
IWSD	0	0	0
合计	4027	108	4135

2018 年度在授权国家中，颁证数量上，德国以占总数 22% 的业绩居第一位，中国以占总数 17% 居第二位，而列在第三位的瑞典占 6%。

由表 3 和表 4 可见在授权地区以外培训认证在 2018 年度达百人以上，且连续两年增长，且今年增长幅度为 26%，资格主要集中在 IWE、IWS 和 IWIP。

表 4　2018 年在国外开展认证的国家与认证数量统计

国家	IWE	IWT	IWS	IWP	IWIP-C/S/B	IW	IWSD	TOTAL
德国	22	5	4	0	7	0	0	41
葡萄牙	0	0	12	0	14	0	0	26
奥地利	0	0	1	0	0	0	0	1
塞尔维亚	8	1	0	0	0	0	0	9
西班牙	13	0	0	0	0	0	0	13

（续）

国家	IWE	IWT	IWS	IWP	IWIP-C/S/B	IW	IWSD	TOTAL
英国	0	0	18	0	0	0	0	18
合计	43	6	38	0	21	0	0	108

　　2018年所有授权ANB开展各类人员培训与认证情况见表5，表中伊朗数据没有报，所以均为0。

　　从2018年度综合统计数据可以看出，各类人员资格认证总数占比最高的为IWE占三分之一强，紧随IWE之后的是IWS，两类人员合计占比高达62.7%，且始终以高比例增长，各类资格认证统计曲线如图2所示。从曲线中可清晰地看出各类认证增长变化情况及总量对比，由曲线可见，IWE与IWS数量明显高于其他认证级别，且在2010年以前数量基本相当，2011年后，IWE增速明显加快，数量逐渐高于IWS，而德国等制造业发达国家中IWS仍高于IWE，甚至达2倍左右。

　　从图3可见，IIW各类人员证书累计逐年增长，且自2010年以来的各年度增长数量均达一万左右，而今年不足九千人，下降数量最多为欧洲，达600多，降幅9%，降幅最大地区为亚洲、非洲和大洋洲，降幅为12%，人数为300多，年度颁证最少地区美洲仅为21份。由曲线总体展现出IIW、PQS发展基本上是持续稳定。

表5　IIW的各ANB在成员国内开展培训认证统计

国家	2018年度各成员国在国内颁发证书											
	IWE	IWT	IWS	IWP	IWI-C	IWI-S	IWI-B	IMORW	IW	IWSD-C	IWSD-S	合计
澳大利亚	11	2	17	0	10	0	34	—	—	0	0	74
奥地利	48	23	47	0	0	0	0	—	0	0	0	118
比利时	13	10	3	—	9	6	0	—	226	—	—	267
巴西	15	—	0	—	—	0	0	—	—	—	—	15
保加利亚	15	1	6	0	7	1	0	—	2	0	0	32
加拿大	3	3	0	0	0	0	0	—	—	—	—	6
中国	1297	9	200	0	34	14	0	—	0	12	0	1566
克罗地亚	31	8	3	0	0	0	0	—	0	—	—	42
捷克	37	63	13	20	3	0	0	—	0	0	0	136
丹麦	2	0	6	0	0	7	0	—	—	—	—	15
芬兰	21	0	73	0	12	1	0	0	211	0	0	318
法国	92	113	122	11	7	34	0	—	52	—	—	431
德国	598	109	1057	21	4	0	0	—	113	—	—	1902
希腊	46	2	—	—	1	0	0	—	0	—	—	49
匈牙利	57	15	25	22	0	6	1	—	9	0	0	135
印度	30	77	2	0	0	0	0	—	31	—	—	140
印尼	21	0	0	0	52	0	0	—	0	—	—	73
伊朗	/	/	/	/	/	/	/	—	/	—	—	0
意大利	45	20	4	0	12	18	33	10	19	—	—	161
日本	26	0	8	0	0	0	0	—	—	—	—	34
哈萨克斯坦	8	2	1	1	3	2	18	—	0	—	—	35
韩国	12	0	0	0	—	—	—	—	—	—	—	12
荷兰	12	76	42	32	30	0	0	—	0	—	—	192

（续）

国家	2018 年度各成员国在国内颁发证书											
	IWE	IWT	IWS	IWP	IWI-C	IWI-S	IWI-B	IMORW	IW	IWSD-C	IWSD-S	合计
新西兰	1	0	1	0	0	4	4	—	0	—	—	10
尼日利亚	0	0	0	0	—	—	—	—	47	—	—	47
挪威	1	15	5	0	0	6	0	—	—	—	—	27
波兰	255	18	49	10	54	3	2	—	0	—	—	391
葡萄牙	16	2	3	0	0	17	0	—	246	—	—	284
罗马尼亚	65	0	7		18	0	0	—	—	9	—	99
俄罗斯	48	4	5		9	0	2	—	0	—	—	68
塞尔维亚	52	12	—	0	7	0	0	—	—	—	—	71
斯洛伐克	26	21	3	3	0	0	0	—	0	0	0	53
斯洛文尼亚	11	0	0	0	0	0	0	—	0	—	—	11
南非	15	17	17	14	0	87	202	—	52	—	—	404
西班牙	55	3	18	0	—	—	—	—	1	—	—	77
瑞典	0	0	71	0	0	0	0	—	469	0	0	540
瑞士	6	0	70	8	0	0	0	—	—	—	—	84
新加坡	—	—	—			0	0	—	—	—	—	0
泰国	6	—	0	0	0	0	0	—	2	—	—	8
土耳其	373	2	0		—	—	45	—	—	—	—	420
乌克兰	36	2	1	4	12	3	8	—	398	—	—	464
英国	15	15	20	0	0	0	0	—	—	—	—	50
合计	3421	644	1899	146	284	209	349	10	1878	21	21	8861

由统计可见：2018 年度认证的八类人员中，IWE 占比最高约为 34.8%，IWS 数量排在第二位，占比为 27.8%。其中德国认证人数仍最多，达 1902 人，各类认证中最多的是焊接技师 IWS，数量 1057，已超过一半以上。通过分析可以明显看出，各国人才结构的差异，在 IIW-IAB ANB/PQS 推广中结构的合理性也是非常重要的，中国目前在 42 个授权国家中，IWE 总数位列第一，IWS 总数位列第二，但 CANB 近年始终将 IWS 培训认证数量增长列为重要目标，2019 年比上年度略有增长。

关于长期存在的区域发展不均衡问题，2019 年统计数据欧洲占比仍高达 73%，IIW-IAB 也曾推荐中国 CANB 等，介绍推广 IIW 体系的经验，希望能够为其他非欧洲国家成员提供有益参考，IIW-IAB 中的亚洲占比约 21%，大洋洲占比为 0.95%，非洲占比 5%，而美洲仅占 0.23%，地区差异十分明显。

2018 年颁发证书综合统计与汇总表见表 6。

表 6 2018 年颁发证书综合统计与汇总表　　MC + OMC　2018

级别	2017 MC+OMC 累计	MC 2018	OMC 2018	2018 累计
IWE	50.147	3.421	43	53.611
IWT	10.826	644	6	11.476
IWS	40.852	1.899	38	42.789
IWP	3.954	146	0	4100

（续）

级别	2017 MC+OMC 累计	MC 2018	OMC 2018	2018 累计
IWI-C/S/B	14.117	842	21	14.980
IMORW	0	10	0	10
IW	24.998	1.878	0	26.876
IWSD	192	21	0	213
合计	145.086	8.861	108	154.055

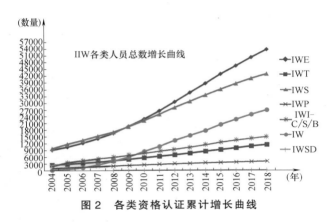

图2　各类资格认证累计增长曲线

图3　IIW 证书累计增长曲线

2　IIW-IAB 企业认证体系——ANBCC

截至 2018 年，IIW 企业认证机构（ANB-CC）获授权成员共 25 个，分别是：澳大利亚、加拿大、中国、克罗地亚、捷克、法国、匈牙利、印度、伊朗、意大利、哈萨克斯坦、荷兰、新西兰、波兰、罗马尼亚、俄罗斯、塞尔维亚、斯洛伐克、斯洛文尼亚、南非、西班牙、土耳其、乌克兰、英国、美国。

在 IAB 总结报告（图4）中，2018 年度共有 211 家新企业进行了 ISO 3834 体系认证。本

年度通过授权的 ANBCC 组织的复审企业有 338 家，认证企业总数累计达 2332 家，总数增长 9%，如图5所示。

意大利以认证 730 家企业业绩位列第一，中国 CANBCC 以认证 518 家企业位列第二，排在第三位的是南非共认证 187 家企业。详见表7。新认证加复审企业总数较上一年度增长 9%。

2018 年度各地区企业认证情况的汇总见表 8。在新认证企业中欧洲占 64%，亚洲/大洋洲/非洲占 36%，美洲地区没有新认证企业具体见表8。IIW 企业认证体系的发展与推广方面，各地区开展企业认证情况差异明显。

图4　IAB 总结报告，统计近三年企业认证的最新进展，中国 CANB 分别以 26%、22%、22%连续三年位列第二

图5　IIW-ANBCCs-ENISO3834-认证 2018 年度汇总

表7　IIW-ANBCC 企业认证体系数据统计

国家	2018 年在授权地区新认证企业	2018 年异地新认证企业	2018 年新认证企业总数	截至 2018 年年底新认证总数	2018 年授权地区内复审	2018 年在异地复审	2018 年复审总数
澳大利亚	12	0	12	37	0	0	0
加拿大	0	0	0	1	0	0	0
中国	38	0	38	518	104	0	104
克罗地亚	6	0	6	125	42	0	42
捷克	7	0	7	46	5	0	5
法国	1	1	2	37	0	1	1
匈牙利	10	0	10	65	5	0	5
印度	5	0	5	17	0	0	0
伊朗	0	0	0	0	0	0	0
意大利	54	1	55	730	117	0	117
哈萨克斯坦	0	0	0	3	0	0	0
新西兰	1	0	1	29	0	0	0
荷兰	2	0	2	53	5	0	5
波兰	4	0	4	39	3	0	3
罗马尼亚	12	3	15	79	15	1	16
俄罗斯	2	0	2	10	0	0	0
塞尔维亚	0	0	0	21	1	0	1
斯洛伐克	0	0	0	0	0	0	0
斯洛文尼亚	8	0	8	100	3	0	3
南非	19	0	19	187	26	0	26
西班牙	1	0	1	26	0	0	0
土耳其	0	0	0	1	0	0	0
乌克兰	2	0	2	24	2	0	2
英国	21	1	22	128	8	0	8
美国	0	0	0	2	0	0	0
合计	205	6	211	2332	336	2	338

表 8　2018 年度各地区企业认证情况的汇总

地区	新认证	百分数	复证	百分数
欧洲	136	64%	208	62%
美洲	0	0%	0	0%
亚洲/大洋洲/非洲	75	36%	130	38%
合计	211	100%	338	100%

图 6　IAB-B 组主席 S. Morra 先生做规程修改报告

3　IIW 人员资质认证体系（PCS）的发展

到 2018 年获 IIW 人员资质认证的国家（IIW-ANB/PCS）较上年度增加一个瑞士，共计 14 个，其中仅两个欧洲之外的国家，分别是：澳大利亚、克罗地亚、捷克、法国、德国、匈牙利、意大利、哈萨克斯坦、波兰、罗马尼亚、斯洛文尼亚、斯洛伐克、瑞士和英国。

2018 年上述资质认证机构共新认证了 243 人（见表 9），比上年度的 164 份证书增加了 48%。在 2018 年复证共 448 人，较 2017 年度的 286 份，复证数量增长 57%。两项综合增长比例为 53%，较上一年度有较大增幅。

表 9　2018 年 IIW-PCS 统计数据

国家	新认证	复证	证书合计（新证+复证）	新证+累计	失效证书	有效证书合计
澳大利亚	9	5	14	161	13	109
克罗地亚	12	5	17	91	3	77
捷克	0	0	0	0	0	0
法国	0	0	0	0	0	0
德国	20	7	27	86	5	51
匈牙利	1	0	1	16	0	16
意大利	85	321	406	912	76	643
哈萨克斯坦	0	1	1	2	1	1
波兰	28	64	92	226	0	226
罗马尼亚	4	0	4	18	0	9
斯洛伐克	40	2	42	86	0	84
斯洛文尼亚	2	0	2	33	0	18
瑞士	29	0	29	29	0	29
英国	12	43	55	142	21	111
合计	242	448	690	1802	119	1374

在人员资质认证方面，意大利以 406 份证书位列第一，列在其后的是波兰 92 证，英国为 55 证。新认证的统计数据见表 10。2017 年度人员资质认证方面的区域差异也非常明显。见表 11。其各类人员资质新认证的分析柱状图如图 7 所示，由图可见：在 4 类资质认证的 1802 人中，认证国际焊接工程师（CIWE）的占 56.1%，其

余三类人员认证之和仅为 43.9% 左右。

表 10　新认证人员资质证书统计

	CIWE	CIWT	CIWS	CIWP	TOTAL
2017 年以前	849	420	267	24	1560
2018 年	162	32	44	4	242
累计	1011	452	311	28	1802

表 11　2018 年不同区域颁证情况

地区	新认证	百分数	复证	百分数
欧洲	233	96%	442	99%
美洲	0	0	0	0%
亚洲/大洋洲/非洲	9	4%	6	1%
合计	242	100%	448	100%

综上分析：IIW-PCS 体系推广地区差异明显，96% 以上证书由欧洲授权机构颁发，澳大利亚仅为 4%，复证人数欧洲占比达 99%，其他地区仅占 1%。

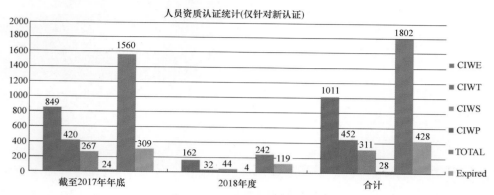

图 7　新认证资质证书与分类

4　IIW-IAB 在技术规程方面的新发展

IIW-IAB 各类认证人员印章的使用快速增长，在 IIW IAB 的 PQS 和 PCS 中有十类人员可以使用专属印章，他们是 IWE、IWT、IWS、IWP、IWIP、IWSD 和 CIWE、CIWT、CIWS、CIWP。

在授权的 42 个 ANB 中有 16 个 ANB（占总数的 38%）按照 IIW IAB 规程开展印章的使用与备案，到 2018 年已发放使用各类印章共计 2850 枚，2018 年度发放 IIW 印章 591 枚，其中 IWE 为 395 枚，占比为 66.8%，目前使用印章的各类人员总数在不断增多。

远程教育继续受到普遍关注，随着规程的不断完善与申请开展远程教育的国家不断增多，将会在 IIW 体系中发挥越来越重要的作用，中国 CANB 已经与德国 DVS-GSI 签订了为期十年的远程教育合作项目（图 8 和图 9），中德合作开展远程教育培训必将积极促进 IIW 体系的快速发展，同时会为更多的焊接技术人员提供随时随地便捷学习国际焊接工程师课程的机会与条件，为更多专业人员取得国际资质提供便利。

CANB 在本次 IIW-IAB B 组会上提交了 IWE 入学资格调整的报告，并获通过。今后将为更多

的大学本科非工程类专业毕业，但却从事焊接专业的工程师获得 IWE 证书制造了通畅渠道，近期开展 IWE 培训反馈的信息证实，受到了众多专业同行的关注与赞誉。同时会积极推进 IIW 体系在中国的发展。

图 8　远程教育工作组主席 F. Moll 先生做工作报告

图 9　中国 CANB 与德国 DVS GSI 签订为期十年的 IWE 远程教育合作项目

焊接机器人操作人员 IMORW 认证已经得到突破性进展，2018 年度已经有 10 人获得 IIW-PQS IMORW 证书，IIW PQS 的年度总结列表中已经由原七类人员增至八类，体现了 IIW 人员培训与资格认证服务行业技术同步发展。

IIW 各类人员数字证书的使用建议提案受到高度关注，各国代表均认同使用数字证书是 IIW 资格认证的未来趋势。

相关工作组主席报告中曾不止一次提出焊接技术工作经验可以作为降低入学学历要求的建议，也受到相当多成员的认可（图 10）。

图 10　IAB 会议上数字证书的使用与推广受高度认同

IIW IAB 总结报告中，注重纵向连续三年的数据对比，过去三年 CANB 在 PQS 与 MCS 中业绩均稳居世界第二。

ANB 资格保留的讨论，一类是不向 IIW IAB 提交数据报告，另一类不按规定缴纳相关费用，最受关注的是长期不开展培训认证业务而取消资格的激烈讨论，本次会议最后暂缓取消相关国家 ANB 资格，待新加坡会上再做决定。

经过多年的共同努力，在统一试题库与网络在线考试方面，IAB 及成员国 ANB 积极参与题库的建立与使用，本次仍是 IAB 会议的重点内容，试题库和在线考试系统基本完善。

资质认证国际焊接质检师（CIWI）相关规程已经通过 IAB 成员国会议（IABMM）批准，本次会议上仍是热点，随着相关配套规程的完善与协调，正式开始实施日期不断拉近（图 11）。

图 11　IAB-B 组会议上讨论并通过最新的评审计划安排

5　分析与讨论

过去一年的发展再次证明了 IIW-IAB 是在国际焊接学会中非常重要也是非常活跃的组织，自成立 20 多年来，体系由单一的焊接人员培训资格认证（PQS），发展到包含企业认证（MCS）与人员资质认证（PCS）三个完整体系，且认证数量稳步增长，在三个体系健康发展的同时促进了国际合作与技术贸易的发展，对成员国焊接工程技术人才的教育培训与焊接企业质量管理水平提升发挥了积极的作用。

2018 年的统计数据分析表明：三个体系发展基本平稳，部分数字有一定幅度的下滑，但有部分综合上升态势良好，焊接企业认证和人员资质认证 2019 年的综合统计数量均属较好的上升状态。

虽然发展结构不尽合理与地域发展不均衡现象仍然存在，且近期也很难有所改善，主要原因还是美洲地区国家从经济利益考虑还没有真正加入 IIW IAB 体系中，亚非等地区的发展中国家对上述人员认证与企业认证的需求还没有充分显现出来，但随着其经济发展和国际化水平的提升，这些地区越来越成为 IIW IAB 体系发展的积极贡献者。

远程培训技术规程与技术手段的日趋完善将会大大促进 IIW PQS 在更多地区得到推广，更多的 ANB 积极参与其中将是 IIW 体系发展的新动力。包括数字技术与数字证书等的应用也将会积极促进体系的持续发展。

已经开始受到重视的国际焊接结构师 IWSD 及机器人焊接人员 IMORW 等新的资格认证也将会给 IIW 体系发展拓宽新的领域。

IIW-IAB 经历了 20 多年的持续增长式发展，总量及影响力均得到了不断的提升，形成了规模及广泛的认可，健康可持续是未来发展的关键，而创新将是 IIW-IAB 发展的不竭动力。

作者简介：解应龙，1959 年出生，教授，国际焊接工程师，欧洲焊接质检师，欧洲无损检测（UT、RT、PT、MT、VT）Ⅲ级，国际焊接学会（IIW）国际授权委员会（IAB）执委（代表亚洲地区），国际授权（中国）焊接培训与资格认证委员会 CANB 副主席兼秘书长，国际授权（中国）焊接企业认证委员会 CANBCC 副主席兼秘书长，中国机械工业教育协会副理事长，全国焊接标准化委员会检验检测分委员会主任委员，中国机械工程学会焊接分会常务理事，机械工业哈尔滨焊接技术培训中心首席专家。主要从事焊接培训国际认证、焊接企业认证、欧洲无损检测人员认证等。发表论文 60 余篇。

国际焊接学会（IIW）第 72 届年会综述

黄彩艳

（中国机械工程学会焊接分会，哈尔滨　150028）

摘　要： 国际焊接学会（IIW）是全球焊接领域最有影响力的国际组织，在焊接科技发展、焊接人员培训与认证、焊接标准的制订等方面引领着国际焊接技术的发展。IIW 每年召开一次学术年会，聚集 50 余个国家的焊接专家与学者，探讨国际先进焊接技术与应用的最新发展动态。本文介绍了 IIW 的背景及 IIW 第 72 届年会的整体状况，着重介绍了 IIW 20 余个学术机构的学术交流活动、IIW 各工作机构的会议和工作、中国代表团学术交流的内容以及中国机械工程学会焊接分会在此次会议上的工作和活动。

关键词： 国际焊接学会（IIW）；IIW 第 72 届年会

0　序言

国际焊接学会（International Institute of Welding, IIW）成立于 1948 年，是全球焊接领域最有影响力、引领国际焊接科技学术发展的国际学术组织。IIW 的宗旨和目标是：作为全球焊接领域的领导者，通过国际网络化的平台，IIW 引领产、学、研部门共同推动焊接与连接技术的发展，创造更加安全、可持续发展的新世界[1]。秘书处目前在意大利北部城市热那亚，工作语言为英语。

IIW 最初由奥、比、法、意、荷、英、美等 13 个国家的焊接组织发起成立。经过 70 余年的发展，IIW 目前由来自全球 53 个国家的 66 个成员国组织构成，在国际焊接学术交流、焊接培训与资格认证、焊接标准化、焊接人才培养、可持续发展等方面引领着国际焊接科学与技术的发展[2,3]。

组织构成上，由 IIW 全体成员国组织的代表组成的会员代表大会（General Assembly，GA）是 IIW 的权力机构；执行委员会（Board of Directors，BoD）负责重大事项的提案与 IIW 重要政策的制定，技术委员会（Technical Management Board，TMB）负责 IIW 的学术引领，通过对焊接科技领域最佳解决方案的识别、创造、开发与转化，实现焊接科学技术的可持续发展；国际授权委员会（International Authorization Board，IAB）负责全球焊接培训与资格认证工作，通过授权 IIW 成员国组织或其指定单位推行 IIW 授权的国际焊接培训与认证工作。此外，IIW 的标准工作组、地区活动工作组、青年领袖任务组等也通过 IIW/ISO 焊接标准的制定、全球焊接会议与活动推广及帮助欠发达地区建设国家焊接制造能力、培养焊接人才等方面发挥着 IIW 作为全球焊接领导者的重要作用。

IIW 专业委员会与研究组列表见表 1。

表 1　IIW 专业委员会与研究组列表

C-Ⅰ	增材制造、堆焊和热切割	C-Ⅶ	微纳连接
C-Ⅱ	电弧焊与焊接材料	C-Ⅷ	健康安全与环境
C-Ⅲ	固态焊及相关工艺	C-Ⅸ	金属材料焊接性
C-Ⅳ	高能束流加工	C-Ⅹ	焊接接头性能与断裂预防
C-Ⅴ	焊接结构的无损检测与质量保证	C-Ⅺ	压力容器、锅炉与管道
C-Ⅵ	焊接术语	C-Ⅻ	电弧焊方法与生产过程

（续）

C-XIII	焊接构件和结构的疲劳	C-XVII	钎焊与扩散焊技术
C-XIV	教育与培训	C-VXIII	焊接及相关工艺质量管理
C-XV	焊接结构设计、分析和制造	SG-212	焊接物理
C-XVI	聚合物连接与胶接	SG-RES	焊接研究战略与合作

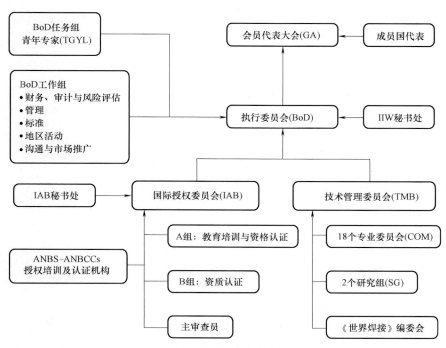

图 1　IIW 组织机构图

IIW 每年在不同的成员国召开一次学术年会，期间 IIW 的学术机构如技术委员会的 18 个专业委员会、2 个研究组会召开学术交流会议；IIW 的工作机构 GA、BoD、TMB、IAB 等也召开工作会议，进行人员改选、未来工作安排等事宜。会议最后两天为特定主题的国际会议，由承办年会的成员国进行会议的征文与报告邀请等工作。IIW 年会已成功召开过 71 次，第 72 届年会及其国际会议于 2019 年 7 月在斯洛伐克首都布拉迪斯拉发召开，由斯洛伐克焊接所及斯洛伐克焊接学会承办。

中国机械工程学会焊接分会成立于 1962 年，于 1964 年加入 IIW，并分别于 1994 年、2017 年在北京、上海承办了 IIW 第 47 届和第 70 届年会。中国焊接领域的学者先后有清华大学潘际銮院士、中国航空制造技术研究院关桥院士、哈尔滨工业大学原书记吴林教授、天津大学原校长单平教授、青海大学原校长陈强教授、中国钢研集团有限公司常务副院长田志凌教授、上海交通大学原材料学院院长吴毅雄教授在 IIW BoD 或 TMB 任职。当前在 IIW 任职的中国专家有：北京工业大学李晓延教授任 BoD 委员（任期 2018.7～2022.7）；北京航空材料研究院熊华平研究员任第 17 委员会（钎焊与扩散焊）主任；国际授权（中国）焊接培训与资格认证委员会解应龙教授任 IAB 执行委员会委员。

随着中国制造业的发展，参加 IIW 年会学术交流的中国专家队伍逐步壮大，近年来已成为 IIW 年会及其国际会议参会人数最多的国家之一，并广泛参与 IIW 学术机构和工作机构的会议和活动。为反映国家焊接研究与应用发展的前沿，中国机械工程学会焊接分会于 2017 年将"IIW 研究进展"的编写工作列为分会的专项重点工作，目的是将国际焊接学会年会及其国际会议上展现的焊接最新进展及时介绍到国内，为推动中国焊接由大到强的转变，助力中国制造贡献力量。

1 IIW 第 72 届年会及国际会议综合情况

"IIW 第 72 届年会及国际会议" 2019 年 7 月 7—12 日在斯洛伐克首都布拉迪斯拉发召开，共有来自全球 45 个国家的 789 位代表及陪同人员参会。中国代表团共有 83 位焊接科技工作者及学生参会。中国机械工程学会焊接分会理事长、哈尔滨工业大学冯吉才教授，前理事长、清华大学陈强教授，副理事长兼秘书长、哈尔滨焊接研究院有限公司何实研究员，副理事长、北京工业大学李晓延教授，副理事长兼司库王麟书研究员以及来自清华大学、上海交通大学、西安交通大学、哈尔滨工业大学、北京工业大学、上海工程技术大学、中国航空制造技术研究院、中国航发北京航空材料研究院等单位的专家学者、工程技术人员、青年学生等参加了会议。

7 月 7 日的开幕式上进行了 IIW 2019 年度 FELLOW、ARTHUR SMITH、THOMAS 等 11 个奖项的颁奖活动，共有来自英、美、德、日、韩、瑞典、奥地利、意大利国的 18 位专家学者及工程技术人员因其在焊接科研领域的杰出贡献获奖（图 2 和表 2）。

表 2　IIW 2019 全体获奖人名单

序号	姓 名	奖项类别	国家
1	Prof. Emeritus Horst Cerjak	FELLOW OF IIW	奥地利
2	Prof. Dr Carl E. Cross		美国
3	Dr. Richard Dolby		英国
4	Prof. Leif Karlsson		瑞典
5	Prof. Americo Scotti		瑞典
6	Mr. Min-Chul Hong	WALTER EDSTROM MEDAL	韩国
7	Dr Kota Kadoi	ARTHUR SMITH AWARD	日本
8	Mr Ray Shook	CHRIS SMALLBONE AWARD	美国
9	Mr Douglas Kautz	THOMAS MEDAL	美国
10	Prof. Leif Karlsson	YOSHIAKI ARATA AWARD	瑞典
11	Prof. David LeRoy Olson	EVGENY PATON PRIZE	美国
12	Mr David A. Fink	HALIL KAYA GEDIK AWARD	美国
13	Dr. Vahid A. Hosseini	WELDING IN THE WORLD 2018 BEST PAPER AWARD	瑞典
14	Dr. Jinsong Chen	HENRY GRANJON（CATEGORY A）	美国
15	Dr. Hisaya Komen	HENRY GRANJON（CATEGORY A）	日本
16	Dipl. -Ing. Alexander Nitsche	HENRY GRANJON（CATEGORY B）	德国
17	Dir. -Ing. Jonas Hensel	HENRY GRANJON（CATEGORY C）	德国
18	Mrs. Claudia Pavan	UGO GUERRERA PRIZE	意大利

IIW 学术机构的 18 个专业委员会、2 个研究组进行了全面的学术交流活动。除了各委员会单独的学术活动以外，部分委员会还召开了联合会议，如焊接构件和结构的疲劳委员会与焊接结构设计、分析与制造委员会联合会议（13 委与 15 委），微纳连接委员会与钎焊与扩散焊委员会联

图 2　IIW 2019 部分获奖人合影

合会议（7 委与 17 委），增材制造、堆焊和热切割委员会与高能束流焊接委员会、电弧焊方法与生产过程委员会及焊接物理研究组联合会议等（1 委、4 委、12 委、SG-212），充分交流焊接领域各学科最新发展动态、探索前沿科技在工业应用领域的机遇与挑战、激发交叉学科融合、创新的思维。IIW 各专业委员会与研究组在 20 个专业方向上共交流论文 500 余篇。

IIW 工作及管理机构如 BoD、TMB、IAB、焊接标准工作组（WG-Stand）、地区活动工作组（WG-RA）、《世界焊接》编委会（Welding in the World，WiW）、IIW 管理工作组（Governance）等共召开了 20 场工作会议。IAB 通过了焊接检验有关指南的修改；WG-Stand 对 ISO 焊接及相关工艺的新标准提出了 7 条修改决议；WG-RA 确定了 2020 年度 IIW 地区会议及冠名会议；TMB 汇总决议 164 项，推荐 140 篇论文至《世界焊接》发表。

"焊接艺术摄影展"是今年 IIW 年会活动的一个新亮点。柔美的线条勾勒复杂的结构——通过摄影展现出的焊接作品不仅是科技作品，更是形象的艺术作品。这些摄影作品是 IIW 在成员国征集到的，作者都是焊接工作者。

针对斯洛伐克重点企业，会议组织参观了斯洛伐克炼油厂、水电站和大众汽车生产线。社交活动方面，除了有斯洛伐克风情的宴会活动外，

会议还组织了面向青年学者的活动，借此促进青年学者对 IIW 的了解和认知。中国机械工程学会焊接分会组织了中国学者的特别会议，冯吉才理事长和何实副理事长兼秘书长讲话，希望我国学者能够紧跟世界先进焊接技术发展的方向，为我国焊接事业的可持续发展贡献力量。

2　IIW 第 72 届年会学术机构的论文交流活动

C-Ⅰ 增材制造、堆焊和热切割委员会致力于增材制造、堆焊和热切割等相关工艺的研究及其工业应用。近年来委员会关注的重点领域包括激光切割，尤其是光纤激光切割及远程激光切割技术。委员会下设堆焊（C）、热切割及相关工艺（E）、增材制造（F）三个分委员会。此次年会对 C、F 分会委员进行了更名，分别修改为：定向沉积增材制造与堆焊、熔融粉体增材制造及相关工艺[4]。

委员会除了单独的论文交流活动外，另与 4 委高能束流加工、12 委弧焊方法与生产系统、SG-212 焊接物理召开了联合会议。会议期间共交流论文 43 篇，其中有关热切割方面的论文 5 篇、增材制造方面 16 篇、激光表面沉积方面 5 篇。联合会议涉及的内容包括：电弧增材制造中电弧特征、熔滴过渡模式及控制、可视化及相关数值模拟；激光同轴定向沉积技术，激光选择性

重熔中熵合金、标准铜线的超声焊接、铝合金曲面薄壁搭接接头的搅拌摩擦焊接技术、金属-陶瓷梯度材料的激光沉积原位反应制备技术等。

我国学者在该委员会交流论文6篇，兰州理工大学林巧力教授、樊丁教授、张刚博士等参加了委员会的会议。

C-Ⅲ压焊委员会致力于电阻焊、固相连接及相关工艺的研究工作，并参与相关ISO标准的制定。委员会下设电阻焊及相关工艺（A）、摩擦焊（B）、标准化（WGS）三个分委员会[4]。

会议期间除了单独的学术会议外，该委员会另与5委焊接结构无损检测与质量保证召开了联合会议。会议期间共交流论文40篇，内容涉及电阻焊工艺、缺陷，特别是与汽车轻量化相关的高强及超高强钢、铝合金及异种材料的电阻点焊及超声焊接等研究；搅拌摩擦焊、搅拌摩擦点焊以及其他摩擦焊工艺研究；电阻焊及搅拌摩擦焊接头的无损检测研究等。

我国学者在该委员会交流论文三篇。上海交通大学王敏教授、上海工程技术大学何建萍教授参加了该委员会相关会议。

C-Ⅳ高能束流加工委员会致力于电子束加工技术（如激光、激光复合、电子束流焊接等）的研发与应用，重点关注高强钢、不锈钢、轻合金以及异种材料焊接等领域[4]。

会议期间委员会进行了两场单独的学术交流活动，交流论文17篇，内容主要涉及电子束焊接和激光焊接。委员会另与1委、12委、SG212研究组进行联合会议，并在会议上宣读了5篇激光焊接方面的报告。委员会未来工作重点是在全球推广高能束流领域先进的研究成果；在专业方向上，委员会将高质量和高效率确定为高能束流加工技术和增材制造技术研发的目标，推动数字化制造，加强焊接研发中的传感技术和控制单元集成技术等方面的创新。

中国航空制造技术研究院陈俐研究员、天津大学林丹杨、上海交通大学孙玉等参会并在会上交流论文，陈俐研究员的论文被推荐到《世界焊接》上发表。

C-Ⅴ焊接结构的无损检测与质量保证委员会致力于焊接结构评估及无损检测有关研究与应用。委员会下设X射线焊缝检测（A）、超声波焊缝检测（C）、结构健康监测（D）、无损检测仿真与可靠性（F）分委员会[4]。

委员会进行了各分委员会的年度工作报告，并进行了学术交流，交流论文21篇，内容涉及X射线背散射检测、新兴超声成像工业检测技术、被动导波断层扫描、焊缝超声检测模拟等领域。委员会另与3委召开了联合会议，并在会上交流论文4篇，内容涉及点焊的超声检测、红外热成像、X射线检测技术、空气耦合超声技术质量检测等。委员会还表决通过了提交FMC/TFM相关标准草案和金属磁记忆国际标准草案至ISO秘书处的提案，通过了成立涡流阵列工作组的提案。

清华大学常保华副教授参加了委员会的会议。

C-Ⅶ微纳连接委员会致力于微连接与纳米连接技术的研究[4]。委员会常规会议共交流论文18篇，委员会另与17委、1委共开展了两场联合会议，交流论文20篇，其中包括委员会的报告9篇，内容涉及纳米材料作为连接材料的微纳连接、纳米线的连接、微连接新技术、微纳连接可靠性以及其他连接新技术与新型微纳结构应用等方面。

我国学者在委员会交流论文8篇，来自清华大学、西北工业大学、北京航空航天大学、哈尔滨工业大学等单位。清华大学邹贵生教授、刘磊副教授等作为分委会主席参加并主持了部分会议。

C-Ⅸ金属材料焊接性委员会致力于金属材料冶金性，包括焊缝及接头组织与性能等的研究等领域。委员会设4个分委员会：低合金钢接头分委会（L）、不锈钢与镍基合金的焊接分委会（H）、蠕变与耐热接头分委会（C）和有色金属材料分委会（NF）[4]。

委员会会议期间共交流论文 32 篇，推荐 15 篇论文到《世界焊接》发表。交流的内容涉及焊接热输入对异种高强钢接头组织与性能的影响，锰、铝对焊缝中针状铁素体形成的影响，合金元素（Ti、Nb 等）对焊缝组织与性能的影响等内容。

清华大学吴爱萍教授参加了委员会会议。

C-X 焊接接头性能与断裂预防委员会的主要任务是建立焊接接头性能强度与完整性的评估机制，研究焊接残余应力、母材与焊缝金属强度不均以及焊缝韧性差异的作用和对接头强度的影响。委员会目前正在制定"含裂纹和损伤的焊接构件服役适用性评定指南"，内容包括基于应力/应变的评定、拘束分析，以及断裂韧性测试方法等。委员会下设大厚度钢结构焊接残余应力分委员会（A）[4]。

委员会召开了常规会议和与 13 委、15 委的联合会议，共交流论文 18 篇，内容包括焊接结构在役评估、裂纹强度测试与评估、焊缝裂纹评估、焊接残余应力评估、先进材料加工与连接技术等。上海交通大学芦凤桂教授的论文《激光焊缝脆性断裂驱动力及其屏蔽效应数值建模研究》被委员会推荐到《世界焊接》发表。

C-XI 压力容器、锅炉与管道焊接委员会的工作涉及压力容器、锅炉及管道焊接的设计、制造、寿命预测、焊接构件的断裂预防等方面。委员会的专家构成包括管理人员、制造人员、科研人员、材料供应商、终端客户等。委员会经常与 IIW 其他专业委员会合作开展该领域的研究与应用工作。XI 委下设输送管道分委员会（E）[4]。

委员会于 16 日下午和 18 日召开了常规会议，共交流论文 11 篇，内容涉及耐热钢焊接及接头组织和性能、在役管道断裂连续检测技术、超级双相不锈钢焊接接头失效分析等方面的热点问题和研究进展。

天津大学徐连勇教授参加了第 X、XI 委员会的交流活动。

C-XII 弧焊工艺与生产系统委员会致力于弧焊工艺与生产系统的研发进展，下设传感控制（A）、弧焊工艺（B）、生产系统及应用（C）、水下工程（D）、焊接安全与质量（E）5 个分委员会[4]。

委员会进行了常规的学术交流会议，另与 1 委、7 委、SG-212 开展了联合会议，共交流论文 45 篇，内容涉及熔丝电弧增材制造、电弧焊接技术、焊接物理过程数值模拟、焊接大数据系统建立等方面。

中国学者在委员会交流论文 6 篇，来自上海交通大学、西安交通大学、天津大学、山东大学、上海工程技术大学等。上海交通大学华学明教授等参加了会议。

C-XIII 焊接构件和结构的疲劳致力于研究和推广新的科研成果和应用技术以防止焊接结构的疲劳失效。委员会下设五个工作小组和一个联合工作组，分别为：疲劳试验与评估（WG1）、焊接构件和结构疲劳强度改善（WG2）、应力分析（WG3）、焊接缺欠对疲劳强度的影响（WG4）、残余应力对疲劳强度的影响（WG5）、疲劳设计规则（13 委与 15 委联合工作组）[4]。

委员会进行了工作组会议，并与 10 委、15 委举行了联合会议。会议共交流论文 46 篇，内容涉及应力分析，疲劳设计、评定与试验，残余应力与变形，断裂与疲劳，焊接质量影响及增材制造，疲劳试验与评估，疲劳强度改善等方面。委员会在此次年会上提出了两份重要指导性文献，一是"疲劳结果数据分析指南"，另一个是疲劳试验指南。

焊接分会副理事长、北京工业大学李晓延教授参加了委员会的学术交流活动。

C-XV 焊接教育与培训委员会致力于解决全球焊接人才短缺的问题，倡导全球共享焊接教育资源，促进焊接标准化的发展[4]。

委员会听取了 13 篇报告，内容涉及国际焊接技能大赛对年轻科研工作者技能提升，在高校课堂教育中加强专业技能培养，以及创新性焊接教育与培训方法（如网络课程、教学软件等开发与应用等）。

哈尔滨工业大学张丽霞教授参加了会议。

C-XVII钎焊扩散焊委员会致力于钎焊、扩散焊材料、部件的冶金学与机械性的研究，对新型填充金属也有研究。委员会下设软钎焊（A）、硬钎焊（B）、和扩散焊（C）三个分委员会[4]。

委员会进行了工作及学术交流会议，并与7委、18委分别举行了联合会议，共交流论文29篇，内容包括陶瓷基复合材料及高温结构材料连接、新型硬钎料及钎焊工艺、激光或电弧钎焊、软钎焊、扩散焊、钎焊扩散焊工业应用等6个方面。委员会重视工业界代表的参与，并邀请了来自中、美、德企业界的代表做学术报告（图3）。

中国航发北京航空材料研究院熊华平研究员在该委员会任主席，共有13位中国学者在该委员会做学术报告，报告人来自吉林大学、西北工业大学、杭州华光焊接新材料股份有限公司、郑州机械研究所、北京有色金属与稀土应用研究所等。

SG-212焊接物理研究组的宗旨是通过研究焊接电弧、熔滴过渡、熔池行为和传热传质等焊接物理过程与机理，开发相关数值模拟软件，为优化焊接参数，提高焊接效率，改善焊缝成形，减少焊缝缺陷，改进和研发新的焊接工艺、方法、设备、材料及焊接过程自动化和智能化提供理论基础[4]。

委员会单独的学术会议共交流论文27篇，在与1委、4委、12委的联合会议上交流论文6篇。中国学者在此次会议交流论文4篇，兰州理工大学樊丁教授、北京工业大学肖珺副教授等参加会议并做论文交流，樊丁教授和肖珺副教授的论文均被推荐到IIW期刊《世界焊接》上发表。

图3　IIW C-XVII委员会代表合影（左13为17委主席熊华平研究员）

3　IIW第72届年会工作机构会议情况

IIW成员国代表大会于7日下午召开（图4）。IIW成员国代表大会是IIW的权力机构，每年召开一次会议，对IIW年度的重点工作以及涉及IIW发展的重大事项进行审议。中国机械工程学会焊接分会理事长冯吉才教授、前理事长陈强教授、副理事长兼秘书长何实研究员作为中国代表参加了会议；副理事长李晓延教授作为IIW执行委员会委员参加了会议。

会议分常规会议和特别会议两个阶段进行。常规会议审议了IIW秘书处2020—2024年度的承接事宜。当前IIW秘书处的服务以合同的方式进行，自1996年起，IIW一直与法国焊接研究所（IS）合作，由IS提供IIW秘书处有关的技术支撑和人员服务，而IIW与IS的服务合同将于2019年年底到期，为了辅助IIW新的发展战略规划的有效实施，IIW在2018年的成员国代表大会上决定对秘书处进行改革，通过招标的方式决定 IIW 秘书处的归属。2018 年年底至 2019 年 5 月，IIW 收到了多份投标文件及 IIW CEO 的应聘申请，经 IIW 执行委员会遴选，提请本次会议审议通过的是由意大利焊接学会承接 IIW 秘书处，CEO 人选为意大利人 Luca Costa 博士。会议通过了这一决定。自 2020 年 1 月起，IIW 秘书处将迁移至意大利北方港口城市热那亚。因 IIW 秘书处从法国迁往意大利还需依据意大利的法律进行社团法人的登记，涉及 IIW 章程的修改等事宜，所以特别会议审议并通过了对 IIW 章程修改的事项。

图 4　理事长冯吉才（左）、前任理事长陈强（中）、
副理事长兼秘书长何实（右）参加 IIW 成员国代表大会

IIW 执行委员会于 7 日、12 日召开了两次工作会议。李晓延副理事长作为委员参加了两次会议。7 日的会议讨论确定了 IIW 候任主席、副主席和委员的人选。经执委投票选举，最终确定向成员国代表大会提请审议通过的人选是 IIW 候任主任：David Landon（美国），IIW 副主席：Sorin Keller（瑞典），委员：S. Pinca（意大利）和 Roland Boecking（德国）。会议重点讨论了与欧洲焊接协会（EWF）IAB 授权合同及 IAB 秘书处合同事宜。IIW 目前的培训体系采用的是 EWF 体系，由 EWF 授权，并提供秘书处服务。EWF 授权合同和秘书处服务合同都将于 2019 年年底到期，因此两次会议对合同修改的原则和细节进行了讨论。EWF 建议将两个合同内容合并，并计划在 2019 年 10 月 EWF 的会员代表大会上对合同内容进行审议。

IIW 技术委员会于 12 日召开了工作会议。会议确定了委员会新任 4 位委员，由执委会指定 3 人：Murugaiyan Amirthalingam（印度）、Norbert Enzinger（奥地利）、Mads Jensen（丹麦），由技术委员会指定 1 人：Herbert Staufer（奥地利）。会议还对《世界焊接》目前存在的问题与解决方案、IIW 文件编制形式变更、2020 年度 IIW 奖项征集、与 IAB 的沟通与合作等事宜进行了讨论。

IIW 地区活动工作组于 8 日召开了工作会议。按照 IIW 推广、IIW 冠名会议进展报告、IIW 未来会议信息发布等议程，会议听取了 15 项报告，包括已召开会议情况的汇报、在筹备会议的进展以及新会议信息发布的情况，包括今年 3 月在曼谷召开的"国家焊接能力建设"研讨会会议的情况。工作组 2013 年开始实施"国家焊接能力建设"项目，帮助有需要的会员国家界定其在焊接领域面临的具体问题，提供解决方案，帮助其建立可持续发展的国家焊接能力。IIW 2020 冠名的会议还包括第四次焊接与连接国际会议（5 月，西班牙塞维利亚）、第六届青年学者论坛（5 月，乌克兰基辅）、车辆与汽车工程会议（9 月，匈牙利米什科尔茨）等。

IIW 管理工作组于 9 日召开了 IIW 推广会。IIW 各成员国联系人、IIW 新任执委、技术委员会委员等参加会议。IIW 主席 Douglas Lucinai、前主席 Gary Marquis 在会上介绍了 IIW 的目标和宗旨、IIW 的组织构成、各部门的职责与任务以及成员国组织的代表和 IIW 任职专家如何参与 IIW 的工作、发挥在 IIW 的作用。这次会议是 IIW 管理工作组首次召开的推广会，目标是让成员国代表和 IIW 新任职人员了解 IIW 的实际，结合各自的情况，发挥优势和特长，为 IIW 的发展贡献力量。

此外，国际授权委员会、标准化工作组、青年领袖特别工作组等也召开了工作会议。国际授权（中国）焊接培训与资格认证委员会解应龙教授、哈尔滨焊接研究院朴东光研究员、清华大学刘磊副教授分别参加了上述会议。

4 中国机械工程学会焊接分会在此次年会的工作

为了更好地行使成员国的权利，充分发挥中国代表在 IIW 学术机构的作用，焊接分会外事工作委员会派出了兰州理工大学樊丁教授等 14 位专家学者作为中国代表分别参加了 IIW 增材制造、堆焊及热切割等 14 个专业委员会及焊接物理研究组的会议活动。

依据 IIW 的有关规定，各成员国可以向 IIW 的学术机构派出代表（Delegate）、专家（Expert）和观察员（Observer），代表享有选举权和被选举权，在 IIW 专业委员会进行的改选，或重大事项决议时具有投票权，专家和观察员可以参加专业委员会的学术交流活动，并可获得委员会的论文和文献等资料。

表3　焊接分会向 IIW 2019 派出的代表（Delegate）名单

序号	委员会	姓名	单位
1	C-I	林巧力　教授	兰州理工大学
2	C-II	郭伟　副教授	北京航空航天大学
3	C-III	王敏　教授	上海交通大学
4	C-IV	陈俐　研究员	中国航空制造技术研究院
5	C-V	常保华　副教授	清华大学
6	C-VII	邹贵生　教授	清华大学
7	C-IX	吴爱萍　教授	清华大学
8	C-X/C-XI	徐连勇　教授	天津大学
9	C-XII	华学明　教授	上海交通大学
10	C-XIII	李晓延　教授	北京工业大学
11	C-XIV	张丽霞　教授	哈尔滨工业大学
12	C-XV	张建勋　教授	西安交通大学
13	C-XVII	熊华平　研究员	中国航发北京航空材料研究院
14	SG-212	樊丁　教授	兰州理工大学

"IIW 2019 研究进展编委会"共有 15 位编委参加了本次年会（图 5）。会议期间，主编李晓延副理事长与编委召开了工作会议，对 IIW 学术机构在本次会议上所呈现的焊接科技发展新动向、新趋势进行了讨论，对书目编写的高质量完成提出了新要求。

中国机械工程学会焊接分会在此次会议上召开了理事长碰头会，理事长冯吉才教授、前任理事长陈强教授、副理事长兼秘书长何实研究员、副理事长李晓延教授、副理事长王麟书研究员参加会议。会上讨论了焊接分会对成员国代表大会有关事项的表决事宜、与美国焊接学会的合作等事宜。

图5　《国际焊接学会（IIW）2019研究进展》部分编委合影

5　结束语

　　几十年来，IIW 一直是国际焊接学术和应用领域的领导者，在焊接及连接领域科技发展、焊接培训与认证、焊接标准化、焊接科技可持续发展等领域引领焊接技术的发展。IIW 第 72 届年会汇集了全球焊接领域 20 余个专业方向的最新研究进展，其工作机构的 20 余场工作会议全面展现了 IIW 作为国际一流学会的引领作用。

　　中国焊接科技专家与青年学者等 80 余人全面参与了 IIW 各专业委员会的论文交流活动；共有 14 位专家作为中国代表参加专业委员会工作会议并行使权利，对委员会决议、选举等工作进行审议与投票，并对各委员会的学术交流与会议情况进行了总结。

　　焊接分会的领导和专家参加了 IIW 有关工作机构的会议包括成员国代表大会、执行委员会会议、技术管理委员会会议、地方工作委员会会议等。IIW2019 研究进展编委会有 15 委编委会——充分体现了焊接分会及中国焊接科技工作者对 IIW 及国际先进焊接科技发展动态的关注与重视。

　　每年一度的 IIW 年会所呈现出的不仅是全球焊接科技发展的最新动态，还有 IIW 先进的管理经验、经营理念，以及应对新的挑战的变革与发展战略。中国机械工程学会焊接分会作为 IIW 的成员国单位，不仅有责任将 IIW 年会所呈现的焊接与连接领域的研究成果全方位地介绍到国内，为中国焊接科技发展服务，也应学习和借鉴 IIW 的发展经验与模式，更好地为中国焊接科技工作者和焊接行业服务，推进中国焊接科技的不断发展。

参考文献

[1]　International Institute of Welding. IIW Strategic Plan [Z]//IIW-Doc-Board-0097-19.

[2]　70 YEARS OF ADVANCING WELDING AND JOINING WORLDWIDE [EB/OL]. (2019-07-07) [2020-01-03]. http://iiwelding. org/iiw-history.

[3]　The IIW members worldwide [EB/OL]. (2019-07-07)[2020-01-03]. http://iiwelding. org/iiw-members.

[4]　International Institute of Welding. Draft Terms of References of IIW Technical Working Units [Z]//TMB-0346R1-12.

　　作者简介：黄彩艳，女，1980 年出生，中国机械工程学会焊接分会副秘书长。E-mail：cws86322012@ 126. com。

State of the Art of the International Qualification & Certification Systems in Welding and Joining Technologies

I. Fernandes

(System Manager of EWF/IIW-IAB International Qualification & Certification Systems)

Abstract

The International Qualification & Certification Systems for Personnel and Companies in Welding and Joining Technologies were developed by the European Federation for Joining, Welding and Cutting-EWF and adopted by the International Institute of Welding - IIW, through the International Authorisation Board-IAB.

The International System aims providing the correct qualification and/or certification needed to correctly implement welding and joining technologies. This is ensured either by giving the appropriate level of knowledge and skills to people who are applying/supervising the application of the welding and joining technologies or by certifying the companies which are manufacturing products using the welding technology.

The developer's vision and focus on solving the industry's needs are the main sources for the International Systems' success. The accomplishment of its purpose was possible through the engagement of stake holders from welding research institutes, education alorganizations, certification bodies, companies, trainers and trainees. This approach allowed to deliver a harmonized training, education and examination system supported by a specific quality assurance system, which ensures the credibility and reliability of the International Qualification and Certification Systems worldwide. (largely accepted by the companies and the market itself).

This paper aims to present the history of the development of the International Qualification and Certification Systems for personnel and companies in welding and joining technologies and the new developments.

Keywords: International Qualifications and Certifications; EWF; IIW; IAB; Education; Training; Qualification and Certification Systems; Quality Assurance in Training and Certification; Vocational Education and Training.

Introduction

Manufacturing is an increasingly complex and competitive global market, welding and joining should be regarded as essential cross-sector technologies which are in increasing demand. Welding, as a special process, implies that the quality of a weldment cannot be achieved solely by inspection after the joint has been made; quality must be incorporated during the chain of manufacturing. Another major aspect that is a cornerstone on achieving the required quality it demands is specific competence of those who apply it, both in terms of educational provisioning as well as an effective assurance of personnel competence, including the companies' awareness regarding the need getting certified according to quality assurance requirements dealing with welding.

Welding also represents a cross-generation profession, providing employment and career opportunities for both young individuals entering the profession, as well as for the most experienced who have been within it for some time. To ensure the competitiveness of industrial output in Europe and in the World, product and process innovations, as well as advanced knowledge have become critical components to the success and transformation of the industrial sector. Besides, the perception of joining needs to be addressed and transforming this industrial process to be more human-friendly, push for more innovative processes in training and industrial/workshop practice to be developed.

In Europe, a group of countries has started to work on the harmonization of training and qualification of welding personnel in 1980 with an analysis of the existing levels of education in welding in the EU and EFTA countries. From the results, it was possible to define common harmonized levels of education, training, examination, and qualification.

Due to the above reasons, in 1992, some member countries of EU where welding courses were offered, have decided to found the European Federation for Joining, Welding and Cutting-EWF, with the goal to develop a European (International) Qualification and Certification System either for personnel or for companies. The system had a huge success and the impact on the industry was so important that in 1997 the International Institute of Welding-IIW[1] approached EWF intending to adopt the European System. The two organizations have found common ground, and in 1999 the Qualification and Certification systems started to be used by IIW, opening the doors to non-European countries to implement the system.

Part of the success of the EWF Systems (see the Figure 1 the schematic view of the International System-Harmonised Qualification System) was the development of a harmonized system of the education content and the implementation in terms of course's syllabus and hours of training allocated to each module/

subject defining the key words concepts to be qualified and the training expected results. By using a single syllabus for each level of the training course and a harmonized system for examinations, the same qualification could be awarded in any country. A success story was started, and it is still unfolding as it retains its uniqueability to innovate and lead in learning methodologies. The International Qualification and Certification System developed by EWF and adopted by IIW-IAB at the present is recognized by many European organizations as an example of what can be achieved in international recognition of personnel qualifications. One example is CEDEFOP[2] and EWF has been invited to present the system in several other forums as European Training Foundation, Manufuture platform conference, etc.

The system's success lies also in the fact that it is supported by a robust and transparent quality assurance system (see the Figure 1 the schematic view of the International System-Quality Assurance System) that is widely accepted by the complete chain of individual sand or ganizations involved, from training institutions to national certification bodies, companies, trainer sand trainees.

An important aspect on the quality assurance system is not only the requirements that the authorized organizations must comply with when implementing the system (the ANBs and ATBs), but also the set of highly qualified quality auditors that perform external audits to both Authorised Nominated Bodies - ANBs (the Organizations that are authorised by EWF and/or IIW to implement the Qualification and Certification Systems for personnel) and the Authorised Training Bodies-ATBs (the training centers approved by the ANBs to perform the training) and check the consistency of the full chain, from course processes and organization enforcement to diploma issuing, including training and trainees and trainers' assessments, see the Figure

2, the three major pillars that supports the International Qualification System.

The Authorised Training Bodies are approved and supervised by the ANBs for implementing the EWF/IIW Qualification training courses, which combine both supporting knowledge and practical experience, in close relation with the industry and their needs. Special courses were developed providing a specific education on emerging technologies, such as laser welding, mechanization, and robotization and adhesive bonding.

With the agreement between EWF and IIW the system was revised and adjusted to embrace the needs from non-European countries, which become ANBs. This has led to the creation of a network that currently comprises 45 countries using the EWF/IIW qualifications and certifications, totalizing 41 ANBs (Authorized Nominated Bodies), and more than 600 ATBs (Authorised Training Bodies).

Figure 1   The Harmonised International Qualification and Certification System

Figure 2   The three major pillars of EWF/IIW Quality Assurance System

The harmonized international qualification and certification systems have been providing an effective response to the challenge soft transferability, mobility, and progression for professional sinwelding and materials joining technologies. The Industry has increasingly specified the international qualification and certification systems that were developed by EWF and adopted by IIW-IAB. The awarded diploma or certificate is a mean of evidencing knowledge and understanding in welding engineering.

EWF and IIW have been able to engage a huge number of stakeholders with the goal to keep updating the system to maintain its relevance and also to give inputs and support the development of new systems addressing other joining technologies, different from welding and answering the industry needs, ensuring the reputation and value of its harmonised international qualifications.

The International Qualification and Certification Systems for Personnel and Companies

The History of EWF and IIW-IAB Qualification and Certifications System for personnel and companies-a timeline of the major International System milestones:

In 1974 the European Welding Community felt the need of interchanging views and experiences and created the European Council for Cooperationin- Welding (ECCW) with the participation of Belgium, Denmark, Germany, France, Ireland, Italy, Netherlands and United Kingdom.

From 1974 until 1991 New EU countries joined the ECCW and started to develop the first set of quality assurance rules and requirements and also the first training guidelines. At the same time, the idea of creating a European Federation was growing and the major aspects for the formation of EWF were defined.

In 1992 the EWF-European Federation for Welding, Joining and Cutting was created and Membership of EWF enlarged with the participation of all countries from the European Community to the EFTA and Eastern European countries. This was the year when the guidelines for European Welding Engineer, Technologist and Specialist were approved and implementation started with the first Authorised Nominated Body-ANB approved for Portugal, followed by Spain and the UK.

From 1993 to 1996 the EWF "Welding Coordination" Qualifications were referenced on European Standard EN 719 (when the standard was superseded by the ISO 14731 the reference was kept, until the new edition of 2019).

EWF Training and Qualification System was enlarged and the European Welding Inspection Personnel, European Welding Practitioner and European MMA (111) Welder were added.

EWF approved a set of Guidelines covering Thermal Spraying for the level of Specialists and Sprayer. EWF formally registered the copyright of the products developed, (e. g. rules, guidelines).

The rules for the implementation of the EWF-European Company Certification System, according to EN-729 series Quality requirements (this standard has been superseded by ISO 3834 series), were approved.

More than 10. 000 diplomas were awarded this year by the EWF members constituted by 17 member countries from EU and EFTA and 7 observers from Eastern Europe.

In 1997 a formal agreement is signed between IIW and EWF to develop an International Qualification System based on the EWF system. Observers became full members, bringing EWF to an organization with 24 members.

Guidelines for European TIG (141) Welder, MMIG/MAG and FCAW (131, 135, 136 and 138) and Oxigas (311) Welder were approved.

In 1998 EWF implemented the Personnel Certification System for competences certification of European Welding Engineer, Technologist, Specialist, and Practitioner.

EWF approved the Guidelines for the Qualification of Adhesive Bonding Personnel covering Engineers, Specialists, and Bonders.

In 1999 IIW and EWF General Assemblies decided to create a Planning and Implementation Group for the development of the IIW structure to manage the IIW Qualification System.

At this stage, 21 ANBs were operating the EWF Training and Qualification System.

The Guidelines for Special Courses in Laser Welding, Robot Welding, and Welding of Reinforcing Bars were approved.

From 2000 to 2005 the IIW Qualification System is formally established and the operation rules issued based on the equivalent EWF documents. It was agreed that all authorized EWF ANBs are automatically authorized also to operate as IIW-IAB ANBs.

The first IIW Guidelines were approved and issued: International Welding Engineer, International

Welding Technologist, International Welding Specialist and International Welding Practitioner.

The first International ANBs were approved, China followed by Japan, Australia and USA.

EWF starts the collaboration with European co-operation for Accreditation-EA, for the development of the "future" document EA-6/02-Guidelines on the use of EN-45011 and EN-45012 (now ISO 17065 and ISO 17021 respectively) for Certification according to EN729 series (now ISO 3834 series).

The EWF Company Certification System is operated by 7 countries. EWF is online with the Website: www. ewf. be.

The guidelines for EuropeanWelding Specialist for Resistance, European Thermal Spraying Practitioner and the European MMA Diver Welder were approved.

IIW has approved the Guideline for International Welders, covering the welding processes MMA (111), TIG (141), MIG/MAG/FCAW (131, 135, 136, 138), Oxigas (311), for each process three levels of qualification: Fillet, Plate and Tube welder, covering also mild steel, stainless steel and aluminum.

EWF Guideline for Certification of European Plastics Welder was approved. EWF and IIW-IAB started the development of a Harmonised Examination Data base Questions and Answers, for the European Welding Engineer, Technologist, and Specialist.

The IIW Guideline for the implementation of Blended Learning training was approved, covering the qualification for IWE.

Cumulated EWF diplom as awarded reached 100. 000.

IIW ANBs network comprises 32 ANBs (European and non-European) and 5 new applicants ANBs.

Cumulated IIW diplomasawarded reached 30. 000.

From 2006 to 2011 the EWF Guideline for European Welding Practitioner for Resistance Welding was approved.

The IIW Guideline for International Welded Structures Designer was also approved.

The agreement between EWF and IIW is established to open to countries outside Europe for the use of the EWF Certification Systems for Companies and Personnel.

EWF has supported the European co-operation for Accreditation-EA and the first edition of the document EA-6/02-Guidelines on the use of EN-45011 and EN-45012 (now ISO 17065 and ISO 17021 respectively) for Certification according to EN 729 series (now ISO 3834 series) was issued.

The IIW Guideline for Blended learning was revised and updated to cover the qualifications of IWE, IWT, IWS, IWI-C and IWI-S.

The IIW Guideline for International Inspection Personnel was approved.

IIW ANBs network comprises 34 countries (10 non-European countries), and the IIW ANBCCs network comprises 17 (2 non-European).

EWF has approved the rules for the implementation of the EWF Scheme for Certification of Welders, Welding Operators and Brazers-WCS.

EWF has approved the Guideline for Dedicated Knowledge for Personnel with the Responsibility for Welding Coordination to comply with EN 1090-2, with two qualification levels one Specific another Basic.

From 2012 to 2015 EWF revised the special course in the LASER field and upgraded it as a new Guideline - European LASER Processing Personnel, covering Cutting, welding and surfacing, awarding two qualification levels one Basic another Comprehensive.

IIW started the activity to develop an IIW Certification Scheme for International Welding Inspectors Personnel.

IIW Guideline for International Mechanized, Orbital and Robot Welding Personnel was approved. This guideline was based on the EWF Special Course in Robot welding technology. IIW Guideline for Personnel with Qualification for Inspection Activitiesincluding in-service inspection (at present only covering Pressure Equipment) was approved.

EWF was accepted as a Liaison Member for CEN TC-121-Welding for all Sub-Committees.

In 2016 EWF and IIW approved the revised set of rules and operational procedures taking into consideration the International Trade Laws regarding the competition.

EWF members decided to start the development of a new Qualification System for Metal Additive Manufacturing-AM after a specific demand on the market regarding this new joining technology.

In 2018 EWF decided to start the review of the two major qualification guidelines ("welding coordination" and "welding inspectors") with the goal to develop a new training approach based in competences units (a modular system based on the job profile and proficiency). The goal of this new approach is to provide long life training and higher flexibility for improving welding knowledge and skills.

In 2019 EWF approved the Metal Additive Manufacturing Qualification System covering four different techniques and for each technique an engineer and operator level. At this moment EWF is developing the qualification for designer, inspection and an intermediate (supervisor) level for each AM technique.

EWF was accepted as a Liaison Member type A for the ISO Sub-Committees SC 10 and Sc 11 of TC

44-Welding.

The cornerstones underlying the long-term vision and strategy for the International Qualification and Certification Systems for Personnel and Companies are the following:

• To ensure that the training and qualification System is updated to comply with technical innovation and industrial demand;

• To develop new qualifications in line with technological and industrial advances;

• To provide a pathway for continuous professional development for professionals in manufacturing;

• To create flexible pathways for continuous professional development;

• To ensure the quality of the EWF/IIW-IAB diplomas, by running a rigorous quality assurance system in the countries worldwide that are using the EWF/IIW-IAB Systems.

In 2019 EWF network comprises 30 countries (members and observers), IIW-IAB network comprises 42 countries (14 non-European).

On the below Figure 3 it can be seen the core qualifications for EWF and IIW Qualification System and on Figure 4 the structure and relations between the core qualifications.

Results of the International Systems implementation around the world

Data regarding activity developed in 2018 collected in 2019, can be seen on the next table and Figures 5 to 8.

The table below gives the information concerning the scope of approval for each Authorized Nominated Body-ANB, the information presents for each country the qualifications that are authorised to be implement by each ANB.

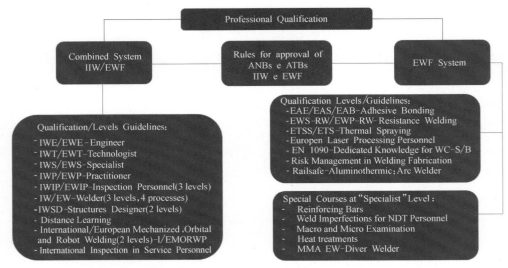

Figure 3　International/European Qualification System Guidelines

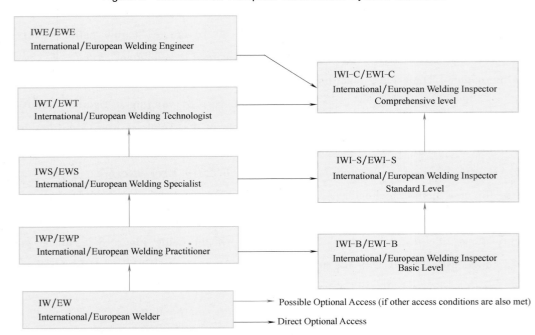

Figure 4　International/European Core Training System for Welding Personnel

Country of the ANB	EWF /IIW IAB Qualifications Scope of Operations authorised for each ANB							
	IWE	IWT	IWS	IWP	IWIP	IMORWP	IW	IWSD
AUSTRALIA	YES	YES	YES	YES	YES	—	—	YES
AUSTRIA	YES	YES	YES	YES	YES	—	YES	YES
BELGIUM	YES	YES	YES	—	YES	—	YES	—
BULGARIA	YES	YES	YES	YES	YES	—	YES	YES
CANADA	—	YES	—	—	—	—	—	—
CROATIA	YES	YES	YES	YES	YES	—	YES	—
CZECH REPUBLIC	YES	YES	YES	YES	YES	—	YES	YES
DENMARK	YES	YES	YES	—	YES	—	—	—
FINLAND	YES	YES	YES	YES	YES	YES	YES	YES
FRANCE	YES	YES	YES	YES	YES	—	YES	—

（续）

Country of the ANB	EWF /IIW IAB Qualifications Scope of Operations authorised for each ANB							
	IWE	IWT	IWS	IWP	IWIP	IMORWP	IW	IWSD
GERMANY	YES	YES	YES	YES	YES	—	YES	—
GREECE	YES	YES	—	—	YES	—	—	—
HUNGARY	YES	YES	YES	YES	YES	—	YES	YES
INDIA	YES	YES	YES	YES	—	—	YES	—
INDONESIA	YES	YES	YES	YES	YES	—	YES	—
ITALY	YES	YES	YES	YES	YES	YES	YES	—
JAPAN	YES	YES	YES	YES	YES	—	—	—
KAZAKSTAN	YES	YES	YES	YES	YES	—	YES	—
MALASYA	YES	YES	YES	—	—	—	—	—
NETHERLANDS	YES	YES	YES	YES	YES	—	—	—
NEW ZEALAND	YES	YES	YES	YES	YES	—	YES	—
NORWAY	YES	YES	YES	—	YES	—	—	—
PEOPLE'S REPUBLIC OF CHINA	YES	YES	YES	YES	YES	—	YES	YES
POLAND	YES	YES	YES	YES	YES	—	YES	—
PORTUGAL	YES	YES	YES	YES	YES	—	YES	—
SOUTH KOREA	YES	YES	YES	YES	—	—	—	—
ROMANIA	YES	—	YES	—	YES	—	—	YES
RUSSIA	YES	YES	YES	—	YES	—	YES	—
SERBIA	YES	YES	—	—	YES	—	—	—
SINGAPORE	—	—	—	—	YES	—	—	—
SLOVAKIA	YES	YES	YES	YES	YES	—	YES	YES
SLOVENIA	YES	YES	YES	YES	YES	—	YES	—
SOUTH AFRICA	YES	YES	YES	YES	YES	—	YES	—
SPAIN	YES	YES	YES	—	—	—	YES	—
SWEDEN	YES	YES	YES	—	—	—	YES	—
SWITZERLAND	YES	YES	YES	YES	YES	—	YES	—
THAILAND	YES	—	YES	YES	YES	—	YES	—
TURKEY	YES	YES	YES	—	YES	—	—	—
UKRAINE	YES	YES	YES	YES	YES	—	YES	—
UNITED KINGDOM	YES	YES	YES	—	—	—	—	—
USA (a)	—	—	—	—	—	—	—	—
VIETNAM	—	—	—	—	YES	—	—	—

（a）USA is an IIW-IAB member but only for the Manufacturers Certification Scheme as ANBCC, not for the Qualification or Certification of Personnel

The Figures below gives detail information regarding the International Qualification and Certification Systems activities developed in 2018.

Figure 5 shows the cumulated total of diploma's that have been awarded by the International Qualification System for all qualifications. Figure 6 gives the cumulated total diploma's awarded distribution per qualification. Figure 7 shows the International Manufacturing Certification Scheme activity on terms of new and renewal certificates awarded per year. Figure 8 shows the International Personnel Certification Scheme activity on terms of new and renewal certificates awarded per year.

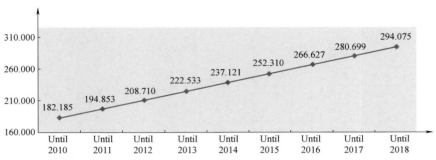

Figure 5　EWF + IIW-IAB cumulated total diplomas awarded

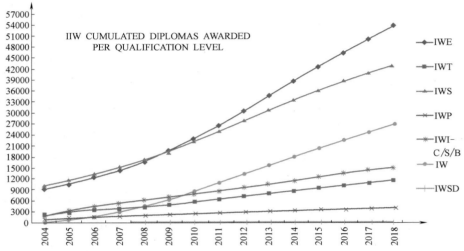

Figure 6　IIW Cumulated Diplomas awarded per Qualification Level until 2018

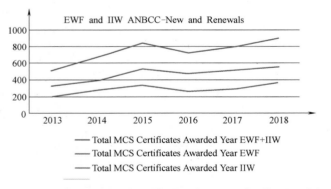

Figure 7　Total EWF/IIW-IAB Manufacturers Certification Scheme（ISO 3834）certificates issued per year in the last six years

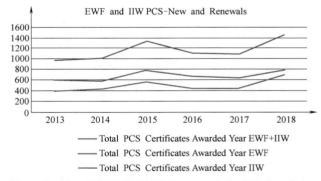

Figure 8　Total EWF/IIW-IAB Personnel Certification Scheme-Certificates issued per year in the las six years

The International System at People's Republic of China

Given its preeminent position as a leader in worldwide manufacturing, China has placed an emphasis on quickly developing the international qualification system, given the international development of China's economy, the support of government and the industry, as well as the industry-wide participation and support, key for the success of the long term vision and trends around sustainability.

The Chinese Welding Training and Qualification Committee (CANB www. iiw-canb. org) is the national organization authorised by the International Authorisation Board (IIW-IAB) to implement the international harmonized qualification system in China since 2000, issuing diplomas recognized by IIW-IAB members. The engagement with IIW-IAB comes at a juncture in time where there is a growing need to have certified processes and professionals to compete in international markets.

Candidates passing the examination can get the following diplomas:

- International Welding Engineer (IWE), authorisation since January 2000;
- International Welding Technologist (IWT), authorisation since January 2000;
- International Welding Specialist (IWS), authorisation since January 2000;
- International Welding Practitioner (IWP), authorisation since January 2000;
- International Welder (IW), authorisation since January 2005;
- International Welding Inspection Personnel (IWIP), authorisation since January 2005;
- International Welded structures Designer (IWSD), authorisation since January 2015.

In 2019 was reported that CANB has two ATBs operating under the ANB supervision, both ATBs cover the full scope of operation of the ANB.

Given the success of this first initiative, in early 2011 was created the Chinese Authorised National Body for Company Certification (CANBCC), founded by CANB, which is a unique organization conducting IIW Manufacturer Certification Scheme in China.

Since the authorization in 2000 of the Chinese ANB, and in 2011 of the ANBCC, the records regarding the awarding of Diplomas for personnel qualification and Companies Certificates and Certificates renewals, has shown a constant growth.

In terms of the developed activity, CANB is the second most important ANB awarding diplomas, representing 17. 5% of the total of diplomas awarded in 2018. If the analysis is only made considering the region of Asia, CANB is in fact the most important and represents in this region more than 70% of the total diplomas awarded in 2018.

Regarding the Companies Certification, CANB-CC is the second most important ANBCC awarding companies certificates (not only new companies' certificates but also the renewal of certificates), representing 26% of the total of new certificates and renewals awarded in 2018. If the comparison is made taking into account the Asian region alone, CANB-CC is the most important ANBCC and represents almost 75% of the total of certificates awarded (new and renewals) in 2018.

The trend of the Chinese ANB and ANBCC activity on the last 5 years shows the increasing activity, and the Chinese ANB and ANBCC surely will become the most import ANB and ANBCC regarding the overall IIW-IAB activity in a couple of years.

Developments of the International Qualification System in Manufacturing The Adhesive Bonding System

The rapid developments in materials technology has resulted in unprecedented innovations in products and processes using adhesive bonding. A basic knowledge of the materials, technologies and their relationship are necessary in order to fully utilize this potential and optimize manufacturing operations. Employee training is therefore a key activity, and especially so in high-tech fields[3].

When developing the international qualification system, EWF has also taken into consideration the development of qualifications that address specific needs in other joining technologies not only in welding. A good example of it was the decision taken in 1998, in which EWF decided to develop a set of guidelines covering the Adhesive technology, to ensure a qualification system, aiming a harmonized education, training and examination. The guidelines cover three qualification levels: Engineer, Specialist, and Bonder. At the present, the guidelines have been reviewed twice to be updated with adhesive state of the art and to be in line with the CEN and ISO Standards requirements.

At the present this technology has been more and more used in the manufacturing of products. The application covers simple products to very high-tech products like in aerospace. This implies that the bonder, supervisors and engineers must achieve a high level of knowledge and skills, to answer to this specific need. Due to this EWF and members' network decided to develop and implement the EWF International Qualification System for Adhesive Bonding technology.

The EWF International Adhesive Bounding Qualification System is recognized worldwide.

The EWF International Qualification System Modular approach

EWF's qualification system has been evolving to address the most recent trends, such as modular training. The modular approach will address workforce mobility, life-long learning requirements and flexible pathways for continuous professional development, all of which are basic requirements for today's and future professionals. It will allow professionals to pick and choose the most appropriate qualifications to achieve the required certification, thus enabling further flexibility of the workforce in response to changing industry's requirements.

The modular approach unique benefits include curriculum flexibility and short-term assessment goals. A modular curriculum offers students more flexibility andvariety in comparison to traditional forms of training/education syllabus, empoweringt hem to manage their courses as they progress. It also allow students to choose the path and competence units that fit their professionalneeds and ambitions. The Figures 9, 10 and 11 gives a schematic view on how the full structure of the modular system has been developed and the analysis was done from top to bottom.

Note: K-Knowledge, S-Skills, A&R-Attitude and Responsibility

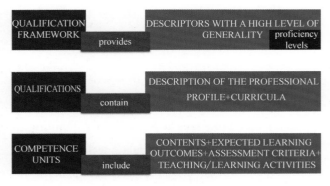

Figure 9　EWF International Qualification System
the Modular Approach Methodology

Figure 10　EWF International Qualification System
the schematic view how each qualification
was developed under the modular approach

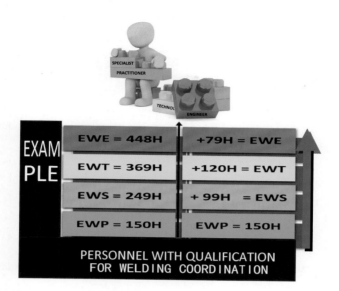

Figure 11   EWF International Qualification System the schematic view how the new modular approach was developed, the training in blocks to minimize the repetition of the competence units and allowing an easier movement from lower levels to top levels

The EWF International Metal Additive Manufacturing Qualification System

In 2016 EWF started to develop a Qualification System for Metal Additive Manufacturing (AM), the first activity was developed under EU collaborative projects CLLAIM and ADMIRE. One of the first tasks was a comprehensive survey which results led to understand the type of qualification levels the industry was seeking, and the scope of knowledge and skills needed (see Figure 12).

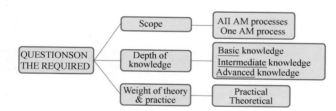

Figure 12   EWF International Metal Additive Manufacturing Qualification the structure of the survey that allowed to understand the needs of the Industry

The second step-based on the survey answers-was to start developing the qualification levels. The decision was to develop seven (7) job profiles, which are the following:

- Three (3) Metal AM Operators;
- Three (3) Metal AM Specialized Engineers;
- One (1) AM Engineer (general knowledge).

It was also decidedthat the first qualification guidelines should cover three (3) Metal AM specific techniques, which are the following:

- Wire + Arc Additive Manufacturing for Operator / Engineer;
- Directed Energy Deposition (Laser) for Operator / Engineer;
- Laser Powder Bed Fusion for Operator / Engineer.

The AM Qualifications has been developed with the goal to have a modular qualification, as can be seen on Figure 13.

At the same time as the guidelines were under

国际焊接学会（IIW）2019研究进展

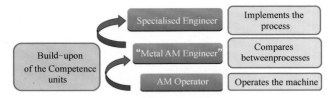

Figure 13　EWF International Metal Additive Manufacturing Qualification the schematic
view how the training guidelines have been developed using modular
approach and from bottom to top

development (the validation of the development was made during tree international workshops with stakeholders from industry, research organizations, universities, VET), another task force was developing the AM Qualification system rules and procedures needed to implement the Qualification System.

In 2019, the full system was approved by the EWF members, and started the system implementation.

The first AM ANB was approved, with the scope of operation for Laser Powder Bed Fusion for Operator/Engineer.

Four (4) other organizations (3 European and 1 non-European) are now preparing themselves to become AM ANBs each one for a specific scope of operation covering one or more qualifications and one or more AM techniques.

EWF is now developing five (5) new qualifications:

 – Electron Beam Additive Manufacturing Operator;

 – Electron Beam Additive Manufacturing Engineer;

 – Metal AM Designer;

 – Metal AM Supervisor;

 – Metal AM Inspector.

EWF expects these five (5) new Qualifications to be in place during the year 2020, and at least to have a network of Metal AM ANBs of 3 to 6 and not all AM ANBs will be European.

One of the activities that EWF is also developing is the active participation on the Additive Manufacturing ISO and CEN TCs/SCs/WGs that deals with the qualification of personnel and quality of products.

Conclusions

The European/International Harmonised Training and Qualification System for welding and joining technologies was a pioneering idea in Europe and worldwide, which has been adopted by IIW-IAB. Nowadays, many other Professional Associations are following this example, harmonizing their training and qualifications.

To assure the alignment of the EWF international qualification and certification systems for personnel and companies with the requirements that are set in European and International standards that the industry needs to comply with, EWF is collaborating with various CEN and ISO technical committees and sub-committees. Examples are in welding, adhesive bonding, additive manufacturing.

EWF will keep on with the developments in future areas of vital importance such as: Continuous development of new Guidelines and Special Courses, Establishing the Harmonised Examination Questions and Answers Database for Engineers, Technologists, Specialists, Welders and Inspection Personnel, Identification of Collaboration Projects and Promotion of Qualification and Certification Systems Worldwide.

EWF will keep on working to supporting its members and IIW insuccessfully implementing the EWF/IIW-IABsystems worldwide. The potential of EWF/IIW-IAB, together with the European/International Welding Institutes/ANBs network, to further develop and disseminate its expertise in Welding and Joining Technologies and in harmonization of qualification and certification, opens up more areas of activity and the way towards strengthening the recognized European/International network now in place.

With the new Systems in Adhesive Bonding and in Metal Additive Manufacturing, EWF is showing that it is still on the front-line of new qualifications systems development that address the industry's needs, implying at the same time that the development of the new modular system approach giving new windows of opportunities for the companies and personnel to gain new levels of knowledge and skills necessary for the "revolution" of industry 4.0.

References

[1] Qualification & Certification Systems [EB/OL]. (2020-01-03) [2020-01-03]. http://iiwelding. org/qualification-certification.

[2] European Center for the Development of Vocational Training. International Qualifications [M]. Luxembourg: Publications Office of the European Union, 2012.

[3] Quintino, et al. European harmonised system for training and qualification of adhesive bonding personnel [J]. Applied Adhesion Science, 2013, 1: 2.